高等职业教育土建专业系列教材

建 筑 制 图

龚 伟 汪 颖 主编

中国建材工业出版社

图书在版编目（CIP）数据

建筑制图/龚伟，汪颖主编. —北京：中国建材工业出版社，2005.7（2009.9 重印）
（高等职业教育土建专业系列教材）
ISBN 978-7-80159-917-9

Ⅰ.建... Ⅱ.①龚...②汪... Ⅲ.建筑制图–高等学校：技术学校—教材 Ⅳ.TU204

中国版本图书馆 CIP 数据核字（2005）第 045941 号

建筑制图

龚伟　汪颖　主编

出版发行：中国建材工业出版社
地　　址：北京市西城区车公庄大街 6 号
邮　　编：100044
经　　销：全国各地新华书店
印　　刷：北京鑫正大印刷有限公司
开　　本：787mm×960mm　1/16
印　　张：25.5
字　　数：477 千字
版　　次：2005 年 7 月第 1 版
印　　次：2009 年 9 月第 3 次
定　　价：**39.00 元**

本社网址：www.jccbs.com.cn
本书如出现印装质量问题，由我社发行部负责调换。联系电话：(010) 88386906

《高等职业教育土建专业系列教材》编委会

主　任：成运花　北京城市学院教务长、研究员
副主任：徐占发　北京城市学院教授、土建专业主任
　　　　杨文锋　长安大学应用技术学院副教授、副院长
秘书长：李文利　北京城市学院副教授
委　员：(按汉语拼音先后顺序)
　　　　包世华　清华大学教授
　　　　陈乃佑　北京城市学院副教授
　　　　陈学平　北京林业大学教授
　　　　成荣妹　长安大学副教授
　　　　崔玉玺　清华大学教授
　　　　董和平　北京城市学院讲师
　　　　董晓丽　北京城市学院讲师
　　　　龚　伟　长安大学副教授
　　　　龚小兰　深圳职业技术学院副教授
　　　　姜海燕　北京城市学院讲师
　　　　靳玉芳　北京城市学院教授（兼职）
　　　　刘宝生　北方交通大学副教授
　　　　刘晓勇　河北建材学院副教授
　　　　李国华　长安大学副教授
　　　　李文利　北京城市学院副教授
　　　　栗守余　长安大学副教授
　　　　马怀忠　长安大学副教授
　　　　田培源　北京城市学院讲师
　　　　王　茹　北京城市学院副教授
　　　　王旭鹏　北京城市学院副教授
　　　　杨秀芸　北京城市学院副教授
　　　　张保兴　长安大学副教授
　　　　张玉萍　河北建材学院副教授
顾　问：(按汉语拼音先后顺序)
　　　　江见鲸　清华大学教授
　　　　罗福午　清华大学教授

序

　　大力发展高等职业教育，培养一大批具有必备的专业理论知识和较强的实践能力，适应生产、建设、管理、服务岗位等第一线急需的高等职业应用型专门人才，是实施科教兴国战略的重大决策。高等职业教育院校的专业设置、教学内容体系、课程设置和教学计划安排均应突出社会职业岗位的需要、实践能力的培养和应用型的教学特色。其中，教材建设是基础和关键。

　　高等职业教育土木建筑专业系列教材是根据最新颁布的国家和行业标准、规范，按照高等职业教育人才培养目标及教材建设的总体要求、课程的教学要求和大纲，由北京城市学院（原海淀走读大学）和中国建材工业出版社组织全国部分有多年高等职业教育教学体会与工程实践经验的教师编写而成。

　　本套教材是按照3年制（总学时1600～1800）、兼顾2年制（总学时1100～1200）的高职高专教学计划和经反复修订的各门课程大纲编写的。基础理论课程以应用为目的，以必需、够用为度，以讲清概念、强化应用为重点；专业课以最新颁布的国家和行业标准、规范为依据，反映国内外先进的工程技术和教学经验，加强实用性、针对性和可操作性，注意形象教学、实验教学和现代教学手段的应用，并加强典型工程实例分析。

　　本套教材适用范围广泛，努力做到一书多用。在内容的取舍上既可作为高职高专教材，又可作为电大、职大、业大和函大的教学用书，同时，也便于自学。本套教材在内容安排和体系上，各教材之间既是有机联系和相互关联的，每本教材又具有独立性和完整性。因此，各地区、各院校可根据本身的教学特点择优选用。

　　北京城市学院是办学较早、发展很快、高职高专办学经验丰富并受到社会好评的一所民办公助高等院校。其中，土建专业是最早设置且有较大社会影响的专业之一，有10多名教学和工程实践经验丰富的双师型教师，出版了一批受欢迎的专业教材。

　　可以相信，由北京城市学院组编、中国建材工业出版社出版发行的这套高等职业教育土建专业系列教材一定能成为受欢迎的、有特色的、高质量的系列教材。

本教材编委会
2003年2月

前　言

该教材是根据"高等职业教育基础课程教学基本要求"的精神和教学改革的需要，总结编者多年的教学经验，参考各方面的建议编写而成的。并严格执行最新颁布的《技术制图》、《房屋建筑制图统一标准》、《建筑制图标准》等国家标准。

本书除绪论外分为三篇：第一篇制图基础，第二篇建筑工程制图，第三篇计算机绘图基础。本书理论联系实践，内容精炼，深入浅出，层次分明，图文并重，符合学习者的认识规律。便于教学，便于自学。本书除可作为高等职业学校土木工程及相关专业的教材，也可供其他类型学校如职工大学、函授大学、电视大学等有关专业选用。

本书由龚伟、汪颖担任主编。参加编写工作的有：长安大学龚伟（绪论、第2章、第3章）、李娟（第1章、第4章、第14章）、魏蔚（第5章、第6章、第7章）、王继龙（第8章）、汪颖（第9章、第10章、第11章、第15章）、陈素维（第12章、第13章）。

本书的编写得到了许多老师的帮助和支持，谨此表示谢意。由于编者水平有限，本书的不足之处，恳请同仁和读者批评指正。

编　者
2005年3月

目　　录

绪　论 ··· 1

第1篇　制图基础

第1章　制图基本知识 ·· 1
1.1　建筑制图国家标准的有关规定 ································ 1
 1.1.1　图纸幅面规格 ·· 1
 1.1.2　图线 ··· 3
 1.1.3　字体 ··· 5
 1.1.4　比例 ··· 6
 1.1.5　尺寸标注 ·· 7
1.2　几何作图 ·· 11
 1.2.1　作正多边形 ·· 11
 1.2.2　圆弧连接 ··· 12
 1.2.3　椭圆画法 ··· 14
1.3　平面图形画法 ·· 15
 1.3.1　平面图形的线段分析及尺寸分析 ······················· 15
 1.3.2　平面图形的作图步骤 ····································· 16
1.4　徒手作图 ··· 17
 1.4.1　画直线 ·· 17
 1.4.2　目测尺寸和角度 ··· 17
 1.4.3　画圆和椭圆 ·· 18

第2章　投影的基本知识 ··· 20
2.1　投影概念 ··· 20
 2.1.1　投影的形成 ·· 20
 2.1.2　投影的分类 ·· 21
2.2　正投影特性 ·· 22

  2.2.1 同素性 …………………………………………………………………… 22
  2.2.2 从属性 …………………………………………………………………… 22
  2.2.3 定比性 …………………………………………………………………… 22
  2.2.4 真实性 …………………………………………………………………… 23
  2.2.5 积聚性 …………………………………………………………………… 23
  2.2.6 平行性 …………………………………………………………………… 23
  2.2.7 类似性 …………………………………………………………………… 24
 2.3 立体的三面投影 ………………………………………………………………… 24
  2.3.1 立体三面投影的形成 …………………………………………………… 25
  2.3.2 立体三面投影的性质 …………………………………………………… 25

第3章 点、直线、平面的投影 …………………………………………………… 27

 3.1 点的投影 ………………………………………………………………………… 27
  3.1.1 点的三面投影特性 ……………………………………………………… 27
  3.1.2 点的投影与直角坐标 …………………………………………………… 28
  3.1.3 特殊位置点的投影 ……………………………………………………… 29
  3.1.4 两点的相对位置及重影点 ……………………………………………… 30
 3.2 直线的投影 ……………………………………………………………………… 32
  3.2.1 各种位置直线的投影特性 ……………………………………………… 32
  3.2.2 直角三角形法求一般位置直线段的实长和倾角 ……………………… 37
  3.2.3 直线上的点 ……………………………………………………………… 39
  3.2.4 两直线的相对位置 ……………………………………………………… 42
 3.3 平面的投影 ……………………………………………………………………… 48
  3.3.1 平面的表示法 …………………………………………………………… 48
  3.3.2 各种位置平面的投影特性 ……………………………………………… 50
  3.3.3 平面上的点和直线 ……………………………………………………… 55
 3.4 直线与平面、两平面的相对位置 ……………………………………………… 59
  3.4.1 直线与平面平行、两平面平行 ………………………………………… 59
  3.4.2 直线与平面相交、两平面相交 ………………………………………… 63
  3.4.3 直线与平面垂直,两平面垂直 ………………………………………… 67

第4章 换面法 ………………………………………………………………………… 69

 4.1 概述 ……………………………………………………………………………… 69
 4.2 换面法 …………………………………………………………………………… 70
  4.2.1 建立新投影面的条件 …………………………………………………… 70

- 4.2.2 点的投影变换规律 ··· 70
- 4.2.3 基本作图问题 ··· 72
- 4.3 综合问题解法举例 ·· 77
  - 4.3.1 解题的一般方法 ··· 78
  - 4.3.2 解题举例 ··· 78

第5章 平面立体 ··· 83

- 5.1 平面立体的投影 ·· 83
  - 5.1.1 棱柱 ··· 83
  - 5.1.2 棱锥 ··· 85
  - 5.1.3 棱台 ··· 87
- 5.2 平面立体表面上取点和取线 ·· 88
  - 5.2.1 平面立体表面上取点 ··· 88
  - 5.2.2 平面立体表面上取线 ··· 90
- 5.3 柱状体的投影 ·· 92
  - 5.3.1 柱状体的三面投影 ··· 92
  - 5.3.2 识读柱状体的投影 ··· 93
- 5.4 平面立体的截切 ·· 95
  - 5.4.1 概述 ··· 95
  - 5.4.2 棱柱的截切 ··· 96
  - 5.4.3 棱锥的截切 ··· 99
  - 5.4.4 柱状体的截切 ·· 102

第6章 曲面立体 ·· 105

- 6.1 曲面立体的投影 ··· 105
  - 6.1.1 圆柱体 ·· 105
  - 6.1.2 圆锥体 ·· 107
  - 6.1.3 圆球体 ·· 108
- 6.2 曲面立体表面上取点 ··· 109
  - 6.2.1 圆柱体表面上取点 ·· 109
  - 6.2.2 圆锥体表面上取点 ·· 110
  - 6.2.3 在圆球体表面上取点 ·· 112
- 6.3 曲面立体的截切 ··· 113
  - 6.3.1 平面与圆柱体相交 ·· 114
  - 6.3.2 平面与圆锥体相交 ·· 118

6.3.3 平面与圆球体相交 ……………………………………………………… 123

第7章 两立体相交 ……………………………………………………………… 127

7.1 两平面立体相交 …………………………………………………………… 128
7.1.1 概述 …………………………………………………………………… 128
7.1.2 作图举例 ……………………………………………………………… 128

7.2 平面立体和曲面立体相交 ………………………………………………… 135
7.2.1 概述 …………………………………………………………………… 135
7.2.2 作图举例 ……………………………………………………………… 135

7.3 两曲面立体相交 …………………………………………………………… 138
7.3.1 两曲面立体相交的一般情况 ………………………………………… 138
7.3.2 两个圆柱相交的一般情况 …………………………………………… 139
7.3.3 两圆柱体相交的特殊情况 …………………………………………… 143

第8章 组合体 …………………………………………………………………… 145

8.1 概述 ………………………………………………………………………… 145
8.2 画组合体的三面投影 ……………………………………………………… 145
8.2.1 组合体的构成方式 …………………………………………………… 145
8.2.2 组合体各基本体之间的表面连接关系 ……………………………… 146
8.2.3 组合体三面投影图的绘制 …………………………………………… 148

8.3 组合体的尺寸标注 ………………………………………………………… 151
8.3.1 基本体的尺寸标注 …………………………………………………… 152
8.3.2 组合体的尺寸标注 …………………………………………………… 154
8.3.3 组合体的尺寸标注中须注意的问题 ………………………………… 155

8.4 读组合体的三面投影 ……………………………………………………… 156
8.4.1 读组合体投影图的基本知识 ………………………………………… 156
8.4.2 读组合体投影图的方法 ……………………………………………… 161
8.4.3 根据组合体的两个投影图画第三面投影图 ………………………… 166

第9章 轴测投影 ………………………………………………………………… 169

9.1 轴测投影的基本概念 ……………………………………………………… 169
9.1.1 轴测投影的形成 ……………………………………………………… 169
9.1.2 轴向伸缩系数和轴间角 ……………………………………………… 170
9.1.3 轴测投影的分类及特性 ……………………………………………… 170

9.2 平面立体轴测投影画法 …………………………………………………… 171

  9.2.1 正等轴测投影 …………………………………………… 171
  9.2.2 正面斜二测 ……………………………………………… 175
  9.2.3 水平斜轴测 ……………………………………………… 176
 9.3 曲面立体轴测投影的画法 ……………………………………… 179
  9.3.1 曲面立体的正等测 ……………………………………… 179
  9.3.2 曲面立体的正面斜二测 ………………………………… 183

第10章　标高投影 ………………………………………………… 186

 10.1 点、直线和平面的标高投影 …………………………………… 186
  10.1.1 点的标高投影 …………………………………………… 186
  10.1.2 直线的标高投影 ………………………………………… 186
  10.1.3 平面的标高投影 ………………………………………… 189
 10.2 曲面的标高投影 ………………………………………………… 195
  10.2.1 圆锥面的标高投影 ……………………………………… 195
  10.2.2 地形面的标高投影 ……………………………………… 195
  10.2.3 地形断面图 ……………………………………………… 196

第2篇　建筑工程制图

第11章　建筑形体的表达方法 …………………………………… 198

 11.1 基本视图 ………………………………………………………… 198
 11.2 剖视图 …………………………………………………………… 200
  11.2.1 剖视图的形成 …………………………………………… 200
  11.2.2 剖视图的画法及标注 …………………………………… 201
  11.2.3 剖视图的种类 …………………………………………… 205
  11.2.4 剖视图的剖切方法 ……………………………………… 207
 11.3 断面图 …………………………………………………………… 210
  11.3.1 断面图的形成 …………………………………………… 210
  11.3.2 断面图的标注 …………………………………………… 212
  11.3.3 断面图的种类和画法 …………………………………… 212
 11.4 其他表达方法 …………………………………………………… 213
  11.4.1 镜像投影 ………………………………………………… 213
  11.4.2 简化画法 ………………………………………………… 213

第12章 房屋建筑施工图 216

12.1 概述 216
12.1.1 房屋的组成及作用 216
12.1.2 房屋建筑设计程序 217
12.1.3 房屋施工图的种类 218
12.1.4 建筑施工图中常用的符号 218

12.2 首页图与建筑总平面图 223
12.2.1 首页图 223
12.2.2 建筑总平面图 223

12.3 建筑平面图 227
12.3.1 建筑平面图的形成及作用 227
12.3.2 建筑平面图的命名 227
12.3.3 建筑平面图的图示内容 231
12.3.4 看图示例 235
12.3.5 建筑平面图的画图步骤 236

12.4 建筑立面图 237
12.4.1 建筑立面图的形成及作用 237
12.4.2 立面图的命名 237
12.4.3 建筑立面图的图示内容 240
12.4.4 看图示例 241
12.4.5 建筑立面图的绘图步骤 241

12.5 建筑剖面图 242
12.5.1 建筑剖面图的形成及作用 242
12.5.2 建筑剖面图的命名 244
12.5.3 建筑剖面图的图示内容 244
12.5.4 看图示例 245
12.5.5 建筑剖面图的绘制步骤 245

12.6 建筑详图 247
12.6.1 概述 247
12.6.2 墙身详图 247
12.6.3 楼梯详图 249

第13章 结构施工图 258

13.1 概述 258

  13.1.1 结构施工图的基本内容 ············ 258
  13.1.2 钢筋混凝土结构简介 ············ 259
  13.1.3 结构施工图的图示特点 ············ 259
 13.2 基础图 ············ 262
  13.2.1 基础平面图 ············ 263
  13.2.2 基础断面图 ············ 265
 13.3 楼层结构施工图 ············ 267
  13.3.1 钢筋混凝土结构 ············ 267
  13.3.2 结构平面布置图 ············ 274
 13.4 钢筋混凝土构件详图 ············ 278
  13.4.1 钢筋混凝土梁详图 ············ 278
  13.4.2 现浇钢筋混凝土板详图 ············ 280
  13.4.3 钢筋混凝土柱详图 ············ 282
  13.4.4 楼梯结构施工图 ············ 284

第14章 室内给排水工程图 ············ 289

 14.1 概述 ············ 289
  14.1.1 给水排水工程和给水排水工程图 ············ 289
  14.1.2 室内给水排水系统图组成 ············ 290
  14.1.3 室内给水排水工程图的图示特点 ············ 293
 14.2 室内给排水平面图 ············ 297
  14.2.1 室内给水、排水平面的图示特点 ············ 297
  14.2.2 给排水平面图的画图步骤 ············ 301
 14.3 室内给水排水系统图 ············ 301
  14.3.1 室内给排水系统图的图示特点 ············ 304
  14.3.2 室内给排水系统图的画图步骤 ············ 306

第3篇 计算机绘图基础

第15章 计算机绘图 ············ 308

 15.1 AutoCAD 的基础知识 ············ 308
  15.1.1 AutoCAD 的工作界面 ············ 308
  15.1.2 命令及参数的输入方法 ············ 310
  15.1.3 绘图辅助工具 ············ 312

15.2 常用绘图命令 ······ 316
15.2.1 绘制直线 ······ 316
15.2.2 绘制多边形 ······ 318
15.2.3 绘制规则曲线 ······ 320
15.2.4 绘制点实体 ······ 325
15.3 实体特性和图形显示 ······ 327
15.3.1 实体特性 ······ 327
15.3.2 图形显示控制 ······ 333
15.4 图形编辑 ······ 335
15.4.1 目标选择 ······ 335
15.4.2 图形编辑 ······ 336
15.4.3 夹点编辑 ······ 350
15.4.4 平面图形绘图举例 ······ 351
15.5 文字标注和尺寸标注 ······ 354
15.5.1 文字标注 ······ 354
15.5.2 尺寸标注 ······ 359
15.6 复杂对象的绘制和编辑 ······ 370
15.6.1 多段线的绘制和编辑 ······ 370
15.6.2 多线的绘制和编辑 ······ 373
15.6.3 图案填充 ······ 377
15.6.4 分解复杂实体 Explode ······ 380
15.7 图块与属性 ······ 381
15.7.1 图块操作 ······ 381
15.7.2 属性操作 ······ 384
15.7.3 清除无用的命名对象 ······ 387

参考文献 ······ 389

绪 论

1. 本课程的地位与性质

在工程和科学技术中，人们常用工程图样表达设计思想，进行技术交流。工程图样常被喻为"工程界的语言"。同时，工程图样也是生产管理部门和施工单位进行管理和施工的技术文件与依据，因此，掌握工程图样的绘制及阅读是任何一名工程技术人员必须具备的最基本的素质和能力。

"建筑制图"是土木类各专业必须学习的一门技术基础课。它专门研究绘制与阅读工程图样的理论及方法，并培养学生的绘图技能和空间想象。本门课程是学习后续专业课和参加专业实践的必不可少的基础。

2. 本课程的基本内容

本课程由以下内容组成：
(1) 制图基础
其主要内容包括：
①研究用正投影法在二维平面上图示空间形体和图解空间几何问题的理论和方法。它不仅为建筑工程制图的学习建立理论基础，也为培养学生的空间想象能力、空间构思能力打下基础。
②熟悉制图的基本知识和有关制图标准规定。能正确使用绘图工具、掌握绘图的方法和技巧。
(2) 建筑工程制图
建筑工程制图是投影理论的运用，主要培养学生绘制和阅读建筑工程图样的能力。通过建筑工程制图的学习，能熟练地运用各种方法表达建筑形体，熟悉建筑图样的内容和图示特点，掌握绘制和阅读建筑工程图样的方法。
(3) 计算机绘图
计算机绘图是 CAD（计算机辅助设计）的基础之一，已广泛应用于工程设计领域。计算机绘图是一种快捷、准确绘制工程图样的方法。

3. 本课程的任务

(1) 学习投影法（主要是正投影法）的基本理论及其应用。

（2）培养图示空间形体和图解空间几何问题的能力，培养分析和解决空间问题的能力。

（3）培养和发展空间想象能力、构思能力、创造能力。

（4）培养绘制和阅读建筑工程图样的基本能力。

（5）培养用计算机软件绘制工程图样的能力。

（6）培养认真负责的工作态度和严谨、细致、一丝不苟的工作作风。

4. 本课程的学习方法

本课程的特点是理论性强、实践性强。因此，学习中应注意以下几点：

（1）掌握基本理论和基本作图方法，弄清三维空间形体和二维平面图形之间的对应关系。始终建立从空间形体到平面图形以及从平面图形到空间形体的思维想象过程，注意空间几何关系的分析及投影特性的运用。

（2）要养成良好的学习习惯。本课程的"图"多，读书时要思想集中，要善于思考，图文并读。课前要预习，带着预习中的疑难问题听课。课后要及时复习和完成作业，以消化、理解所学的内容。

（3）养成正确使用绘图仪器和工具的习惯，严格遵守国家标准的有关规定。只有这样，才能提高绘图的精度、速度和质量。

（4）严格要求，耐心细致，严谨求实。工程图是施工的重要依据，图纸上一字一线的差错都会给建筑工程造成巨大的损失。所以在学习中就要养成耐心细致、认真负责、严谨的作风。

第1篇 制图基础

第1章 制图基本知识

1.1 建筑制图国家标准的有关规定

为了统一建筑制图规则,保证制图质量,提高制图效率,便于工程建设及技术交流,国家有关部门制定出建筑制图国家标准。凡是从事建筑工程专业的技术人员,都应该熟悉"国标"的有关知识及要求,并严格遵守执行。本章主要介绍《技术制图》(GB/T 14689—93)和《房屋建筑制图统一标准》(GB/T 50001—2001)的有关内容。

代号 GB/T 14689—93 中,GB 表示国标(国标的汉语拼音缩写),T 表示推荐使用,14689 表示该标准的编号,93 表示颁布年号。

1.1.1 图纸幅面规格

1. 图纸幅面

图纸幅面是指图纸本身的大小规格。为了合理使用并便于图纸管理装订,"制图标准"对绘制建筑工程图的图纸幅面做出了规定。图纸幅面及图框尺寸应符合表 1-1 的规定,其格式和代号如图 1-1 所示。

表 1-1 图纸幅面和图框尺寸   mm

	A0	A1	A2	A3	A4
$b \times l$	841 × 1189	594 × 841	420 × 594	297 × 420	210 × 297
c	10			5	
a	25				

必要时,图纸幅面可按表 1-2 加长长边。

图纸以短边作为垂直边,称为横式,以短边作为水平边,称为立式。一般 A0～A3 图纸宜横式使用;必要时,也可立式使用。一个工程设计中,每个专业所使用的图纸,一般不宜多于两种幅面,不含目录及表格所采用的 A4 幅面。

图纸上必须用粗实线画出图框。图框是图纸所提供绘图的范围的边线。图框线与图幅线之间的间隔 a 和 c 应符合表 1-1 的规定。

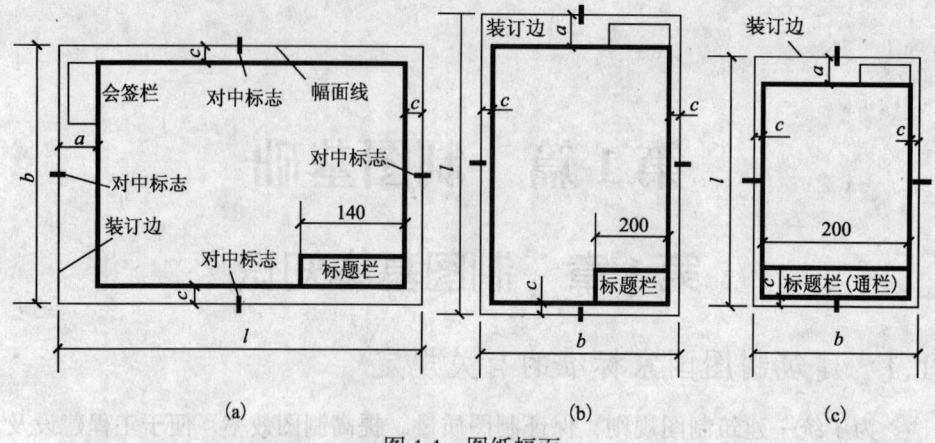

图 1-1 图纸幅面
(a) A0~A3 横式幅面；(b) A0~A3 立式幅面；(c) A4 立式幅面

表 1-2 图纸长边加长尺寸　　　　　　　　　　　　　　　　　mm

幅面尺寸	长边尺寸	长 边 加 长 后 尺 寸
A0	1189	1486　1635　1783　1932　2080　2230　2378
A1	841	1051　1261　1471　1682　1892　2102
A2	594	743　891　1041　1189　1338　1486　1635　1783　1932　2080
A3	420	630　841　1051　1261　1471　1682　1892

注：有特殊要求的图纸，可采用 $b \times l$ 为 841mm×891mm 与 1189mm×1261mm 的幅面。

2. 标题栏和会签栏

在每张正式的工程图纸上都有工程名称、图名、图纸编号、设计单位、设计人、绘图人、校核人等签字的栏目，把它们集中列成表格形式，就是图纸的标题栏，简称图标，如图 1-2a 所示。其位置在图框内右下角。

本课程的作业和练习都不是生产用的图纸，学习阶段建议采用如图 1-2b 所示的图标。其中图名用 10 号字，校名用 10 号或 7 号字，其余汉字除签名外均用 5 号字书写。

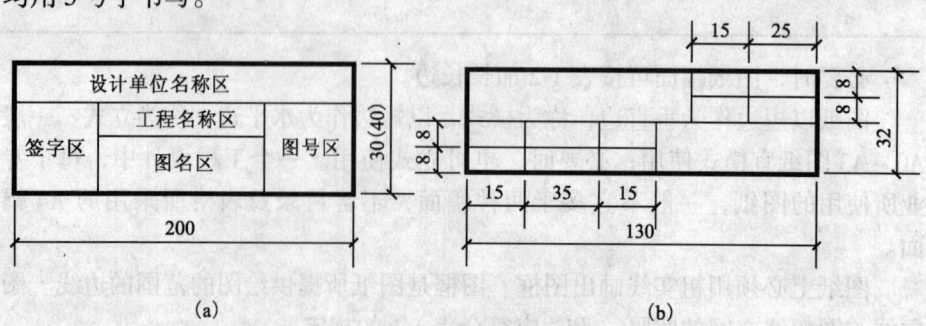

图 1-2 标题栏

建筑工程中的设计图样一般需要审定，水电等工种负责人要会签，这时可在图纸上留有装订边的一侧设置会签栏。其尺寸应为100mm×20mm，如图1-3所示。一个会签栏不够时，可另加一个，两个会签栏应并列。不需会签的图纸可不设会签栏。

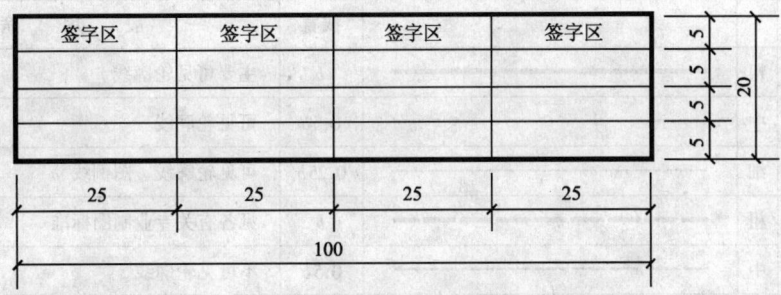

图 1-3　会签栏

1.1.2　图线

图线对工程图是很重要的，它不仅确定了图形的范围，还表示一定的含义。因此需要有统一规定。

1. 图线的宽度

国标规定图线的宽度有粗线、中粗线和细线之分。粗、中粗和细线的线宽比为4:2:1。

每个图样，应根据复杂程度与比例大小，先确定基本线宽 b。b 值宜从下列线宽系列中选取：2.0mm、1.4mm、1.0mm、0.7mm、0.5mm、0.35mm，再选用表1-3中相应的线宽组。图纸的图框和标题栏，可采用表1-4的线宽。

表 1-3　线宽组　　　　　　　　　　　　　　　　　　mm

线宽比	线		宽		组	
b	2.0	1.4	1.0	0.7	0.5	0.35
$0.5b$	1.0	0.7	0.5	0.35	0.25	0.18
$0.25b$	0.5	0.35	0.25	0.18	—	—

表 1-4　图线宽和标题栏线的宽度　　　　　　　　　　mm

幅面宽度	图框线	标题栏外框线	标题栏分格线、会签栏线
A0、A1	1.4	0.7	0.35
A2、A3、A4	1.0	0.7	0.35

同一张图纸内，相同比例的各图样，应选用相同的线宽组。

2. 图线线型

《房屋建筑制图统一标准》(GB/T 50001—2001)中规定，工程建设制图应选用表 1-5 所示的图线。

表 1-5 图　线

名称		线　　型	线宽	一　般　用　途
实线	粗	———————————	b	主要可见轮廓线
	中	———————————	$0.5b$	可见轮廓线
	细	———————————	$0.25b$	可见轮廓线、图例线
虚线	粗	- - - - - - - - - - -	b	见各有关专业制图标准
	中	- - - - - - - -	$0.5b$	不可见轮廓线
	细	- - - - - - - - -	$0.25b$	不可见轮廓线、图例线
单点长画线	粗	—·—·—·—·—	b	见各有关专业制图标准
	中	—·—·—·—·—	$0.5b$	见各有关专业制图标准
	细	—·—·—·—·—	$0.25b$	中心线、对称线等
双点长画线	粗	—··—··—··—	b	见各有关专业制图标准
	中	—··—··—··—	$0.5b$	见各有关专业制图标准
	细	—··—··—··—	$0.25b$	假想轮廓线、成型前原始轮廓线
折断线		—————/—————	$0.25b$	断开界线
波浪线		～～～～～	$0.25b$	断开界线

3. 图线的画法

(1) 相互平行的图线，其间隙不宜小于其中的粗线宽度，且不宜小于 0.7mm（图 1-4a）。

(2) 虚线、单点长画线或双点长画线的线段长度和间隔，宜各自相等，建议如图 1-4b 所示。

(3) 单点长画线或双点长画线，当在较小图形中绘制有困难时，可用实线代替（图 1-4c）。

(4) 单点长画线或双点长画线的两端，不应是点（图 1-4d）。点画线与点画线交接或点画线与其他图线交接时，应是线段交接。

(5) 虚线与虚线交接或虚线与其他图线交接时，应是线段交接。虚线为实线的延长线时，不得与实线连接（图 1-5）。

(6) 图线不得与文字、数字或符号重叠、混淆，不可避免时，应首先保证文字等的清晰。

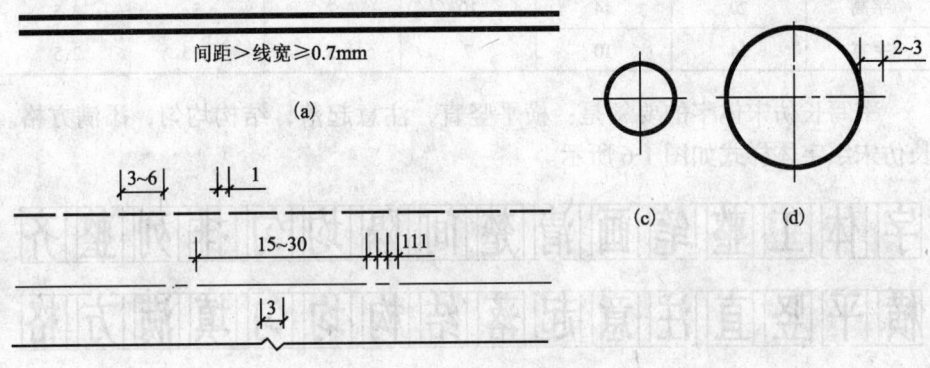

图 1-4 图线的画法和交接
（a）互相平行的图线；（b）建议画法；（c）半径较小；（d）半径较大

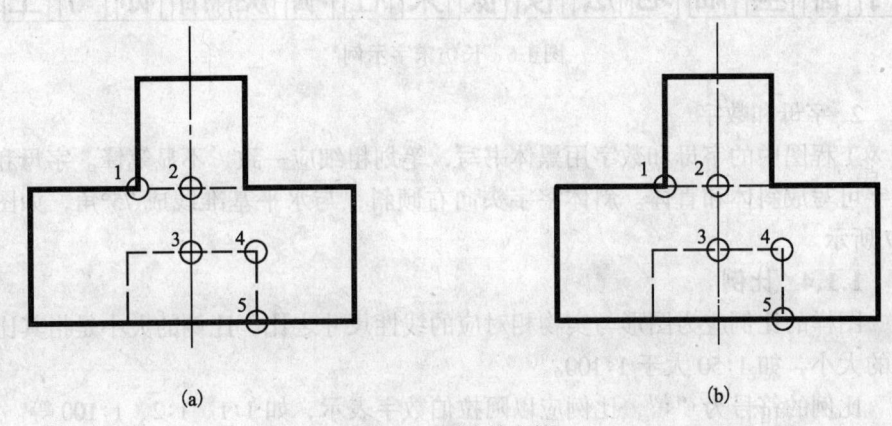

图 1-5 图线的交接
（a）正确交接；（b）错误交接

1.1.3 字体

图纸上所需书写的文字、数字或符号等，均应笔画清晰、字体端正、排列整齐。标点符号应清楚正确。

1. 汉字

图样中的汉字，应采用国家公布的简化汉字，并用长仿宋字体书写。字高与字宽的比例大约为 1:0.7，应符合表 1-6 的规定。汉字的字高代表字体的号数。国标规定字体高度的公称尺寸系列为：1.8mm、2.5mm、3.5mm、5mm、7mm、10mm、14mm、20mm（如需书写更大的字，其高度应按 $\sqrt{2}$ 的比值递增）。

表1-6　长仿宋体字高宽关系　　　　　　　　　　mm

字高	20	14	10	7	5	3.5
字宽	14	10	7	5	3.5	2.5

书写长仿宋体字的要领是：横平竖直，注意起落，结构均匀，添满方格。长仿宋字字体样式如图1-6所示。

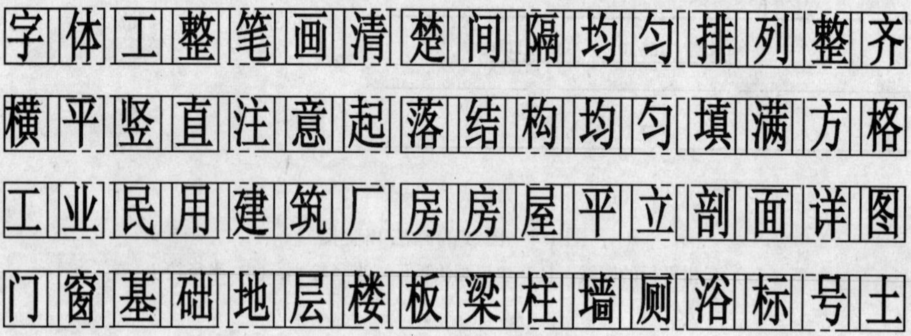

字体工整笔画清楚间隔均匀排列整齐
横平竖直注意起落结构均匀填满方格
工业民用建筑厂房房屋平立剖面详图
门窗基础地层楼板梁柱墙厕浴标号土

图1-6　长仿宋字示例

2. 字母和数字

工程图中的字母和数字用黑体书写，笔划粗细应一致，不显笔锋。字母和数字可写成斜体和直体。斜体字字头向右倾斜，与水平基准线成75°角，如图1-7所示。

1.1.4 比例

图样的比例应为图形与实物相对应的线性尺寸之比。比例的大小是指其比值的大小，如1:50大于1:100。

比例的符号为":"，比例应以阿拉伯数字表示，如1:1、1:2、1:100等。

比例宜注写在图名的右侧，比例的字高宜比图名的字高小一号或二号，如："平面图 1:100"。

绘图所用的比例，应根据图样的用途与被绘对象的复杂程度，从表1-7中选用，并优先选用表中常用比例。

表1-7　绘图所用的比例

常用比例	1:1　1:2　1:5　1:10　1:20　1:50　1:100　1:150　1:200　1:500　1:1000　1:2000　1:5000　1:10000　1:20000　1:50000　1:100000　1:200000
可用比例	1:3　1:4　1:6　1:15　1:25　1:30　1:40　1:60　1:80　1:250　1:300　1:400　1:600

一般情况下，一个图样应选用一种比例。根据专业制图需要，同一图样可选用两种比例。

图1-7 字母和数字示例

(a) 大写拉丁字母（直体）；(b) 小写拉丁字母（直体）；(c) 大写拉丁字母（斜体）；
(d) 小写拉丁字母（斜体）；(e) 阿拉伯数字（斜体）；(f) 阿拉伯数字（直体）；
(g) 罗马数字（斜体）；(h) 希腊字母（直体）

1.1.5 尺寸标注

建筑工程图是施工的依据，图样上的尺寸是图纸的重要组成部分，标注尺寸必须准确、详尽和清晰。

图样上的尺寸包括尺寸界线、尺寸线、尺寸起止符号和尺寸数字，如图1-8所示。

1. 尺寸界线、尺寸线及尺寸起止符号

尺寸界线应用细实线绘制，一般应与被注

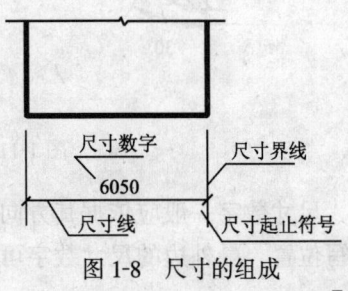

图1-8 尺寸的组成

长度垂直,其一端应离开图样轮廓线不小于2mm,另一端宜超出尺寸线2~3mm。图样轮廓线可用作尺寸界线,如图1-9所示。

尺寸线应用细实线绘制,并应与被注长度平行。图样本身的任何图线均不得用作尺寸线。

尺寸起止符号一般用中粗斜短线绘制,其倾斜方向应与尺寸界线成顺时针45°角,长度宜为2~3mm。半径、直径、角度与弧长的尺寸起止符号,宜用箭头表示,尺寸箭头的画法如图1-10所示。

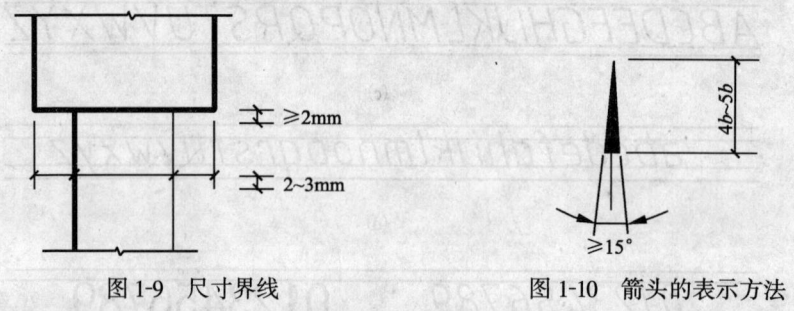

图1-9 尺寸界线　　　　　　　图1-10 箭头的表示方法

2. 尺寸数字

图样上的尺寸,应以尺寸数字为准,不得从图样上直接量取。

图样上的尺寸单位,除标高及总平面图是以米为单位外,其他必须以毫米(mm)为单位。

尺寸数字的方向,应按图1-11a的规定注写。若尺寸数字在30°斜线区内,宜按图1-11b的形式注写。

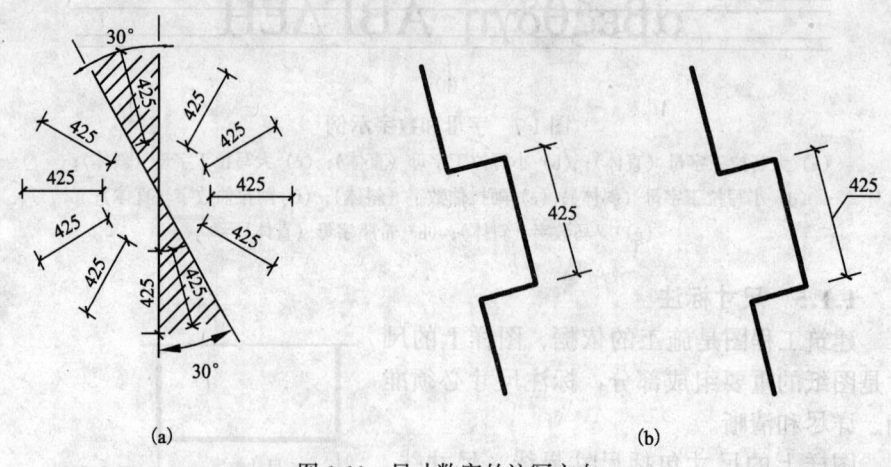

图1-11 尺寸数字的注写方向

尺寸数字一般应依据其方向注写在靠近尺寸线的上方中部。如没有足够的注写位置,最外边的尺寸数字可注写在尺寸界线的外侧,中间相邻的尺寸数字可错开注写（图1-12）。

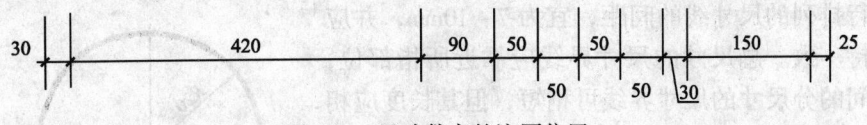

图1-12 尺寸数字的注写位置

3.尺寸的排列与布置

尺寸宜标注在图样轮廓以外，不宜与图线、文字及符号等相交（图1-13）。

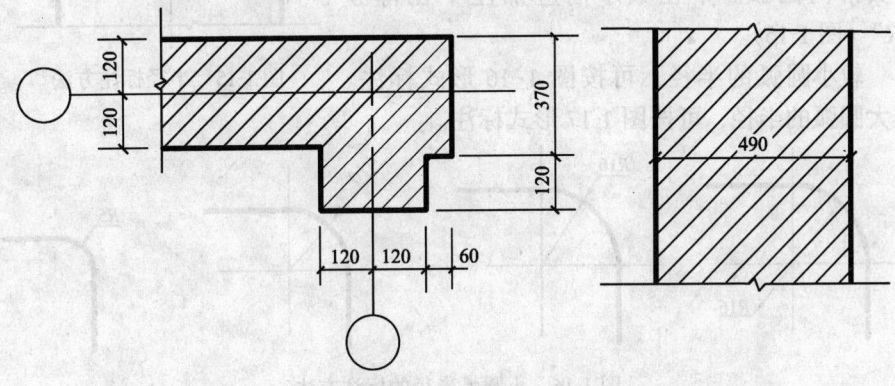

图1-13 尺寸数字的注写

互相平行的尺寸线，应从被注写的图样轮廓线由近向远整齐排列，较小尺寸应离轮廓线较近，较大尺寸应离轮廓线较远（图1-14）。

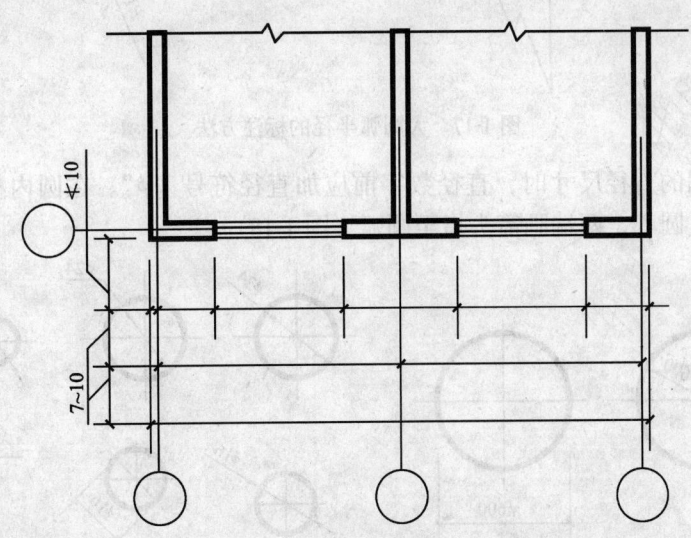

图1-14 尺寸的排列

图样轮廓线以外的尺寸线,距图样最外轮廓之间的距离,不宜小于10mm。平行排列的尺寸线的间距,宜为7~10mm,并应保持一致。总尺寸的尺寸界线应靠近所指部位,中间的分尺寸的尺寸界线可稍短,但其长度应相等,如图1-14所示。

4. 半径、直径,球径的尺寸标注

半径尺寸线的一端应从圆心开始,另一端画箭头指向圆弧。半径数字前应加注半径符号"R"(图1-15)。

较小圆弧的半径,可按图1-16形式标注。较大圆弧的半径,可按图1-17形式标注。

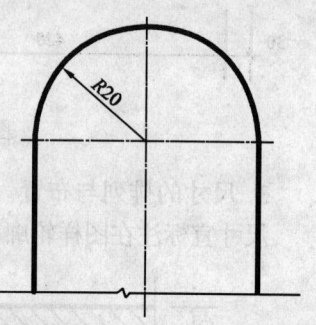

图1-15 半径标注方法

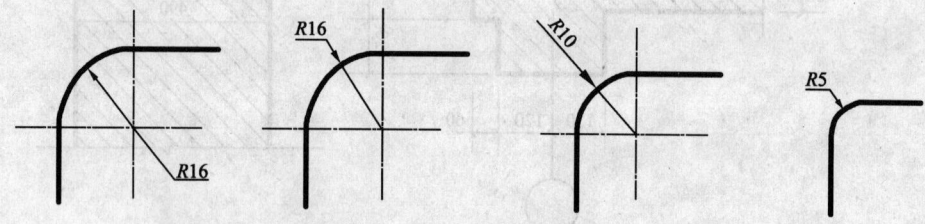

图1-16 小圆弧半径的标注方法

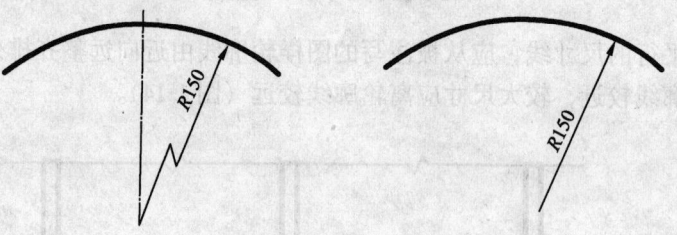

图1-17 大圆弧半径的标注方法

标注圆的直径尺寸时,直径数字前应加直径符号"ϕ"。在圆内标注的尺寸线应通过圆心,两端画箭头指至圆弧(图1-18)。

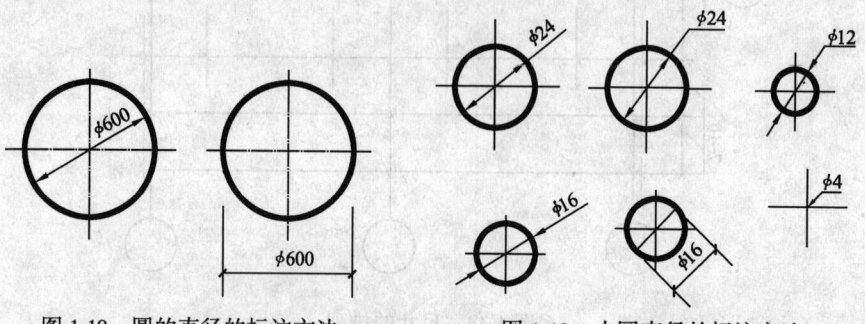

图1-18 圆的直径的标注方法　　图1-19 小圆直径的标注方法

较小圆的直径尺寸，可标注在圆外（图1-19）。

标注球的半径尺寸时，应在尺寸前加注符号"SR"，标注球的直径尺寸时，应在尺寸数字前加注符号"Sϕ"。注写方法与圆弧半径和圆直径的尺寸标注方法相同。

5. 角度、弧长、弦长的标注

角度的尺寸线应以圆弧表示。该圆弧的圆心应是该角的顶点，角的两条边为尺寸界线。起止符号应以箭头表示，如没有足够位置画箭头，可用圆点代替，角度数字应按水平方向注写（图1-20）。

标注圆弧的弧长时，尺寸线应与该圆弧同心的圆弧线表示，尺寸界线应垂直于该圆弧的弦，起止符号用箭头表示，弧长数字上方应加注圆弧符号（图1-21）。

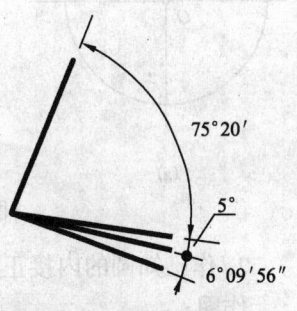

图1-20 角度标注方法

标注圆弧的弦长时，尺寸线应以平行于该弦的直线表示，尺寸界线应垂直于该弦，起止符号用中粗斜短线表示（图1-22）。

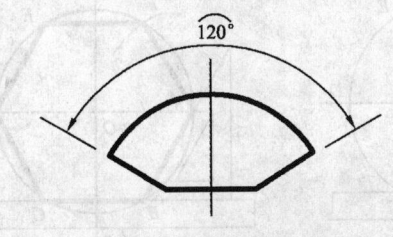

图1-21 弧长标注方法　　图1-22 弦长标注方法

1.2 几何作图

几何作图是根据已知条件按几何原理，利用绘图工具和仪器准确地画出图形。以下说明常用的几种几何作图的方法和步骤。

1.2.1 作正多边形

1. 作已知圆的内接正五边形。

作图：

(1) 作已知圆 O（图1-23a）；

(2) 半径 OF 的等分点 G，以 G 为圆心，GA 为半径作圆弧，交直径于 H（图1-23b）；

(3) 以 AH 为半径，分圆周为五等分。连接各等分点 A、B、C、D、E，即为所求（图1-23c）。

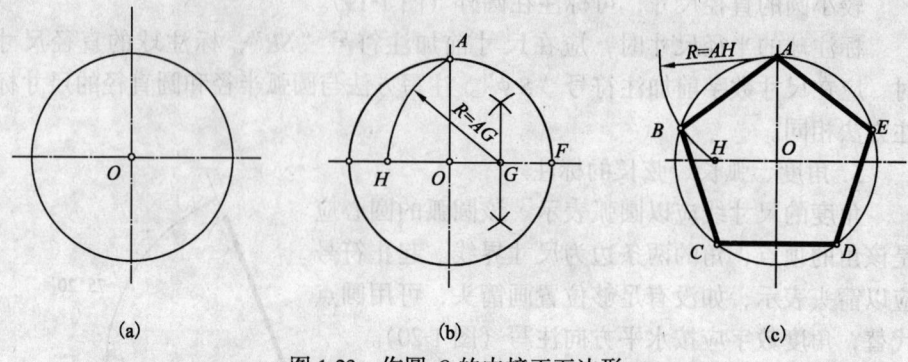

图 1-23 作圆 O 的内接正五边形

2．作已知圆的内接正六边形。

作图：

(1) 作已知半径为 R 的圆（图 1-24a）；

(2) 用 R 划分圆周为六等分（图 1-24b）；

(3) 顺序将各等分点连起来，即为所求（图 1-24c）。

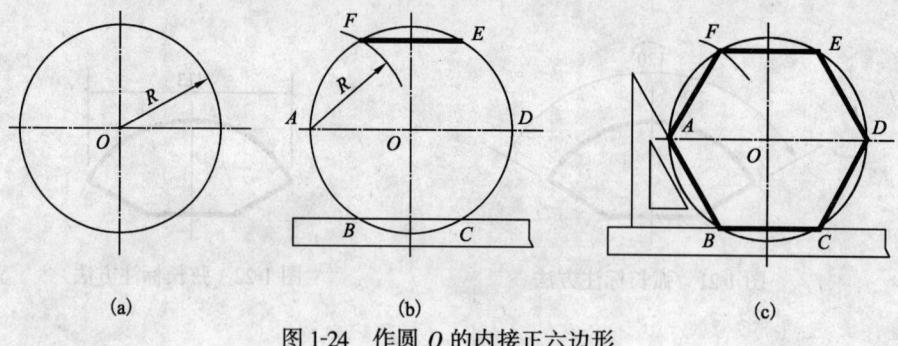

图 1-24 作圆 O 的内接正六边形

1.2.2 圆弧连接

1．作圆弧与已知相交两直线连接。

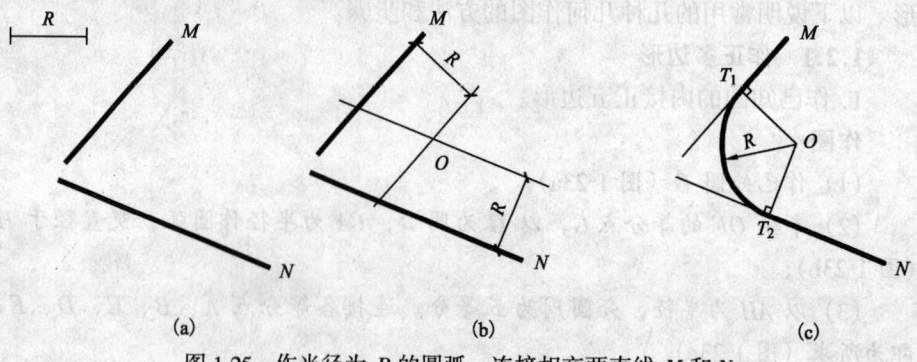

图 1-25 作半径为 R 的圆弧，连接相交两直线 M 和 N

作图（图 1-25）：

(1) 分别作与 M、N 平行且相距为 R 的两直线，交点 O 即所求圆弧的圆心；

(2) 过点 O 分别作 M 和 N 的垂线，垂足 T_1 和 T_2 即所求的切点；

(3) 以 O 为圆心，R 为半径，作弧 T_1T_2，即为所求。

2. 作圆弧与已知直线和圆弧连接。

作图（图 1-26）：

(1) 作直线 M 平行于 L 且相距为 R；又以 O_1 为圆心，$R+R_1$ 为半径作圆弧，交直线 M 于点 O；

(2) 连 OO_1 交已知圆弧 O_1 于切点 T_1，作 OT_2 垂直于 L，得另一切点 T_2；

(3) 以 O 为圆心，R 为半径作弧 T_1T_2 即为所求。

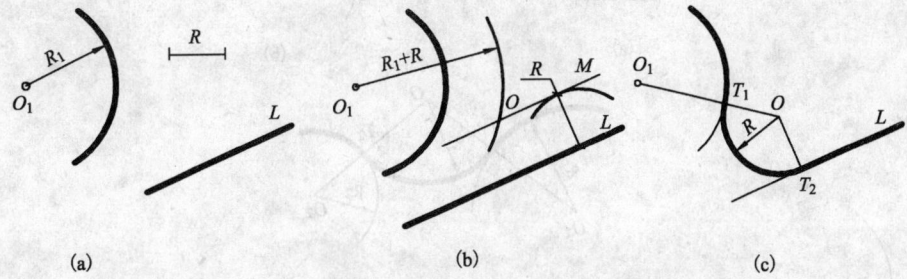

图 1-26 作半径为 R 的圆弧连接直线 L 和圆弧 O_1

3. 作圆弧与两已知圆弧内切连接。

作图（图 1-27）：

(1) 以 O_1 为圆心，$R-R_1$ 为半径作圆弧，又以 O_2 为圆心，$R-R_2$ 为半径作圆弧，两弧相交于点 O；

(2) 延长 OO_1、交圆弧 O_1 于切点 T_1；延长 OO_2，交圆弧 O_2 于切点 T_2；

(3) 以 O 为圆心，R 为半径，作弧 T_1T_2 即为所求。

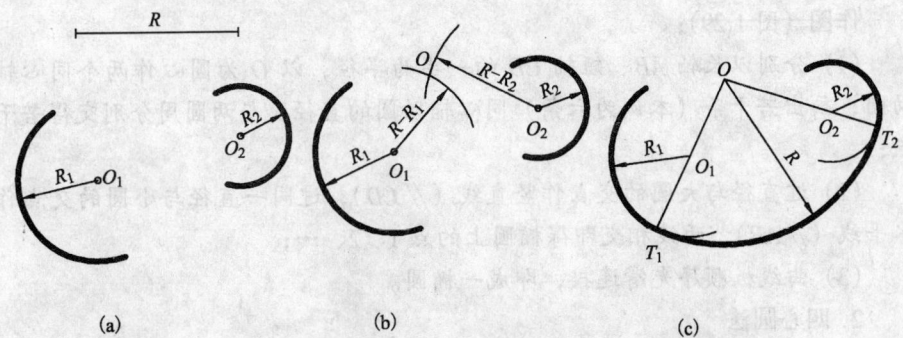

图 1-27 作半径为 R 的圆弧与圆弧 O_1、O_2 内切连接

4. 作圆弧与两已知圆弧外切连接。

作图（图 1-28）：

(1) 以 O_1 为圆心，$R+R_1$ 为半径作圆弧，又以 O_2 为圆心，$R+R_2$ 为半径作圆弧，两弧相交于 O；

(2) 连接 O 和 O_1，交圆弧 O_1 于切点 T_1；连 OO_2 交圆弧 O_2 于切点 T_2；

(3) 以 O 为圆心，R 为半径，作圆弧 T_1T_2，即为所求。

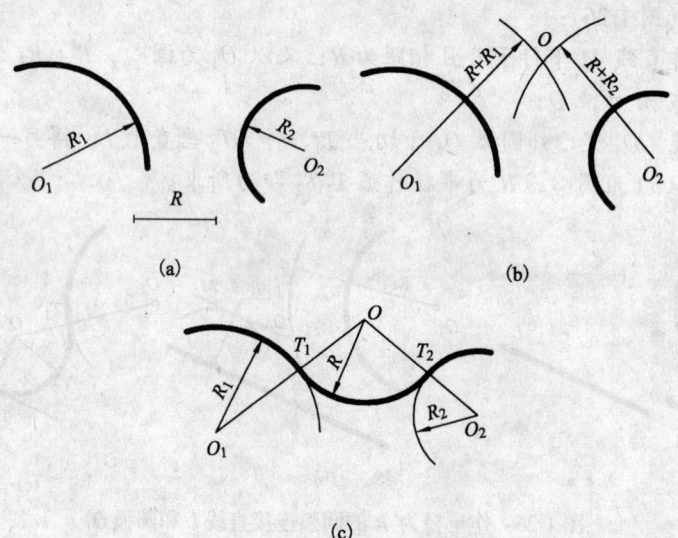

图 1-28　作半径为 R 的圆弧与圆弧 O_1、O_2 外切连接

1.2.3　椭圆画法

非圆曲线中，椭圆应用较为广泛。国内外虽有多种椭圆规，但至今尚未普及。目前工程中除用计算机绘制外，还使用直尺、曲线板、圆规等仪器作椭圆，或作近似椭圆。以下介绍两种画法。

1. 同心圆法

作图（图 1-29）：

(1) 分别以长轴 AB、短轴 CD 的一半为半径，以 O 为圆心作两个同心辅助圆；画出若干条（本例为六条）同心辅助圆的直径，与两圆周分别交得若干点；

(2) 过直径与大圆的交点作竖直线（$/\!/CD$），过同一直径与小圆的交点作水平线（$/\!/AB$），两线相交即得椭圆上的点 1、2、…；

(3) 曲线板顺序光滑连接，即成一椭圆。

2. 四心圆法

作图（图 1-30）：

(1) 连接长短轴的端点，如 AC，并在其上截取 $CF = CE = (AO - CO)$；

(2) 作 AF 的中垂线，交 OA 于 O_1 点，交 OD 于 O_2 点；

(3) 分别在 OB、OC 上求得 O_1、O_2 的对称点 O_3、O_4，连 O_1O_4、O_2O_3、O_4O_3；

(4) 分别以 O_1、O_3 为圆心，以 O_1A（$= O_3B$）为半径画弧；再分别以 O_2、O_4 为圆心，以 O_2C（$= O_4D$）为半径画弧，四段圆弧在连心线处相接，成为以 T_1、T_2、T_3、T_4 为切点的椭圆。

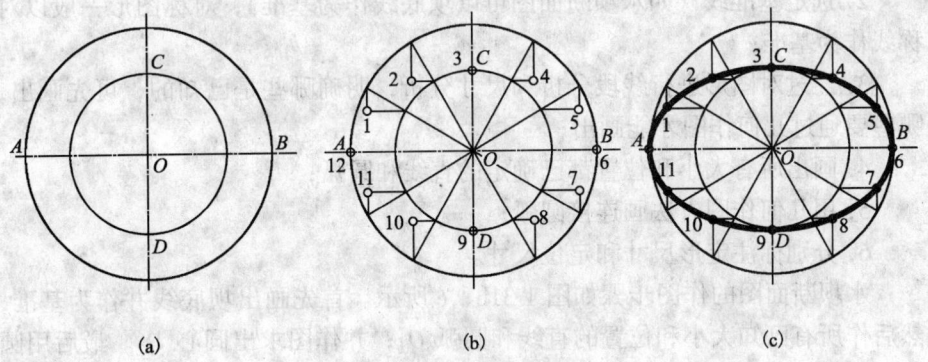

图 1-29 同心圆法画椭圆

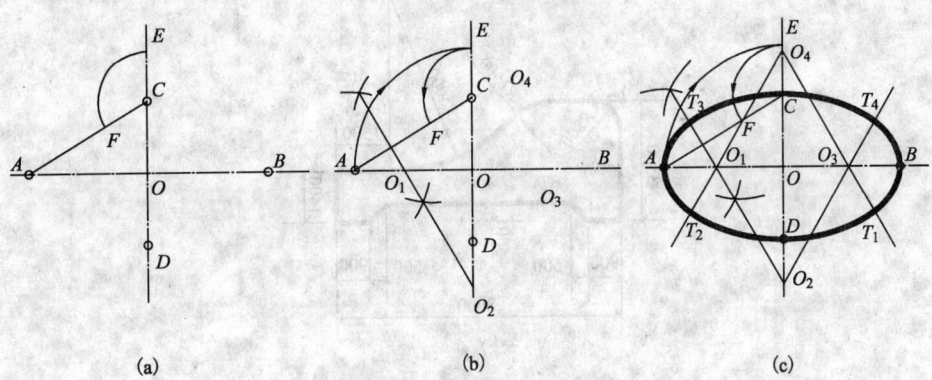

图 1-30 四心圆法画椭圆

1.3 平面图形画法

1.3.1 平面图形的线段分析及尺寸分析

平面图形由直线线段、或曲线线段、或直线线段和曲线线段共同构成。曲线线段以圆弧为最多。画图之前，要对图形各线段进行分析，明确每一段的形状、大小和相对位置，然后分段画出，连接成一图形。各线段的大小和位置，可根据图中所注尺寸确定。用来确定几何元素的大小的尺寸，称为定形尺寸。用来确定几何元素与基准之间或各元素之间的相对位置的尺寸，称为定位尺寸。有些定形尺寸，同时起定位作用。图 1-31a 是一水坝断面图，图中 8000、1400、3300、1500、$R800$ 等是定形尺寸，1500 是定位尺寸，$R5000$ 既是定形尺寸，又是定位尺寸。一般连接圆弧都可用作图方法确定其圆心，所以不必标出圆心的定位尺寸。

1.3.2 平面图形的作图步骤

1. 选定比例，布置图面，使图形在图纸上位置适中；
2. 选定基准线（如水坝断面图可以坝底线作为基准），对称图形一般以对称线作为基准；
3. 经过对图形进行线段分析和尺寸分析，明确哪些是已知的，可先画出，哪些要通过几何作图才能画出；
4. 画出所有大小和位置都已确定的直线和圆弧；
5. 用几何作图方法画连接圆弧；
6. 分别标注定形尺寸和定位尺寸。

水坝断面图的作图步骤如图 1-31b、c 所示。首先画出坝底线并作为基准，然后作所有已知大小和位置的直线和圆弧 O_1，并作图求出圆心 O_2。最后用圆弧连接方法，作弧 T_1T_2 和 T_3T_4，即为所求。

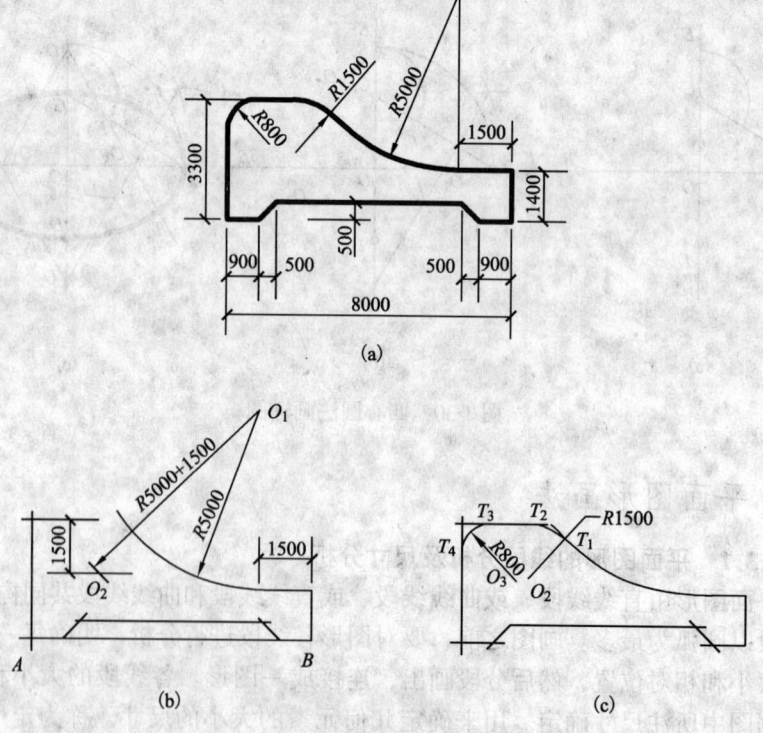

图 1-31 水坝断面画法

1.4 徒手作图

用绘图仪器画出的图，称为仪器图。不用仪器，徒手做出的图称为草图。草图是技术人员交谈、记录、构思、创作的有力工具。技术人员必须熟练掌握徒手作图的技巧。

草图的"草"字只是指徒手作图而言，并没有允许潦草的含义。草图上的线条也要粗细分明，基本平直，方向正确，长短大致符合比例，线型符合国家标准。画草图的铅笔最好用较软的铅笔，如 B 或 2B，笔杆要长，笔尖要圆，不要太尖锐。握笔的位置要高一些，手指要放松，以使笔杆在手中有较大的活动范围（图 1-32）。

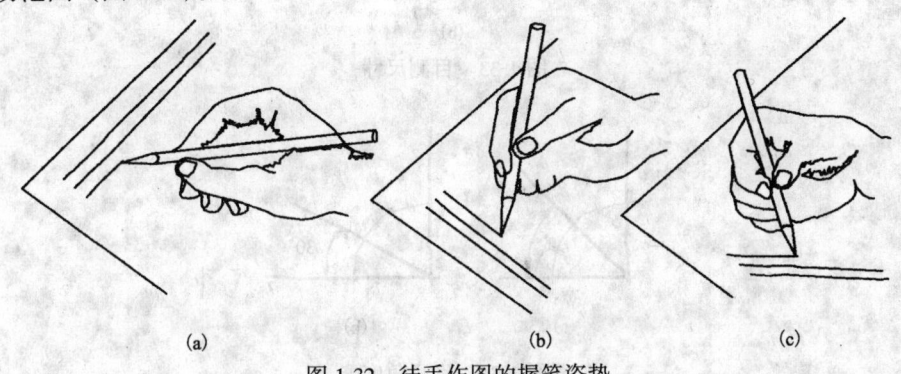

图 1-32 徒手作图的握笔姿势

1.4.1 画直线

画水平线时笔杆要放平些（图 1-32a）；画竖直线时笔杆要立直些（图 1-32b）；画斜线时应从上左端开始（图 1-32c），也可将纸转动，按水平线画出。

画较长直线的底稿，眼睛不要看笔尖，要盯住终点，用较快的速度画出；加深或加粗底稿时，眼睛则要盯着笔尖，用较慢的速度画。

1.4.2 目测尺寸和角度

1. 目测尺寸

图 1-33a 表示拟在直线 AM 上定出长度为 67 的 AB 段的方法：由点 A 向右估出 10，以此份为标准，向右逐次点出 20、30、…、70，将最后一份(60~70)分为两等分得 (65) 点，在 65~70 段的约 2/5 处点出点 B 即为所求。

图 1-33b 表示目测对称于 O_1O_2 轴，长度为 50 的直线段的方法：从对称点 O 分别向两侧各估出 5，再各估出两个 10，得 A、B 点。

2. 目测角度

图 1-34 所示为一种估画角度的办法：先画出相互垂直的两条直线，以其交点为圆心，以适当长度为半径，勾画出 1/4 圆周。如要画 45°角，可将该 1/4

圆周估计分为两等分（图1-34a）；如分成三等分，则每份为30°（图1-34b）。

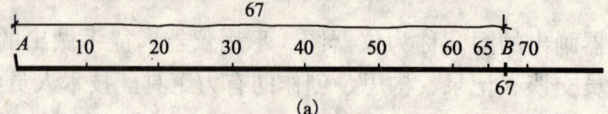

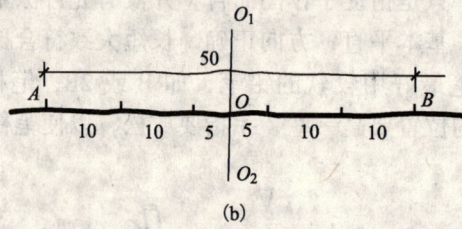

图1-33 目测尺寸

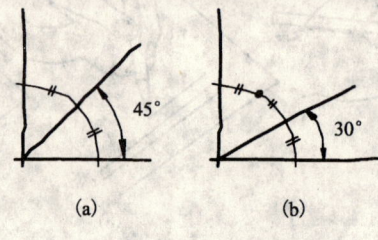

图1-34 目测角度

1.4.3 画圆和椭圆

画小圆时，一般只画出垂直相交的中心线，并在其上按半径定出四个点，然后勾画成圆（图1-35a）。画较大圆，可加画两条45°斜线，并按半径在其上再定四个点，连成一圆（图1-35b）。更大的圆，可先画出圆的外切正方形，并将任一条对角线的一半等分三份，在2/3多一点处定出圆周上一点，再相应画出对角线上的其他三点，将八点连成圆（图1-35c）。

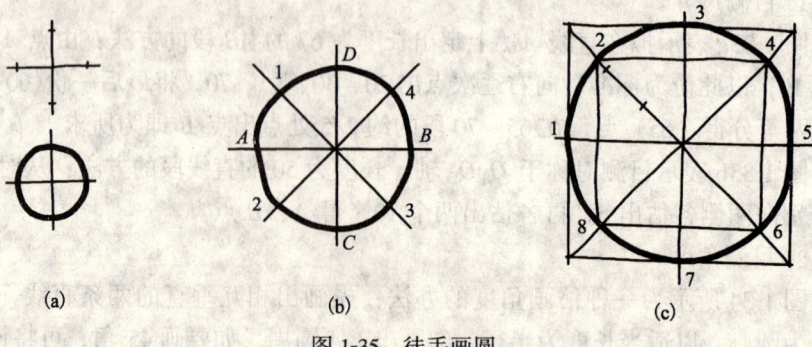

图1-35 徒手画圆

椭圆的徒手作图的方法步骤与画圆基本相同，主要区别是应估画出椭圆上的长短轴或共轭直径的端点（图1-36）。

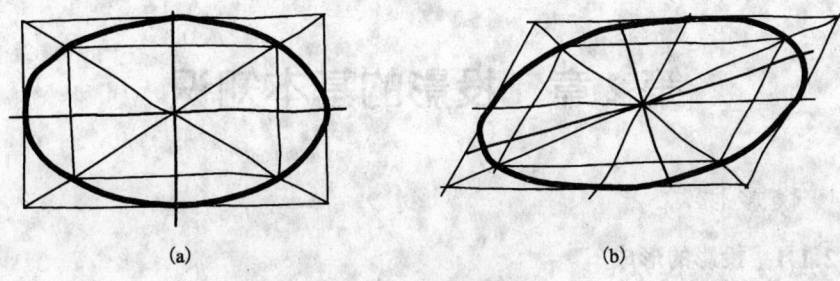

图1-36 徒手画椭圆

第 2 章　投影的基本知识

2.1　投影概念

2.1.1　投影的形成

把空间物体用平面图形表示出来，是以投影法为基础的。而投影法是从日常生活中光照物体的呈影现象中进行几何抽象、概括出来的。

例如三角板（△ABC）在灯光（点光源 S）的照射下，就会在地面（承受影子的平面 H）上得到影子（△abc），这就是一种呈影现象，如图 2-1 所示。

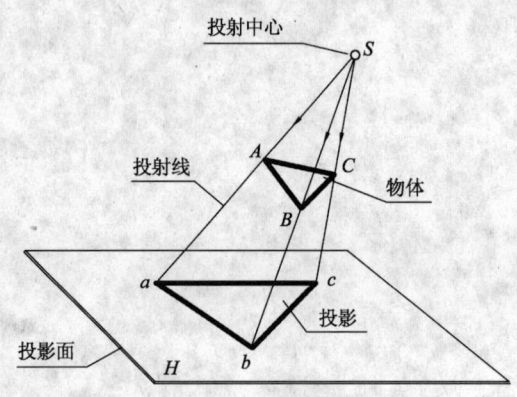

图 2-1　投影的概念

在这里，把光源 S 称为投射中心，光线 SA、SB、SC 称为投射线，承受影子的平面 H 称为投影面，则△abc 称为△ABC 在投影面上的投影。

从几何意义上讲，空间一点 A 的投影，实质上是过该点的投射线 SA 与投影面 H 的交点 a；空间一线段 AB 的投影，实质上是过该线段的投射面（过线段上各点的投射线构成的平面 SAB）与投影面 H 的交线 ab；空间平面形△ABC 的投影，是平面形的各边投影的集合△abc；而空间四面体 ABCD 的投影，则是该立体的各顶点、棱线和棱面投影的集合，如图 2-2 中所示。

在这里立体的投影并不是一个只有外形轮廓的黑影，而是一个能够表达立体形状的平面图形。

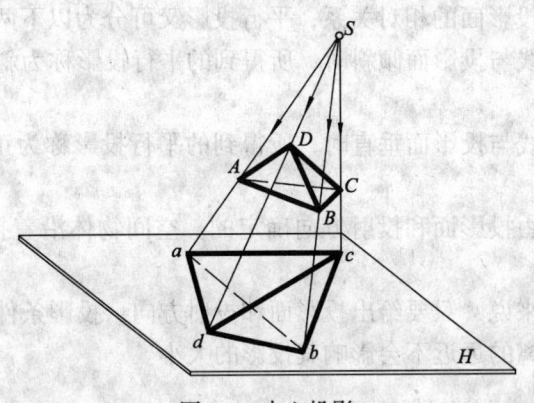

图 2-2 中心投影

2.1.2 投影的分类

投影分为两大类：

1. 中心投影

当投影中心距离投影面为有限远，投射线相交于该点时，所得到物体的投影称为中心投影，如图 2-2 所示。生活中，灯泡发出的光线所产生的投影可看成是中心投影。

中心投影的大小由投影面、空间物体和投射中心三者的相对位置来确定。当投影面和投射中心的距离确定，物体在投影面和投射中心之间移动时，其中心投影大小会发生变化。物体越靠近投射中心，投影越大，反之越小。

2. 平行投影

当投影中心距离投影面无限远，投射线互相平行时，所得到物体的投影称为平行投影，如图 2-3 所示。生活中，太阳光线所产生的投影可看成是平行投影。

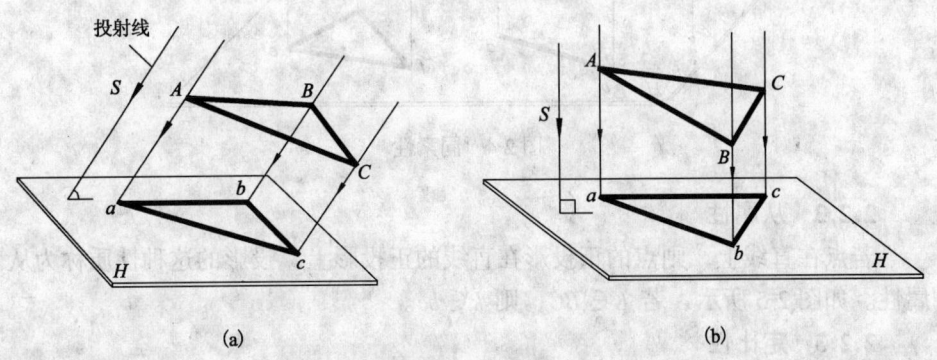

图 2-3 平行投影
(a) 斜投影；(b) 正投影

21

根据光线与投影面的相对关系，平行投影又可分为以下两种：

（1）当投射线与投影面倾斜时，所得到的平行投影称为斜投影，如图 2-3a 所示。

（2）当投射线与投影面垂直时，所得到的平行投影称为正投影，如图 2-3b 所示。

平行投影是由投影面和投射方向确定的。空间物体沿着投射方向移动时，其投影大小不变。

对平行投影来说，只要给出投影面和投射方向，投影条件即可确定，空间物体与投影面距离的远近不会影响其投影的大小。

2.2 正投影特性

在工程制图中绘制图样的主要方法是正投影法。正投影具有以下的特性：

2.2.1 同素性

点的正投影仍然是点，直线的正投影一般仍为直线，平面图形的正投影一般仍为平面图形，投影的这种性质称为同素性。

图 2-4 自点 A 向投影面 H 引垂线（投射线），所得垂足 a 即为点 A 的正投影；过直线段 BC 向投影面 H 作投射面，所得交线 bc 即为线段 BC 的正投影；过三角形平面 DEF 向投影面 H 作投射柱，所得交线 de、ef 和 fd 即为三角形 DEF 的正投影。

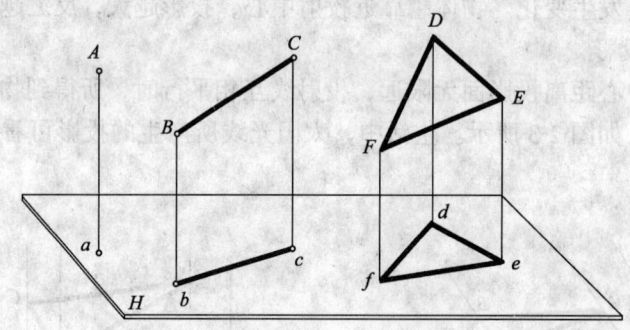

图 2-4 同素性

2.2.2 从属性

若点在直线上，则点的正投影在直线的正投影上。投影的这种性质称为从属性。如图 2-5 所示，若 $K \in BC$，则 $k \in bc$。

2.2.3 定比性

若点在直线上，则点分线段所成的比例等于该点的正投影分线段的正投影所成的比例。投影的这种性质称为定比性。如图 2-5 所示，若 $K \in BC$，则

$BK:KC = bk:kc$。

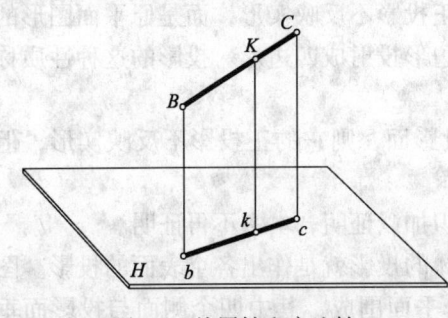

图 2-5 从属性和定比性

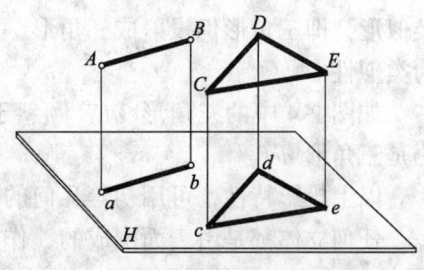

图 2-6 真实性

2.2.4 真实性

若线段或平面图形平行于投影面，则它们的正投影反映线段实长或平面图形的实形，投影的这种性质称为真实性。

如图 2-6 所示，若 $AB /\!/ H$，则 $ab = AB$；若 $\triangle CDE /\!/ H$，则 $\triangle cde \cong \triangle CDE$。

2.2.5 积聚性

若直线或平面垂直于投影面，则直线的正投影为一点，平面的正投影为一直线，这样的投影称为积聚投影。

此时，直线上点的投影必落在直线的积聚投影上，平面上的直线或点的投影必落在平面的积聚投影上。

如图2-7所示，若 $AB \perp H$，则 $a(b)$ 为一点，若 $K \in AB$，则 k 与 $a(b)$ 重合。若平面 $Q \perp H$，则 Q 平面 H 投影为一直线 q，若点 L、线段 $MN \in Q$，则其投影 l、$mn \in q$。

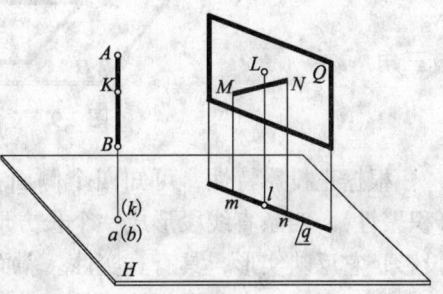

图 2-7 积聚性

2.2.6 平行性

若两直线段平行，则它们的正投影也平行，且两线段的长度之比等于其正投影的长度之比，投影的这种性质称为平行性。

如图 2-8 所示，若 $AB /\!/ CD$，则 $ab /\!/ cd$，且 $AB:CD = ab:cd$。

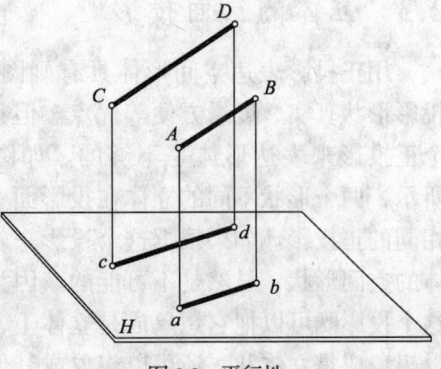

图 2-8 平行性

2.2.7 类似性

若平面图形倾斜于投影面，则它的正投影不反映实形，而是原平面图形的类似形，即三角形仍投射成三角形，四边形投射成四边形。投影的这种性质称为类似性。

如图 2-4 中的三角形 *DEF* 倾斜于投影面，则它的正投影不反映实形，但仍是三角形 *def*。

以上投影特性，可用初等几何的知识加以证明，本书不再证明。

任何立体都是由表面围成的，作立体的投影就是作出各个表面的投影。图 2-9 表示一个立体的投影。该立体由六个平面围成，其中四个侧面与投影面垂直，一个底面与投影面平行，还有一个平面与投影面倾斜。

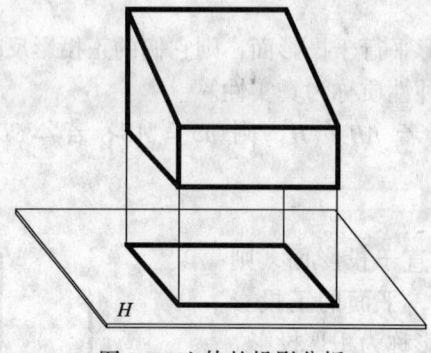

图 2-9　立体的投影分析

根据正投影特性，可知四个侧面在投影面上的正投影分别为四条直线段（积聚性）。四条直线段形成一个长方形，这个长方形也是底面在投影面上的正投影，它反映实形，具有真实性。斜面则投射成与底面相等的长方形，但不等于实形。上述六个平面的投影的集合就是该立体的正投影图。

为叙述简便起见，以后凡是提到投影（如不加说明）均指正投影。

2.3　立体的三面投影

用正投影表达空间形体具有画图简单、投影形状真实、度量方便等优点。但只用一个正投影来表达形体是不够的。如图 2-10 所示，两个形状不同的立体在投影面上具有相同的正投影。如果根据这个投影来确定立体的空间形状，显然是不可能的。因为根据这个投影既可以把它想象成是立体Ⅰ，也可以想象成是立体Ⅱ，还可以想象成其他的立

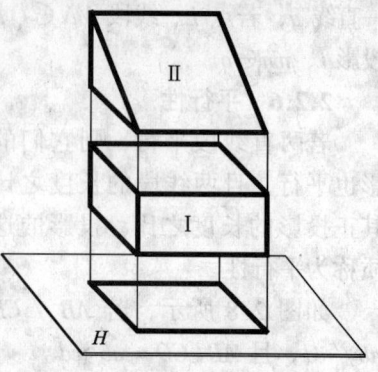

图 2-10　单面正投影图

体。

由此可见，仅凭物体的单面正投影是不足以确定空间形体的形状。为了用正投影完整地表达并确定空间形体的形状，必须采用多面正投影，通常多选用三面正投影。

2.3.1 立体三面投影的形成

1. 三投影面体系的建立

如图 2-11 所示，给出三个互相垂直的投影面 H、V、W。其中 H 面是水平放置的，称为水平投影面；V 面是立在正面的，称为正立投影面；W 面是立在侧面的，称为侧立投影面。三个投影面的交线分别为 OX、OY、OZ，称为投影轴，三个投影轴也互相垂直。

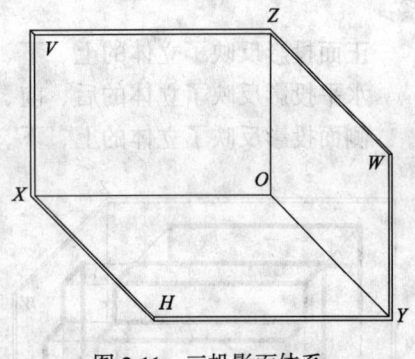

图 2-11 三投影面体系

2. 作立体的三面投影

使立体置于三投影面体系中，尽可能地使立体表面平行于投影面或垂直于投影面。立体与投影面的距离不影响立体的投影，不必考虑。然后将立体分别向三个投影面进行正投影，如图 2-12a 所示。

立体在 H 面上得到的投影称为水平投影；在 V 面上得到的投影称为正面投影；在 W 面上得到的投影称为侧面投影。

由三个投影可知：立体的每个投影反映立体两个方向的尺寸，即水平投影反映立体长和宽两个方向的尺寸；正面投影反映立体长和高两个方向的尺寸；侧面投影反映立体高和宽两个方向的尺寸。

3. 投影面的展开

上述形成的三个投影分别位于三个互相垂直的投影面内。为使三个投影画在同一平面（图纸）上，需要将三个投影面展开。展开时，规定 V 面不动，将 H 面连同水平投影绕 OX 向下旋转 90°，将 W 面连同侧面投影绕 OZ 轴向后旋转 90°，使 H 面和 W 面与 V 面共面，如图 2-12b 所示。这样，就得到了位于同一个平面上的三个正投影，如图 2-12c 所示。去掉投影面的边界，就是立体的三面投影图，如图 2-12d 所示。

2.3.2 立体三面投影的性质

立体三面投影中，两两之间都存在一定的联系。正面投影和水平投影左右对正，长度相等；正面投影和侧面投影上下看齐，高度相等；水平投影和侧面投影前后对应，宽度相等。立体三个投影之间的这种长与长相等、高与高相等、宽与宽相等的关系被称为投影之间的"三等关系"。为便于记忆将这种关系总结成：

正面投影和水平投影长对正;
正面投影和侧面投影高平齐;
水平投影和侧面投影宽相等。
此外,三面正投影还可以反映立体的上、下、左、右、前、后的方位关系:

正面投影反映了立体的上、下、左、右关系;
水平投影反映了立体的后、前、左、右关系;
侧面投影反映了立体的上、下、后、前关系。

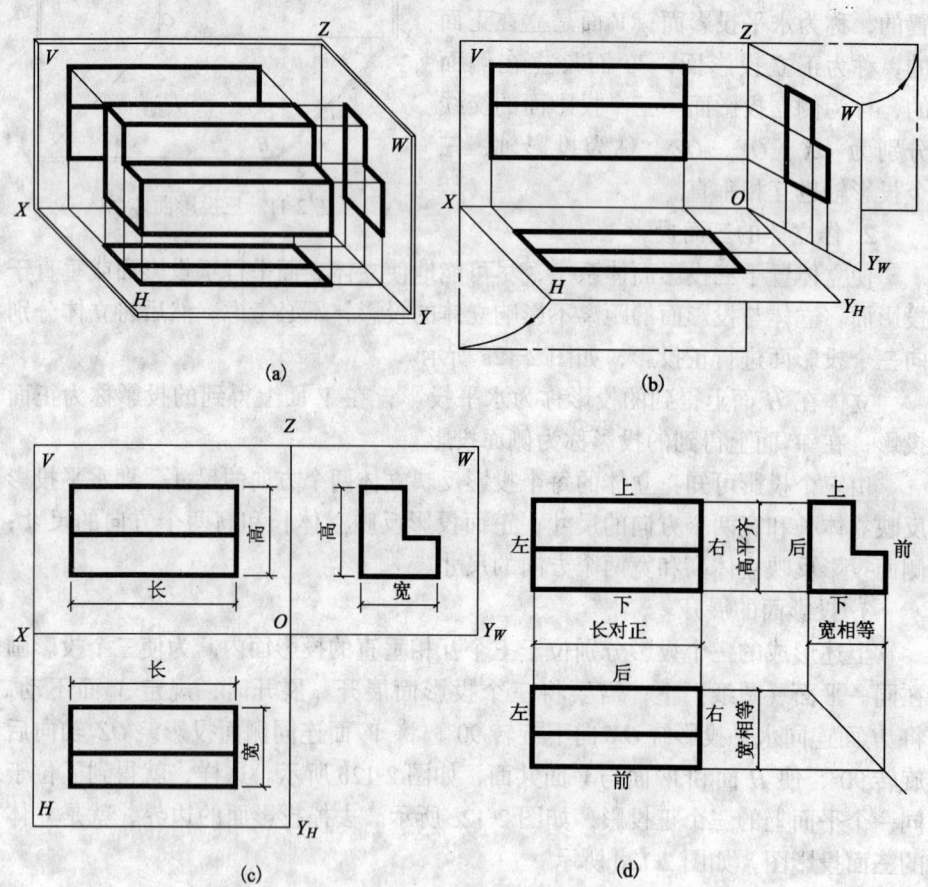

图 2-12 三面投影的形成
(a)作立体的三面投影;(b)展开;(c)展开后;(d)三面投影间的关系

第3章 点、直线、平面的投影

3.1 点的投影

3.1.1 点的三面投影特性

设在三投影面体系中有一点 A，过点 A 分别向三个投影面作投射线，投射线与投影面的交点分别记为 a、a' 和 a''。a 为点 A 的水平正面投影和投影，a' 为点 A 正面投影，a'' 为点 A 侧面投影，如图3-1a所示。约定：点的侧面投影用相应的小写字母并在右上方加一撇和两撇表示。

V 面不动，将 H 面连同水平投影 a 绕 OX 轴向下旋转 90°、W 面连同侧面投影 a'' 绕 OZ 轴向后旋转 90°，使它们与 V 面重合，就得到点的三面投影，如图3-1b所示。

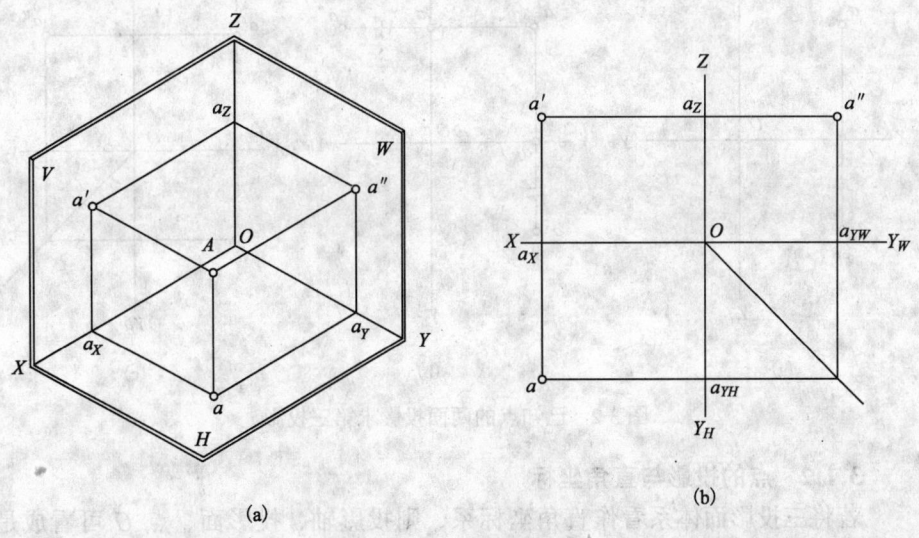

图 3-1 点的三面投影

点的三面投影特性：
(1) 点的水平投影和正面投影的连线垂直于 OX 轴，即 $aa' \perp OX$。
(2) 点的正面投影和侧面投影的投影连线垂直于 OZ 轴，即 $a'a'' \perp OZ$。
(3) 点的水平投影到 OX 的距离等于点的侧面投影到 OZ 轴的距离。它们反映该点到 V 面的距离，即 $aa_X = a''a_Z = Aa'$。

从图 3-1a 知，由于 Aa' 表示空间点 A 到 V 面的距离，因此 a 到 OX 的距离及 a'' 到 OZ 轴的距离表示点 A 到 V 面的距离。

同理：点的水平投影 a 到 OY_H 轴的距离等于正面投影 a' 到 OZ 轴的距离，它们反映点到 W 面的距离。点的正面投影 a' 到 OX 轴的距离等于侧面投影 a'' 到 OY_W 轴的距离，它们反映点到 H 面的距离。

在点的三面投影中，任何两个投影都能反映出点到三个投影面的距离。因此，只要给定点的任何两个投影，就可以确定点的空间位置，并可根据点的投影特性求出其第三个投影。

【例 3-1】 已知点 A 的水平投影 a 和正面投影 a'，求其侧面投影 a''（图 3-2a）。

作图：

（1）过 a' 作 OZ 轴的垂线；

（2）量取 $aa_X = a''a_Z$，a'' 即为所求，如图 3-2b 所示。

用图 3-2c 所示的方法也可求得同一结果。

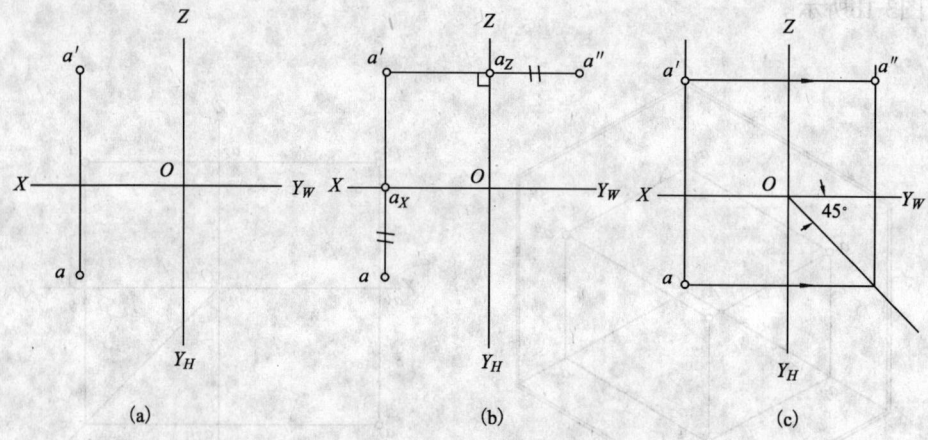

图 3-2 已知点的两面投影求第三投影

3.1.2 点的投影与直角坐标

若将三投影面体系看作直角坐标系，则投影轴、投影面、点 O 可看成是坐标轴、坐标面和坐标原点。由解析几何知：空间点的位置可由其三维坐标决定，即 A（X、Y、Z）表示空间一点，X、Y、Z 分别表示空间点到坐标面的距离。

点到投影面的距离也可以用坐标值表示。空间点到 W 面、V 面、H 面的距离可分别用 X、Y、Z 表示。

在三投影面体系中，点的投影与点的坐标可建立如下关系：

点的 H 投影含 x、y 两个坐标，即 a (x, y)；
点的 V 投影含 x、z 两个坐标，即 a' (x, z)；
点的 W 投影含 y、z 两个坐标，即 a'' (y, z)。

由此可知，若已知点的两面投影，便能确定该点的坐标值，从而确定该点的空间位置。反之，若已知一点的坐标，便能画出该点的三面投影。

【例 3-2】 已知点 B 的坐标为 (4, 2, 3)，求作点 B 的三面投影（图 3-3）。

分析：

根据点的三个投影与坐标的关系，点 B 的三个投影可表示成：b' (4, 3)，b (4, 2)，b'' (2, 3)，由此可定出 b'、b、b'' 的位置。

作图（图 3-3）：

（1）分别在 OX、OY_H、OZ 轴上，根据坐标 $x_b=4$，$y_b=2$，$z_b=3$ 分别定出 b_X、b_{YH}、b_Z；

（2）再分别过 b_X、b_{YH}、b_{YW}、b_Z 作相应轴的垂线，各垂线的交点即为点 B 的三面投影 b、b'、b''。

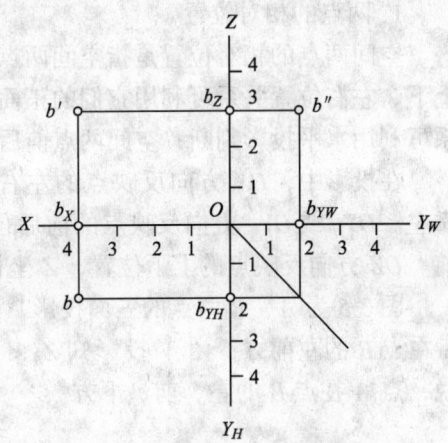

图 3-3 已知点的坐标求点的投影

3.1.3 特殊位置点的投影

当点的一个坐标为零时，该点位于投影面上。当点的两个坐标为零时，该点位于投影轴上。图 3-4a 表示出点 A 位于 H 面上，点 B 位于 OZ 轴上。它们的三面投影如图 3-4b 所示。

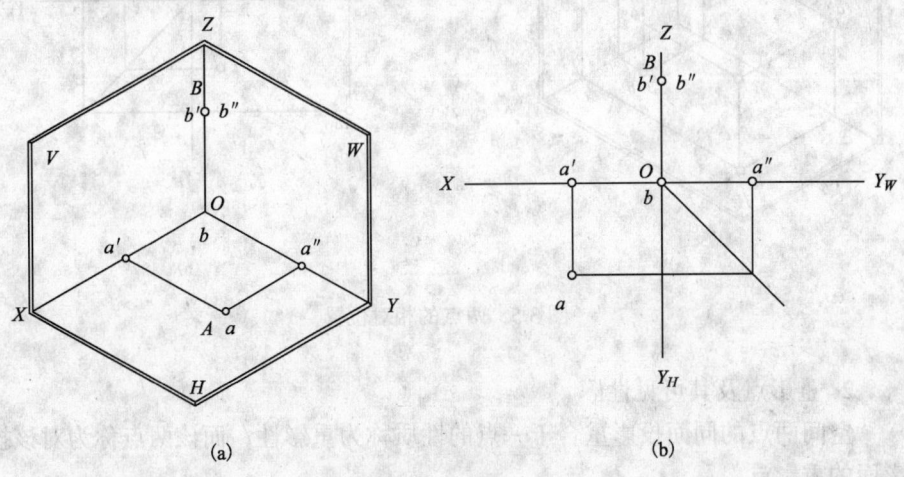

(a)   (b)

图 3-4 投影面内的点

投影面上的点和投影轴上的点的投影特性如下：

(1) 投影面上的点在该投影面上的投影与该点重合，另两个投影落在相应的投影轴上。

(2) 投影轴上的点在过这条投影轴的两个投影面上的投影与该点重合，而另一投影落在原点上。

3.1.4 两点的相对位置及重影点

1. 两点的相对位置

空间两点的相对位置是指空间两点上下、左右、前后的关系。空间两点的上下、左右位置关系可利用它们的正面投影判断；空间两点前后、左右位置关系可利用水平投影判断；空间两点前后、上下位置关系可利用侧面投影判断。

在投影中，OX 方向反映点的左右位置，X 坐标越大，离 W 面越远、越靠左。OY_H 或 OY_W 方向反映点的前后位置，Y 坐标越大，离 V 面越远，越靠前。OZ 方向反映点的上下位置，Z 坐标越大，离 H 面越远，越靠上。

图 3-5 为 A、B 两点的三面投影。由 H 投影知 $X_A > X_B$，$Y_A > Y_B$，说明点 A 在点 B 的左前方；由 V 投影知 $Z_A < Z_B$，说明点 A 在点 B 的下方。总起来说，点 A 在点 B 的左、前、下方。

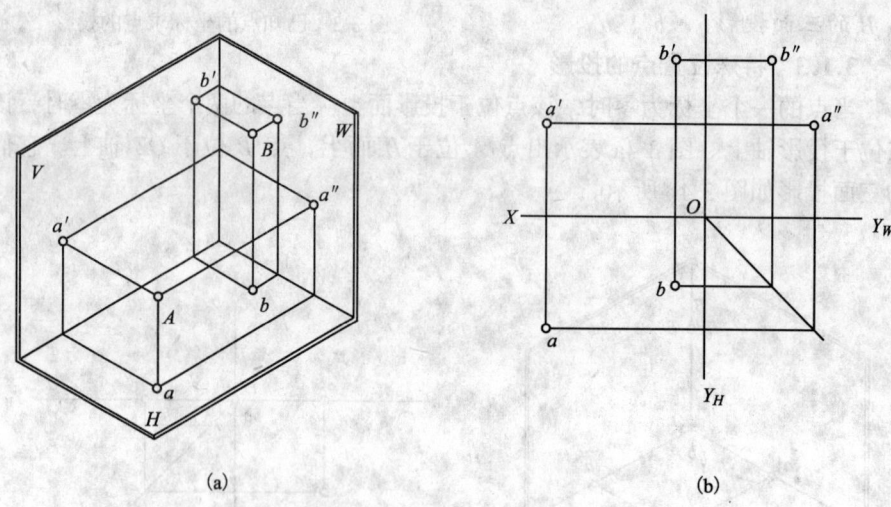

图 3-5 两点的相对位置

2. 重影点及其可见性

空间两点的同面投影重合于一点的性质称为重影性，而该两点称为对该投影面的重影点。

在三投影面体系中，对三个投影面均可有重影点。若空间两点的水平投影重合，则称该两点为水平重影点；若空间两点的正面投影重合，则称该两点为正面重影点；若空间两点的侧面投影重合，则称该两点为侧面重影点。它们的投影特性见表3-1。

表3-1 投影面重影点

名称	立体图	投影图	投影特征
水平重影点			1. A、B两点的正面投影与侧面投影反映它们的上下位置 2. A、B两点的水平投影重合，点A在上，可见；点B在下，不可见
正面重影点			1. A、B两点的水平投影与侧面投影反映它们的前后位置 2. A、B两点的正面投影重合，点A在前，可见；点B在后，不可见
侧面重影点			1. A、B两点的正面投影与水平投影反映它们的左右位置 2. A、B两点的侧面投影重合，点A在左，可见；点B在右，不可见

某投影面的两个重影点中，离该投影面远、坐标值大的点为可见点，反之为不可见点。其重合的投影需表明点的可见性，即不可见点的投影加括号标注，以区别于可见点的投影。

【例3-3】 求点C与点D的正面投影，说明它们的相对位置，并判别其可见性（图3-6a）。

分析：

从图3-6a可知，点C与点D的X坐标与Z坐标均相等，因此，这两点位

于对 V 面的同一投射线上,它们是正面重影点(图 3-6b)。点 D 距 V 面近,所以点 D 不可见,作图见图 3-6c。

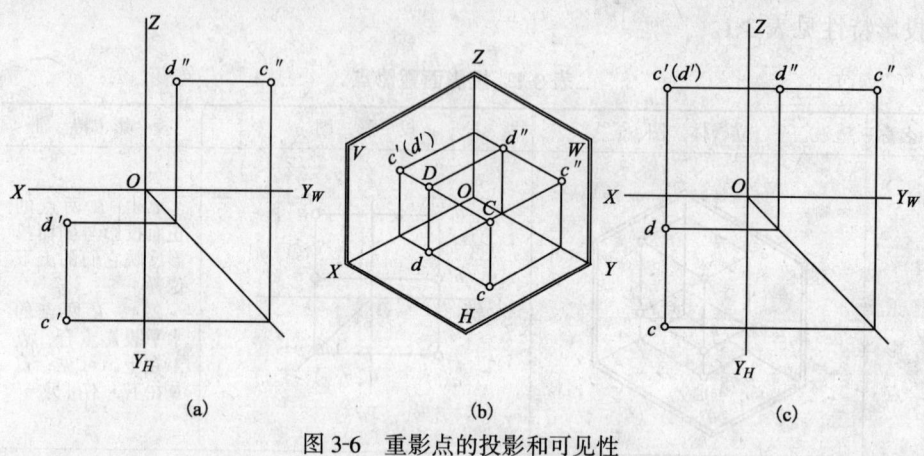

图 3-6 重影点的投影和可见性

3.2 直线的投影

空间一直线可由该直线上的任意两点所确定,而直线的投影一般仍是直线。因此,作直线的投影,只需作出直线上任意两点的投影,并连接该两点在同一投影面上的投影(简称同面投影)即可,如图 3-7 所示。

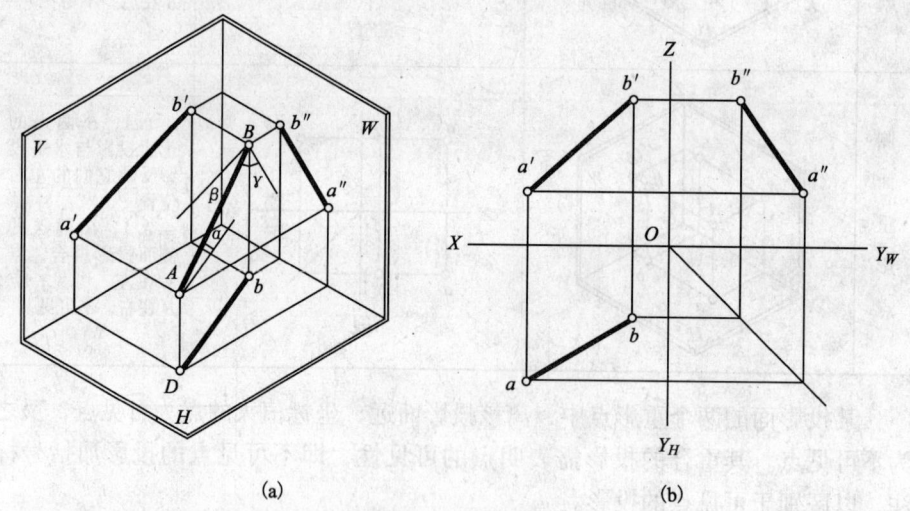

图 3-7 直线的投影

3.2.1 各种位置直线的投影特性

在三投影面体系中,根据直线对投影面的相对位置可将直线分为三类,它们是投影面平行线、投影面垂直线和一般位置直线。投影面平行线和投影面垂直线统称为特殊位置直线。

1. 投影面平行线

平行于某一个投影面，倾斜于另两个投影面的直线称为投影面平行线。投影面平行线有三种情况，其中：

与 H 面平行且与 V、W 面倾斜的直线称为水平线；

与 V 面平行且与 H、W 面倾斜的直线称为正平线；

与 W 面平行且与 H、V 面倾斜的直线称为侧平线。

直线对 H 面、V 面和 W 面的倾角，分别用 α、β 和 γ 表示。

表 3-2 列出了投影面平行线的投影特性，归纳如下：

(1) 直线段在所平行的投影面上的投影反映线段的实长，并反映该线段对另两个投影面的倾角的实形。

(2) 直线段的另两个投影分别平行于相应的投影轴，但不反映线段的实长。

表 3-2 投影面平行线的投影特性

名称	立体图	投影图	投影特征
水平线	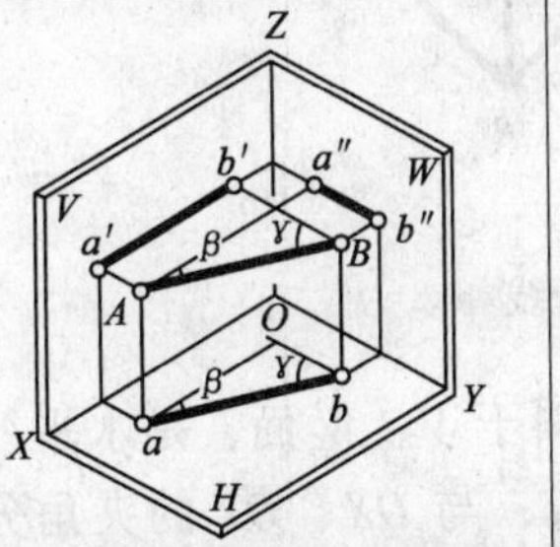	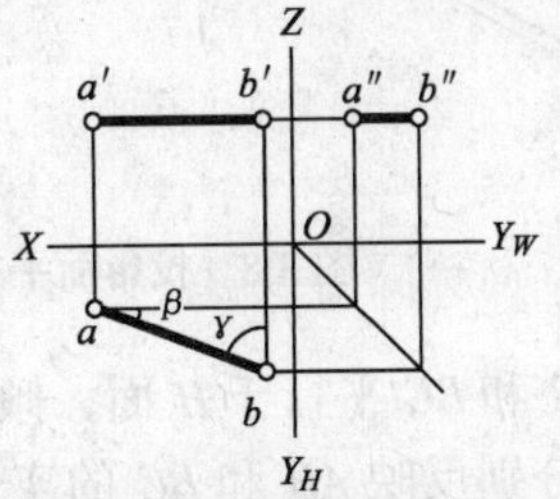	1. $ab = AB$，且反映与 V 面和 W 面的倾角 β 和 γ 2. $a'b' \parallel OX$；$a''b'' \parallel OY$
正平线	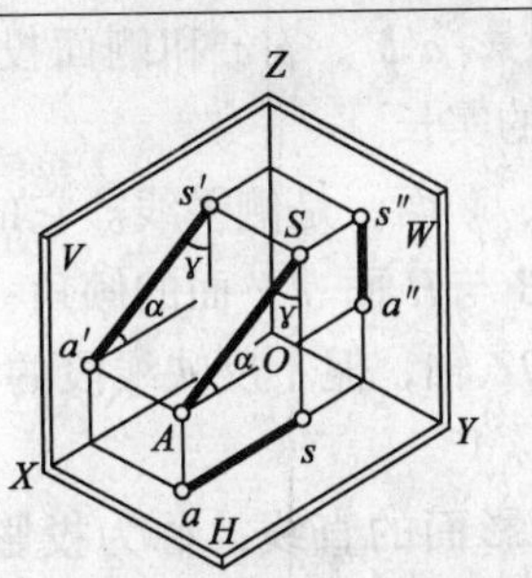	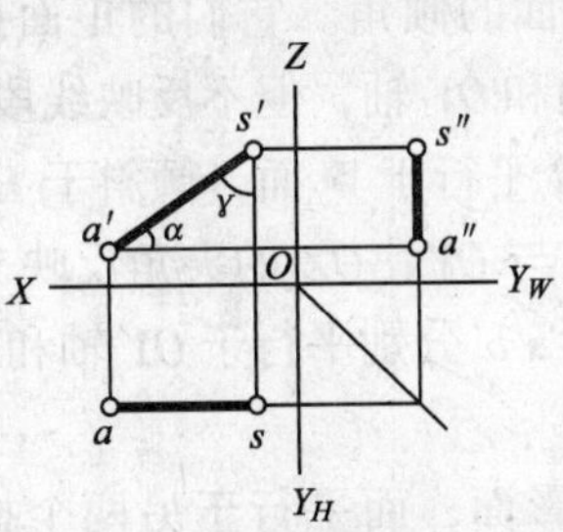	1. $a's' = AS$，且反映与 H 面和 W 面的倾角 α 和 γ 2. $as \parallel OX$；$a''s'' \parallel OZ$
侧平线	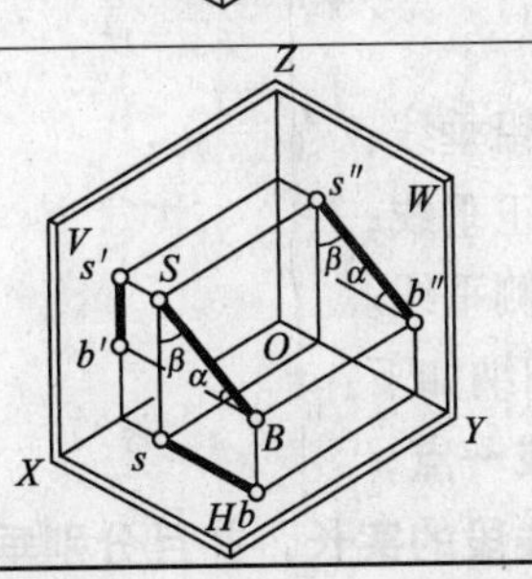	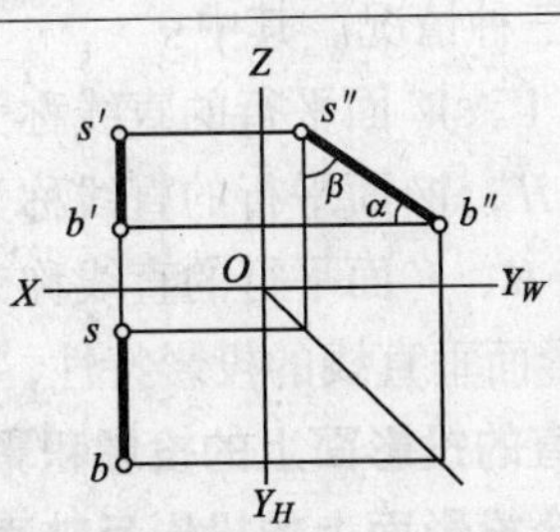	1. $s''b'' = SB$，且反映与 H 面和 V 面的倾角 α 和 β 2. $sb \parallel OY$；$s'b' \parallel OZ$

在图 3-8 所示的立体中,棱线 SA 和 SC 平行于 V 面,且倾斜于 H、W 面,是正平线。它们的正面投影 s'a' 和 s'c' 分别反映 SA 和 SC 实长;与 OX、OZ 的夹角分别反映 SA 和 SC 与 H 面、W 面的倾角。它们的水平投影 sa、sc 和侧面投影 s″a″、s″c″分别平行于 OX 轴和 OZ 轴,但不反映线段的实长。

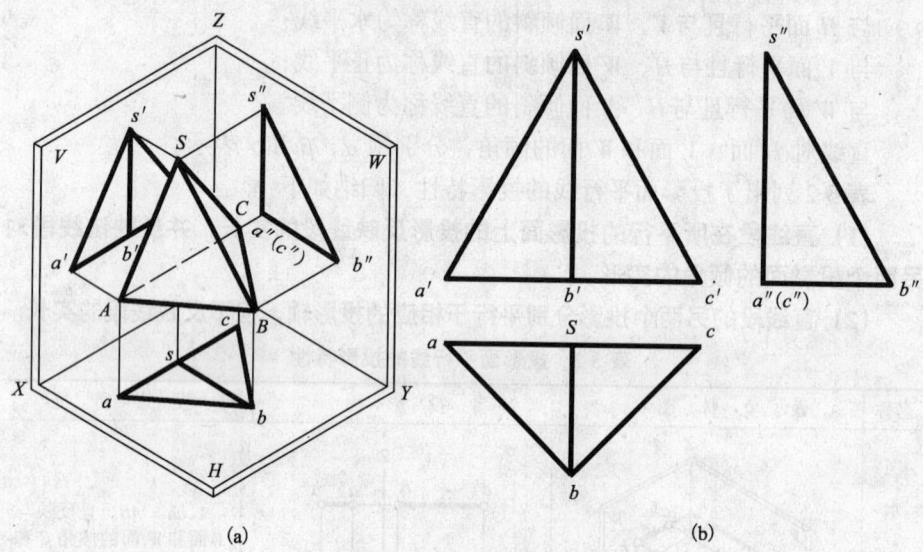

图 3-8 投影面平行线

该立体的底边 AB 和 BC 平行于 H 面,倾斜于 V、W 面,是水平线。它们的水平投影 ab 和 bc 分别反映 AB 和 BC 的实长;与 OX、OY 的夹角分别反映 AB 和 BC 与 V 面、W 面的倾角。它们的正面投影 a'b'、b'c' 和侧面投影 a″b″、b″c″分别平行于 OX 轴和 OY 轴,但不反映线段的实长。

该立体的棱线 SB 平行于 W 面,倾斜于 H、V 面,是侧平线。它的侧面投影 s″b″反映 SB 实长,与 OY、OZ 的夹角反映 SB 与 H 面、V 面的倾角;它的水平投影 sb 和正面投影 s'b' 分别平行于 OY 轴和 OZ 轴,但不反映线段的实长。

2. 投影面垂直线

垂直于某一个投影面,而平行于另两个投影面的直线,称为投影面垂直线。投影面垂直线有三种情况。其中:

与 H 面垂直且与 V、W 面平行的直线称为铅垂线;
与 V 面垂直且与 H、W 面平行的直线称为正垂线;
与 W 面垂直且与 H、V 面平行的直线称为侧垂线。

表 3-3 列出了投影面垂直线的投影特性,归纳如下:

(1) 直线在所垂直的投影面上的投影积聚成一点;

(2) 直线在另两个投影面上的投影反映直线段的实长,并且分别垂直于相应的投影轴。

表 3-3 投影面垂直线的投影特性

名称	立体图	投影图	投影特征
铅垂线			1. $a(b)$ 积聚成一点 2. $a'b' \perp OX$, $a''b'' \perp OY$, 且 $a'b' = a''b'' = AB$
正垂线			1. $a'(c')$ 积聚成一点 2. $ac \perp OX$, $a''c'' \perp OZ$; 且 $ac = a''c'' = AC$
侧垂线			1. $a''(d'')$ 积聚成一点 2. $ad \perp OY$; $a'd' \perp OZ$; 且 $ad = a'd' = AD$

在图 3-9 所示的立体中，AB 边垂直于 H 面，平行于 V、W 面，是铅垂线。它的水平投影 ab 积聚成为一点；它的正面投影 $a'b'$ 和侧面投影 $a''b''$ 分别垂直于 OX 和 OY 轴，并反映线段 AB 的实长。

该立体的 AC 边垂直于 V 面，平行于 H、W 面，是正垂线。它的正面投影 $a'c'$ 积聚为一点；它的水平投影 ac 和侧面投影 $a''c''$ 分别垂直于 OX 和 OZ 轴，并反映线段 AC 的实长。

该立体的 AD 边垂直于 W 面，平行于 H、V 面，是侧垂线。它的侧面投影 $a''d''$ 积聚为一点；它的水平投影 ad 和正面投影 $a'd'$ 分别垂直于 OY 和 OZ 轴，并反映线段 AD 的实长。

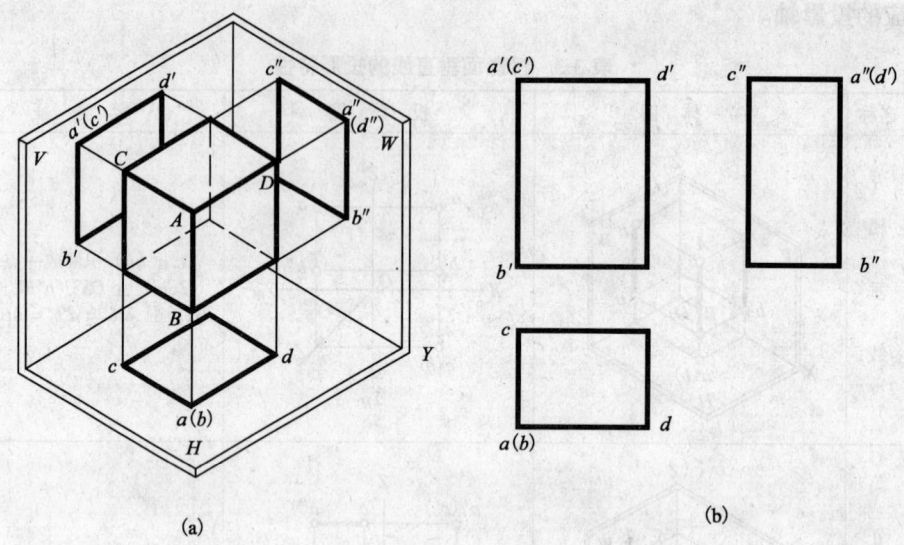

图 3-9 投影面垂直线

【例 3-4】 过点 A 向右下方作正平线 AB，使 AB 线段的长度为 30mm，α 为 30°（图 3-10）。

分析：

根据正平线的投影特性知，AB 的正面投影反映它的实长和倾角 α，并可确定 A、B 两点的左右、上下的位置；AB 的水平投影与 OX 轴平行。

作图（图 3-10b）：

(1) 过 a' 向右下方作与 OX 轴倾斜 30° 的直线 a'b'，使 a'b' = 30mm；

(2) 过 a 作 OX 轴的平行线，并由 b' 作投影连线求得 b。AB（ab，a'b'）为所求。

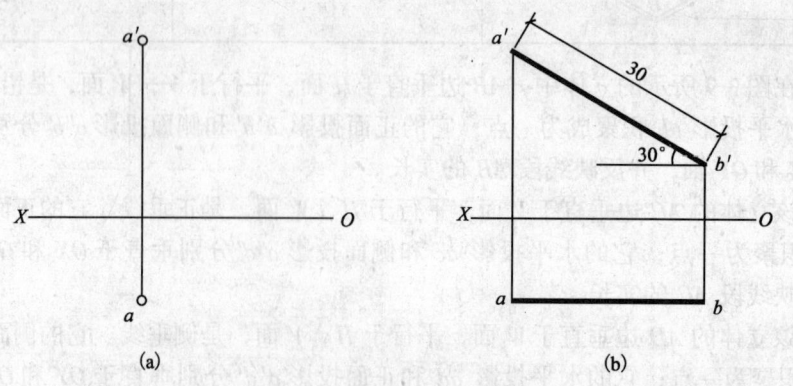

图 3-10 按给定条件作正平线

3. 一般位置直线

对 H 面、V 面和 W 面都处于倾斜位置的直线称为一般位置直线。

一般位置直线的 α、β 和 γ 均大于 0° 且小于 90°，它的三个投影为斜线，且小于空间线段的实长。三个投影也不反映直线对投影面的倾角，如图 3-7 所示。

事实上，只要直线的任两投影呈倾斜状态，即可断定该直线是一般位置直线。

3.2.2 直角三角形法求一般位置直线段的实长和倾角

从各种位置直线的投影特性可知：特殊位置的直线（投影面的平行线和垂直线）的某些投影能直接反映出线段的实长和倾角，而一般位置直线的各个投影都不能反映线段的实长和倾角。根据一般位置线段的投影，可利用直角三角形法求其实长和倾角。

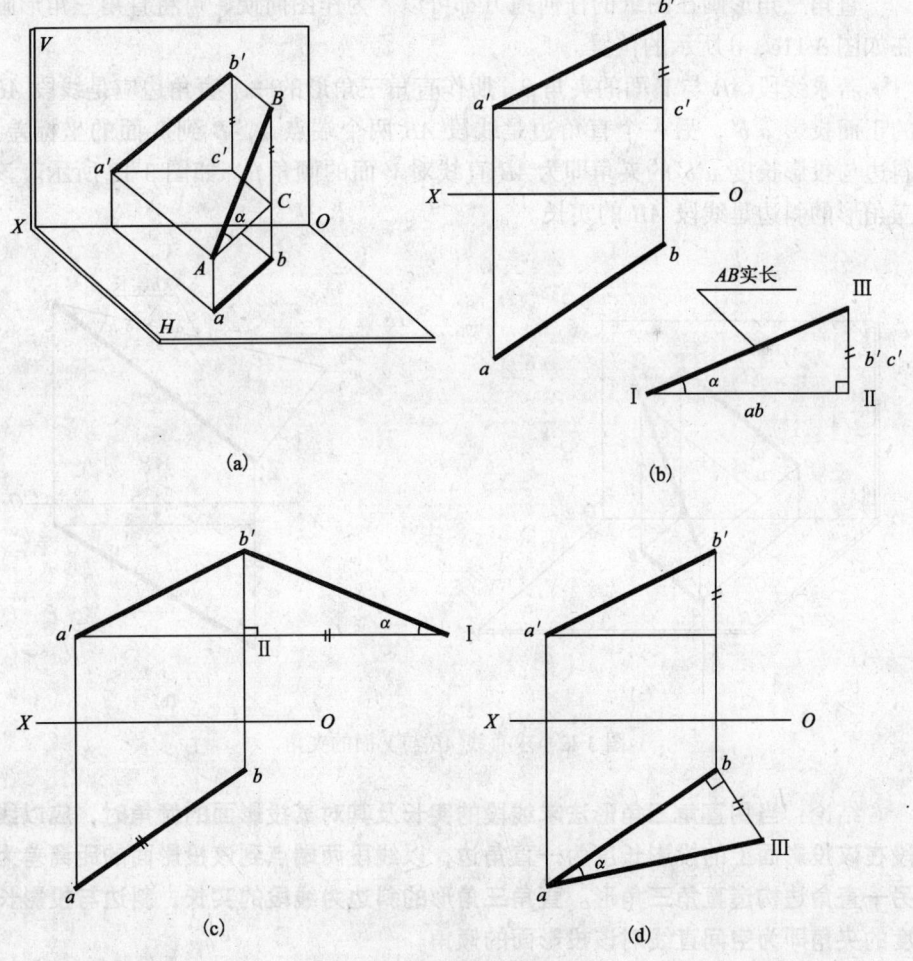

图 3-11 求线段实长及 α 角

图 3-11a 表示了空间线段 AB 与其投影之间的几何关系。过点 A 作 AC∥ab，构成一直角三角形 ABC。在这个直角三角形 ABC 中，斜边是空间线段 AB 的实长，一直角边 AC 的长度等于水平投影 ab；另一直角边 BC 的长度等于线段两端点 A 和 B 离水平投影面的距离之差，即 $|Z_A - Z_B|$，∠BAC 是线段 AB 对 H 面的夹角 α。

根据线段 AB 的投影图，可以量取两直角边的长度，作出此三角形。具体作图如图 3-11b 所示。以 ⅡⅢ（= b'c'）为一直角边，ⅠⅡ（= ab）为另一直角边，作出直角三角形 ⅠⅡⅢ，其斜边 ⅠⅢ 即为线段 AB 的实长。∠ⅢⅠⅡ 为线段 AB 对 H 面的夹角 α。

用这种方法求得一般位置线段的实长及其与投影面的倾角，称为直角三角形法。

直角三角形画在图纸的任何地方都可以。为作图简便，可将直角三角形画在如图 3-11c、d 所示的位置。

若求线段 AB 与 V 面的夹角 β，所作直角三角形的一个直角边应是线段 AB 的正面投影 a'b'，另一个直角边是线段 AB 两个端点 A、B 到 V 面的坐标差。斜边与投影长度 a'b' 的夹角即为 AB 直线对 V 面的倾角 β，如图 3-12 所示。该三角形的斜边是线段 AB 的实长。

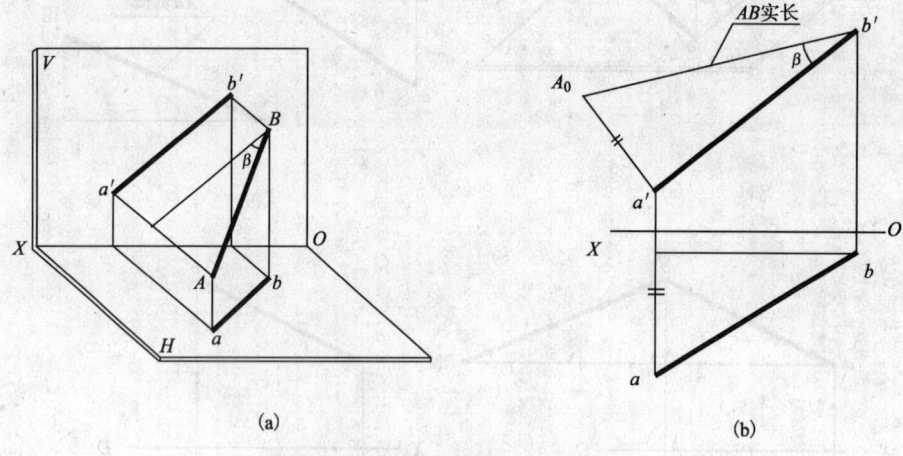

图 3-12 求直线 AB 与 V 面的夹角

结论：当用直角三角形法求线段的实长及其对某投影面的倾角时，应以线段在该投影面上的投影长度为一直角边；以线段两端点到该投影面的距离差为另一直角边构造直角三角形。直角三角形的斜边为线段的实长，斜边与投影长度的夹角即为空间直线对该投影面的倾角。

【例3-5】 已知直线段 AB 长30mm，试补全其正面投影 $a'b'$（图3-13a）。

分析：

根据直角三角形法，若已知线段的投影长、两端点的坐标差、实长及夹角四个条件中的任意两个，便可利用直角三角形求得另两个。该题可由已知的直线段 AB 的水平投影及实长，作出直角三角形，求出线段 AB 两端点的 Z 坐标差，便可得到点 B 的正面投影 b'，连接 $a'b'$ 即可。

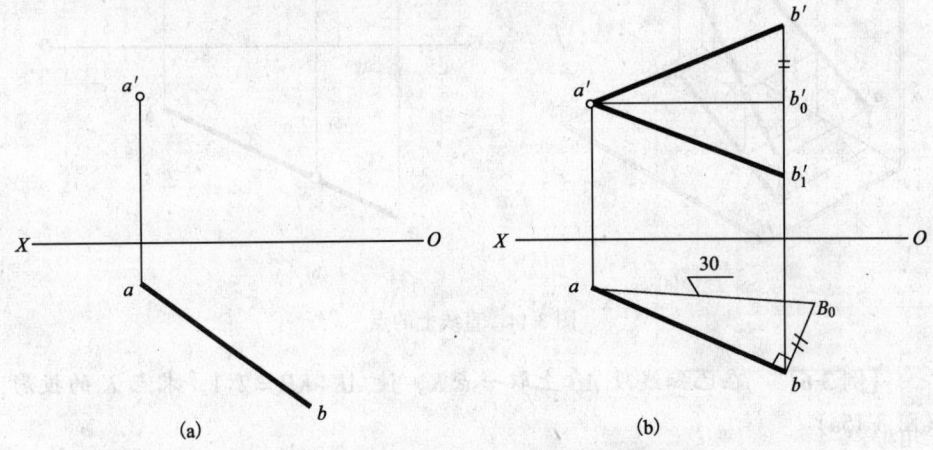

图3-13 已知直线实长补全直线的投影

作图（图3-13b）：

(1) 过 b 作 ab 的垂线；

(2) 过 a 作 30mm 长的线段交 ab 的垂线于 B_0；

(3) 过 b 作 OX 轴垂线，在该垂线上量取 $|Z_A - Z_B| = bB_0 = b'_0b'$，连接 $a'b'$ 即为所求。该题有两解，另一解为 $a'b'_1$。

3.2.3 直线上的点

由正投影的基本性质可知：若点在直线上，则点的各个投影必在直线的同面投影上，且点分线段长度之比等于点的投影分线段的同面投影长度之比。

在图3-14中，点 K 属于直线 AB，则点 K 的水平投影 k 必在 ab 上，正面投影 k' 必在 $a'b'$ 上。同理，侧面投影 k'' 必在 $a''b''$ 上。

且有：$AK:KB = ak:kb = a'k':k'b' = a''k'':k''b''$。

反之，若一点的各个投影在一直线的同面投影上，且分直线段各投影长度成相同之比。则该点定在此直线上。

一般情况下，根据点的两个投影是否在直线的同面投影上就可确定该点是否属于直线。但当直线是某一投影面的平行线时，还需分析点在直线所平行的投影面上的投影是否满足从属性，或利用定比性判断。

直线上点的投影特性是在直线上取点或由投影判别空间点是否属于直线的

依据。

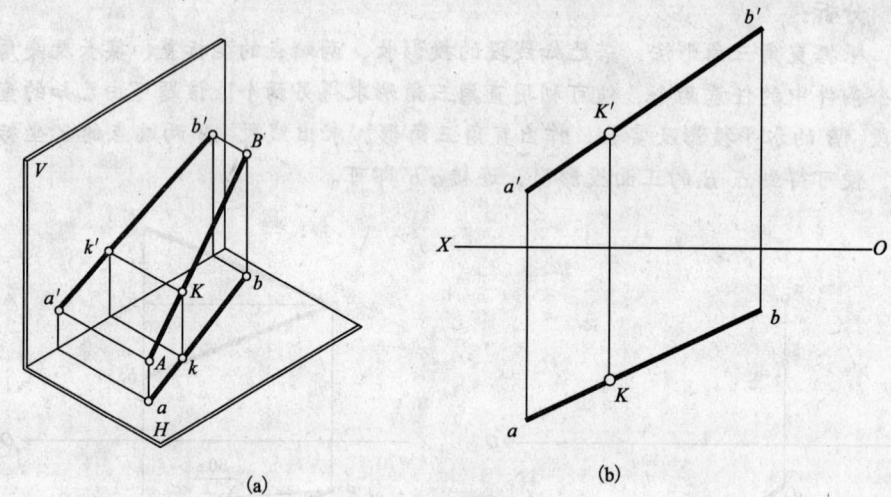

图 3-14 直线上的点

【例 3-6】 在已知线段 AB 上取一点 K，使 $AK:KB=2:1$，求点 K 的投影（图 3-15a）。

分析：

由定比性知，$ak:kb = a'k':k'b' = AK:KB = 2:1$，为此，用几何作图的方法分线段 AB 的一个投影（如 ab）为 $ak:kb = 2:1$，可得 K 点的水平投影 k；然后按直线上点的投影特性在 $a'b'$ 上定出 k'，$K(k, k')$ 即为所求。

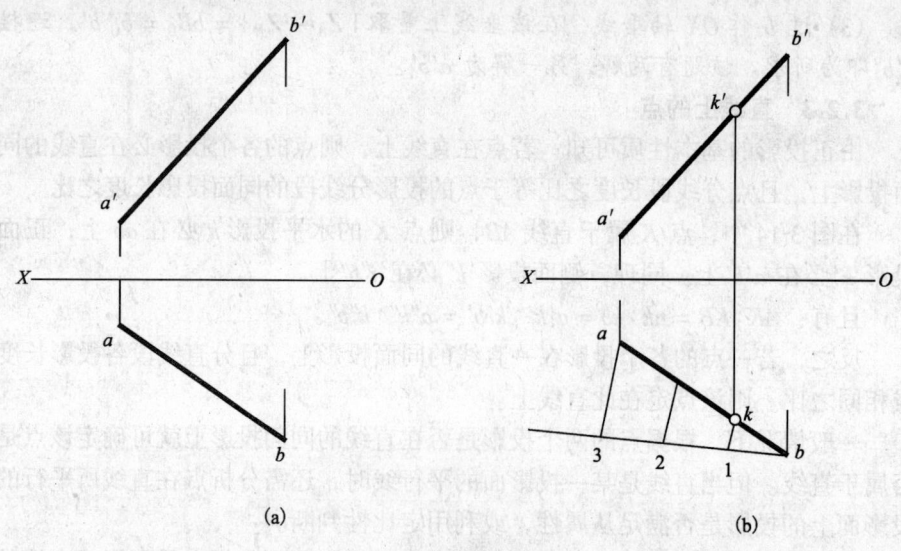

图 3-15 点分线段为 2:1

作图（图 3-15b）：

(1) 过 b 任作一辅助线，在此线上任取三等分，如 1、2、3 点；

(2) 过点 3 连接 a；

(3) 过点 1 作 $3a$ 的平行线，交 ab 于 k；

(4) 过 k 作竖直线交 $a'b'$ 于 k'。

【**例 3-7**】 已知侧平线 AB 及点 C 的两面投影，判断点 C 是否在直线 AB 上（图 3-16a）。

分析：

方法一：作出直线 AB 和点 C 的侧面投影来判断。因 c'' 不在 $a''b''$ 上，故知点 C 不在直线 AB 上（图 3-16b）。

方法二：用定比性判断。过 a' 作任一辅助线，并在其上量取 $a'b_0 = ab$，$a'c_0 = ac$，连 b_0b'，再过 c_0 作 b_0b' 的平行线交 $a'b'$ 于 c_0'，因 c_0' 与 c' 不重合，即 $ac:cb \neq a'c':c'b'$，故知点 C 不在直线 AB 上（图 3-16c）。

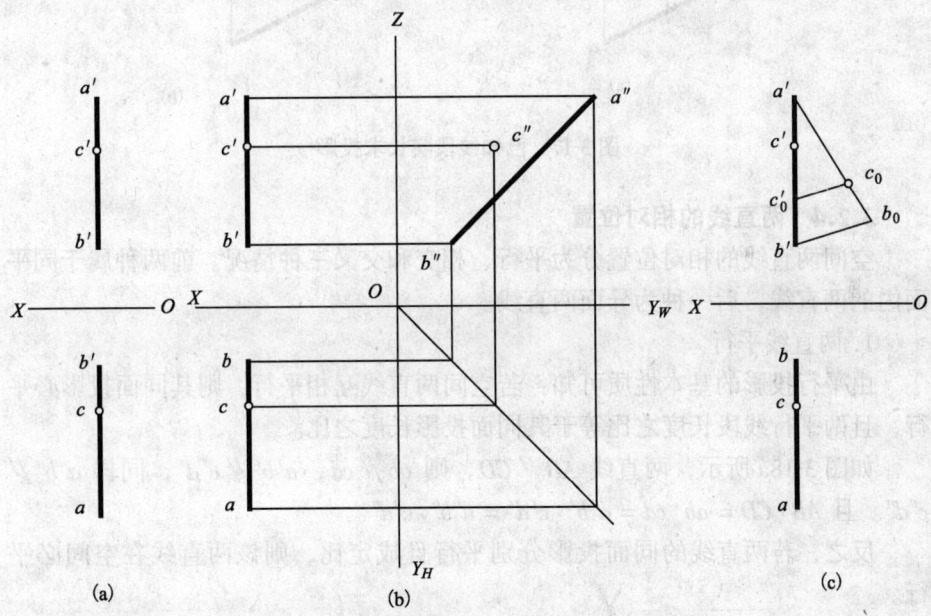

图 3-16 判断点 C 是否在直线 AB 上

【**例 3-8**】 已知线段 AB 的投影（ab，$a'b'$）。试定出属于线段 AB 的点 C 的投影，使 AC 的实长等于已知长度 L（图 3-17a）。

分析：

先根据直角三角形求出线段 AB 的实长，在线段 AB 的实长线上由 AC 长定出点 C，再根据定比性求出点 C 的投影。

作图（3-17b）：

(1) 作直角三角形求出线段 AB 的实长 a'Ⅰ。

(2) 在 a'Ⅰ 上截取长度为 L 的线段 a'Ⅱ。

(3) 过点 Ⅱ 画作图线 Ⅱc'∥Ⅰb'。Ⅱc' 交 $a'b'$ 于点 c'，由 c' 定出 c，点 C（c，c'）即为所求。

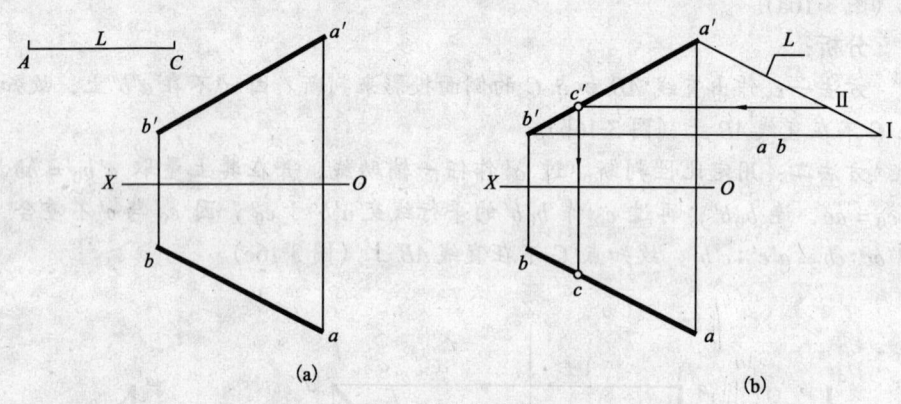

图 3-17　已知线段实长求投影

3.2.4　两直线的相对位置

空间两直线的相对位置分为平行、相交和交叉三种情况。前两种属于同平面内的两直线，后一种为异面两直线。

1. 两直线平行

由平行投影的基本性质可知：若空间两直线互相平行，则其同面投影必平行，且两平行线段长度之比等于其同面投影长度之比。

如图 3-18a 所示，两直线 AB∥CD，则 ab∥cd，$a'b'$∥$c'd'$，同样 $a''b''$∥$c''d''$。且 $AB:CD = ab:cd = a'b':c'd' = a''b'':c''d''$。

反之，若两直线的同面投影分别平行且成定比，则该两直线在空间必平行。

由图 3-18a 可见：ab∥cd，则平面 $abBA$∥平面 $cdDC$；又 $a'b'$∥$c'd'$，则平面 $a'b'BA$∥平面 $c'd'DC$。平面 $abBA$ 与平面 $a'b'BA$ 相交于 AB；平面 $cdDC$ 与平面 $c'd'DC$ 相交于 CD，故它们的交线 AB∥CD。

一般情况下，根据直线的任意两个同面投影是否平行即可确定该两直线在空间是否平行。但当两直线同时平行于某一投影面时，通常还需根据两直线在所平行的投影面上的投影是否平行来确定，或根据定比性来判定。图 3-19a 所示两直线平行，图 3-19b 所示两直线不平行。

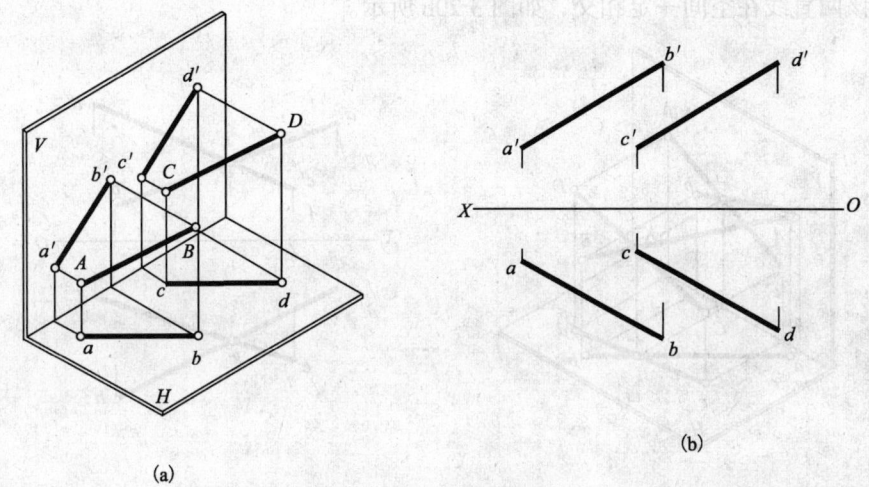

图 3-18 两直线平行

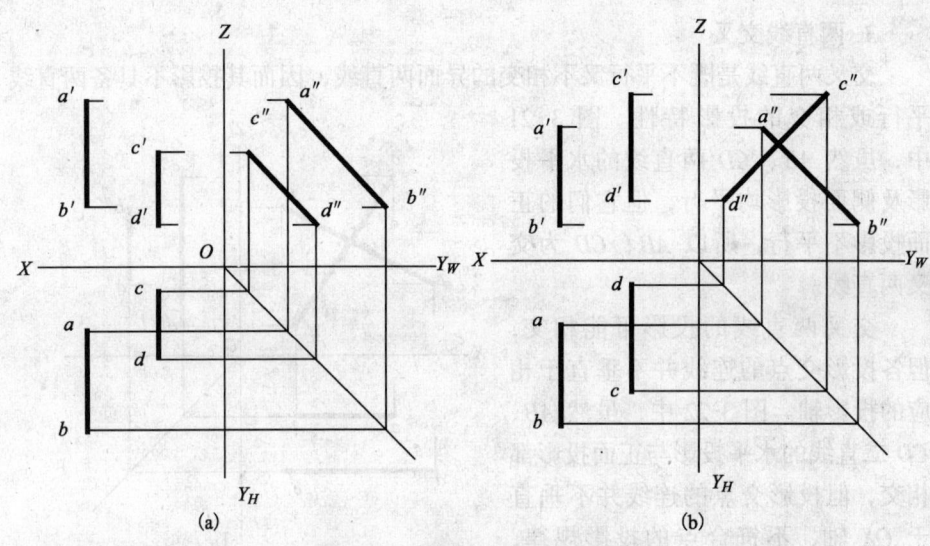

图 3-19 判断两直线是否平行

2. 两直线相交

若空间两直线相交,则其同面投影必相交、且各投影的交点必符合点的投影规律。

如图 3-20a 所示,直线 AB 与 CD 相交于点 K, K 是 AB 与 CD 的共有点。当将它们分别向 H 面及 V 面作投影时,其水平投影 ab 与 cd 交于 k, 正面投影 a'b' 与 c'd' 交于 k'。同理,它们的侧面投影必有 a"b" 与 c"d" 交于 k"。

反之,若两直线的各同面投影相交,且各投影的交点符合点的投影规律,

43

则该两直线在空间一定相交，如图 3-20b 所示。

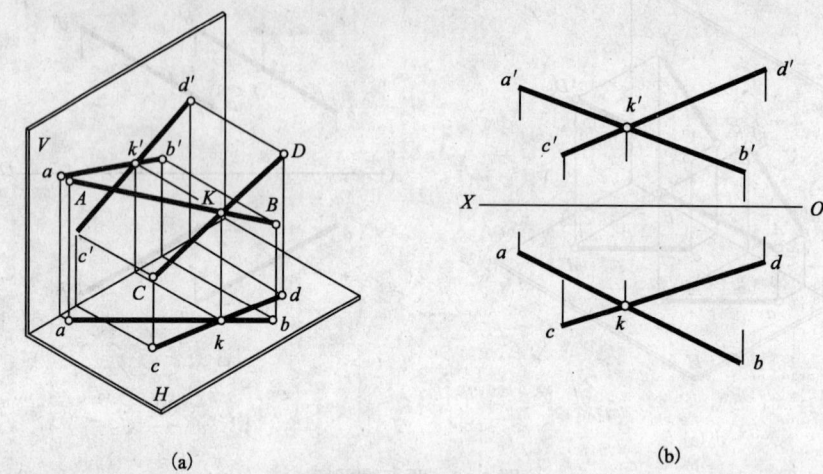

图 3-20 两直线相交

3. 两直线交叉

交叉两直线是既不平行又不相交的异面两直线，因而其投影不具备两直线平行或相交的投影特性。图 3-21 中，虽然 AB、CD 两直线的水平投影及侧面投影均平行，但它们的正面投影不平行，所以 AB、CD 为交叉两直线。

交叉两直线的投影可能相交，但各投影交点的连线并不垂直于相应的投影轴。图 3-22 中，虽然 AB、CD 二直线的水平投影与正面投影都相交，但投影交点的连线并不垂直于 OX 轴，不符合点的投影规律，所以 AB、CD 为交叉两直线。

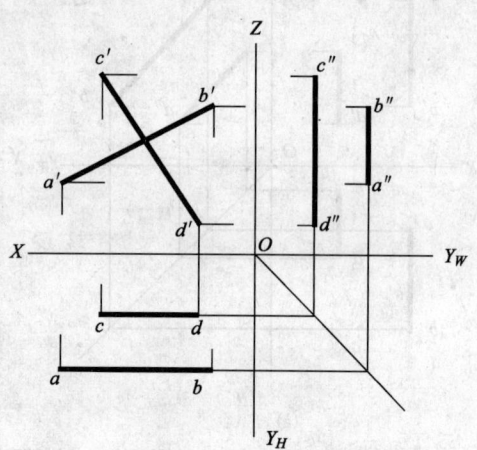

图 3-21 两直线交叉

当交叉两直线的投影相交时，其交点是交叉两直线的重影点的投影。利用投影可判别两重影点的相对位置。

图 3-22 中，直线 AB 与 CD 的水平投影的交点 1（2）是直线 AB 上的点 Ⅱ 与直线 CD 上的点 Ⅰ 在 H 面的重影。从正面投影中可看出点 Ⅰ 高于点 Ⅱ，点 Ⅱ 不可见，其水平投影用（2）表示。同样 a'b' 与 c'd' 的交点 3'（4'）是直线 AB 上点 Ⅲ 与直线 CD 上点 Ⅳ 在 V 面的重影。从水平投影中可看出点 Ⅲ 在点 Ⅳ 之前，点 Ⅳ 不可见，其正面投影用（4'）表示。

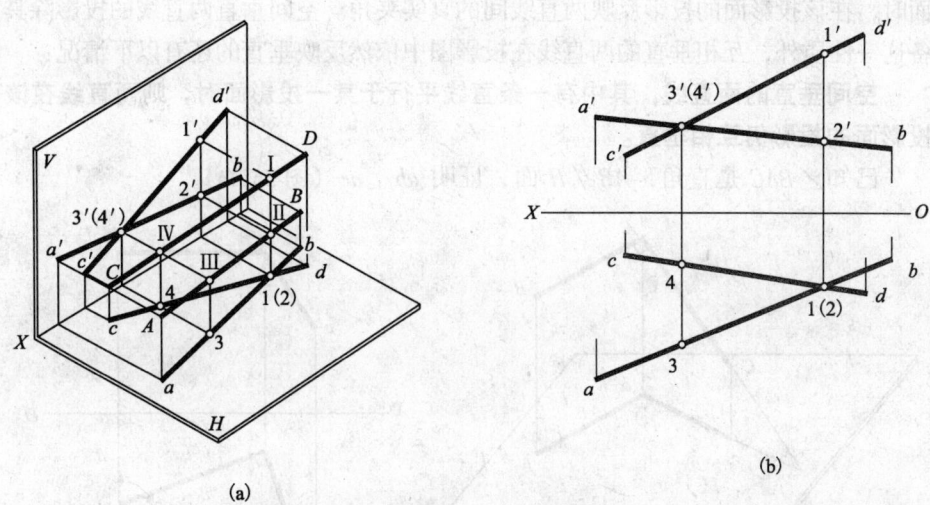

图 3-22 两交叉直线重影点

【例 3-9】 已知 ABCD 为平行四边形，完成其投影（图 3-23a）。

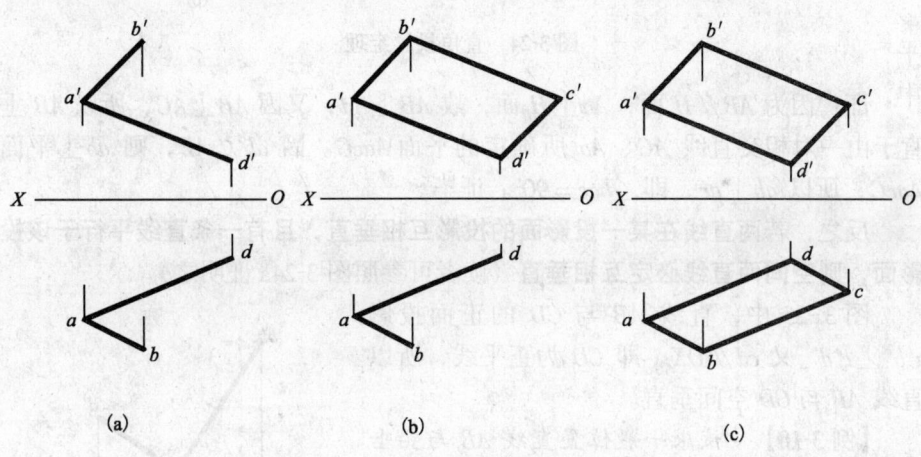

图 3-23 作平行四边形的投影

分析：
平行四边形对边相互平行，而平行两直线同面投影应相互平行。
作图：
(1) 作 $c'd' \, // \, a'b'$、$b'c' \, // \, a'd'$，得 c'（图 3-23b）。
(2) 作 $cd \, // \, ab$、$bc \, // \, ad$，c 与 c' 应在同一竖直投影连线上（图 3-23c）。

4．一边平行投影面的直角投影

相交两直线夹角的投影一般不反映实形，只有当它们同时平行于某一投影面时,在该投影面的投影反映两直线间的真实夹角。空间垂直两直线的投影除具备这一性质外,互相垂直的两直线在投影图中依然反映垂直的还有以下情况:

空间垂直的两直线,其中有一条直线平行于某一投影面时,则两直线在该投影面的投影仍互相垂直。

已知∠BAC是直角,AB∥H面,证明 $ab \perp ac$(图3-24a)。

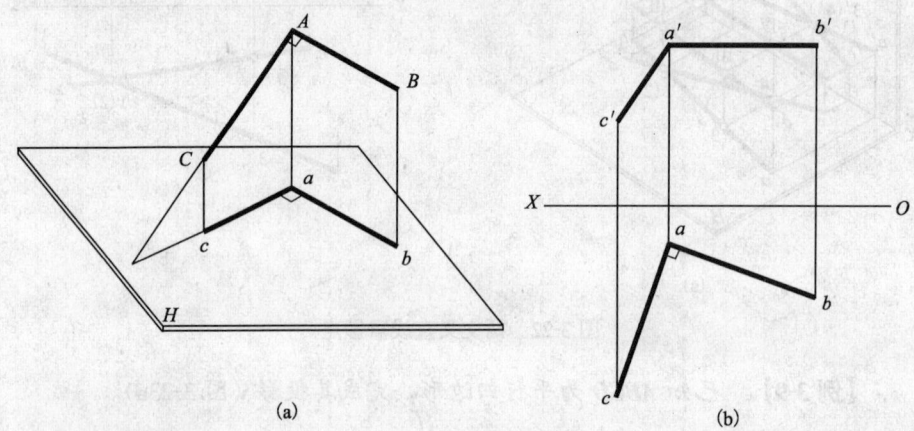

图 3-24 直角投影定理

证:因为 AB∥H 面,Aa⊥H 面,故 AB⊥Aa;又因 AB⊥AC,所以 AB 垂直于由一对相交直线 AC、Aa 所确定的平面 AacC。因 ab∥AB,则 ab⊥平面 AacC,所以 ab⊥ac,即∠bac = 90°。证毕。

反之,若两直线在某一投影面的投影互相垂直,且有一条直线平行于该投影面,则空间两直线必定互相垂直(读者可参照图3-24a证明之)。

图 3-25 中,直线 AB 与 CD 的正面投影 $a'b' \perp c'd'$,又 cd∥OX,即 CD 为正平线,所以直线 AB 与 CD 空间垂直。

【例 3-10】 试求一般位置直线 AB 与铅垂线 EF 间的公垂线(图3-26a)。

分析(图3-26b):

设所求公垂线为 CD,与 AB 线交于 C,与 EF 线交于 D。因为 EF 垂直于 H 面,则与 EF 垂直的直线 CD 必与 H 面平行,且交点 D 的水平投影重合于 e(f)上。又因 AB 与水平线 CD 垂直,根据直角投影特性,有 ab⊥cd。

作图(图3-26c):

(1) 在 e(f)处标出 d,并过 d 作 dc⊥ab;

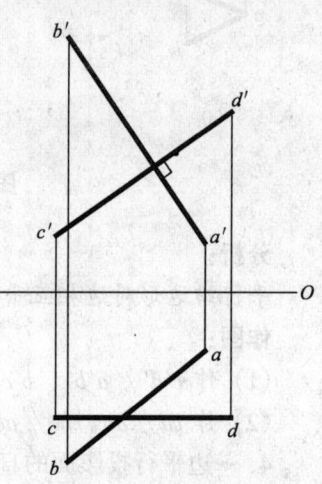

图 3-25 AB⊥CD

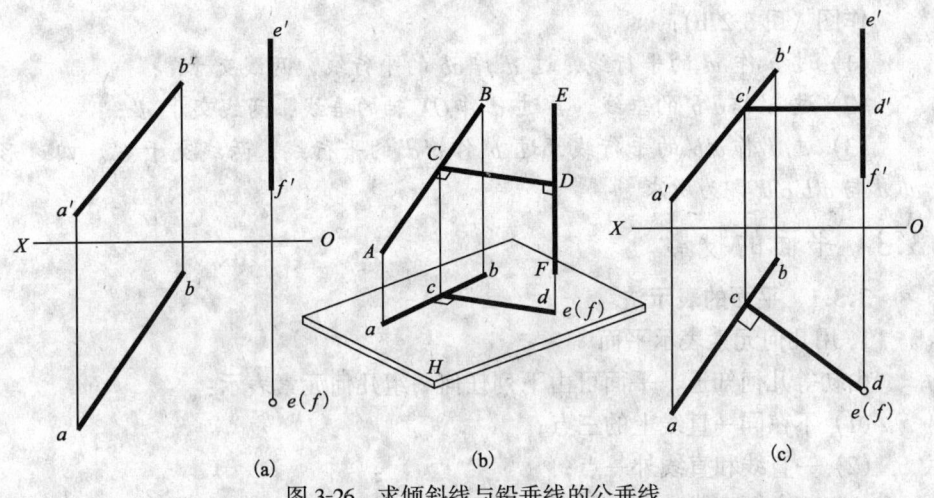

图 3-26 求倾斜线与铅垂线的公垂线

(2) 过 c 在 a'b' 上求得 c';
(3) 过 c' 作 OX 轴的平行线交 e'f' 于 d',则 CD（cd、c'd'）即为所求。

【例 3-11】 已知矩形 ABCD 的一边 AB 平行于 V 面,又知邻边 AD 的水平投影,完成该矩形的两面投影（图 3-27a）。

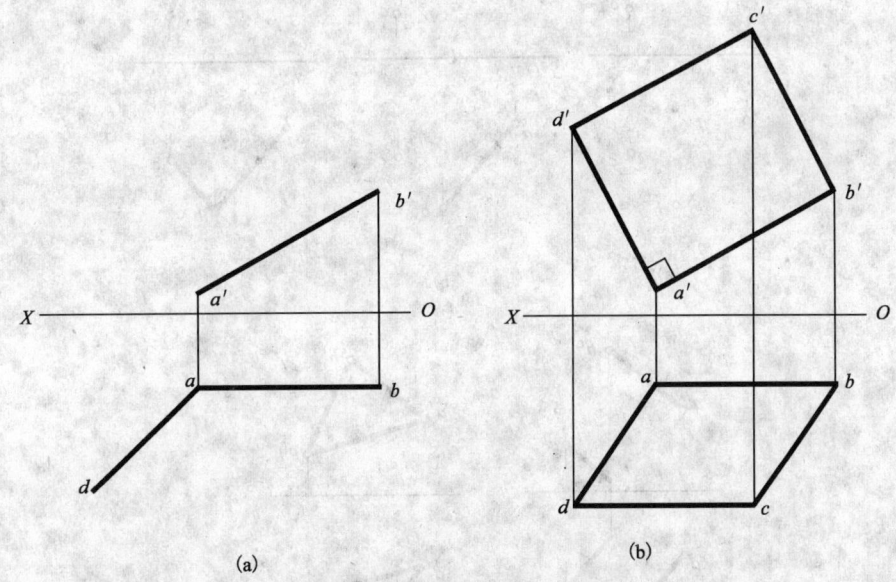

图 3-27 完成矩形的两面投影

分析：

矩形各邻边相互垂直,对边相互平行。由于 AB 边平行于 V 面,是正平线,根据直角投影特性,矩形相邻两边的正面投影能够反映直角。

作图（图 3-27b）：

(1) 过 b 作 ad 的平行线，过 d 作 ab 的平行线，两线交于 c；

(2) 过 a' 作 $a'b'$ 的垂线，再过 d 作 OX 轴的垂线，两线交于 d'；

(3) 过 d' 作 $a'b'$ 的平行线，过 b' 作 $a'd'$ 的平行线，两线交于 c'。四边形 $abcd$ 与 $a'b'c'd'$ 即为所求。

3.3 平面的投影

3.3.1 平面的表示法

1. 用几何元素表示平面

由初等几何知道，平面可由下列任何一组几何元素表示：

(1) 不在同一直线上的三点；

(2) 一直线和直线外一点；

(3) 相交两直线；

(4) 平行两直线；

(5) 平面图形（如三角形、圆及其他图形）。

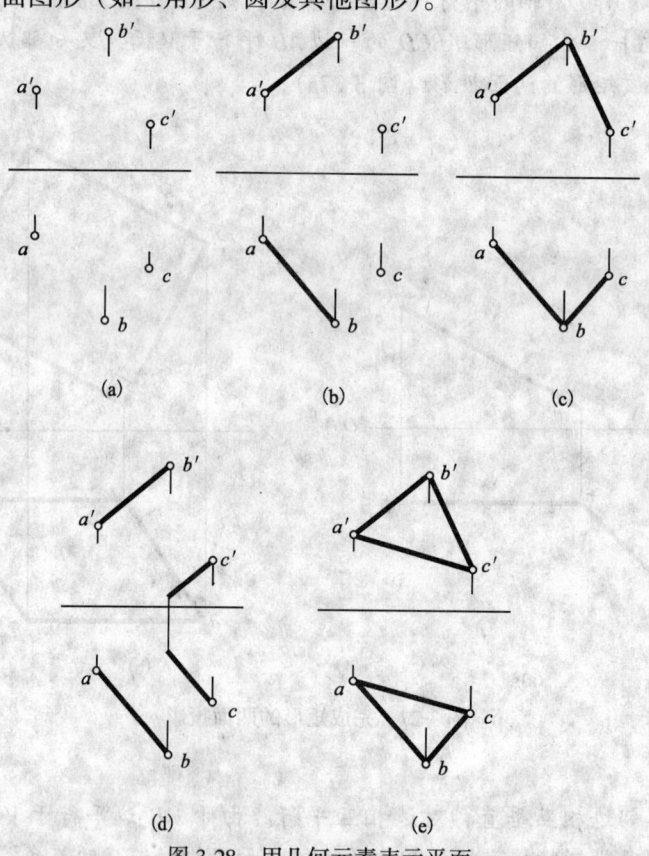

图 3-28 用几何元素表示平面

因此，只要给出上列任一组几何元素的投影即可表示空间平面，如图3-28所示。

2. 用平面迹线表示平面

空间平面与投影面的交线称为平面的迹线。其中，空间平面与 H 面的交线称为水平迹线；空间平面与 V 面的交线称为正面迹线；空间平面与 W 面的交线称为侧面迹线。

若平面用 P 表示，则水平迹线用 P_H 表示；正面迹线用 P_V 表示，侧面迹

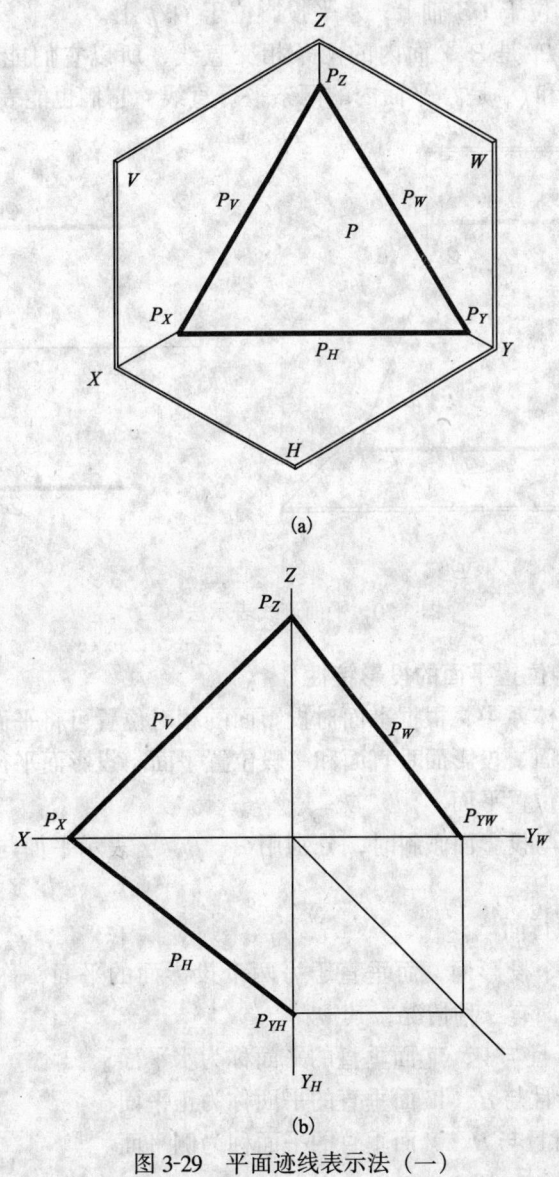

图 3-29　平面迹线表示法（一）

线用 P_W 表示，如图 3-29a 所示。

平面迹线是投影面内的直线，它在迹线所在投影面内的投影与本身重合，另两个投影分别落在相应的投影轴上。在投影图中，仅画出与迹线本身重合的投影，并作标注，落在投影轴上的两个投影不画，如图 3-29b 所示。P_H 是 H 面内的直线，它的水平投影与本身重合；正面投影位于 OX 轴上；侧面投影位于 OY_W 上。P_V 是 V 面内的直线，它的正面投影与本身重合；水平投影位于 OX 轴上；侧面投影位于 OY_H 上。P_W 是 W 面内的直线，它的侧面投影与本身重合；正面投影位于 OZ 轴上；水平投影位于 OY_H 上。

由于 P_H 和 P_V 是 P 平面内的两条相交直线，所以它们能表示空间平面。图 3-30 中，Q_H 和 Q_V 是 Q 平面内的两条平行直线，它们也能表示空间平面。

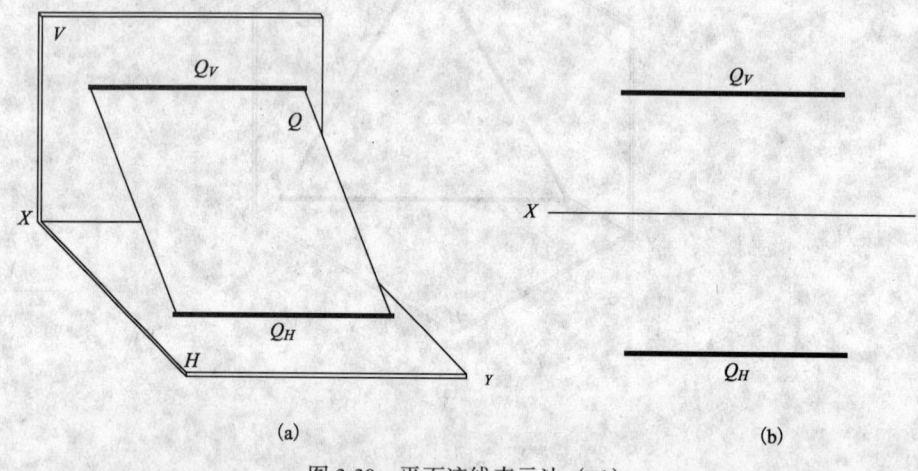

图 3-30 平面迹线表示法（二）

3.3.2 各种位置平面的投影特性

在三投影面体系中，根据平面对投影面的相对位置可将平面分为三类，它们是投影面平行面、投影面垂直面和一般位置平面。投影面平行面和投影面垂直面统称为特殊位置平面。

当空间平面与投影面倾斜时，分别用 α、β、γ 表示平面与 H 面、V 面和 W 面的倾角。

1. 投影面平行面

平行于某一个投影面，而垂直于另两个投影面的平面，称为投影面平行面。投影面平行面有三种情况，其中：

与 H 面平行且与 V、W 面垂直的平面称为水平面；

与 V 面平行且与 H、W 面垂直的平面称为正平面；

与 W 面平行且与 H、V 面垂直的平面称为侧平面。

表 3-4 列出了投影面平行面的投影特性，归纳如下：

表 3-4 投影面平行面的投影特性

名称	立体图	投影图	投影特征
水平面	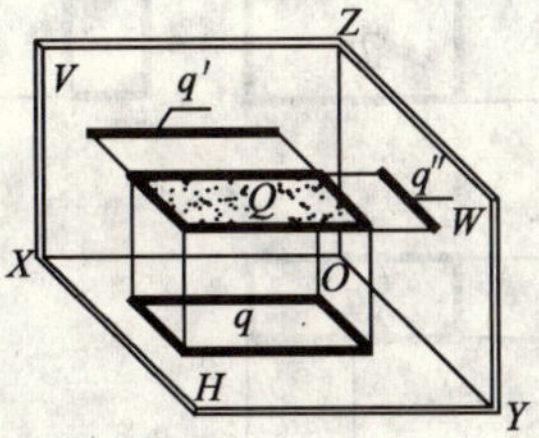	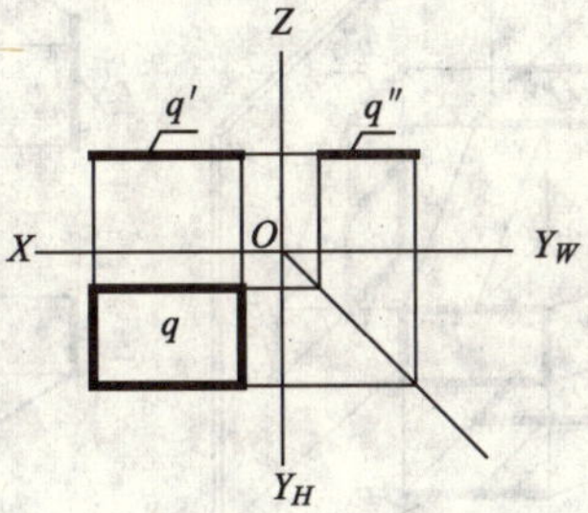	1. 水平投影 q 反映实形 2. 正面投影 q' 有积聚性，且 $// OX$ 轴 3. 侧面投影 q'' 有积聚性，且 $// OY$ 轴
正平面	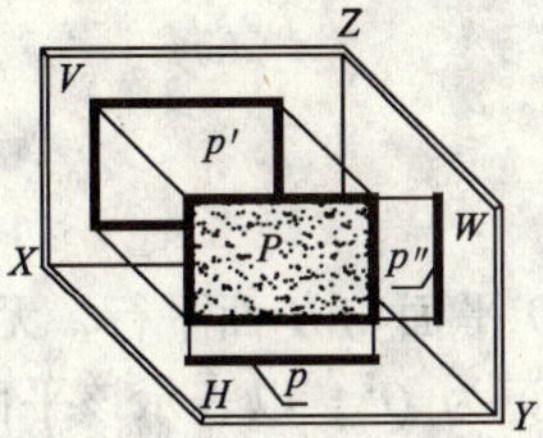	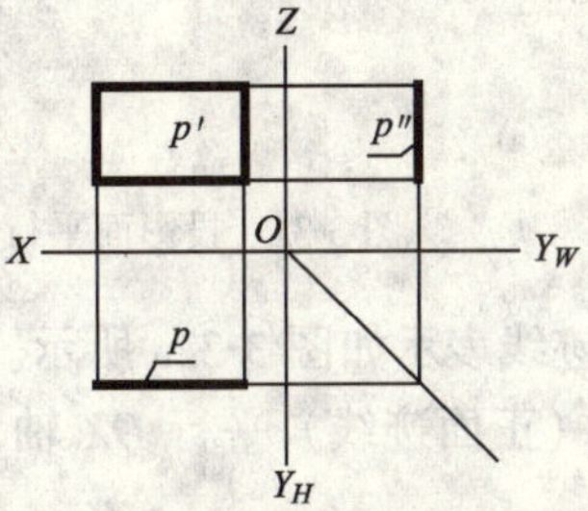	1. 正面投影 p' 反映实形 2. 水平投影 p 有积聚性，且 $// OX$ 轴 3. 侧面投影 p'' 有积聚性，且 $// OZ$ 轴
侧平面	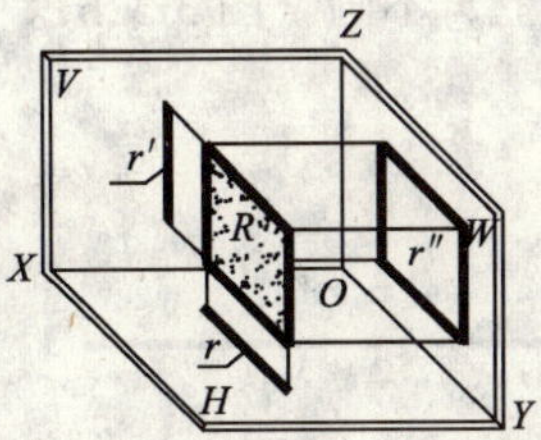	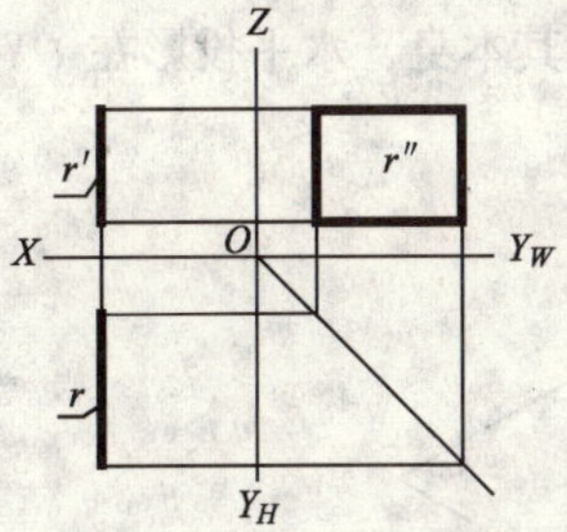	1. 侧面投影 r'' 反映实形 2. 正面投影 r' 有积聚性且 $// OZ$ 轴 3. 水平投影 r 有积聚性，且 $// OY$ 轴

（1）平面图形在所平行的投影面上的投影反映平面图形的实形；

（2）平面图形的另两个投影积聚为直线段，且平行于相应的投影轴。

在图 3-31 所示的立体中，Q 平面平行于 H 面，垂直于 V、W 面，是水平面。它的水平投影 q 反映 Q 平面的实形；它的正面投影 q' 和侧面投影 q'' 均积聚为直线段，并且分别平行于 OX 轴和 OY 轴。

该立体的 P 平面平行于 V 面，垂直于 H、W 面，是正平面。它的正面投影 p' 反映 P 平面的实形；它的水平投影 p 和侧面投影 p'' 均积聚为直线段，并且分别平行于 OX 轴和 OZ 轴。

该立体的 R 平面平行于 W 面，垂直于 H、V 面，是侧平面。它的侧面投影 r'' 反映 R 平面的实形；它的水平投影 r 和正面投影 r' 均积聚为直线段，且分

别平行于 OY 轴和 OZ 轴。

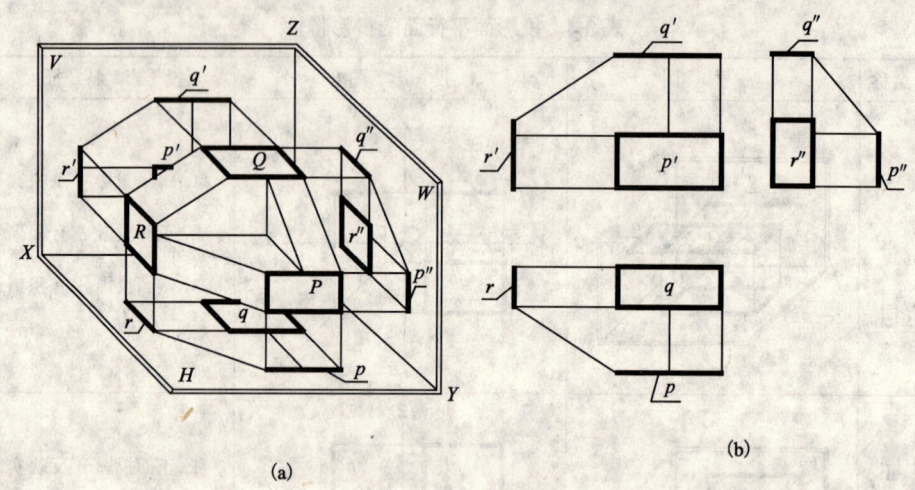

图 3-31 投影面平行面

投影面平行面的迹线表示如图 3-32a 所示。Q 平面与 H 面平行，无迹线。Q 平面与 V 面的交线（正面迹线）平行 OX 轴，记为 Q^V，以表示该平面在 V 面的投影有积聚性。

Q^V 的正面投影是其本身，水平投影在 OX 轴上，不画（图 3-32b）。

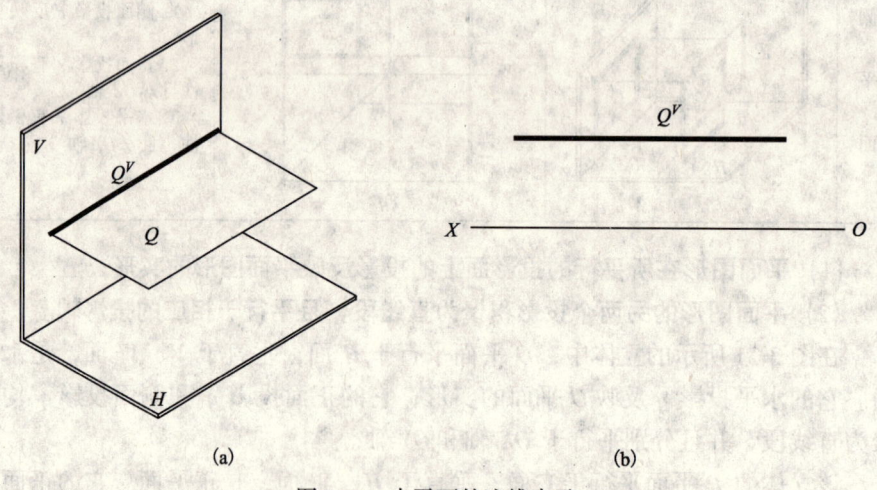

图 3-32 水平面的迹线表示

2. 投影面垂直面

垂直于某一个投影面，而倾斜于另两个投影面的平面，称为投影面垂直面。投影面垂直面有三种情况，其中：

与 H 面垂直且与 V、W 面倾斜的平面称为铅垂面；

与 V 面垂直且与 H、W 面倾斜的平面称为正垂面；

与 W 面垂直且与 H、V 面倾斜的平面称为侧垂面。

表 3-5 列出了投影面垂直面的投影特性，归纳如下：

(1) 平面图形在所垂直的投影面上的投影积聚成一条倾斜的直线段，该直线段与相应投影轴的夹角反映该平面对另两个投影面的倾斜角度。

(2) 平面图形的另两个投影均为原平面图形的类似形。

表 3-5 投影面垂直面的投影特性

名称	立体图	投影图	投影特征
铅垂面	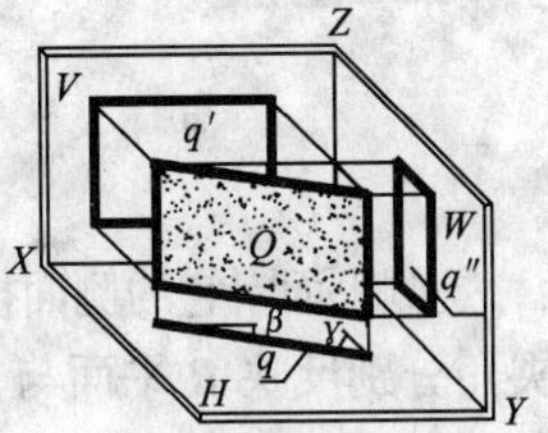	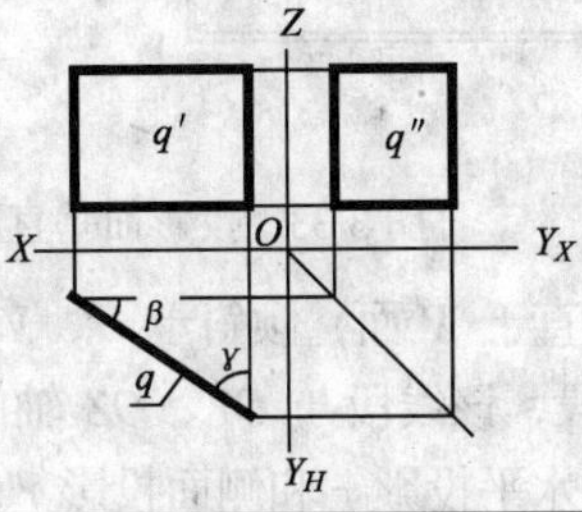	1. 水平投影 q 有积聚性，且反映 Q 面与 V、W 面的倾角 β、γ 2. 正面投影 q' 与侧面投影 q'' 为原平面图形的类似形
正垂面	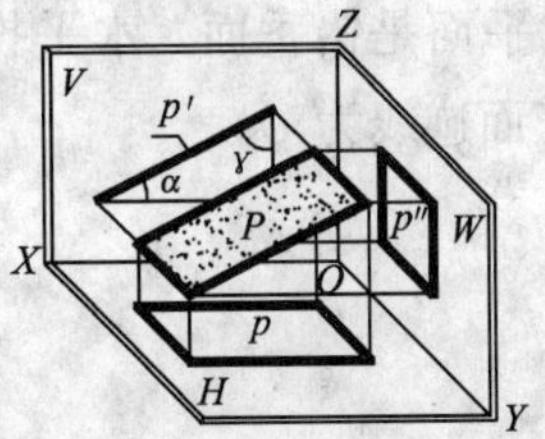	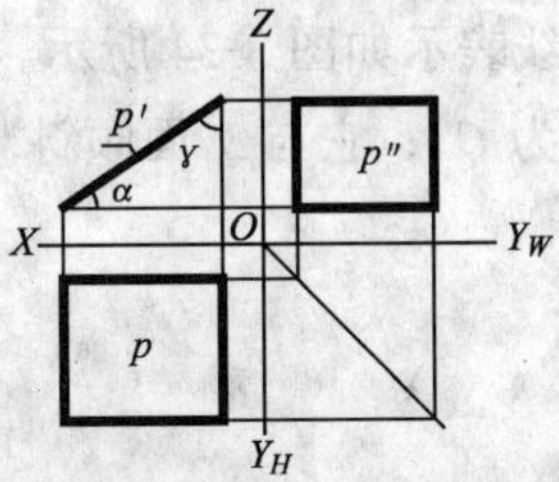	1. 正面投影 p' 有积聚性，且反映 P 面与 H、W 的倾角 α、γ 2. 水平投影 p 与侧面投影 p'' 为原平面图形的类似形
侧垂面	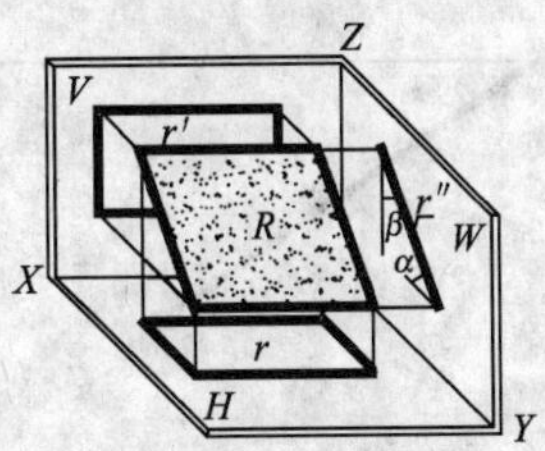	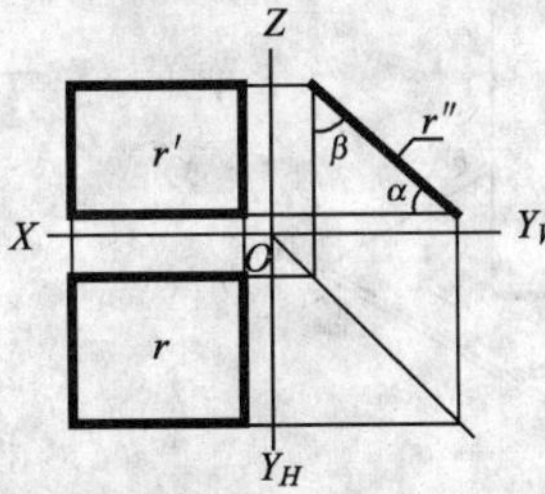	1. 侧面投影 r'' 有积聚性，且反映 R 面与 H、V 的倾角 α、β 2. 水平投影 r 与正面投影 r' 为原平面图形的类似形

在图 3-33 所示的立体中，Q 平面垂直于 H 面，倾斜于 V、W 面，是铅垂面。它的水平投影 q 积聚成一条倾斜的直线段，该线段与 OX、OY 轴的夹角分别反映 Q 平面与 V 面、W 面的倾角 β、γ。它的正面投影 q' 和侧面投影 q'' 均为 Q 平面的类似形即四边形。

该立体的 P 平面垂直于 V 面，倾斜于 H、W 面，是正垂面。它的正面投影 p' 积聚成一条倾斜的直线段，该线段与 OX、OZ 轴的夹角分别反映 P 平面与 H 面、

W 面的倾角 α、γ。它的水平投影 p 和侧面投影 p'' 均为 P 平面的类似形即四边形。

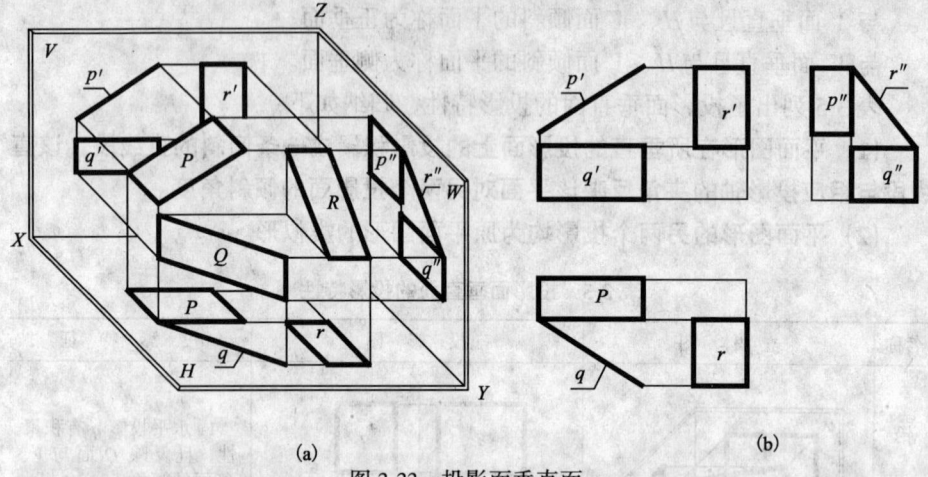

(a)　　　　　　　　　　　　(b)

图 3-33　投影面垂直面

该立体的 R 平面垂直于 W 面，倾斜于 H、V 面，是侧垂面。它的侧面投影 r'' 积聚成一条倾斜的直线段，该线段与 OY、OZ 轴的夹角分别反映 R 平面与 H 面、V 面的倾角 α、β。它的水平投影 r 和侧面投影 r' 均为原图形的类似形即四边形。

投影面垂直面的迹线表示如图 3-34 所示。Q 平面是铅垂面，水平投影有积聚性，它的水平迹线为 Q^H；它与 V 面倾斜，正面迹线为 Q_V。

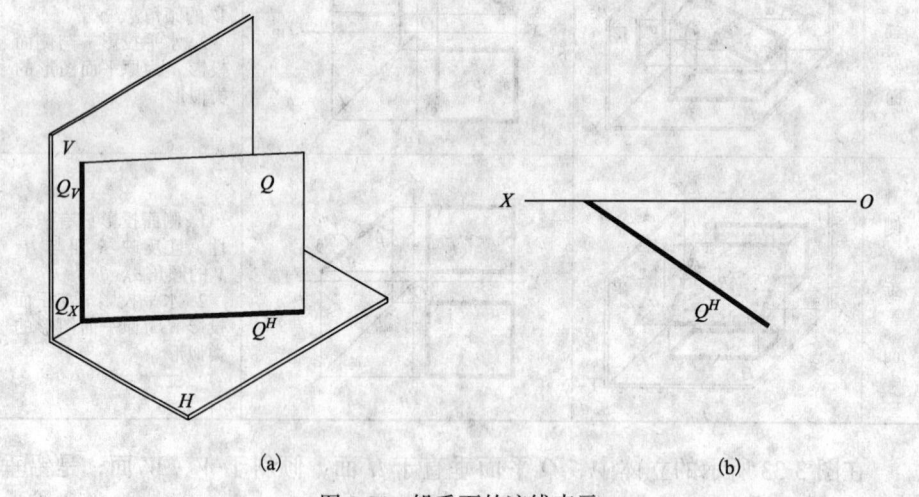

(a)　　　　　　　　　　　　(b)

图 3-34　铅垂面的迹线表示

由于 Q^H 可以表示 Q 平面的空间位置，所以在投影图中，一般将 Q_V 省略不画，仅画 Q^H。

由此，当用平面迹线表示投影面垂直面时，在投影图中，仅表示出平面所垂直投影面上的迹线即可。

3. 一般位置平面

与三个投影面均倾斜的平面称为一般位置平面。

一般位置平面的任何一个投影，既不反映平面图形的实形，也没有积聚性。因此，一般位置平面的三个投影均是空间平面图形的类似形（图 3-35）。一般位置平面与三个投影面的倾角 α、β、γ 均不能在投影图中反映出来，需作图确定。求一般位置平面图形的实形和倾角的方法见第 4 章。

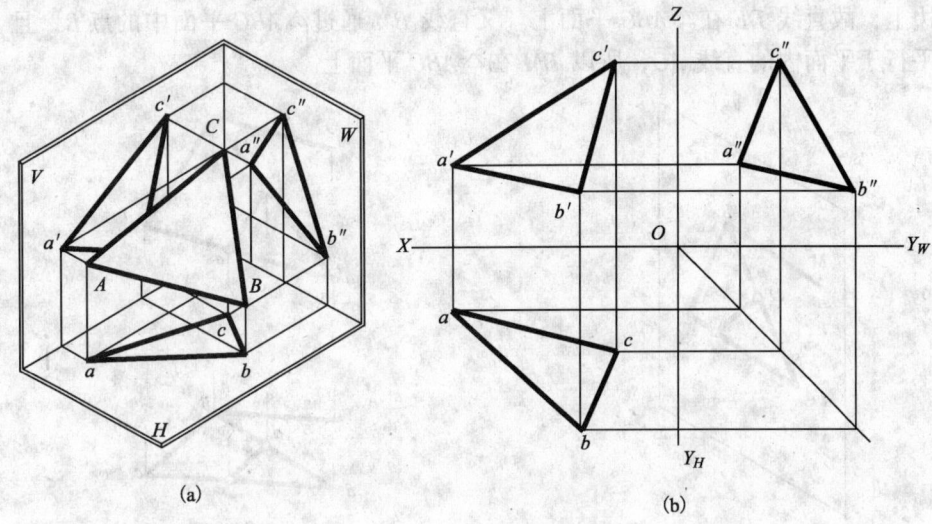

图 3-35　一般位置平面

3.3.3　平面上的点和直线

1. 平面上的点

点位于平面上的几何条件：如果一点位于平面内的一直线上，则该点位于平面上。

图 3-36 中点 N 属于直线 AB；M 属于直线 AC，而直线 AB、AC 都位于平面 ABC 上，因此，点 M、N 位于平面 ABC 上。

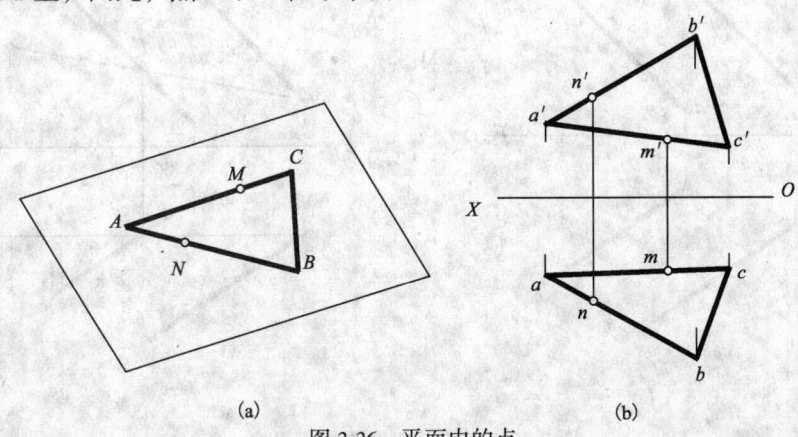

图 3-36　平面内的点

2. 平面上的直线

直线位于平面上的几何条件：

（1）若一直线通过平面内两点，则此直线位于该平面内。

（2）若一直线通过平面内一点，且平行于平面内另一直线，则此直线位于该平面内。

在图 3-37 中直线 DE 上的点 D 在 △ABC 的 AB 边上，点 E 在 △ABC 的 AC 边上，故直线 DE 在 △ABC 平面上。又直线 BM 通过 △ABC 平面中的点 B，且平行于平面内的直线 AC，所以 BM 在 △ABC 平面上。

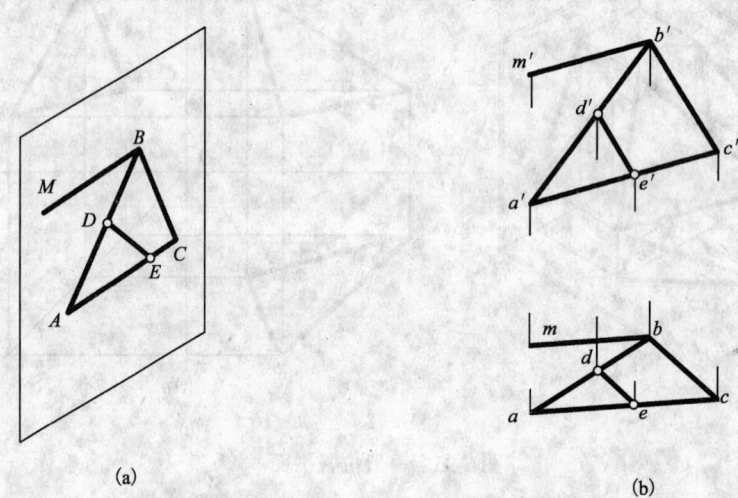

图 3-37 平面内的直线

【例 3-12】 判断点 K 是否属于在平行两直线 AB、CD 所表示的平面（图 3-38a）。

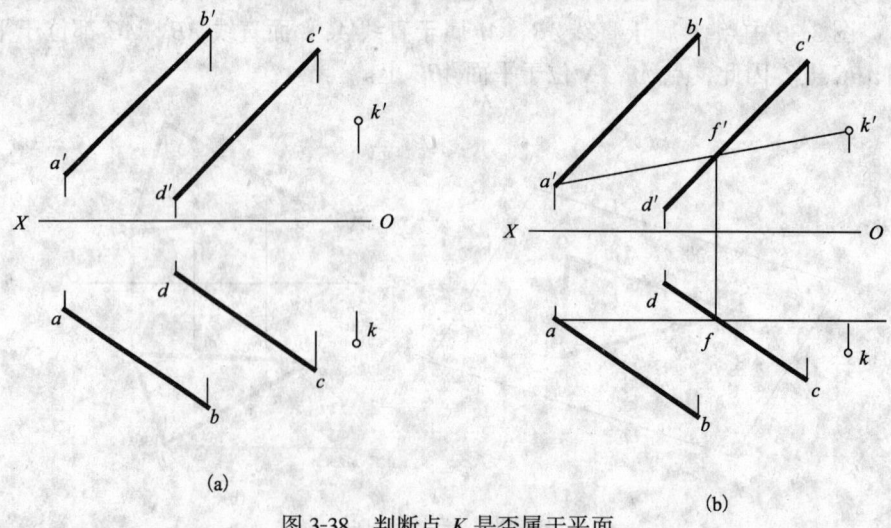

图 3-38 判断点 K 是否属于平面

分析：

若点 K 属于平面，则点 K 一定在平面的某条直线上。为此，可先过点 K 的一个投影 k（或 k'）作平面内一条直线的投影，如果点 K 的另一个投影 k'（或 k）在此直线的同面投影上，则点 K 属于该平面。否则点 K 不属于该平面。

作图（图 3-38b）：

(1) 过 k' 任作辅助线 $a'k'$，交 $c'd'$ 于 f'；

(2) 由 f' 在 cd 上求得 f；

(3) 连 af 并延长，由于 k 不在延长线上，则点 K 不在直线 AF 上，所以点 K 不属于平面。

【例 3-13】 完成四边形 $ABCD$ 的正面投影（图 3-39a）。

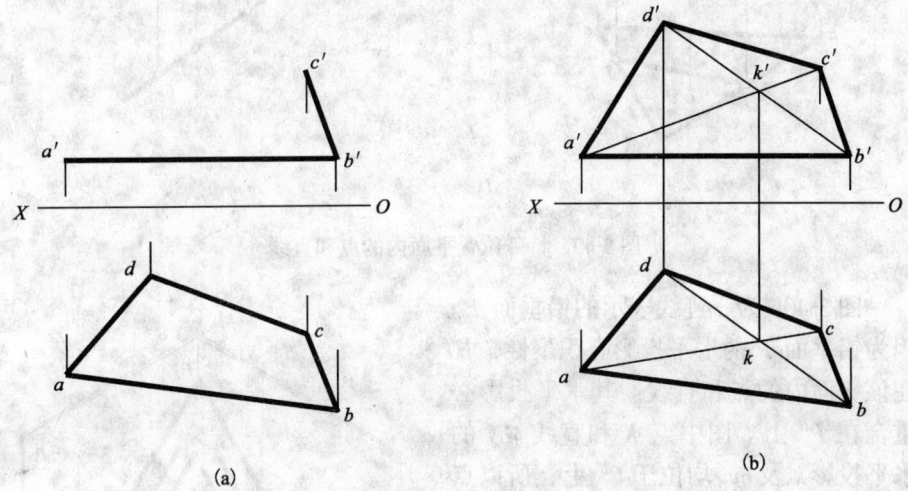

图 3-39 完成四边形的正面投影

分析：

四边形 $ABCD$ 是一平面图形，故点 D 可以看作是三角形 ABC 确定的平面上的点。根据点在平面内的几何条件知，则点 D 一定在 ABC 平面的某条直线上。为此，可先过点 D 在已知平面内作一条辅助线 BD，再根据点在直线上的从属性求得点 D 的正面投影 d'，最后连线即可。

作图（图 3-39b）：

(1) 连接 AC 的同面投影 ac、$a'c'$，得到三角形 ABC 的两面投影；

(2) 连接 bd，bd 与 ac 相交于 k，BD 与 AC 是平面 ABC 的一对相交直线，K 为其交点；

(3) 由 k 在 $a'c'$ 上求得 k'；

(4) 连接 $b'k'$，延长后得 d'；

(5) 连接 $a'b'$、$c'd'$，完成四边形的正面投影。

当平面为特殊位置平面时，可利用其积聚性投影确定平面内的点和直线。

图3-40a 中 △ABC 为水平面，其 V 面投影 $a'b'c'$ 有积聚性。因此凡在△ABC内的点或直线，其 V 面投影均重合在 $a'b'c'$ 上，由此可以看出，点 D（d、d'）及直线 EF（ef、$e'f'$）均属于△ABC 平面。

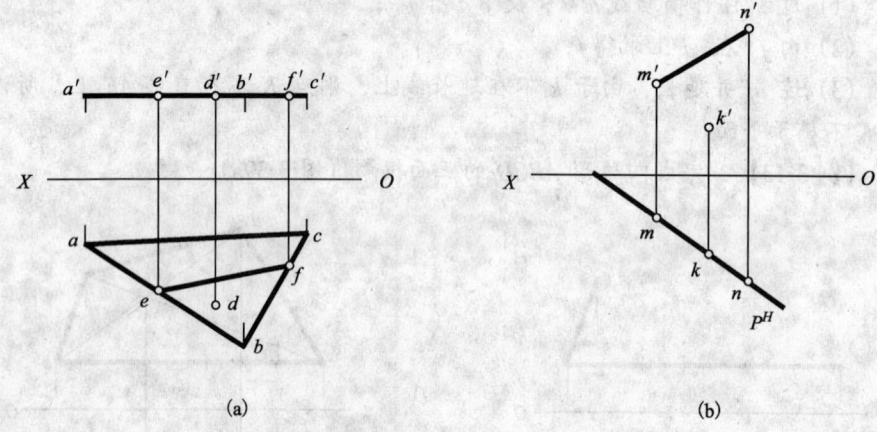

(a)   (b)

图 3-40　特殊位置平面内的点和直线

图 3-40b 为一迹线表示的铅垂面 P。因为铅垂面 P 的水平投影有积聚性，凡在该平面内的点和直线，其水平投影必重合在 P^H 上。图中点 K 和直线 MN 的水平投影 k 及 mn 均位于 P^H 上，所以点 K 和直线 MN 属于平面 P。

3. 平面内的投影面平行线

一般位置平面内平行于投影面的直线有三种：即平面内的水平线、平面内的正平线、平面内的侧平线，它们分别与相应的平面迹线平行（图3-41）。

在平面内作投影面的平行线，除应符合平面内直线的几何条件外，还应符合投影面平行线的投影特性。

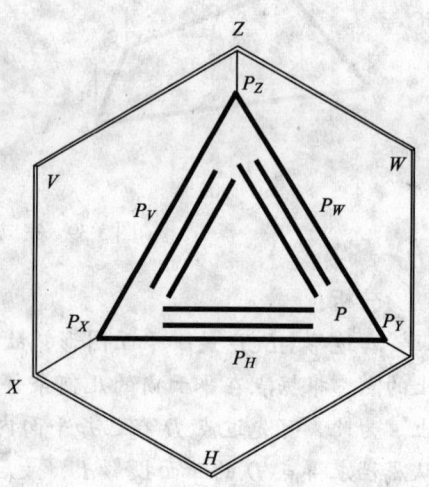

图 3-41　平面内的投影面平行线

【例3-14】　在△ABC 平面内作距 H 面 20mm 的水平线 MN（图3-42a）。

分析：

△ABC 平面内的水平线有无数条，但距 H 面 20mm 的水平线只有一条。

水平线 MN 的正面投影应平行于 OX 轴，且相距 20mm。MN 上任意两点又应位于△ABC 平面内。因此，可先作 MN 的正面投影 m'n'，使 m'、n' 位于△a'b'c' 平面内的两条边上。然后利用面上取线的方法作出 mn。

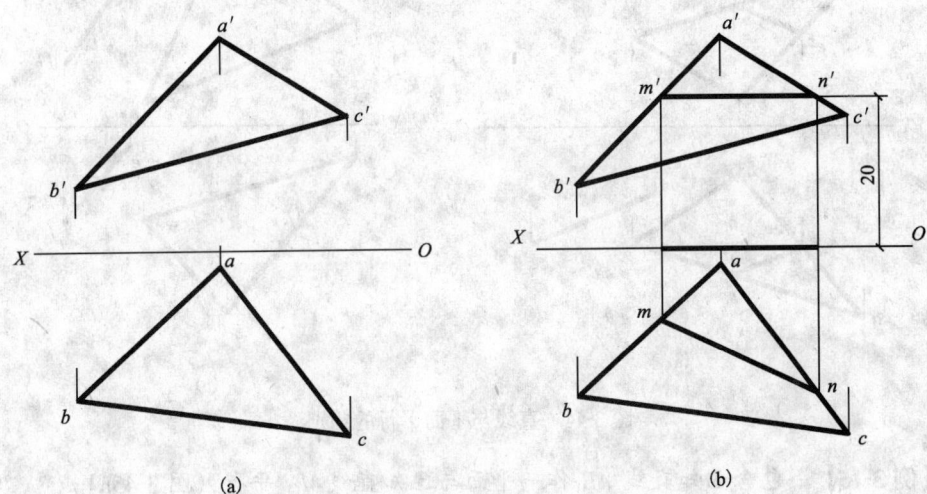

图 3-42　一般位置平面内的水平线

作图（图 3-42b）：

(1) 作 m'n' 平行 OX 轴，且相距 20mm，使 m' 位于 a'b' 上，n' 位于 a'c' 上；
(2) 由 m' 和 n' 作 OX 轴的垂直线，分别在 ab、ac 上求得 m、n；
(3) 连接 mn，则 MN（mn，m'n'）为所求。

3.4　直线与平面、两平面的相对位置

3.4.1　直线与平面平行、两平面平行

1. 直线与平面平行

直线与平面平行的几何条件是：若一直线与平面上的一直线平行，则该直线与平面平行。

图 3-43 中，直线 MN 平行于平面 P 内的一条直线 EF，则直线 MN 与 P 平面平行。

图 3-44a 中，由于 mn∥ef，m'n'∥e'f'，所以 MN 平行 EF。又直线 EF 属于平面 ABC，则直线 MN 平行平面 ABC。图 3-44b 中，虽然 ef∥ab，但 e'f' 与 a'b' 不平行，则直线 EF 不平行 AB，因此直线 EF 不平行平面 ABC。

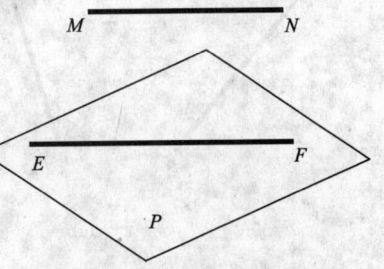

图 3-43　直线与平面平行

如果一直线与平面平行，则过平面上任意一点，可在平面内作出与此直线平行的直线。

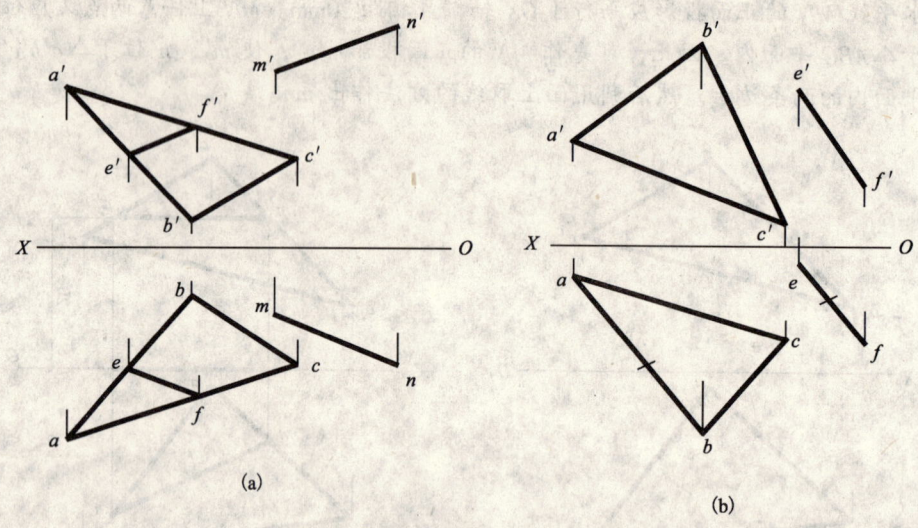

图 3-44 直线与平面平行的判别

【例 3-15】 包含已知直线 AB 作一平面与已知直线 MN 平行（图 3-45a）。

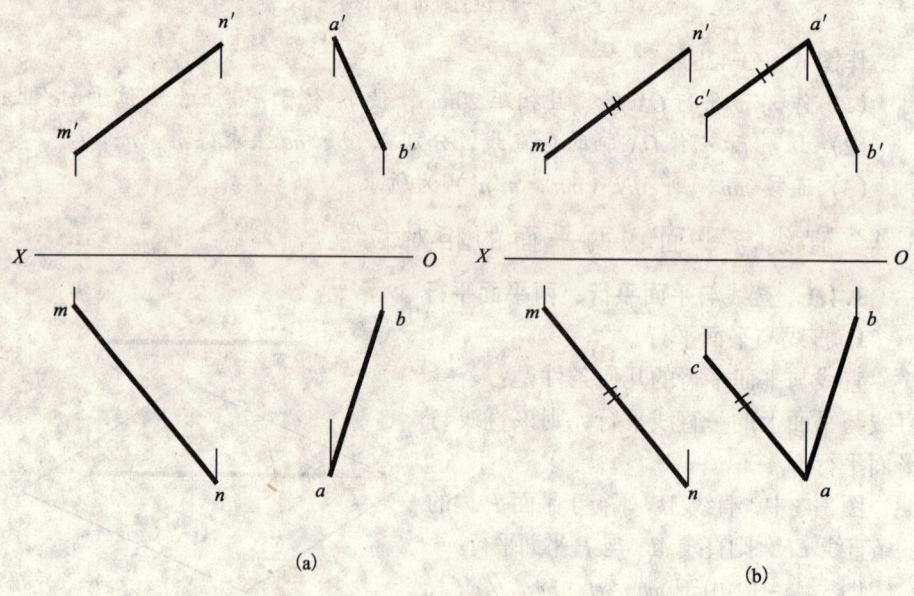

图 3-45 包含直线作平面与已知直线平行

分析：
根据直线与平面平行的几何条件知，包含 AB 所作的平面内只要有一条直线与 MN 平行，则该平面即与直线 MN 平行。所作平面可以用两条相交直线表示。为此，可作 AC 平行直线 MN，则 ABC 平面即为所求。

作图（图 3-45b）：

(1) 过 a 作 $ac /\!/ mn$；

(2) 过 a' 作 $a'c' /\!/ m'n'$，则 ABC 平面平行 MN 直线。

【例 3-16】 过点 M 作一正平线与已知 ABC 平面平行（图 3-46a）。

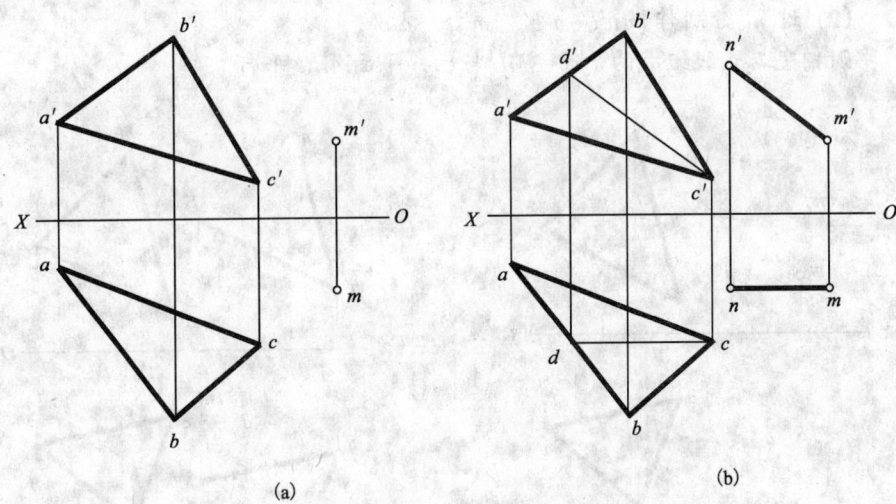

图 3-46 过点作直线与已知平面平行

分析：

过点 M 可作无数条直线与 ABC 平行，但正平线只有一条。该直线应平行于△ABC 内的正平线。

作图（图 3-46b）：

(1) 在△abc 内任过一点 c，作 $cd /\!/ OX$；

(2) 由 cd 求得 $c'd'$，CD（cd，$c'd'$）为平面 ABC 内的正平线；

(3) 过 m' 作 $m'n' /\!/ c'd'$、过 m 作 $mn /\!/ cd$，则 MN（mn、$m'n'$）即为所求。

2．平面与平面平行

平面与平面平行的几何条件是：若一平面内相交直线对应平行于另一平面内相交二直线，则两平面相互平行。图 3-47 中，P 平面内相交二直线 AB 与 AC 对应平行于 Q 平面内相交二直线 DE 与 DF，即 $AB /\!/ DE$，$AC /\!/ DF$，则平面 P 与平面 Q 平行。

【例 3-17】 试过点 M 作一平面与平面 ABC 平行（图 3-48a）。

分析：

过点 M 所作的平面内应有相交二直线与

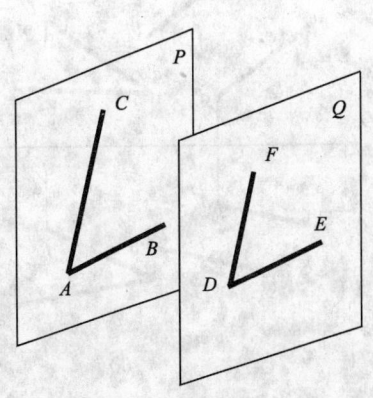

图 3-47 平面与平面平行

已知平面内相交二直线对应平行,为作图简便,可过点 M 分别作已知平面 ABC 相交边的平行线。

作图(图 3-48b):

(1) 过 m 分别作 $mn // ab$、$ml // ac$;

(2) 过 m' 分别作 $m'n' // a'b'$、$m'l' // a'c'$;

则相交二直线组成的平面 NML 与已知平面 ABC 平行。

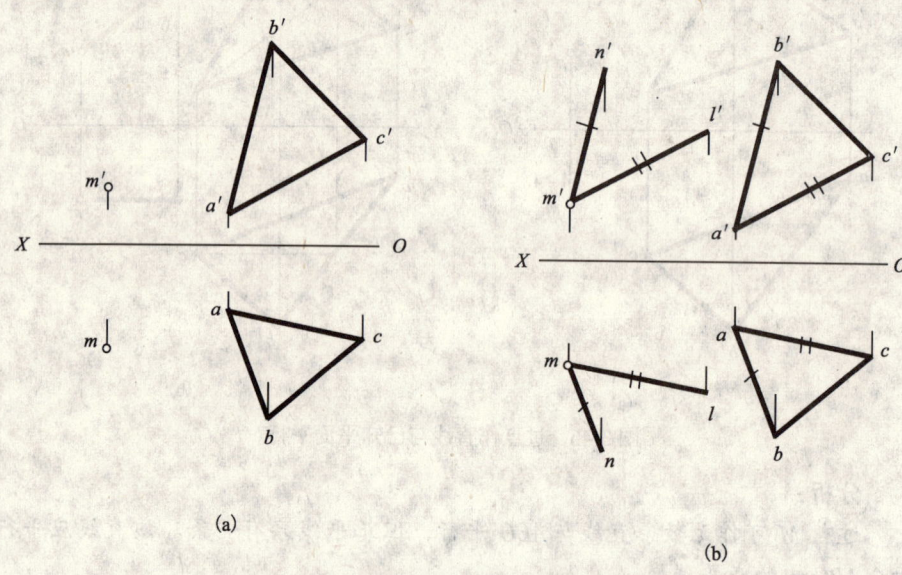

图 3-48 过点作一平面与已知平面平行

【**例 3-18**】 判别平面 $ABCD$ 与平面 DEF 是否平行(图 3-49a)

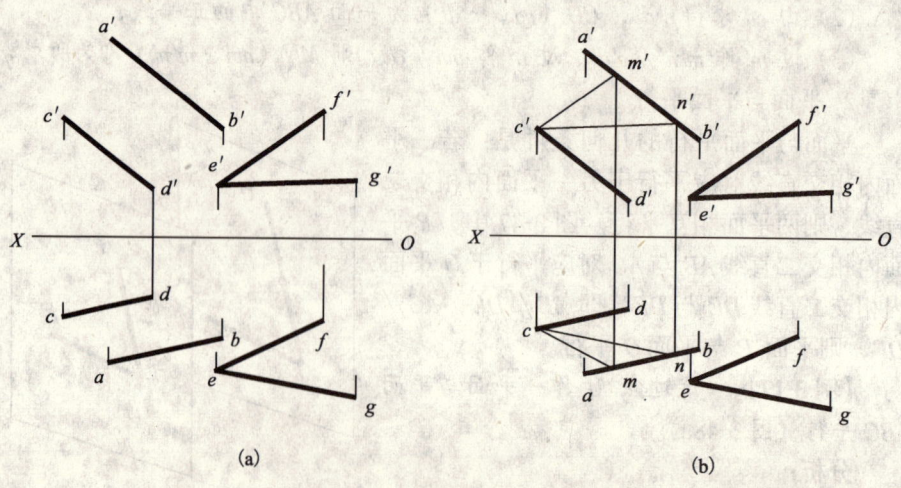

图 3-49 判别两平面是否平行

分析：

根据两平面平行的几何条件，可在 ABCD 平面内试作与 EDF 平面相交边的平行线，若能作出，则两平面平行，否则不平行。

作图（图 3-49b）：

(1) 过 c' 作 $c'm' \parallel e'f'$，再过 c' 作 $c'n' \parallel e'g'$；

(2) 在水平投影中，求出 cm 和 cn；

(3) 检查 cm、cn 是否分别平行于 ef、eg。虽然 $cn \parallel eg$，但 cm 不平行 ef，所以平面 ABCD 与平面 DEF 不平行。

3.4.2 直线与平面相交、两平面相交

直线与平面不平行则必定相交。直线与平面的交点是直线与平面的共有点（图 3-50a）。两平面不平行必定相交，其交线是两平面的共有直线，交线上的点是两平面的共有点（图 3-50b）。

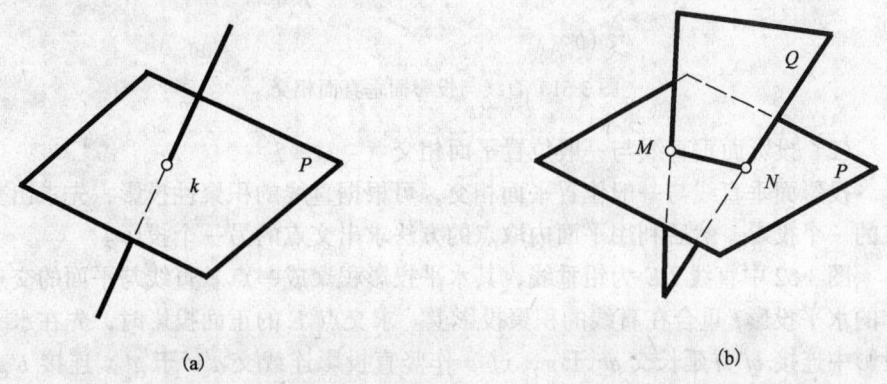

图 3-50 直线与平面相交、两平面相交

1. 直线与平面相交

(1) 直线与特殊位置平面相交

直线与特殊位置平面相交，可利用特殊位置平面的积聚性投影求交点。图 3-51 中直线 EF 与铅垂面 ABCD 相交于点 G。G 是平面上的点，其水平投影必定在 $a(d)b(c)$ 上。同时，点 G 又是直线上的点，其水平投影必定在 ef 上，因此 ef 与 $a(d)b(c)$ 的交点 g 即为点 G 的水平投影。过 g 作竖直投影连线交 $e'f'$ 于 g'，g' 即为点 G 的正面投影。

在直线与平面相交的作图中，还必须判别直线投影的可见性。判别投影的可见性的方法有以下两种：

① 运用交错两直线上重影点的投影可见性来判别。

② 如果平面是特殊位置平面，可以从平面的积聚性投影中直接判别。

如图 3-51 所示，ABCD 是铅垂面，其水平投影积聚成一直线。从直线和平

面的水平投影中可以看出，FG 在 ABCD 平面之前，其正面投影可见；EG 在 ABCD 平面之后，则 e'g' 有一段被平面遮挡，用虚线表示。

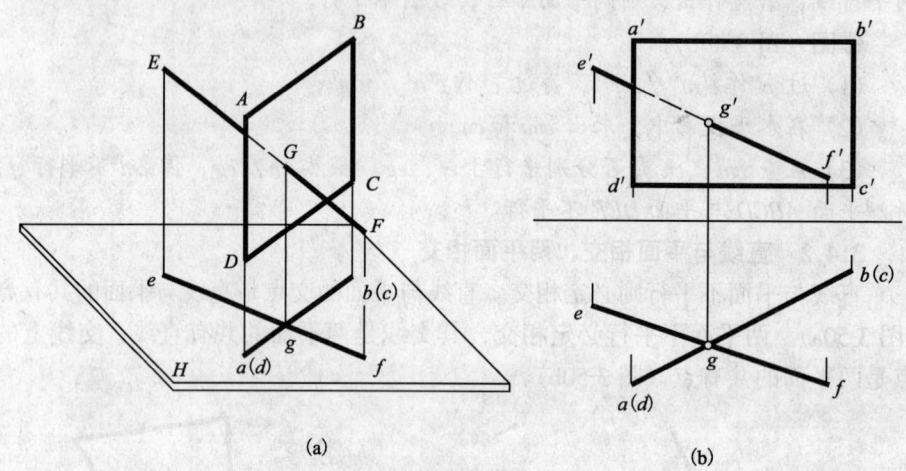

图 3-51　直线与投影面垂直面相交

(2) 投影面垂直线与一般位置平面相交

投影面垂直线与一般位置平面相交，可根据直线的积聚性投影，先求出交点的一个投影，然后利用平面内取点的方法求出交点的另一个投影。

图 3-52 中直线 DE 为铅垂线，其水平投影积聚成一点。直线与平面的交点 F 的水平投影 f 重合在直线的积聚投影上。求交点 F 的正面投影时，先在水平投影中连接 bf 并延长交 ac 于 g，过 g 作竖直投影连线交 a'c' 于 g'，连接 b'g'

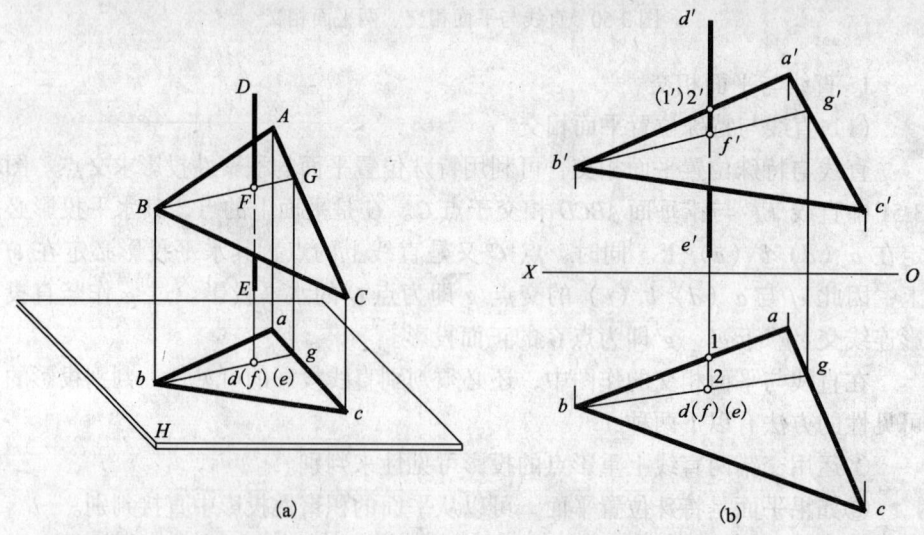

图 3-52　投影面垂直线与平面相交

交 $d'e'$ 于 f'，f' 即为交点 F 点的正面投影。

正面投影的可见性是采用重影点判别的。利用重影点判别可见性的方法是：在需判断可见性的投影图中找出一对交错直线对该投影面重影点的投影，然后作出它们的另一投影，以比较两点的相对位置。坐标大者可见，小者不可见。

在图 3-52 的正面投影中，$a'b'$ 与 $d'e'$ 的交点（1'）2' 是两交错直线 AB 与 DE 对 V 面的重影点Ⅰ、Ⅱ的正面投影。然后求出Ⅰ、Ⅱ的水平投影 1、2，比较Ⅰ、Ⅱ两点前后位置。由水平投影 1、2 可知，点Ⅱ在点Ⅰ之前，即ⅡF 线段在平面 ABC 之前，所以 $2'f'$ 可见。

2．平面与平面相交

当相交两平面中有一个特殊位置平面时，其交线可利用直线与特殊位置平面求交点的方法，分别求出交线上的两个点（两平面的共有点），然后连接这两个交点即可。

图 3-53a 中，一般位置平面 ABC 与铅垂面 $DEFG$ 相交，交线 KL 可以看作是△ABC 的 AC 边和 AB 边与四边形 $DEFG$ 的交点 K、L 的连线。

四边形 $DEFG$ 的水平投影积聚成一条直线 $d(g)e(f)$。交线 KL 的水平投影 kl 应重合于 $d(g)e(f)$，且 k、l 点分别位于 AC、AB 边的水平投影 ac、ab 上。分别过 k、l 点作竖直投影连线，与正面投影 $a'c'$、$a'b'$ 交于 k'、l' 点，连接 $k'l'$ 即为交线 KL 的正面投影（图 3-53b）。

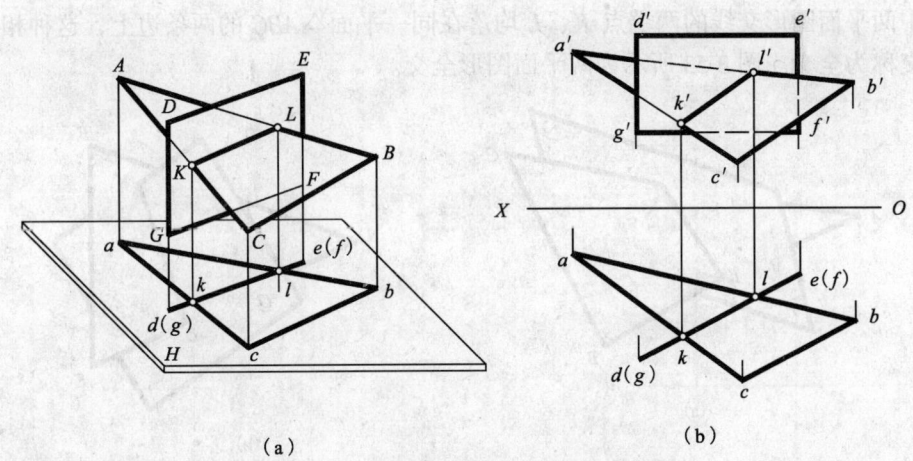

图 3-53 一般位置平面与铅垂面相交

在正面投影中两平面图形的投影重叠部分要区分可见性。可利用平面 $DEFG$ 的水平投影的积聚性直接判定。

当两平面均为同一投影面的垂直面时，其交线一定是该投影面的垂直线。

两平面积聚投影的交点就是两平面交线的积聚投影。

在图 3-54 中△ABC 和四边形 DEFG 均为铅垂面，它们的交线 MN 为铅垂线。交线的水平投影是两平面积聚投影的交点 m（n）。正面投影 m′n′ 垂直 OX 轴。

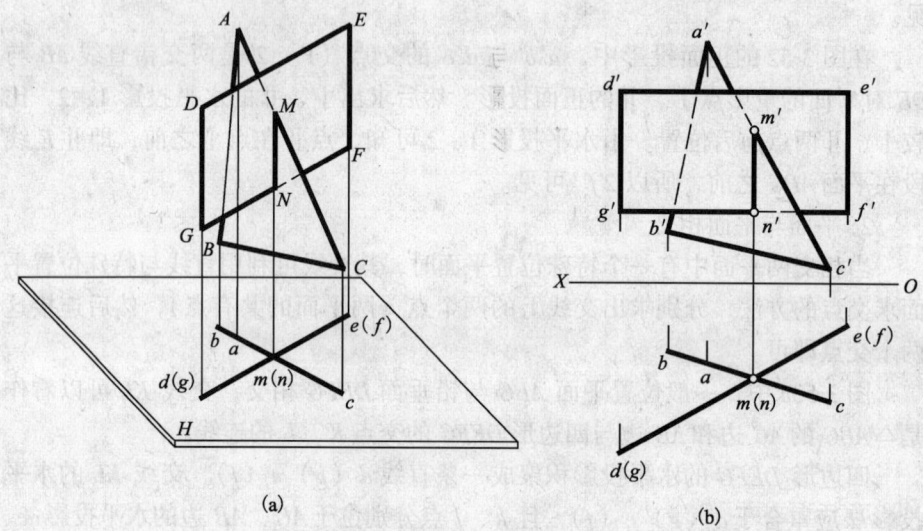

图 3-54 两投影面垂直面相交

两平面图形相交时，交线的两个端点应在它们的两条轮廓线上。图 3-55a 中两平面图形交线的两端点 K、L 均落在同一平面△ABC 的两条边上，这种相交称为全交。图 3-53 所示为两平面图形全交。

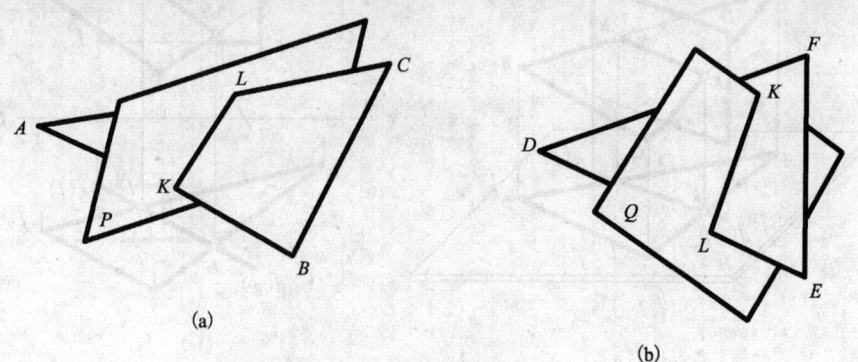

图 3-55 两平面相交的形式
(a) 两平面全交；(b) 两平面互交

图 3-55b 中两平面图形交线的两端点 K、L 分别落在平面 Q 的一条边和△DEF 的一条边 DE 上，这种相交称为互交。图 3-54 所示为两平面图形互交。

3.4.3 直线与平面垂直，两平面垂直

1. 直线与平面垂直

直线与平面垂直的几何条件是：若一直线垂直于一平面内的两条相交直线，不管该直线是否通过这两条相交直线的交点，则这条直线一定与该平面垂直。

如图 3-56 所示，直线 $AB \perp P$ 面上相交两直线 L、M（或 L_1、M_1），所以 $AB \perp P$ 面。

反之，若一直线垂直于一平面，则这条直线一定与该平面内所有的直线垂直。

若直线垂直于某一投影面的垂直面时，该直线必然是一条这个投影面的平行线。如图 3-57a 中，平面 P 是铅垂面，直线 AB 垂直于平面 P，则 AB 一定是水平线。平面 P 的水平投影与该直线 AB 的水平投影必相互垂直，有 $ab \perp P^H$（图 3-57b）。

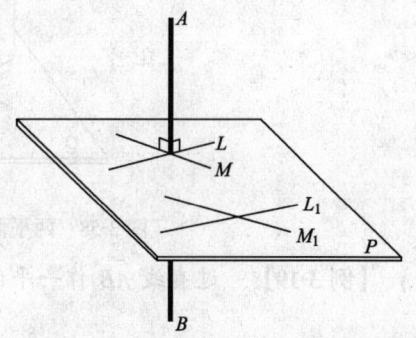

图 3-56 直线垂直于平面的几何条件

图 3-57c 中，正平线 EF 的正面投影 $e'f' \perp$ 正垂面 $ABCD$ 的积聚投影，所以 EF 与正垂面 $ABCD$ 垂直。

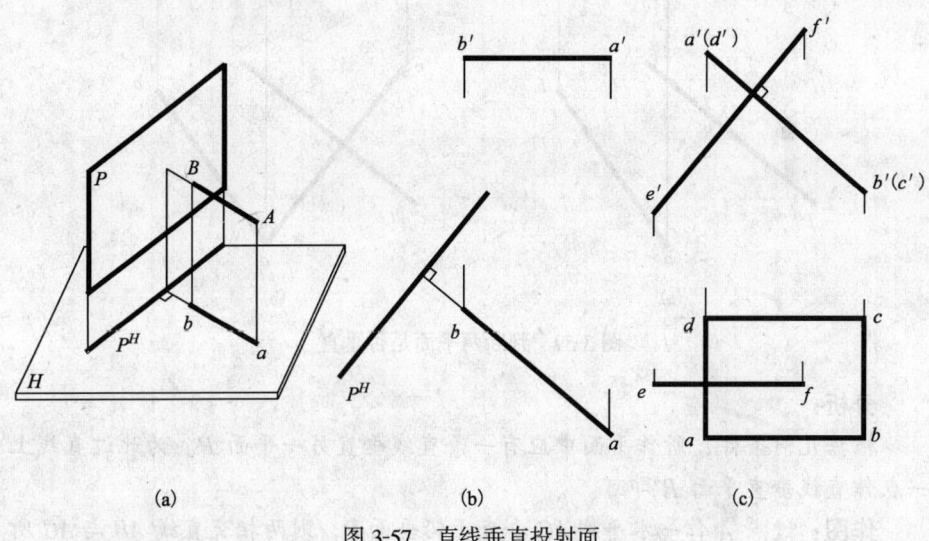

图 3-57 直线垂直投射面

2. 两平面相互垂直

两平面相互垂直的几何条件是：如果一个平面包含另一个平面的垂线，那么，这两个平面就相互垂直。在图 3-58 中，由于直线 AB 垂直平面 Q，且直线 AB 属于平面 P，所以平面 P 垂直平面 Q。

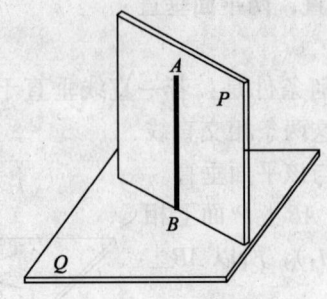

图 3-58　两平面相互垂直的几何条件

【例 3-19】　过直线 AB 作一平面与已知平面 P 垂直（图 3-59a）。

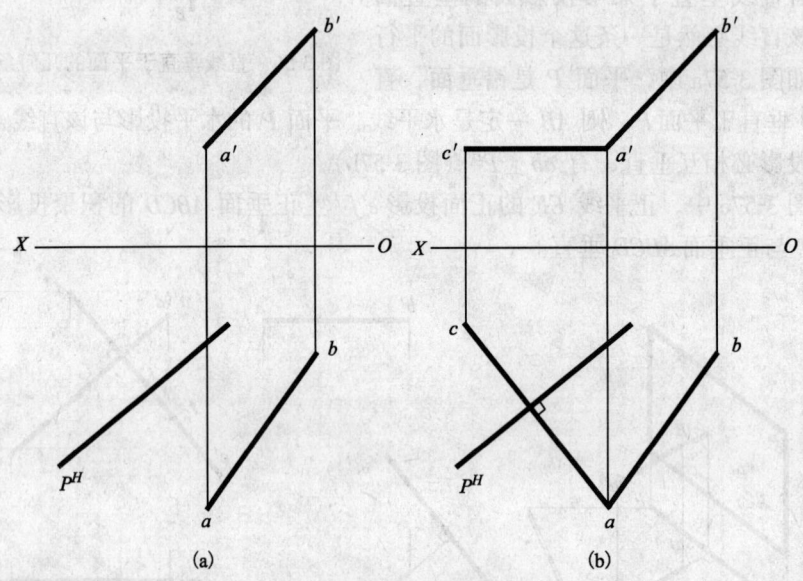

图 3-59　判断两平面是否垂直

分析：

根据几何条件，所作平面中应有一条直线垂直另一平面 P。为此过直线上一点作直线垂直平面 P 即可。

作图： 过点 A 作一水平线 AC 垂直于铅垂面 P，则两相交直线 AB 与 AC 所表示的平面即为所求（图 3-59b）。

第4章 换 面 法

4.1 概　述

将投影体系中的空间几何元素变换到便于解题的特殊位置的方法称为投影变换。

当给出的直线、平面平行于投影面时，其投影有显实性，能直接显示出线段的实长、倾角以及平面图形的实形；当给出的直线、平面垂直于投影面时，其投影具有积聚性。利用这两个特性，就可以在投影图中直接或方便地解决空间几何元素的定位问题（如交点、交线）和度量问题（实形、距离、角度）。而一般位置直线和平面没有上述特性，解决问题就较复杂，如表4-1所示。

表4-1　比较表

	求实长、倾角	求实形	求距离	求交点
一般位置	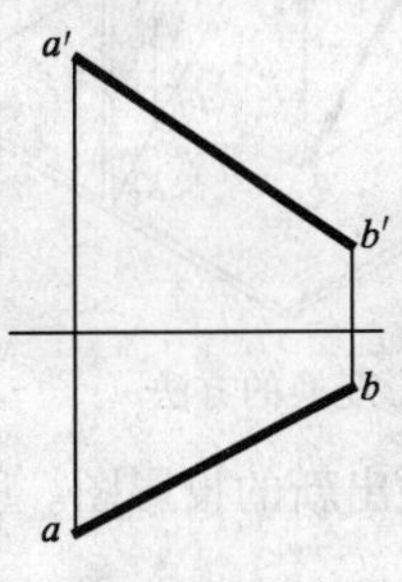	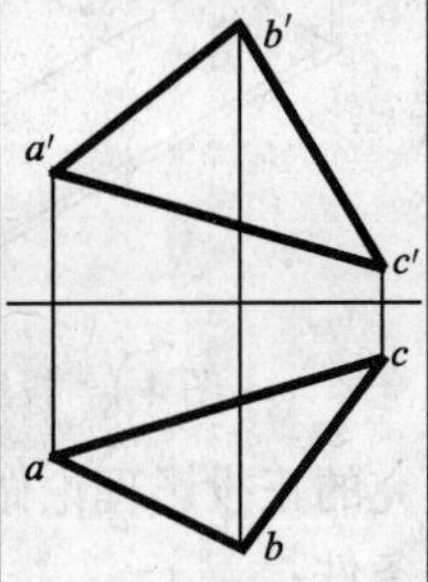	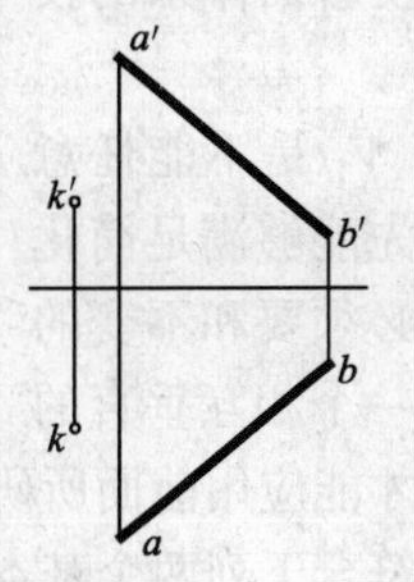	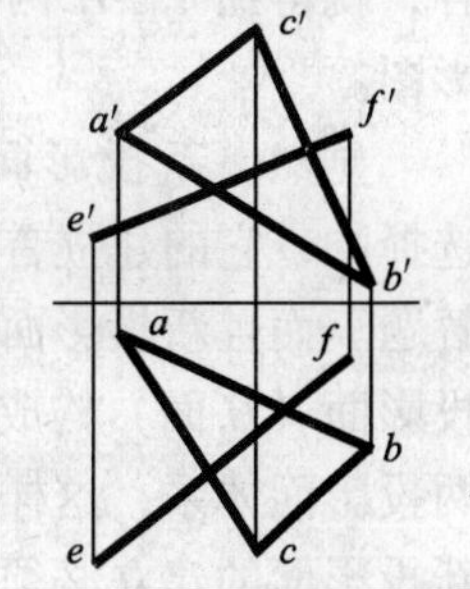
特殊位置	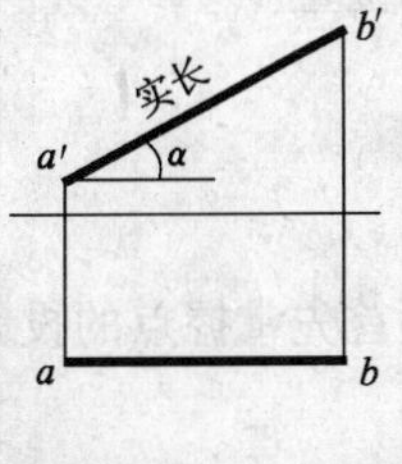	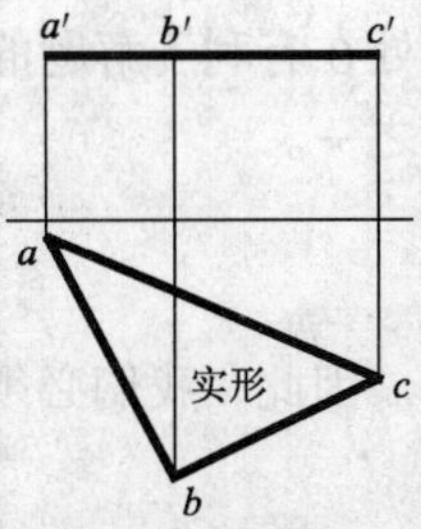	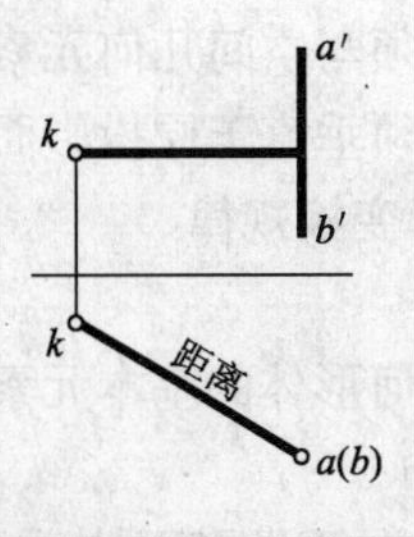	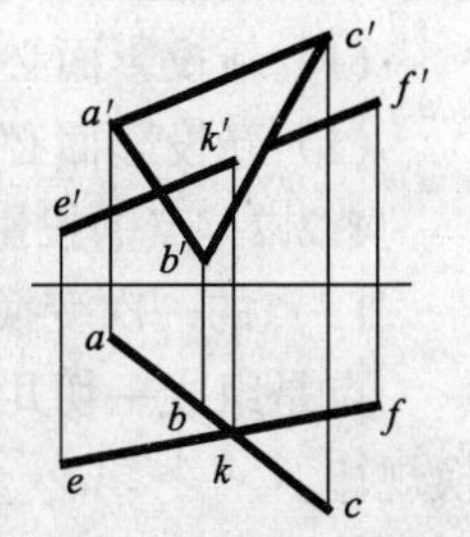

为此，可将一般位置直线和平面变换为特殊位置直线和平面，以达到简化解题的目的。通常可采取的方法有以下两种：

1. 换面法（变换投影面法）：空间几何元素的位置保持不动，用新的投影面来代替旧的投影面，使空间几何元素对新投影面的相对位置变成有利于解题的位置，然后求出其投影。这种方法称为换面法。

2. 旋转法：投影面保持不动，使空间几何元素绕某一轴旋转，以达到对投影面处在有利于解题的位置，然后求出其旋转后的新投影。这种方法称为旋转法。

换面法是解题中使用比较广泛的一种方法，故本章主要介绍换面法的作图原理和基本作图，并运用基本作图来图解空间几何问题。

4.2 换面法

4.2.1 建立新投影面的条件

如图 4-1 所示，在 V/H 两投影体系中，一般位置直线 AB 的两面投影均不反映实长。为求其实长，建立了平行于 AB 的新投影面 V_1 替换 V 面，则 AB 在 V_1 面上的投影 $a_1' b_1'$ 反映实长。再以 V_1 面和 H 面的交线 $O_1 X_1$ 为轴，使 V_1 面旋转到和 H 面重合，就得到 V_1/H 两投影面体系的投影图。

显然，新投影面 V_1 是不能任意选择的，它的建立首先能够满足简化解题。而且新投影面必须要和不变的投影面（H 面）构成一个相互垂直的

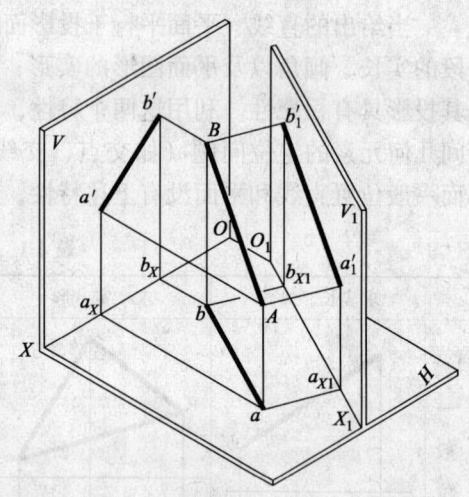

图 4-1 投影变换的方法

两投影面体系，这样才能应用前面所研究的正投影理论做出新的投影图。所以新投影面的建立必须符合下列两个基本条件：

(1) 新投影面必须与空间几何元素处在有利于解题的位置。
(2) 新投影面必须垂直于原投影面之一。

4.2.2 点的投影变换规律

1. 点的一次变换

点是组成一切几何形体的基本元素。因此，我们必须首先掌握点的投影变换规律。

如图 4-2a 所示，在两投影面体系 V/H 中，有一点 A，其正面投影为 a'，水平投影为 a，现在令 H 面不动，取一个铅垂面 V_1（$V_1 \perp H$）来代替正立面 V，则构成 V_1/H 新的两投影面体系，其交线用 $O_1 X_1$ 表示，$O_1 X_1$ 被称为新投影轴。

过点 A 向 V_1 面作垂线，垂线与 V_1 面的交点，即为点 A 在新投影面 V_1 上的投影，以 a_1' 表示，a_1' 称为新投影，a' 称为旧投影，a 为新旧体系中共有的不变投影，也称保留投影。它们之间有下列关系：

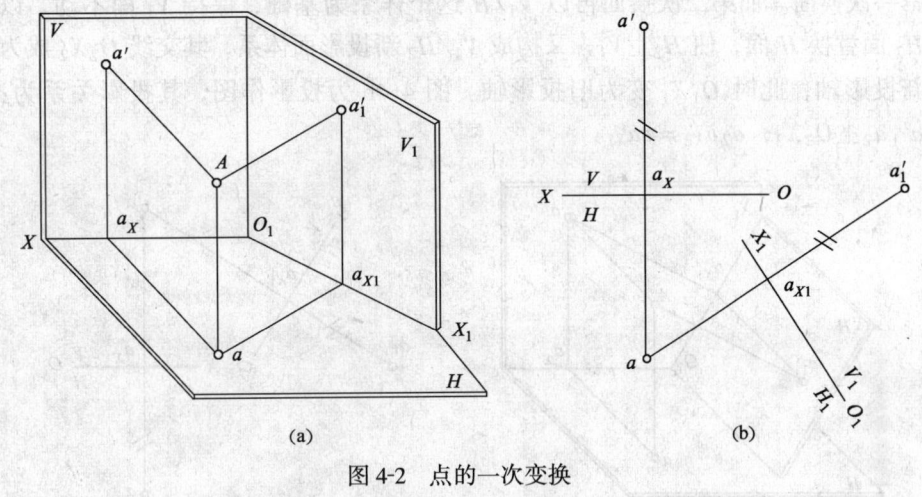

图 4-2 点的一次变换
(a) 直观图；(b) 投影图

由于新、旧两投影面体系具有公共的水平面 H，因此点 A 到 H 面的距离（即 Z 坐标），在新旧体系中都是相同的，即 $a'a_X = Aa = a_1'a_{X1}$。

因为新投影面体系的正投影关系不变，因此将 V_1/H 体系展开在同一平面上时，其投影规律不变即 $aa_1' \perp O_1X_1$。

根据以上分析，可以得出点的投影变换规律：

(1) 点的新投影和不变投影的连线，垂直于新投影轴。

(2) 点的新投影到新投影轴的距离，等于旧投影到旧投影轴的距离。

图 4-2b 表示根据上述规律，由 V/H 体系中的投影（a，a'）求出 V_1/H 体系中的新投影的作图。首先按要求条件画出新投影轴 O_1X_1，新投影轴确定了新投影面在投影图上的位置。然后过点 a 作 $aa_1' \perp O_1X_1$，在垂线上截取 $a_1'a_{X1} = a'a_X$，则 a_1' 即为所求的新投影。

图 4-3a 表示变换 H 面，保留 V 面不动，设立新投影面 H_1 来代替 H 面，$H_1 \perp V$ 面，构成 V/H_1 新投影面体系，求出其新投影 a_1。V 面上的投影 a' 称为不变投影，因此有：$a_1a' \perp O_1X_1$ 且 $a_1a_{X1} = Aa' = aa_X$。如图 4-3b 所示。

2. 点的二次变换

在运用换面法去解决实际问题时，变换一次投影面，有时不足以解决问题，而必须变换两次或更多次。图 4-4 表示变换两次投影面时，求点的新投影的方法，其原理和变换一次投影面完全相同。

必须注意：在多次变换投影面时，新投影面的建立除了必须符合前面所讲的两个条件外，还必须交替变换 H 面和 V 面。如图 4-4a 所示，在 V/H 体系中，先以 V_1 面替换 V 面，构成新体系 V_1/H，V_1 与 H 的交线为 O_1X_1，这是第一次换面。而第二次换面再以 V_1/H 这个体系为基础，保持 V_1 面不动，以 H_2 面替换 H 面，使 $H_2 \perp V_1$，又构成 V_1/H_2 新投影面体系，其交线 O_2X_2 成为新投影轴，此时 O_1X_1 变为旧投影轴。图 4-4b 为投影作图，其投影关系为：$a'_1 a_2 \perp O_2X_2$；$a_2 a_{X2} = a a_{X1}$。

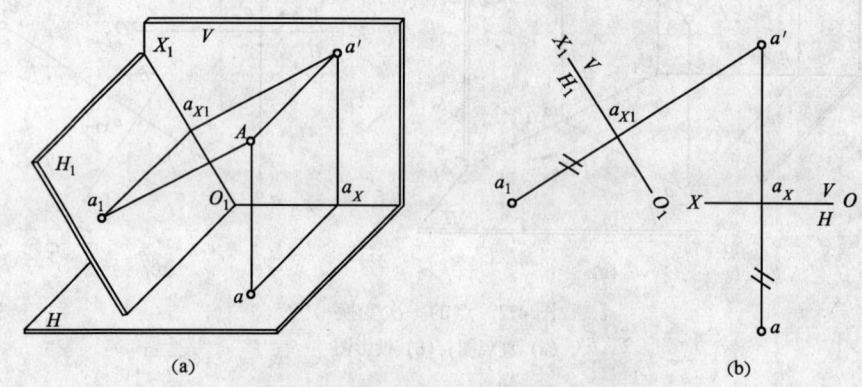

图 4-3 根据点的已有投影作新投影
(a) 直观图；(b) 投影图

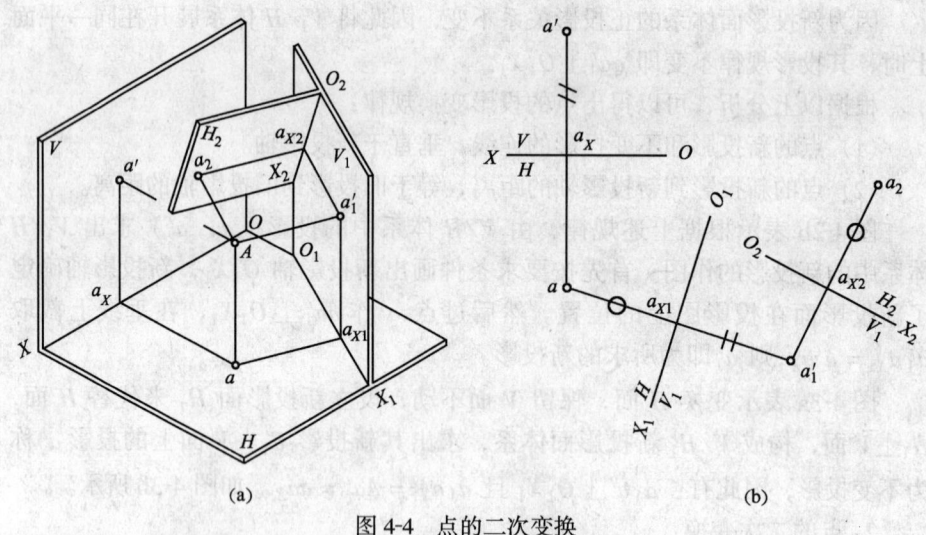

图 4-4 点的二次变换
(a) 直观图；(b) 投影图

4.2.3 基本作图问题

1. 将一般位置直线变换为投影面平行线

如图 4-5a 所示，直线 AB 在 V/H 体系中为一般位置直线，要将其变换为某一投影面的平行线，只需建立一个新投影面，使其与该一般线平行。设 V_1 面平行于一般位置直线 AB 且垂直于 H 面，则 AB 在 V_1/H 体系中成为 V_1 面的平行线。$a_1'b_1'$ 反映线段 AB 的实长，且 $a_1'b_1'$ 与 O_1X_1 轴的夹角反映直线 AB 与 H 面的夹角 α 的大小。

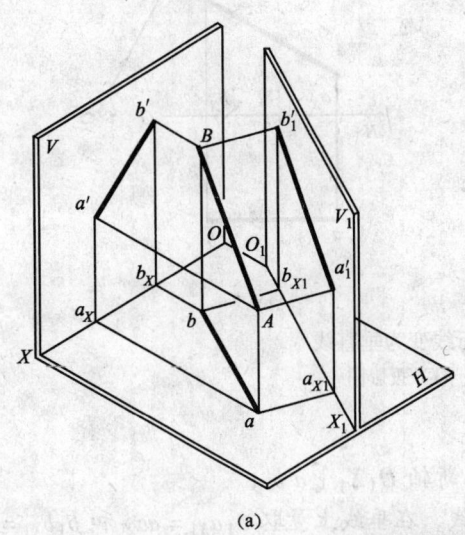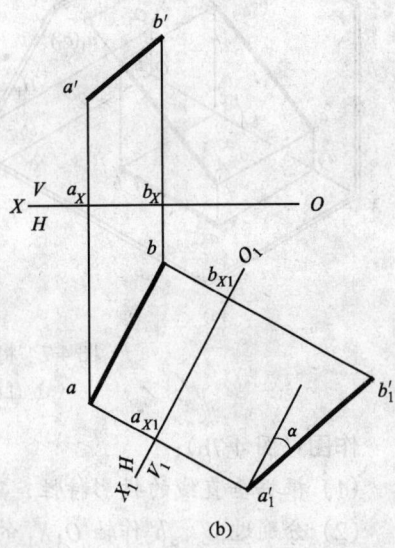

图 4-5 求线段的实长
(a) 直观图；(b) 投影图

作图（图 4-5b）

(1) 根据正平线的投影特性，建立新轴 $O_1X_1 \parallel ab$；

(2) 分别过 a、b 作 O_1X_1 的垂线，并在垂线上量取 $a_1'a_{X1} = a'a_X$，$b_1'b_{X1} = b'b_X$；

(3) 连接 $a_1'b_1'$，即有 $a_1'b_1' = AB$，$a_1'b_1'$ 与 O_1X_1 轴的夹角即 α 角。

假如不变换 V 面，而变换 H 面，同样可以把 AB 变换成新投影面 H_1 的平行线，可求得 AB 实长以及与 V 面的夹角 β 的大小（图 4-6）。

2. 将平行线变换为垂直线

若将平行线变换为某一投影面的垂直线，只需建立一个新投影面与该线垂直。如图 4-7a 所示，建立新投影面 H_1 使其垂直于正平行线 AB，则 H_1 必垂直于 V 面，AB 线在 V/H_1 体系中成为

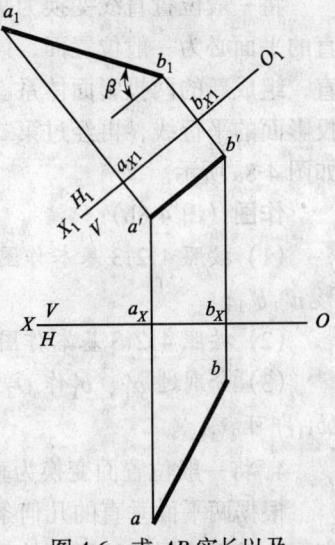

图 4-6 求 AB 实长以及与 V 面的夹角 β

H_1 面的垂直线。

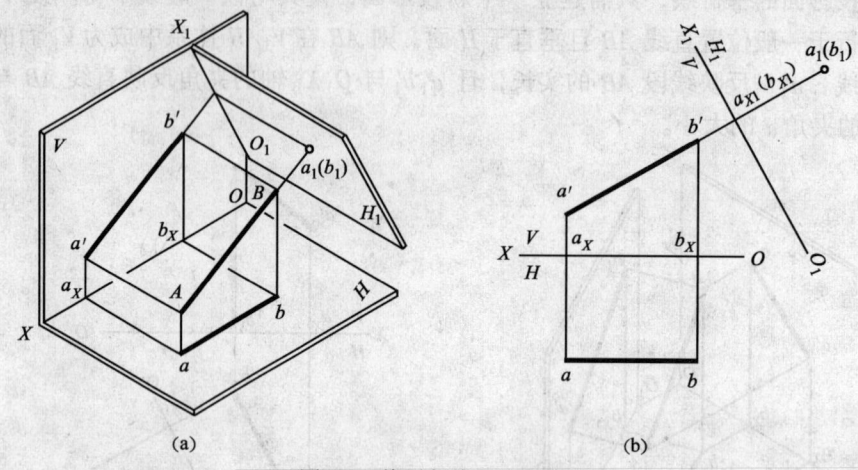

图 4-7 将平行线变为垂直线
（a）直观图；（b）投影图

作图（图 4-7b）：

（1）根据垂直线的投影特性，建立新轴 $O_1X_1 \perp a'b'$；

（2）分别过 a'、b' 作轴 O_1X_1 的垂线，在垂线上量取 $a_1a_{X1} = aa_X$ 和 $b_1b_{X1} = bb_X$ 即可。

3. 将一般位置线变换为垂直线

将一般位置直线变换为垂直线，必须经过两次换面。因为与一般位置线垂直的平面必为一般位置面，该一般位置面无法与原投影体系中的任一投影面垂直，组成新的两投影面体系。所以只能先通过一次换面，将一般位置线变换为投影面的平行线，再经过第二次换面，将投影面平行线变换为投影面垂直线，如图 4-8a 所示。

作图（图 4-8b）：

（1）按照 4.2.3 基本作图问题 1，建立新轴 O_1X_1，求得 AB 在 V_1 面上的投影 $a'_1b'_1$；

（2）按照 4.2.3 基本作图问题 2，建立新轴 O_2X_2；

（3）分别过 a'_1、b'_1 作 O_2X_2 的垂线，并在垂线上截取 $a_2a_{X2} = aa_{X1}$；$b_2b_{X2} = bb_{X1}$ 即可。

4. 将一般位置面变换为垂直面

根据两平面垂直的几何条件可知，要把一个一般位置面变为新投影面的垂直面，只需使属于该平面的任意一条直线垂直于新投影面。我们知道，把投影面平行线变为投影面垂直线只需要一次换面。因此，在已知平面△ABC 上可

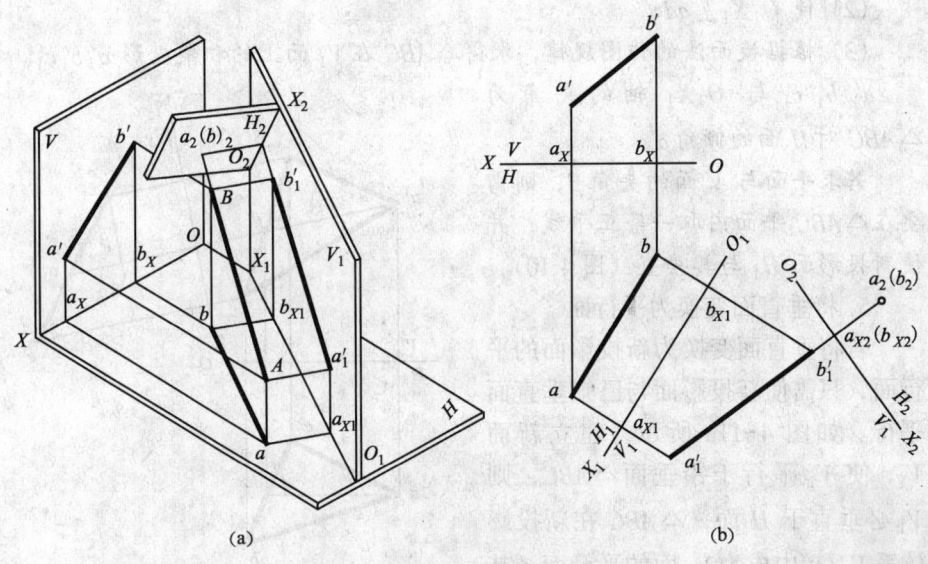

图 4-8 将一般位置线变换为垂直线
(a) 直观图；(b) 投影图

任取一条投影面平行线（如水平线 AD）为辅助线，将 AD 变为新面 V_1 的垂直线，则一般面 △ABC 变换为 V_1 的垂直面，如图 4-9a 所示。

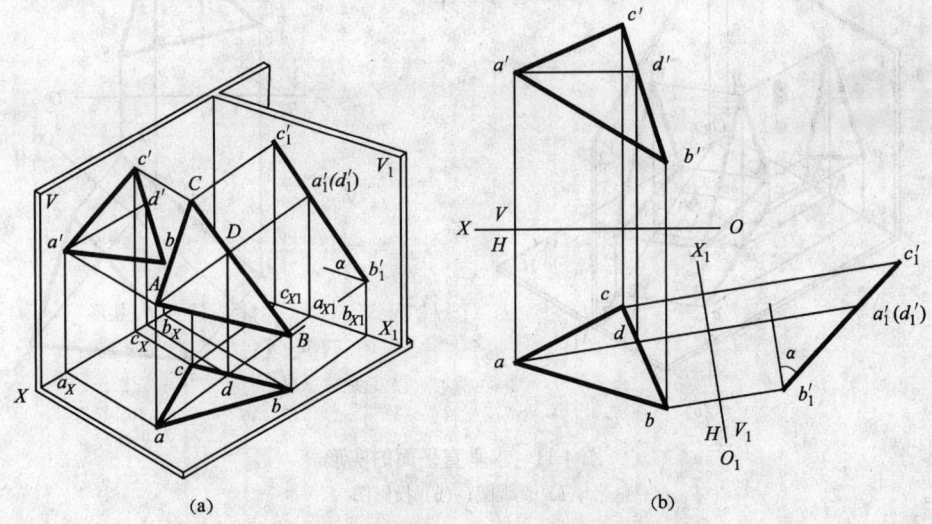

图 4-9 一般位置平面变为新投影面的垂直面
(a) 直观图；(b) 投影图

作图（图 4-9b）：

(1) 在 △ABC 平面上取水平线 AD，其投影分别为 $a'd'$，ad；

75

(2) 使 $O_1X_1 \perp ad$;

(3) 根据换面法的作图规律，求得 $\triangle ABC$ 在 V_1 面上的积聚投影 $a_1'b_1'c_1'$。$a_1'b_1'c_1'$ 与 O_1X_1 轴的夹角为 $\triangle ABC$ 对 H 面的倾角 α。

若求平面与 V 面的夹角 β，则需要在 $\triangle ABC$ 平面内取一条正平线，并使新投影面 H_1 与其垂直（图 4-10）。

5. 将垂直面变换为平行面

若将垂直面变换为新投影面的平行面，只需使新投影面与已知垂直面平行。如图 4-11a 所示，建立新面 V_1，使 V_1 平行于铅垂面 $\triangle ABC$，则 V_1 必垂直于 H 面，$\triangle ABC$ 在新投影体系 V_1/H 中成为 V_1 面的平行面，其投影反映实形。

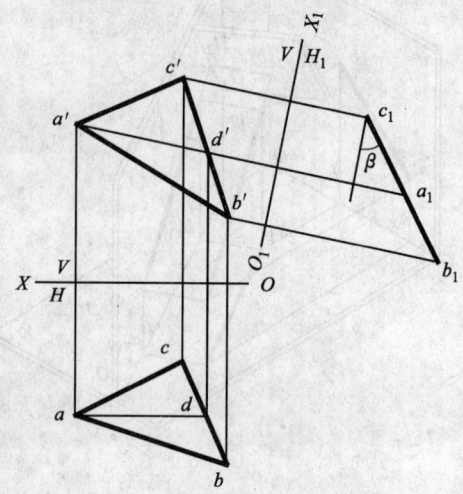

图 4-10 求平面的夹角 β

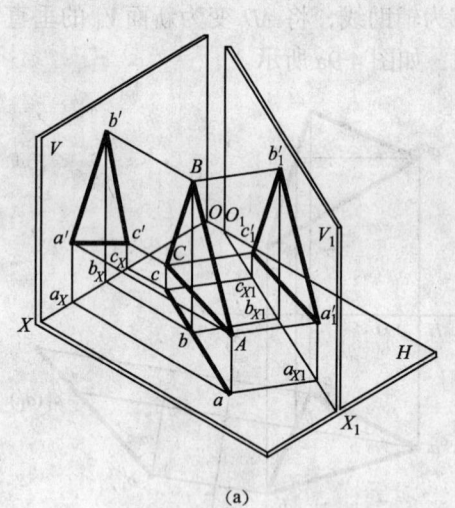

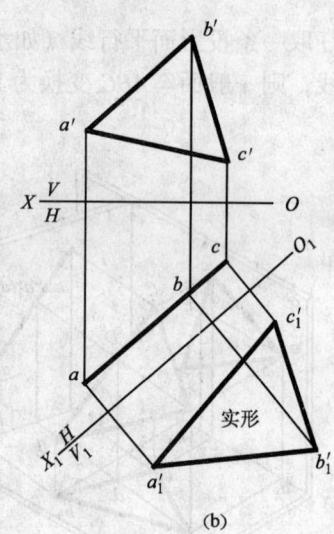

图 4-11 求垂直平面的实形
(a) 直观图；(b) 投影图

作图（图 4-11b）：

(1) 根据平行面的投影特征，建立 O_1X_1，使其平行于 $\triangle ABC$ 的积聚投影 abc;

(2) 分别求出 A，B，C 在 V_1 面上的新投影 a_1'，b_1'，c_1';

(3) 连接 a_1'，b_1'，c_1' 则 $\triangle a_1' b_1' c_1'$ 反映 $\triangle ABC$ 的实形。

6. 将一般位置平面变换为投影面平行面

如果要将一般位置平面变换为平行面，必须经过两次换面。因为与一般位置平面平行的平面也必然是一般位置平面，该一般位置平面无法与原投影体系中任一投影面组成互相垂直的两投影面体系。只能先通过一次换面将一般位置变换垂直面，再经过第二次换面，将垂直面变换为平行面，如图4-12a所示。

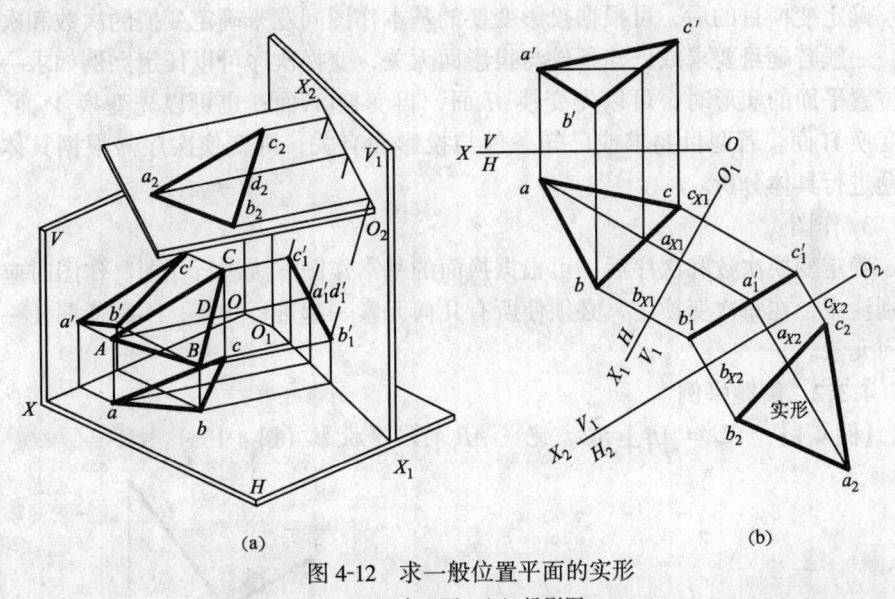

图4-12 求一般位置平面的实形
(a) 直观图；(b) 投影图

作图（图4-12b）：

(1) 按照4.2.3基本作图问题4，建立新轴 $O_1 X_1$，求得 $\triangle ABC$ 平面在 V_1 面上的积聚性投影 $a_1' b_1' c_1'$；

(2) 按照4.2.3基本作图问题5，建立新轴 $O_2 X_2$；

(3) 分别过 a_1'，b_1'，c_1' 作 $O_2 X_2$ 的垂线，并在垂线上截取 $a_2 a_{X2} = a a_{X1}$；$b_2 b_{X2} = b b_{X1}$；$c_2 c_{X2} = c c_{X2}$；

(4) 连接 a_2，b_2，c_2 即为所求。

4.3 综合问题解法举例

解决空间几何元素之间的定位或度量问题时，可利用换面法将空间几何元素与投影面的相对位置变换为有利于解题的特殊位置，从而使问题得到简化，以便求解。

4.3.1 解题的一般方法

1. 空间分析，确定变换目的。

解题时，首先要进行空间分析，确定将已知几何元素变换成对投影面处于何种相对位置可得到所需的解答。例如求一般位置线段的实长及其倾角 β 时，应将线段变为新投影面 H_1 的平行线，那么在新投影面 H_1 上的投影反映已知线段的实长及 β 角。

2. 根据投影变换的基本作图，确定变换次数及次序。

确定变换目的后，可根据投影变换的基本作图问题来确定变换的次数和次序。一般若题目要求或已知条件与投影面无关，变换次序可以任定。例如求一般位置平面的实形时，可以先变换 H 面，再变换 V 面；也可以先变换 V 面，再变换 H 面。若题目要求或已知条件与投影面有关，则变换次序需根据具体问题进行具体分析。

3. 作图。

确定变换次数和次序后，可根据换面的基本作图方法进行作图。作图时应特别注意，在每次变换中，必须使所有几何元素一起进行变换，不得遗漏任一几何元素。

4.3.2 解题举例

【例 4-1】 已知 $AB \perp BC$，完成 AB 的水平投影（图 4-13a）。

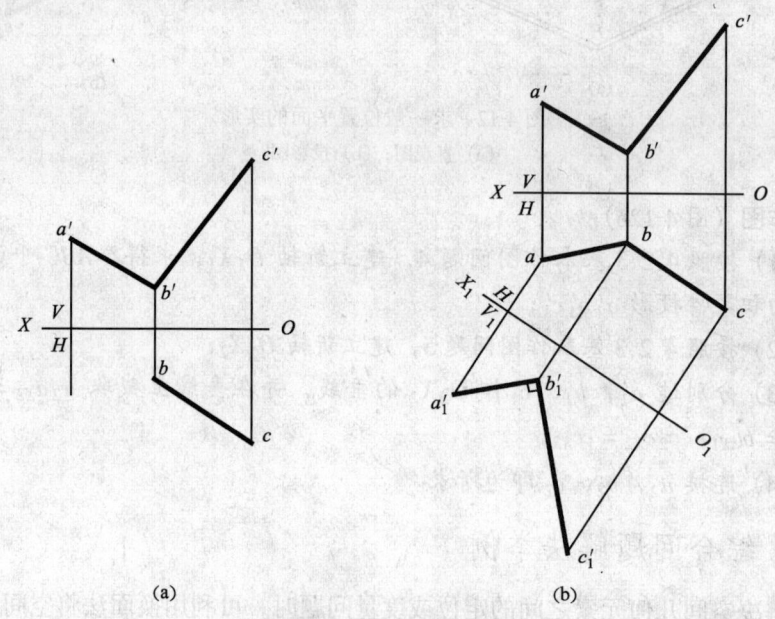

图 4-13 求 AB 的水平投影
(a) 已知条件；(b) 投影作图

分析：

当直线 BC 和 AB 两者之一平行于某一投影面时，则在该投影面上的投影反映直角关系。从已知条件可知，直线 BC 和 AB 两者均为一般位置直线。因此，只要将一般位置直线 BC 变换为投影面的平行线，直线 AB 的新投影就可根据直角投影特性确定。然后可求出直线 AB 的水平投影。

要将一般位置直线 BC 变换为投影面的平行线，只需变换一次投影面。变换 H 面或变换 V 面都可以解题。

作图（图 4-13b）：

(1) 按照 4.2.3 基本作图问题 1，将直线 BC 变换为新投影面 V_1 的平行线 $b_1'c_1'$；

(2) 过 b_1' 作 $b_1'c_1'$ 的垂线，与平行于新轴且距离为 $a'a_X$ 的直线找交点，即为点 a 的新投影 a_1'；

(3) 过 a_1' 作 O_1X_1 轴的垂线，过 a' 作 OX 轴的垂线，交点即得 a，连接 ab，完成作图。

【例 4-2】 求点 K 到直线 AC 的距离（图 4-14a）。

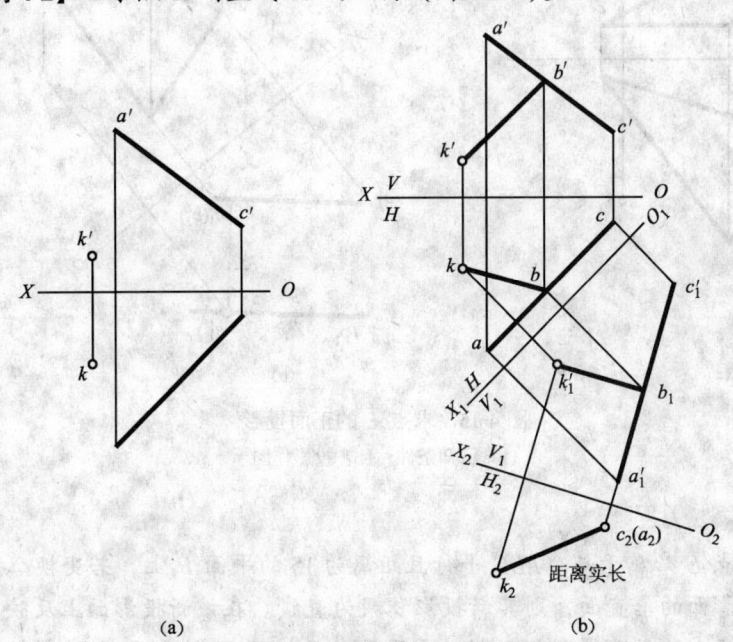

图 4-14 求点 K 到直线 AC 的距离
(a) 已知条件；(b) 投影作图

分析：

当直线 AC 垂直于某一投影面时，AC 在该面上的投影积聚为一点。过 K 作 AC 的垂线，即成为该投影面的平行线，其投影反映点 K 到直线 AC 的距离实长。为此需将直线 AC 变换为新投影面的垂直线。

把一般位置直线 AC 变换为新投影面的垂直线，需要二次变换投影面。第一次将 AC 变换成 V_1 面的平行线，第二次再变换成 H_2 面的垂直线。

作图（图 4-14b）：

(1) 按照 4.2.3 基本作图问题 3，将 AC 变换为垂直线，K 点随同 AC 一起变换。

(2) 连接 k_2 和 c_2（a_2），即为所求。

【**例 4-3**】 已知点 E 到平面 $\triangle ABC$ 的距离为 15，试完成 E 的正面投影（图 4-15a）。

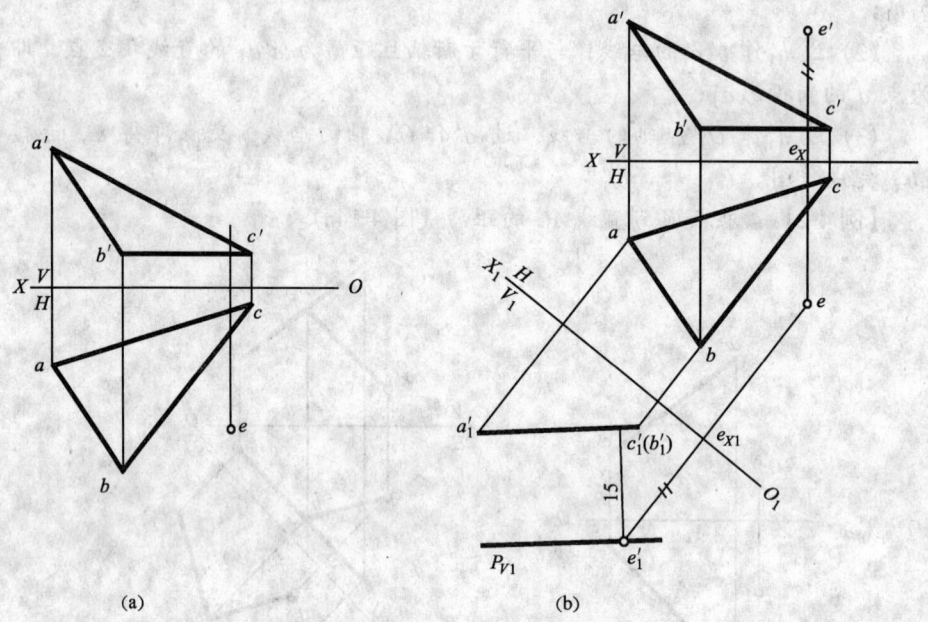

图 4-15　求点 E 的正面投影
(a) 已知条件；(b) 投影作图

分析：

所求点 E 必属于与 $\triangle ABC$ 平行且距离为 15 的平面 P 上，若变换 $\triangle ABC$ 平面为新投影面的垂直面，则其新投影积聚为直线。在该新投影面上反映两平行平面的距离。从而可得到与 $\triangle ABC$ 平面平行且相距 15 的平面 P 的新投影。然后确定点 E 的正面投影。

将一般位置平面 $\triangle ABC$ 变换为新投影的垂直面只需要一次变换。

作图（图 4-15b）：

(1) 变换 $\triangle ABC$ 为垂直面（根据 4.2.3 基本作图问题 4 完成）；

(2) 作一条与 $a'_1b'_1c'_1$ 平行且距离为 15 的直线；再过 E 的水平投影 e 作 O_1X_1 的垂线，两线的交点即为 e'_1；

(3) 根据 $e'_1e_{X1} = e'e_X$ 返回，即可求得正面投影 e'。

【例 4-4】 求两交叉直线 AB 与 CD 之间的公垂线的实长和投影（图 4-16a）。

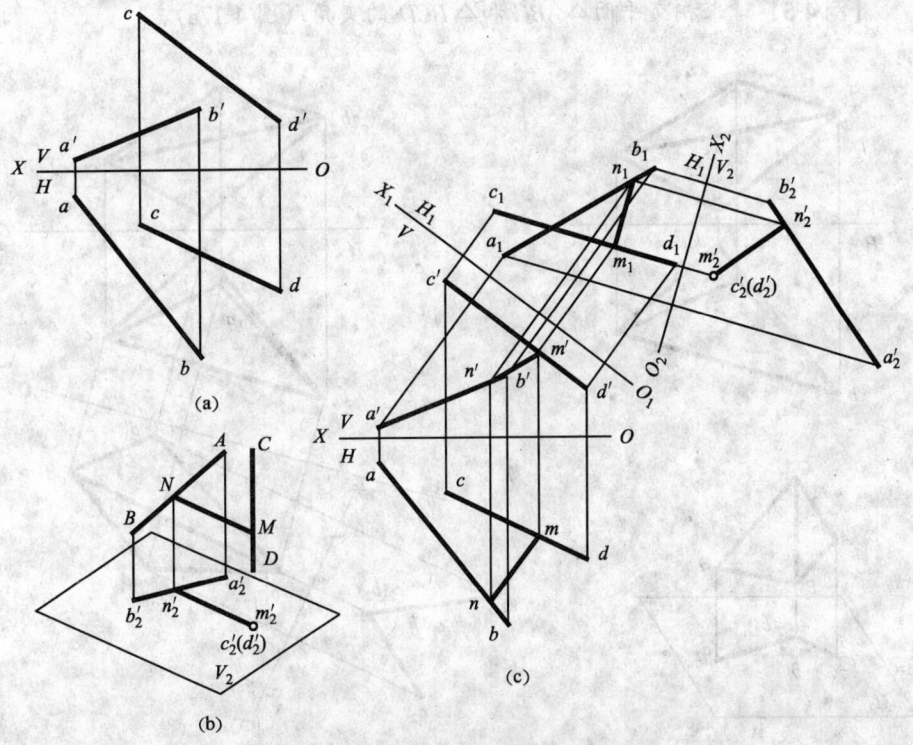

图 4-16 求两交叉直线的公垂线
(a) 已知条件；(b) 直观分析；(c) 投影作图

分析（图 4-16b）：

若两交叉直线中，有一条为某投影面的垂直线，则问题会得到解答。若将直线 CD 变为新投影面垂直线，则 AB 与 CD 间的公垂线 MN 必成为该投影面的平行线，MN 的新投影反映公垂线的实长。同时又因为 MN 垂直 AB，则公垂线 MN 在新投影面上的投影反映直角，由此可定出公垂线 MN 的新投影。根据投影变换规律，可将 MN 的 V/H 投影作出。

一般位置直线 CD 变换成投影面的垂直线，需要两次变换。

作图（图 4-16c）：

(1) 按照 4.2.3 基本作图问题 3，将一般位置直线 CD 变为新投影面的垂直线，直线 AB 随同直线 CD 一起变换；

(2) 根据直角投影特性，过 m'_2 向 $a'_2b'_2$ 作垂线，交点为 n'_2，$m'_2n'_2$ 即为公

垂线的实长;

(3) 据 n_2' 求得 n_1, n 和 n';

(4) 过 n_1 作 $n_1 m_1 \parallel O_2 X_2$, 交 $c_1 d_1$ 于 m_1, 由 m_1 求得 m 和 m', 连接 mn, $m'n'$, 即为公垂线的两面投影。

【例 4-5】 求相交平面 △ABC 和 △BCD 的夹角（图 4-17a）。

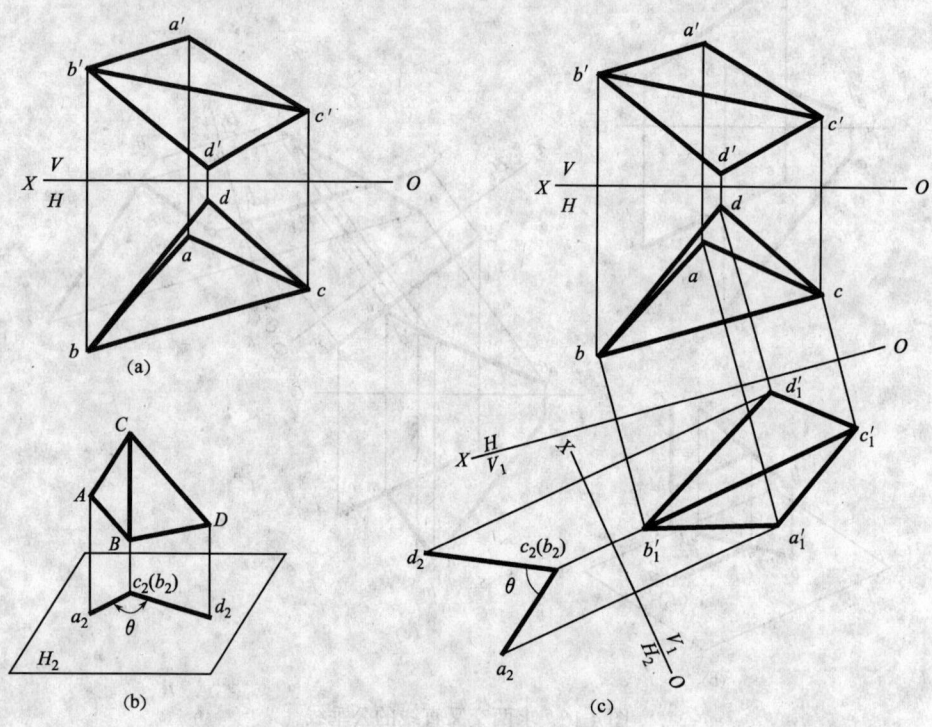

图 4-17 求两平面的夹角
(a) 已知条件；(b) 直观分析；(c) 投影作图

分析（图 4-17b）:

当两平面 △ABC 和 △BCD 的交线 BC 垂直于某投影面时，两平面必然都垂直于该投影面，此时两平面积聚投影的夹角就等于两平面的空间夹角。

作图（图 4-17c）:

(1) 按照 4.2.3 基本作图问题 3，把平面的交线 BC 变换成投影面的垂直线，点 A、D 随同 BC 一起变换;

(2) 积聚投影 $a_2 c_2$ (b_2) 和 (b_2) $c_2 d_2$ 的夹角 θ，即为所求。

第5章 平面立体

由若干个平面图形围成的立体称为平面立体，如棱柱、棱锥等（图 5-1）。平面立体的每个表面都是平面多边形。平面多边形是由直线段组成的，每条直线段皆可由两个端点确定，因此，绘制平面立体的投影图可以归结为绘制其表面交线（棱线）及各个顶点（棱线的交点）的投影。在投影图中，不可见的棱线用虚线表示。

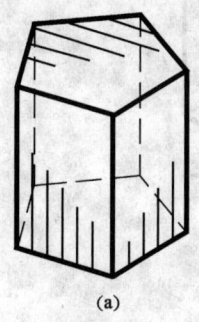 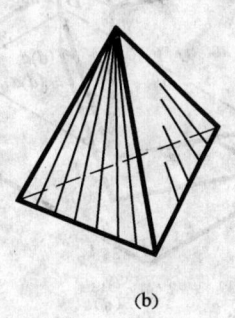 

(a) (b) (c)

图 5-1 平面立体

本章介绍平面立体的投影，平面立体表面上取点、取线，平面立体的截切。

5.1 平面立体的投影

5.1.1 棱柱

在一个平面立体中，如果有两个表面相互平行，而其余的表面中每相邻两个表面的交线都相互平行，这样的平面立体称为棱柱（图5-2）。平行的两个面为棱柱的底面，其余的面为棱柱的侧面或棱面，相邻两棱面的交线称为棱柱的

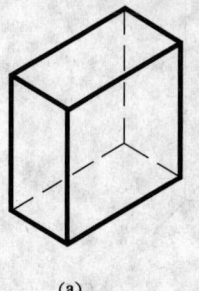 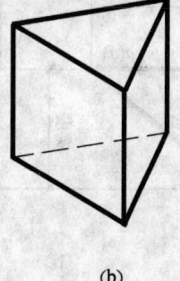 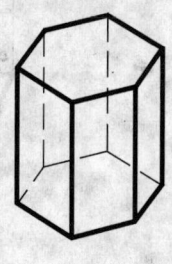

(a) (b) (c)

图 5-2 棱柱

侧棱或棱线。侧棱垂直于底面的棱柱为直棱柱；侧棱与底面斜交的棱柱则称为斜棱柱。底面是正多边形的直棱柱称为正棱柱。本章仅讨论直棱柱的投影情况。

如图5-3所示为三棱柱，上下底面是水平面（三角形），后棱面是正平面（长方形），左右两个棱面是铅垂面（长方形）。把三棱柱分别向三个投影面进

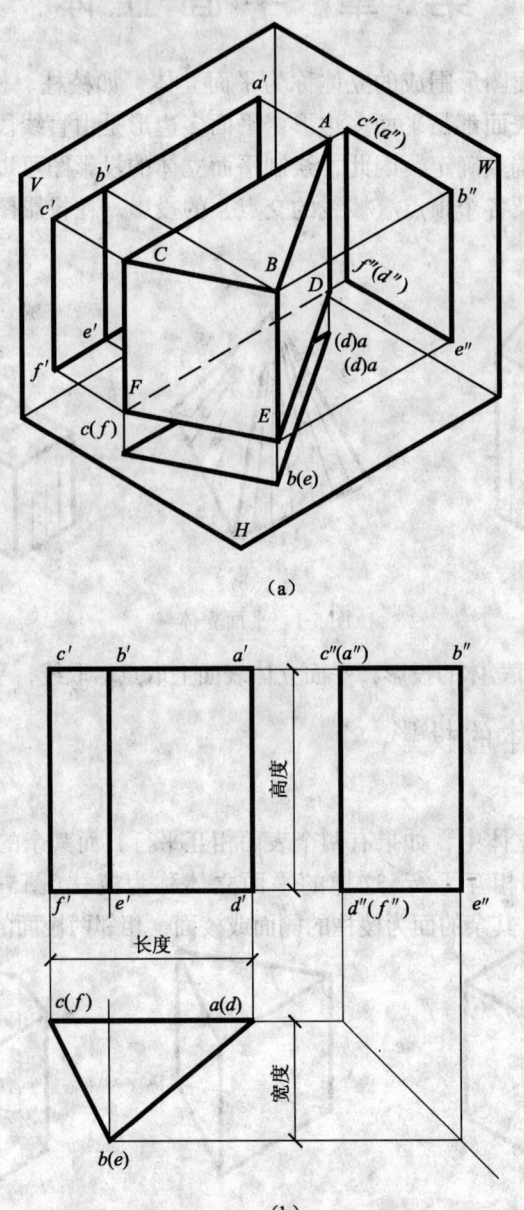

图 5-3 三棱柱的投影

行正投影，得到三面投影图（投影图的边框线和投影轴不需要画出）。

分析三面投影图可知：三棱柱的水平投影是一个三角形。它是上底面和下底面的投影（上、下底面重影，上底可见，下底不可见），并反映实形；三角形的三条边分别是三棱柱三个棱面的积聚性投影；三角形的三个顶点分别是垂直于水平投影面的三个侧棱的积聚投影。

三棱柱的正面投影是两个长方形，左边长方形是左棱面的投影（可见），右边长方形是右棱面的投影（可见），这两个投影均不反映实形。两个长方形的外围线框构成的大长方形是后棱面的投影（不可见），反映实形。上、下两条横线是上底面和下底面的积聚投影。三条竖线是三条铅垂棱线的投影（反映实长）。

三棱柱的侧面是一个长方形，它是左、右两个棱面的重合投影（不反映实形，左面可见、右面不可见）。四条边分别是：左边是后棱面的积聚投影；上、下两条边分别是上、下两底面的积聚投影；右边是左、右两棱面的交线（棱线）的投影。左边同时也是另外两条棱线的投影。

为保证三棱柱的投影对应关系，三面投影图应满足：正面投影和水平投影长度对正，正面投影和侧面投影高度平齐，水平投影和侧面投影宽度相等。这就是三面投影图之间的"三等关系"。

5.1.2 棱锥

一个多面体中，如果有一个面是多边形，其余各面是具有一个公共顶点的三角形，这样的多面体称为棱锥（图5-4）。这个多边形是棱锥的底面，各个三角形就是棱锥的侧面或棱面。如果棱锥的底面是一个正多边形，而且顶点与正多边形底面中心的连线垂直于该底面，这样的棱锥就称为正棱锥（图5-4b是正六棱锥）。

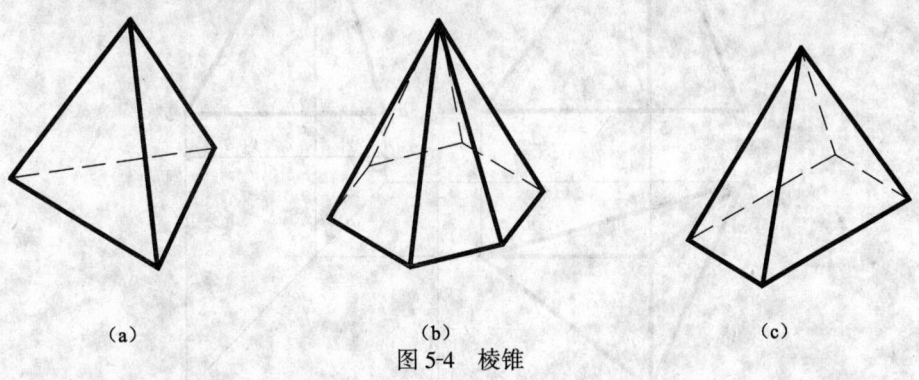

(a)　　　　　　　(b)　　　　　　　(c)

图 5-4　棱锥

三棱锥的投影：

如图5-5a所示的三棱锥，底面是水平面（△ABC），三个棱面均是一般位置的三角形（△SAB、△SBC、△SAC）。把三棱锥向三个投影面作正投影，得到三面投影图，如图5-5b所示。

从三面投影图中可以看出：水平投影由四个三角形组成，△sab 是左棱面 △SAB 的投影（不反映实形），△sbc 是右棱面△SBC 的投影（不反映实形），△sac 是后棱面△SAC 的投影（不反映实形），△abc 是底面△ABC 的投影（反映实形）。

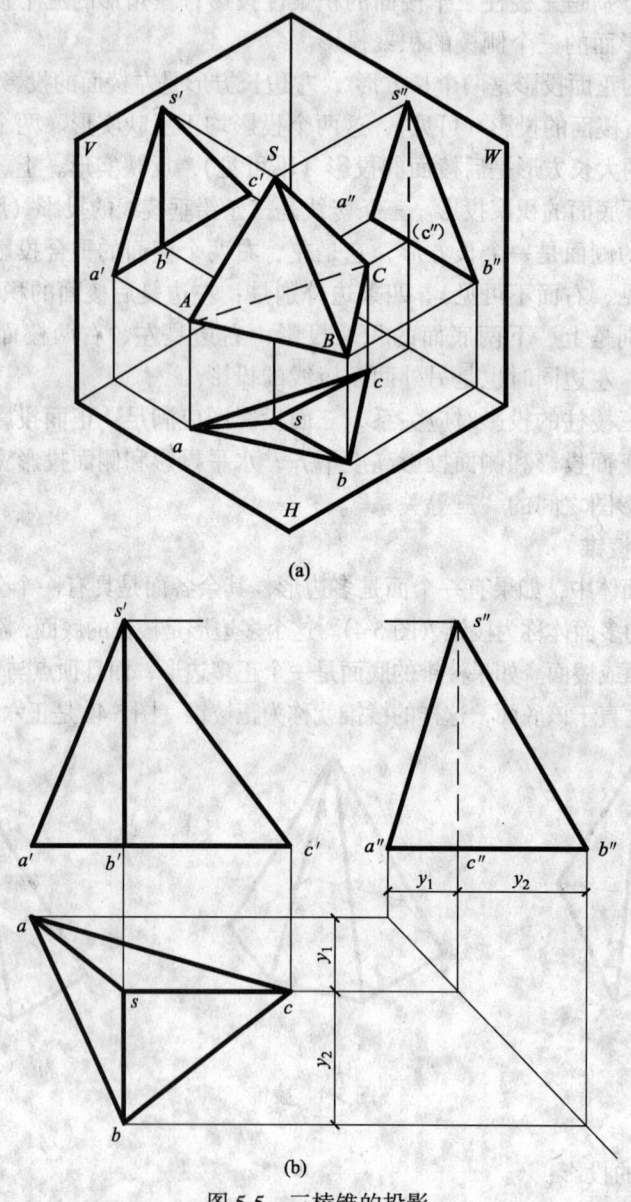

图 5-5 三棱锥的投影

正面投影由三个三角形组成，△s'a'b'是左棱面△SAB 的投影（不反映实形），△s'b'c'是右棱面△SBC 的投影（不反映实形），△s'a'c'是后棱面△SAC 的投影（不反映实形），下面一条横线 $a'b'c'$ 是底面 △ABC 的投影（有积聚性）。

侧面投影也是由三个三角形组成，△$s''a''b''$是左棱面△SAB 的投影（不反映实形），△$s''b''c''$是右棱面△SBC 的投影（不反映实形），△$s''a''c''$是后棱面△SAC 的投影（不反映实形），下面一条横线 $a''b''c''$ 是底面△ABC 的投影（有积聚性）。棱 SC 的侧面投影 $s''c''$ 因被左棱面△SAB 遮住而不可见，故画成虚线。

构成三棱锥的各几何要素（点、线、面）应符合投影规律，三面投影图之间应符合"三等关系"。

5.1.3 棱台

棱锥被平行于其底面的平面切割，截面与底面间的部分为棱台。所以，棱台的两个底面彼此平行且相似，所有的侧棱延长后相交于一点（即锥顶）。

如图5-6a所示是一个以矩形为底面的四棱台的水平投影和正面投影。由

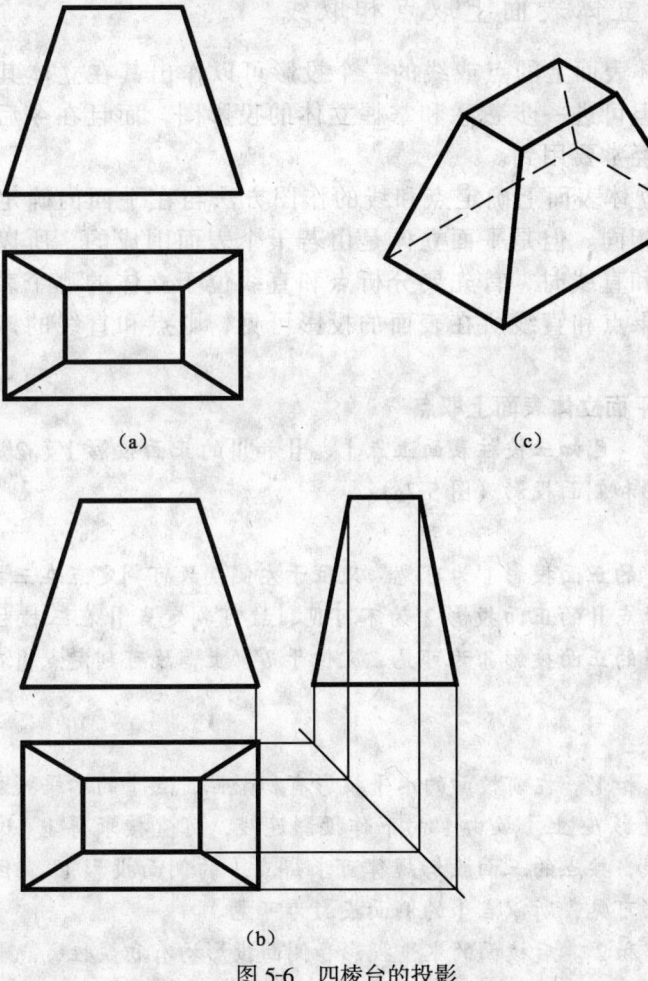

图 5-6 四棱台的投影

投影可知，该棱台的两个底面平行于 H 面（水平面）；前后两个棱面垂直于 W 面（侧垂面）；左右两个棱面则垂直于 V 面（正垂面）。

图 5-6b 表示了根据已知的棱台两投影作出其侧面投影的过程。作侧面投影前，首先要根据已知棱台两投影想象棱台的形状及棱台的各个表面与各投影面的相对位置。然后根据投射方向分析想象侧面投影的形状。最后按投影关系画出棱台的侧面投影。该棱台的两个底面、前后两个棱面的侧面投影均积聚为直线段，形成一个梯形，它也是左右两个棱面的类似形投影。

棱台的投影特性如下：

棱台在底面所平行的投影面上的投影为两个相似的对应顶点相连的多边形，顶点连线延长后应交于一点；棱台的其余两投影均为梯形。

5.2 平面立体表面上取点和取线

根据立体表面上的点或线的一个投影可以作出其在立体其他投影上的投影，不但可进一步熟悉和掌握立体的投影图，而且在今后解决有关立体问题时经常要用到。

在平面立体表面上确定点和线的作图方法与在平面内确定点和直线的作图方法相同。但是平面立体是由若干个表面围成的，所以在确定平面立体上点和直线时，首先要分析点和直线位于立体的哪个表面上，然后作图。如果点和直线所在表面的投影可见，则点和直线的该投影亦为可见。

5.2.1 平面立体表面上取点

【例 5-1】 已知三棱柱表面上点 Ⅰ、Ⅱ 和 Ⅲ 的正面投影 $1'$、$2'$、$3'$，求它们的水平投影和侧面投影（图 5-7a）。

分析：

由于点 Ⅰ 的正面投影 $1'$ 为可见，又位于左侧，故可判定点在三棱柱的左前棱面内；由于点 Ⅱ 的正面投影 $2'$ 为不可见，故可判定点 Ⅱ 在三棱柱的后棱面内；由于点 Ⅲ 的正面投影 $3'$ 为可见，又位于 $b'e'$ 上，故可判定点 Ⅲ 在棱柱的侧棱 BE 上。

作图：

（1）求 1 和 $1''$。左前棱面的水平投影有积聚性，点 Ⅰ 的水平投影必定落在该面的积聚投影 bc 上。故由 $1'$ 向下作投影连线，可直接求得 1。过 $1'$ 向右作水平投影连线，按点的三面投影规律可求得点 Ⅰ 的侧面投影 $1''$。因为左前棱面的侧面投影可见，所以点 Ⅰ 的侧面投影为可见。

（2）求 2 和 $2''$。后棱面的水平投影和侧面投影均有积聚性，点 Ⅱ 的水平投影和侧面投影必定落在该面的积聚投影 cd 和 $c''d''$ 上。故由 $2'$ 向下作竖直线，可直接求得 2，向右作水平线，可求得点的侧面投影 $2''$。

(3) 求 3 和 $3''$。侧棱 DE 为铅垂线，故它们的水平投影积聚为一点。点Ⅲ的水平投影必定落在该积聚投影 b (e) 上。过 $3'$ 向右作水平线，可直接求得点Ⅲ的侧面投影 $3''$。

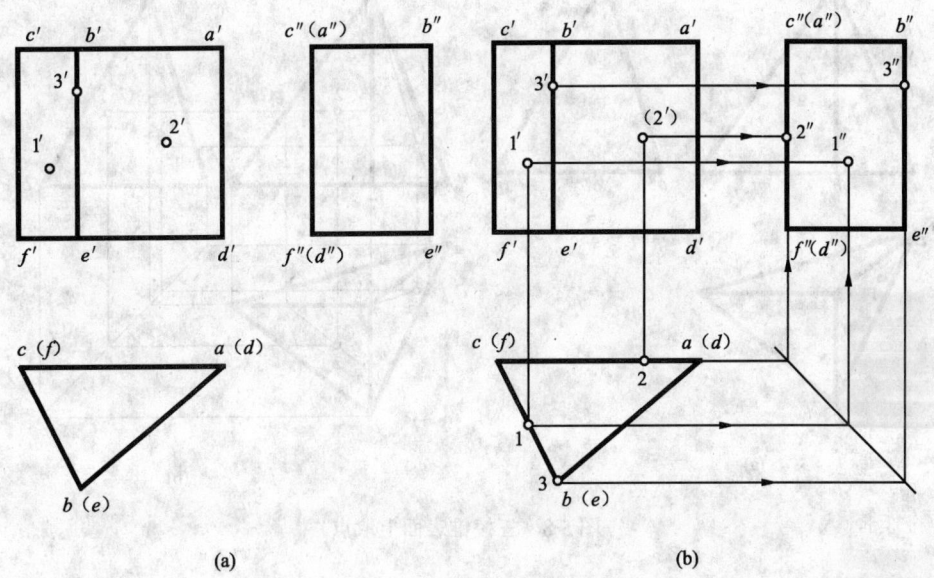

图 5-7　三棱柱表面上取点

【例 5-2】　已知三棱锥表面上点Ⅰ和Ⅱ的一个投影，求它们在另外两个投影面上的投影（图 5-8a）。

分析：

在棱锥表面上定点，不像棱柱表面上定点可以根据点所在平面投影的积聚性直接作出，但可以先判断点所在的平面，然后可以根据平面上求点的方法求得该点的另外两个投影。

由于点Ⅰ的水平投影为可见，又位于△sab 内，故可判定点Ⅰ在棱锥的左前棱面△SAB 内；由于点Ⅱ的正面投影 $2'$ 为可见，又位于△sbc 内，故可判定点Ⅱ在棱锥的右前棱面△SBC 内。

作图：

(1) 求 $1'$ 和 $1''$（作过锥顶的辅助线）。在水平投影图上，连 s 点和 1 点并延长交于线段 ab 于点 r，点 R 在直线 AB 上，由 r 向上引投影连线交 $a'b'$ 于点 r'，连接 s' 和 r'。

由 1 向上引投影连线交 $s'r'$ 于 $1'$，由 1 和 $1'$ 可以确定 $1''$（图 5-8b）。

(2) 求2和2″（作平行于 BC 的辅助线）。在正面投影上，过2′作线段 b′c′ 的平行线，分别交直线 s′b′ 和 s′c′ 于点 n′ 和 m′，由点 m′ 向下作投影连线交 sc 于 m，过 m 作 bc 的平行线 mn。

由2′向下引投影连线交 mn 于点2，根据2和2′可以求得2″（图5-8b）。

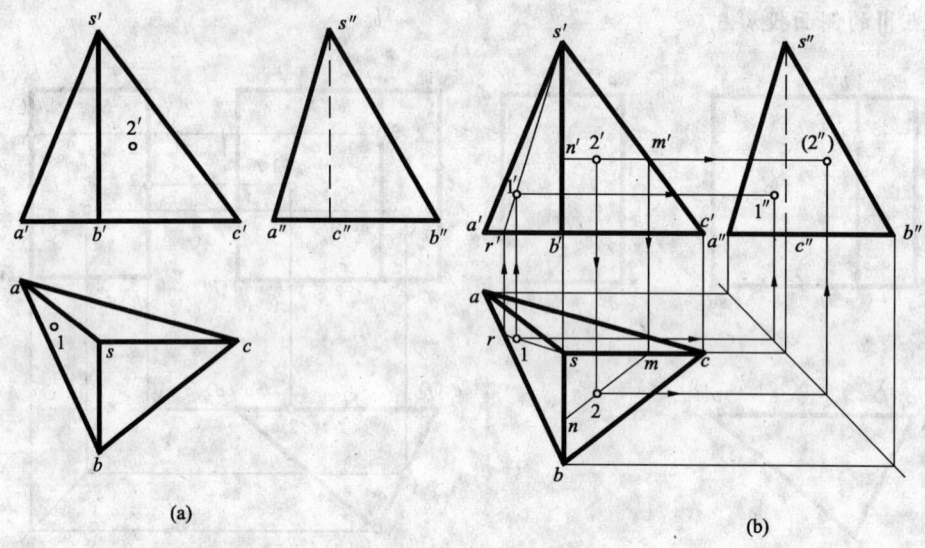

图 5-8　三棱锥表面上取点

5.2.2　平面立体表面上取线

在平面立体表面上取直线段，应先确定直线位于立体的哪一个表面上，然后运用在立体表面上取点的作图方法，分别作出直线段端点的投影，最后连接两个端点的同面投影，并判别可见性。可见性的判别原则是：如果直线所在表面的投影可见，则直线的该投影可见。

【例 5-3】　已知三棱柱表面上折线 ABC 的水平投影，作出它们的正面投影和侧面投影（图5-9a）。

分析：

由于 abc 可见，故可判定折线 ABC 分别位于棱柱上方的两个棱面上，折点 B 位于棱线上。

作图：

(1) 求 a″、b″、c″。由于棱柱上方两个棱面的侧面投影有积聚性，故折线 ABC 的侧面投影必定落在棱面的积聚投影上。可以利用宽相等定出 a″、b″、c″（图5-9b）。

(2) 求 a′、b′、c′。利用点的投影规律作出 a′、b′、c′，然后连线，由于 AB 位于后棱面上，故正面投影不可见，画成虚线（图5-9b）。

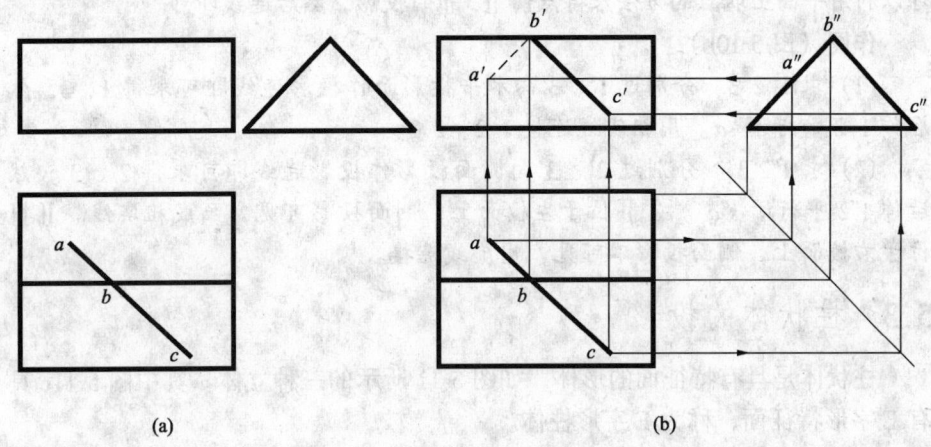

图 5-9 三棱柱表面上取线

【例 5-4】 已知四棱锥表面上折线 ⅠⅡⅢ 的正面投影 1′2′3′，作出它们的水平投影和侧面投影（图 5-10a）。

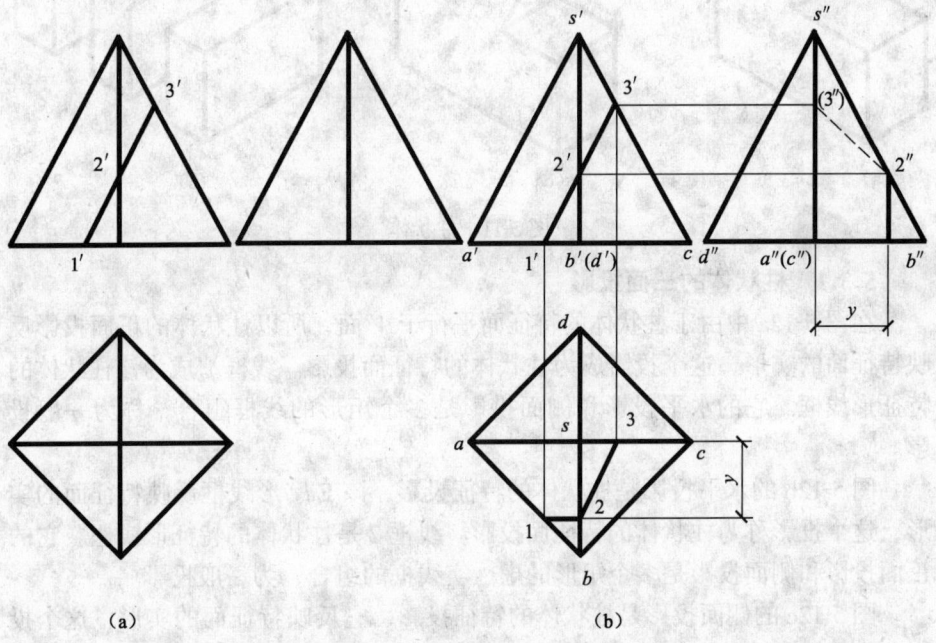

图 5-10 在四棱锥表面上取线

分析：

由于 1′2′3′ 可见，故可判定折线 Ⅰ Ⅱ Ⅲ 分别位于四棱锥的前面两个棱面上。折点Ⅱ在棱 SB 上，而且线 ⅠⅡ 平行于棱 SA。四棱锥的四个棱面均没有积聚性，可以利用平面上取点的方法求得点Ⅰ、Ⅱ、Ⅲ的投影，然后连线即可。

作图（图5-10b）：

（1）求1 2 3。分别过1′、3′向水平投影面作投影连线即可求得1、3，然后作1 2平行于 sa。用粗实线连接1 2、2 3。

（2）求1″2″3″。分别过2′、3′向侧面投影作投影连线即可求得2″、3″，然后作1″2″平行于 $s''a''$。ⅠⅡ位于左棱面上，侧面投影可见，画成粗实线。ⅡⅢ位于右棱面上，侧面投影不可见，用虚线连接。

5.3 柱状体的投影

柱状体是具有特征面的形体，如图5-11所示的三种立体。其中图5-11c具有E字形特征面，称为E字形柱体。

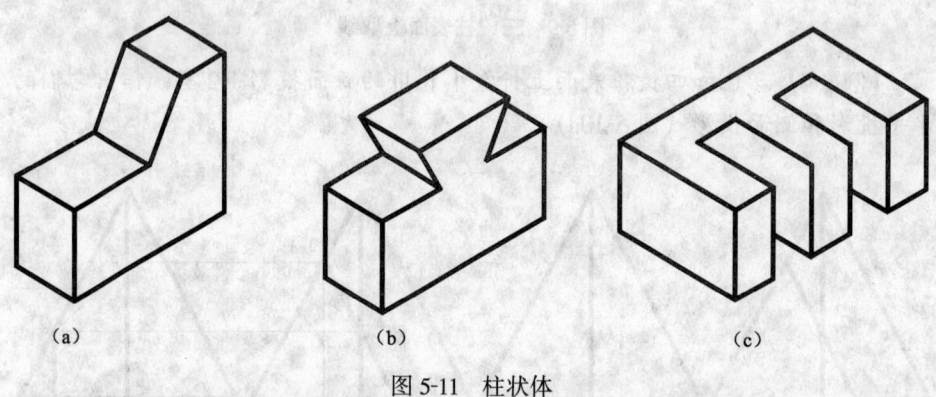

图5-11 柱状体

5.3.1 柱状体的三面投影

在图5-12a中由于柱状体的特征面平行于 V 面，所以柱状体的正面投影反映特征面的实形，这个投影成为柱状体的特征面投影。线框1′成为该柱状体的特征形线框。它的水平投影和侧面投影是多个矩形的线框组合，称为一般投影。

图5-12b的水平投影是柱状体的特征投影，该E字形线框反映特征面的实形，这个投影称为柱状体的特征面投影。线框2是柱状体的特征形线框。它的正面投影和侧面投影是多个矩形的虚、实线框的组合，为一般投影。

图5-12c的侧面投影是柱状体的特征投影，它反映特征面的实形，这个投影称为柱状体的特征面投影。线框3″是柱状体的特征形线框。它的水平投影和正面投影是多个矩形的虚、实线框的组合，为一般投影。

综上所述，柱状体三面投影的特性如下：

（1）柱状体在平行特征面的投影面上的投影反映柱状体的形体特征称为特征投影。该投影的封闭形线框称为特征形线框，它反映特征面实形。

(2) 柱状体的其他两个投影为单个或多个相邻矩形的虚、实线框的组合。

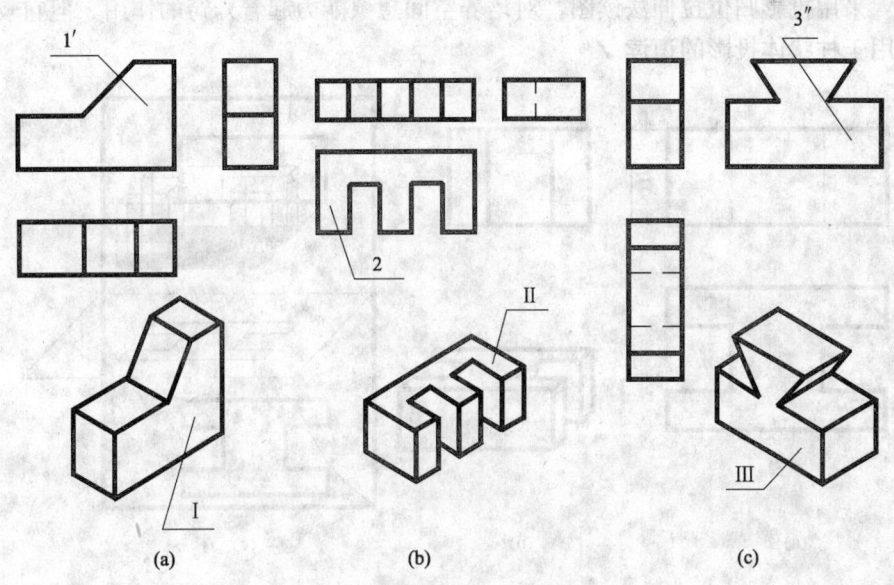

图 5-12　柱状体的三面投影

5.3.2　识读柱状体的投影

识读柱状体的投影就是根据形体的投影想象并确定形体的空间形状。正确识读柱状体的投影是阅读复杂形体投影乃至建筑工程图的基础。

识读柱状体的投影图的方法有以下两种。

1. 投影归位拉伸法

初学读图，从投影图中想象出立体的形状会有困难。投影归位拉伸法是一种形象而简捷的读图方法，可以帮助我们进行空间思维想象。

投影归位拉伸法的基本原理是：设想正面投影不动，水平投影和侧面投影旋转到投影面的原始位置，然后使特征投影的特征形线框所表示的平面沿着其投影方向拉伸已知的距离，从而想象特征形线框在空间运动的轨迹，并确定物体的形状。

【例 5-5】　识读图 5-13a 所示的柱状体的三面投影，想象出立体的形状。

分析：

根据已知的三面投影，首先识别出水平投影为特征投影，封闭线框 1 为特征形线框。设想把水平投影旋转归位，将特征形线框 1 从所表示的水平位置往上拉伸到正面投影、侧面投影所示的高度 H，如图 5-13c 所示。这时，特征形线框的运动轨迹便形成了图 5-13b 所示的形体。

上述的拉伸过程，可以把投影图中的点、线、线框"立体化"，从而建立柱状体的空间形状。

采用投影归位拉伸法读图，对培养空间想象能力起着开窍的作用。但它较适用于柱状体投影的识读。

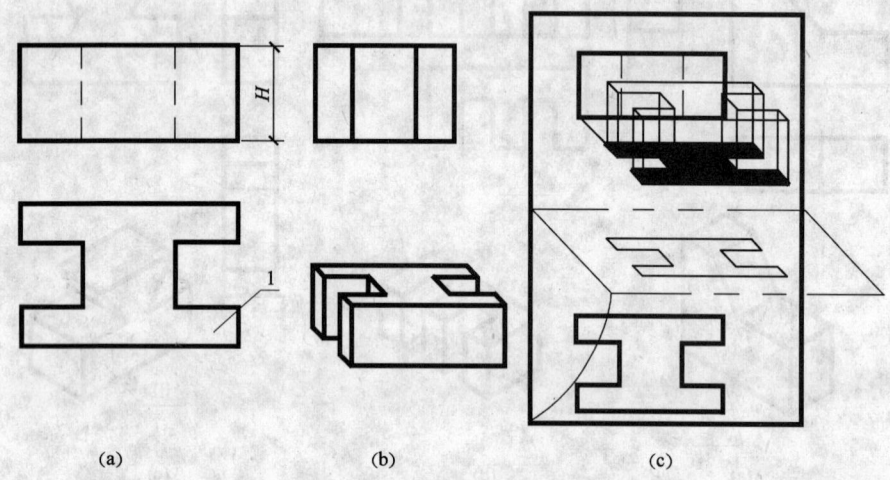

图 5-13　投影归位拉伸法

2. 特征面形加厚构形法

特征面形加厚构形法的基本原理是：根据柱状体的特征投影，以特征形线框所表示的平面形为基础，设想加一厚度，从而想象立体的形状。

采用特征面形加厚构形法看柱状体的投影，也可以建立柱状体的空间形状。

【例 5-6】　识读图 5-14a 所示的柱状体的三面投影，想象出立体的形状。

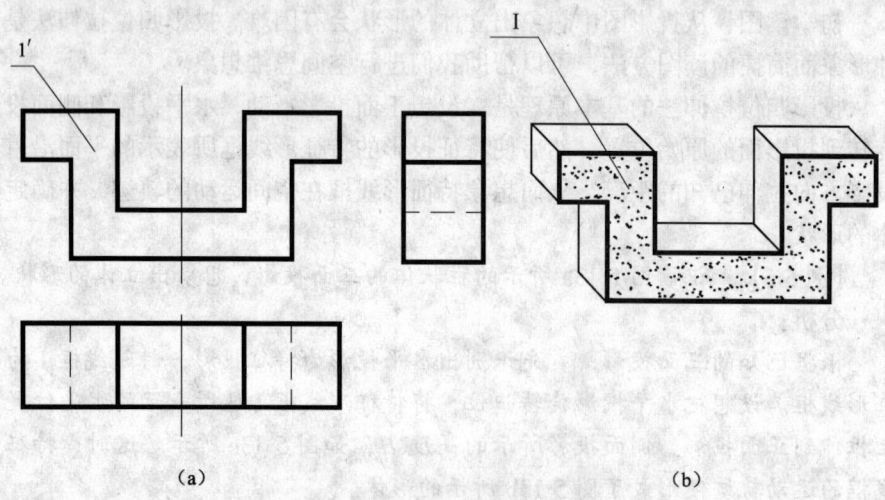

图 5-14　特征面形加厚构形法

分析：

根据已知的三面投影，可以知道正面投影为特征投影，多边形线框1'为特征形线框。以正面投影的特征形线框1'所表示的多边形平面Ⅰ为基础，设想将其加厚到由水平投影或侧面投影所给定的厚度，如图5-14b所示，从而建立柱状体的空间形状。

5.4 平面立体的截切

平面与立体相交，必然在立体表面上产生交线。平面与立体表面的交线称为截交线，与立体相交的平面称为截切平面或截平面，截交线所围成的图形称为截断面或断面，如图5-15所示。

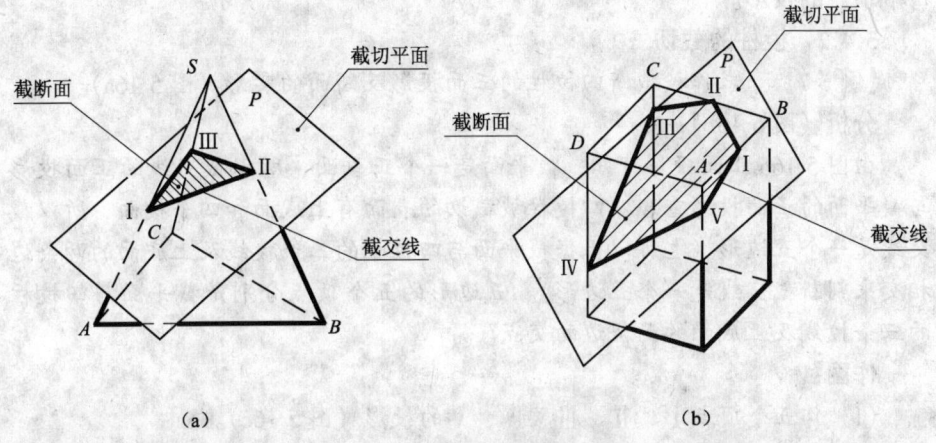

图5-15 平面与立体相交

截交线具有以下基本性质：

1．封闭性：由于立体是由若干个表面围成，所以平面与立体表面的交线是封闭的平面图形。

2．共有性：截交线是截平面与平面立体表面的共有线，是截平面与立体表面的共有点的集合。

5.4.1 概述

平面与平面立体相交，其截交线是封闭的多边形。多边形的每一边是截平面与平面立体的某一表面的交线；多边形的顶点是截平面与平面立体的棱线或底边的交点。因此，求平面与平面立体的截交线就是平面与平面、平面与直线求交的综合运用。

求平面与平面立体的截交线的一般步骤为：

1．分析截平面的位置

通常可以把截平面放置为（或利用投影变换转换为）特殊位置的平面，使得截平面的投影有积聚性，以利于解决问题。当截平面处于特殊位置时，截平面的具有积聚性的投影必与截交线在该投影面上的投影重合。这时，截交线的一个投影为已知，利用这个已知的投影便可以作出截交线的其他投影。

2. 分析截交线的形状

根据截平面与立体的相对位置分析截平面与立体的几个表面相交，进而可确定截交线的边数，也可以根据截平面与立体相交的棱、边总数来判断截平面是几边形。

3. 投影作图

利用平面与平面、平面与直线求交的作图方法分别作出截交线上每条边和每个顶点的投影。

5.4.2 棱柱的截切

【例 5-7】 求作被截断四棱柱的三面投影及断面的实形（图 5-16a）。

分析（图 5-16b）：

由图 5-16a 正面投影可知，截平面是一个正垂面，所以截交线的正面投影与截平面的正面投影重合。四棱柱被截切的表面有上底面和四个棱面，所以截交线是一个五边形（也可以根据截平面与四棱柱的三条棱线及上底面的两条边相交来判断截交线是一个五边形）。五边形的五个顶点分别是截平面与四棱柱的三条棱线及上底面的两条边的交点。

作图：

(1) 作五个顶点 Ⅰ、Ⅱ、Ⅲ、Ⅳ、Ⅴ 的投影（图 5-16c）。

Ⅰ Ⅱ 是 P 平面与上底面 $ABCD$ 相交得出的一条正垂线，它的正面投影 $1'2'$ 重合为一点。由 $1'2'$ 可以作出水平投影 12 和侧面投影 $1''2''$。

Ⅲ、Ⅳ、Ⅴ 三点分别是截平面与四棱柱上 C、D、A 三条棱的交点，它们的正面投影为 $3'$、$4'$、$5'$。它们的水平投影 3、4、5 与 c、d、a 重合；它们的侧面投影 $3''$、$4''$、$5''$ 分别在各棱线的侧面投影上。

(2) 依次连接截交线的五个顶点的同面投影，并区分可见性，即得截交线的各投影。

(3) 处理立体的投影（图 5-16d）。

这里应该特别注意的是，四棱柱被截后，侧面投影中 $a''1''$ 和 $a''5''$、$c''2''$ 和 $c''3''$ 这四条线段因立体被截而应除去；侧棱投影 $d''4''$ 也因被截而不存在，但棱 B 的侧面投影应画成虚线。

(4) 求截面实形。

用投影变换的方法把断面换成新投影面的平行面，即可得到断面实形。建立 H_1 投影面使其平行于 P 面，作截交线在 H_1 投影面上的投影 1_1—2_1—3_1—

4_1—5_1,即得到截断面的实形。在图中没有画出新旧投影轴,而是以截断面的投影 $1'4'$ 作为基准线进行作图的。例如,新投影的中心线平行于 $1'4'$,直线 $4'4_1 \perp 1'4'$,4_1 在中心线上;$1_1 2_1 \perp 1'4'$,且 $1_1 2_1 = 12$;同理,$3_1 5_1 \perp 1'4'$,且 $3_1 5_1 = 35$,如图 5-16d 所示。

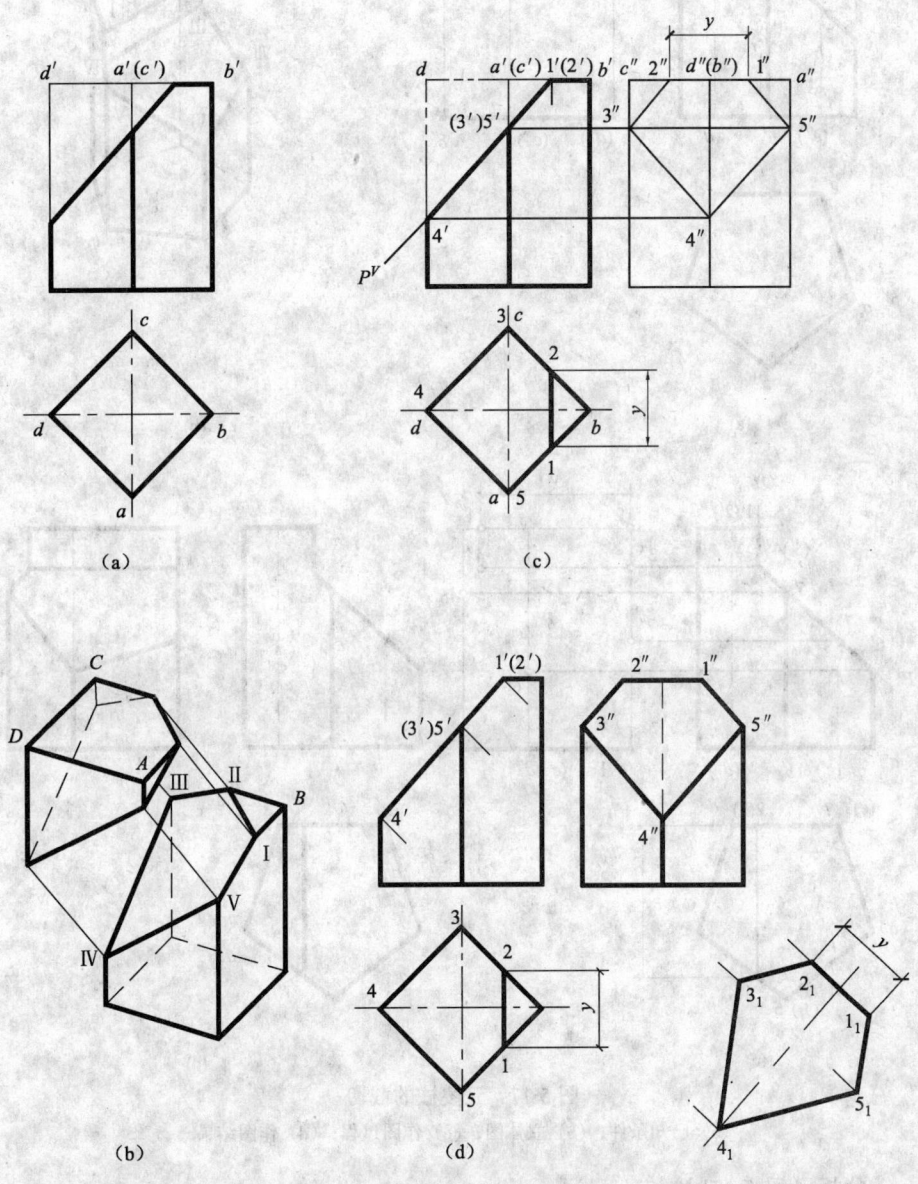

图 5-16 四棱柱的截切

(a)已知条件;(b)立体图;(c)作图过程;(d)作图结果及断面实形

【例 5-8】 求作被截切后五棱柱的三面投影（图 5-17a）。

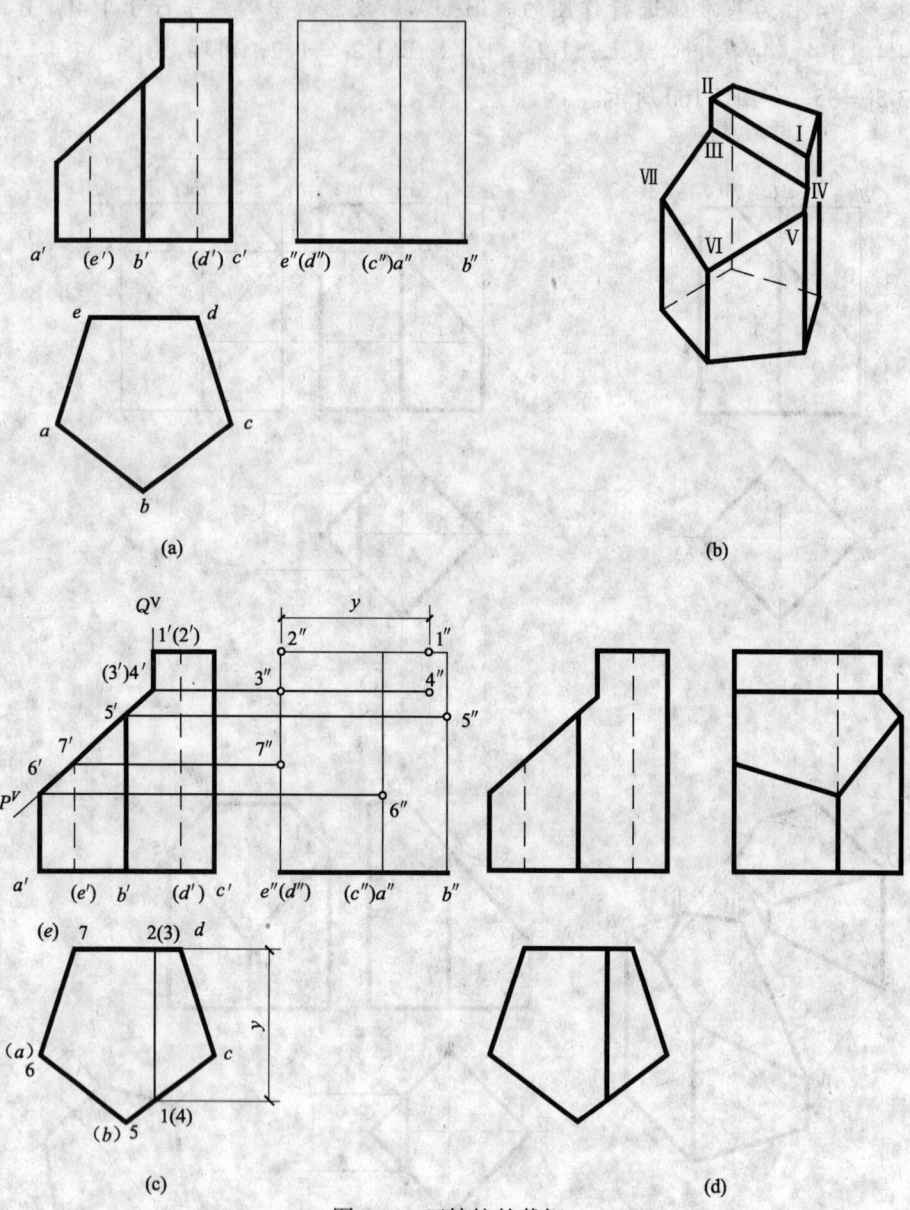

图 5-17 五棱柱的截切
(a) 已知条件；(b) 立体图；(c) 作图过程；(d) 作图结果

分析（图 5-17b）：

由图 5-17a 正面投影可知，五棱柱被两个截平面截切，一个是侧平面，另一个是正垂面；侧平面与五棱柱的两个棱面、上底面和正垂截切平面相交，所

98

以截交线是一个四边形（矩形）；正垂面与五棱柱的四个棱面及侧平截切平面相交，所以截交线是一个五边形（图 5-17b）。

作图：

（1）作侧平截切平面 Q^V 截切所得矩形ⅠⅡⅢⅣ的投影（图 5-17c）。

矩形ⅠⅡⅢⅣ是一个侧平面，它的正面投影可以直接得到（积聚为一条直线）（图 5-17c）；由正面投影向下作投影连线可以得到水平投影（也积聚为一条直线）；通过正面投影和水平投影可以求出侧面投影（实形）（图 5-17c）。

（2）作正垂截切平面 P 截切所得五边形ⅢⅣⅤⅥⅦ的投影（图 5-17b）。

（3）先确定五边形ⅢⅣⅤⅥⅦ的正面投影，3′、4′已知，点Ⅴ、Ⅵ、Ⅶ分别是截平面 P 与棱 B、A、E 的交点，故正面投影 5′、6′、7′可定（图 5-17c）；同理，水平投影 3、4、5、6、7 也可以确定；由 5′、6′、7′向侧面投影作投影连线即可得到侧面投影 5″、6″、7″。

（4）完成投影。两组截交线的水平投影和侧面投影均为可见，用粗实线连接各点（图 5-17d）。

这里应该特别注意的是，五棱柱被截后，侧面投影中，棱 B 因被切而只剩 $b″5″$ 部分，棱 C 也因棱 A 被切而需用虚线表示（图 5-17d）。

5.4.3　棱锥的截切

【例 5-9】　　四棱锥被正垂面 P 截切，求截断后四棱锥的投影（图 5-18）。

分析：

由正面投影可以看出，截平面与四棱锥的四个棱面相交，因此截交线是四边形。四边形的四个顶点分别是截平面与四棱锥上四条棱线的交点。

作图：

（1）求截交线的各顶点的投影。

①在截平面有积聚性的投影上确定出截交线四个顶点的投影 1′、2′、3′、4′，它们分别是截平面 P 与棱线 SA、SB、SC、SD 交点的正面投影。

②作各顶点的其他投影。由正面投影 1′、2′、3′、4′引投影连线，分别与 sa、sb、sc、sd 和 $s″a″$、$s″b″$、$s″c″$、$s″d″$ 交出 1、2、3、4 和 1″、2″、3″、4″。

（2）同面投影连线并判断可见性。

判断一条截交线某个投影的可见性，就是判断这条截交线所在的棱面在这个投影面上投影的可见性，棱面可见则截交线可见。由于四个棱面的水平投影均可见，故在其上的截交线的水平投影 1 2、2 3、3 4、4 1 为可见，画粗实线。又因为棱面 SAB 和 SAD 的侧面投影可见，故在其上的截交线的侧面投影 1″2″和 1″4″可见，画粗实线；2″3″和 3″4″也因四棱锥的截切而由不可见变为可见，画粗实线。

（3）擦掉切掉部分的图线。四棱锥的四条棱线均被切割，棱 $S1$、$S2$、$S3$、$S4$

已被切掉而不存在，故它们的投影亦不存在，应擦除掉，结果见图 5-18d。

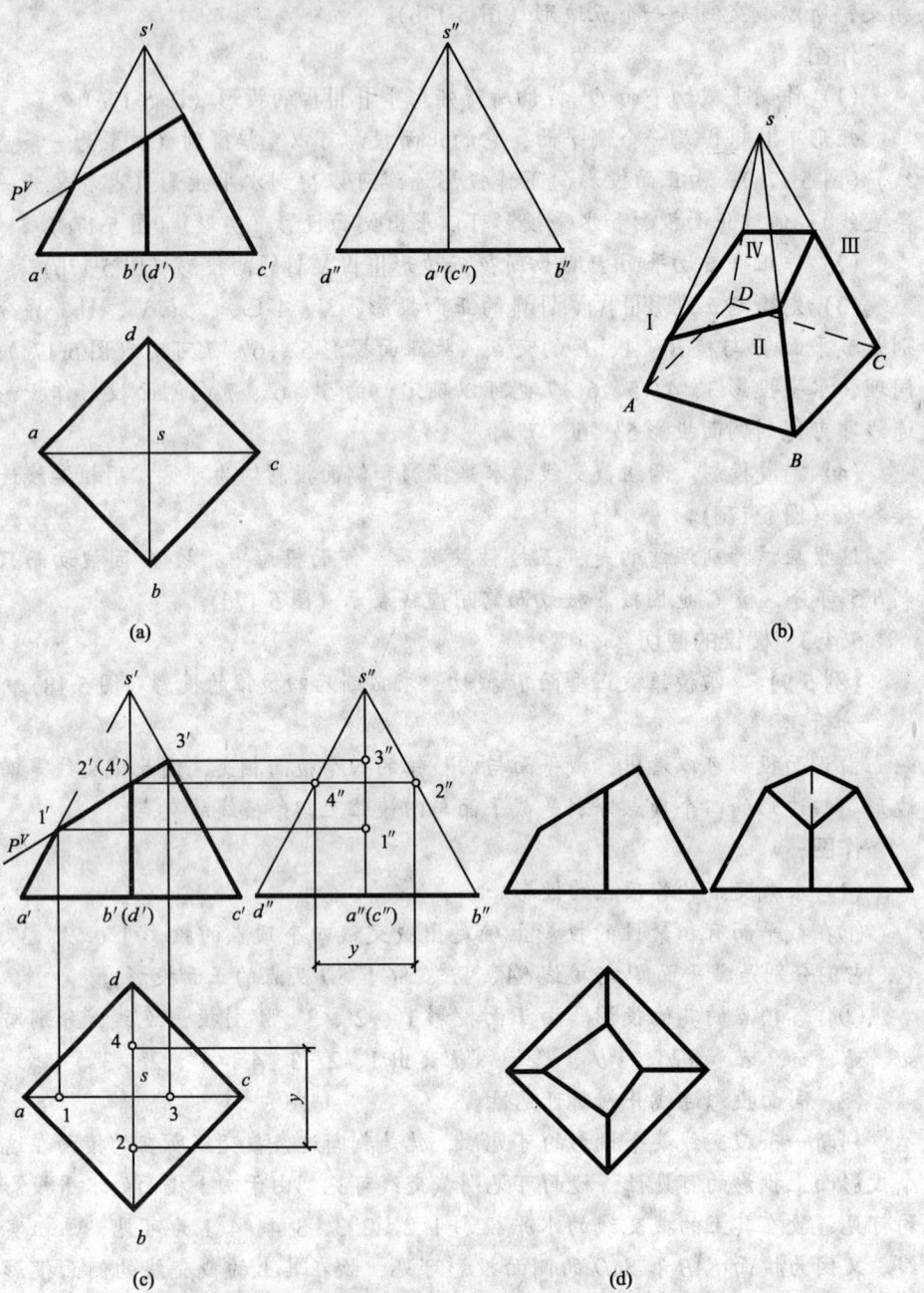

图 5-18 四棱柱的截切
(a) 已知条件；(b) 立体图；(c) 作图过程；(d) 作图结果

【例 5-10】 已知带切口三棱锥 SABC 的正面投影（图 5-19a），补全该三棱锥的水平面投影及侧面投影。

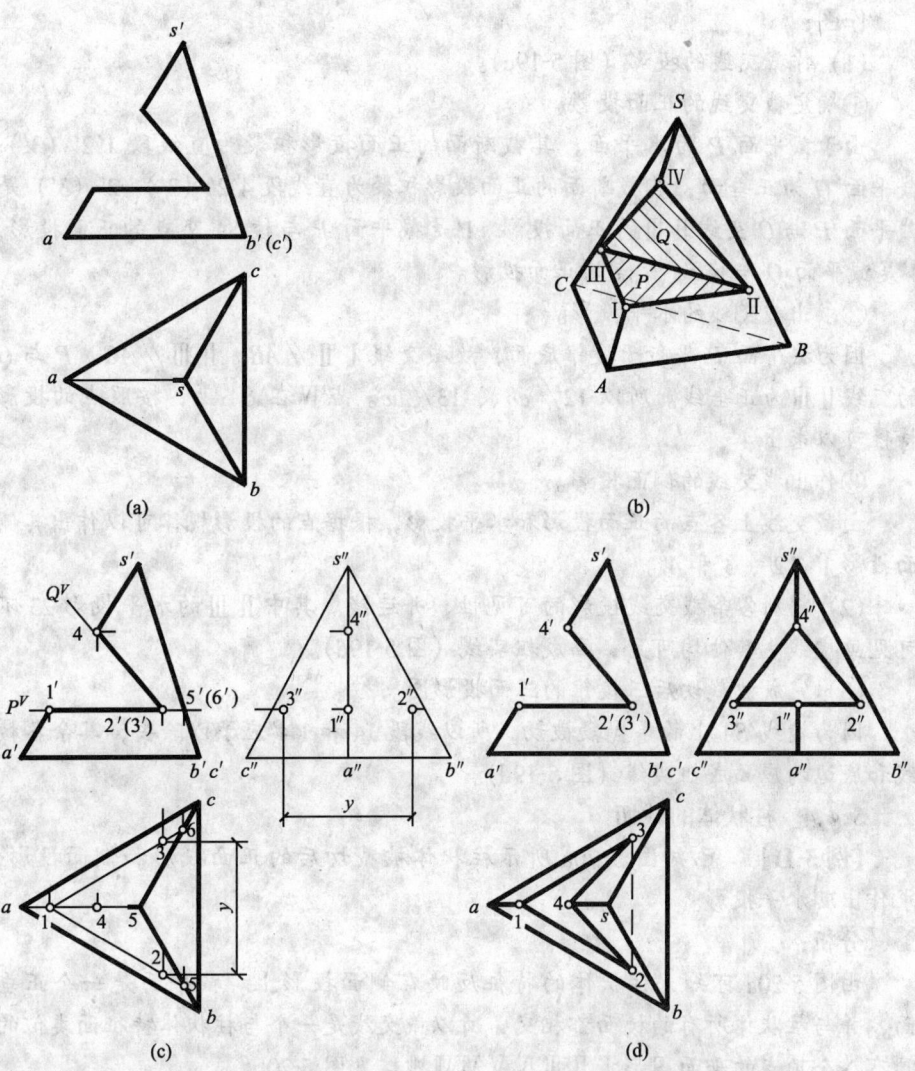

图 5-19 作带切口三棱锥的投影图
(a) 已知条件；(b) 立体图；(c) 作图过程；(d) 作图结果

分析：

从已知的正面投影可知，三棱锥的缺口是由正垂面 Q 和水平面 P 共同切割三棱锥而成。要完成具有缺口的三棱锥的水平投影与侧面投影，关键是求出截切平面 P 和 Q 与三棱锥的截交线，并作出截切平面 P 和 Q 的交线。从图 5-19a 可以看出，截切平面 P、Q 分别与棱面 SAB 和棱面 SAC 相交，同时截切

101

平面 P 与 Q 也相交，因此截切平面 P、Q 的断面形状分别是两个三角形，这两个三角形有一个公共边，即截切平面 P 与 Q 的交线，见图 5-19b。

作图：

(1) 作截交线的投影（图 5-19c）。

①确定截交线的正面投影。

由于截平面 P 为水平面，其截断面的正面投影积聚为直线段 1′2′（3′）；截平面 Q 为正垂面，其截断面的正面投影积聚为直线段 4′2′（3′）。2′（3′）是截平面 P 与 Q 交线ⅡⅢ的正面投影。1′是截平面 P 与棱 SA 交点的正面投影，4′是截平面 Q 与棱 SA 交点的正面投影。

②求出截交线的水平投影。

因为截平面 P 平行于棱锥底面，故截交线ⅠⅡ∥AB，ⅡⅢ∥AC。P 与 Q 的交线ⅡⅢ为正垂线。所以 12∥ab、13∥ac。点Ⅳ在 SA 上，按照点的投影特性可以求出 4。

③作出截交线的侧面投影。

由截交线上各点的正面投影和水平投影，根据点的投影规律可以作出其侧面投影 1″、2″、3″和 4″。

(2) 判别各条截交线投影的可见性，并连线。其中ⅡⅢ的水平投影 23 不可见画虚线。其他均可见，画成粗实线（图 5-19d）。

(3) 完成被截切后三棱锥的三面投影图。

因为棱线 SA 上的ⅠⅣ段被切，所以线段 14 和 1″4″应予以除去，其余各棱线和底边均应画成粗实线（图 5-19d）。

5.4.4 柱状体的截切

【例 5-11】 已知图 5-20a 所示柱状体被截切后的正面投影和侧面投影，求作出其水平投影。

分析：

由图 5-20a 可知，柱状体的特征反映在侧面投影上。截平面是一个正垂面，并与柱状体所有的棱面都相交，所以截交线是一个与柱状体特征面类似的具有八个顶点的平面图形ⅠⅡⅢⅣⅤⅥⅦⅧ，见图 5-20b。

截交线的正面投影与截平面的正面投影重合；侧面投影与柱状体的侧面投影重合。由此可判断水平投影也是柱状体特征面的类似形。

作图：

(1) 作截交线的投影（图 5-20c）。

首先确定出截交线ⅠⅡⅢⅣⅤⅥⅦⅧ的侧面投影 1″2″3″4″5″6″7″8″，再定出它们的正面投影 1′2′3′4′5′6′7′8′。然后求作出各顶点的水平投影 1、2、3、4、5、6、7、8，因为截交线的水平投影完全可见，用粗实线将它们连接起来。

(2) 完成截切体的水平投影（图 5-20d）。

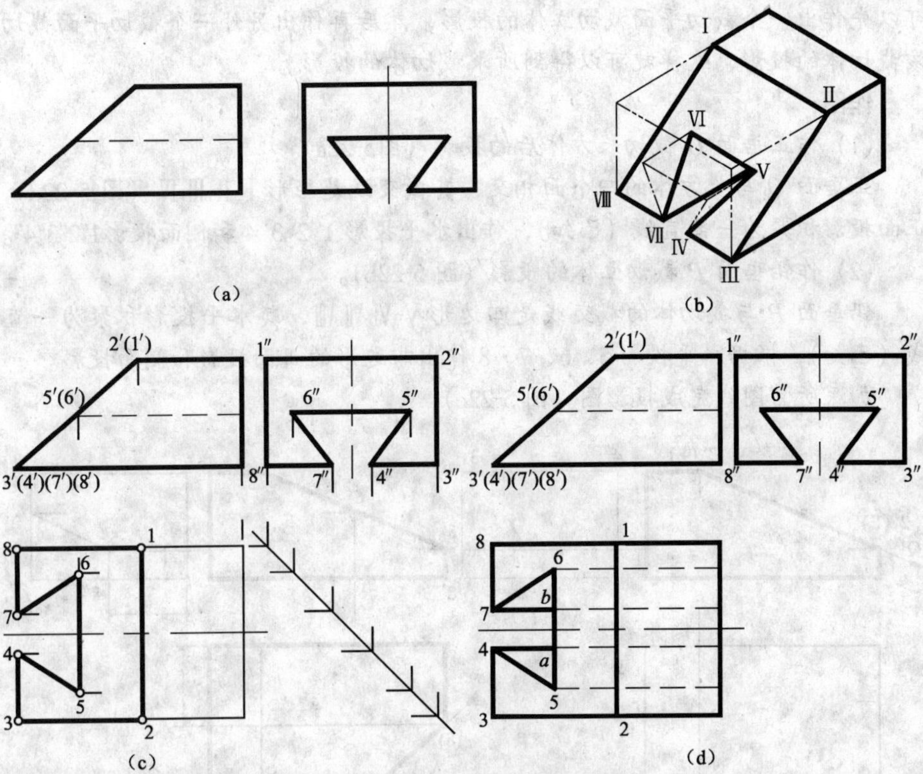

图 5-20 作柱状体被截切后的投影
(a) 已知条件；(b) 立体图；(c) 作图过程；(d) 作图结果

补出被截切后柱状体的各条棱线及底边的水平投影。要注意的是：5、6 所在的棱线因为全部被遮而应画成虚线；4、7 所在的棱线中，因为柱状体的截切，其中 4a、7b 部分未被遮而画成粗实线。

上面我们讨论的是截切平面积聚在一个投影面上的情况，实际中经常会碰到几个截切平面不同时积聚在一个投影面上的截切。这是一种非常多见的截切形式，下面就举例说明这种情况的作图方法。

【例 5-12】 已知长方体被正垂面 Q 和铅垂面 P 截切（图 5-21），补全该截切体的正面投影和水平投影，并作出其侧面投影。

分析：

从已知的正面投影可知，截切平面 P 和 Q

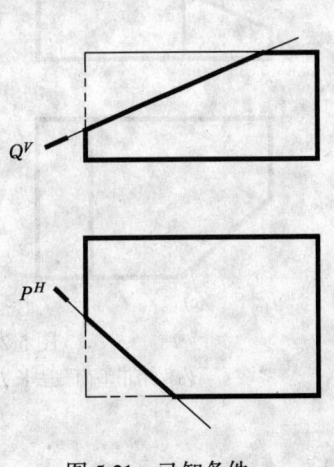

图 5-21 已知条件

在截切长方体的同时也相交,但它们的交线是一般位置直线。对于这种情况,可以先作出一个截切平面截切立体的投影,然后再作出另外一个截切平面截切该截切体的投影,这样就可以得到所求截切体的投影。

作图:

(1) 作正垂面 Q 截切长方体后的投影(图5-22a)。

正垂面 Q 与长方体的四个面相交,其截交线是矩形 Ⅰ Ⅱ Ⅲ Ⅳ(图5-22d),正面投影积聚为一条直线(已知),作出水平投影 1 2 3 4 和侧面投影1″2″3″4″。

(2) 作铅垂面 P 截切立体的投影(图5-22b)。

铅垂面 P 与截切体的截交线是四边形 Ⅴ Ⅵ Ⅶ Ⅷ,其水平投影积聚为一直线(已知),根据水平投影 5、6、7、8 作出四边形的正面投影和侧面投影。

加深所需图线完成投影图(图5-22c)。

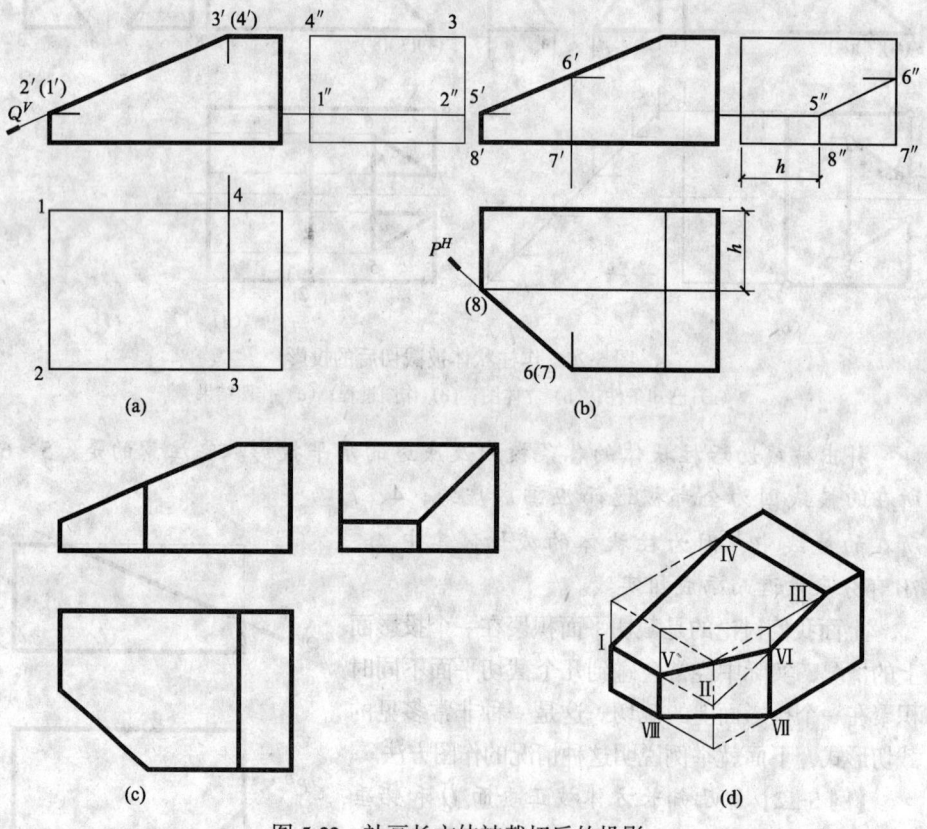

图 5-22 补画长方体被截切后的投影
(a) 用正垂面截去长方体的左上角;(b) 用铅垂面截去长方体的左前角;
(c) 作图结果;(d) 立体图

第6章 曲面立体

曲面立体是由曲面或曲面与平面包围而成的立体。工程上应用较多的是回转体，如圆柱体、圆锥体、球体等（表6-1）。

表 6-1 常见回转体

	圆柱体	圆锥体	圆球体
立体图	表面是圆柱面及两个圆平面 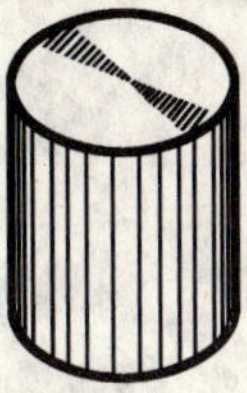	表面是圆锥面及一个圆平面 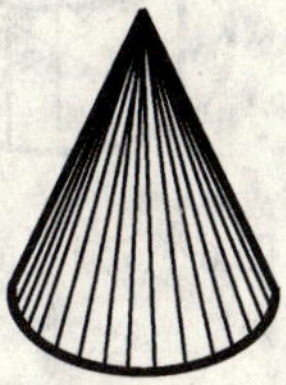	表面是圆球面 
形成规律	母线：与轴线平行的直线 轴线：直线	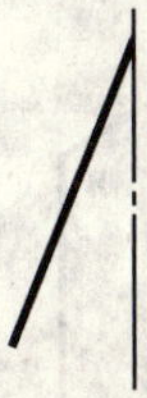 母线：与轴线相交的直线 轴线：直线	 母线：圆或半圆弧 轴线：圆的直径

回转体是由回转曲面或回转曲面与平面围成的立体。回转曲面是由母线（运动的直线或曲线）绕着固定的轴线（直线）做回转运动形成的，曲面上任意位置的母线称为素线。母线上任意点围着轴线旋转一周形成的圆称为纬圆。

曲面立体的投影是由构成曲面立体的曲面和平面的投影组成。

本章介绍常用回转体的投影、立体表面上取点及立体的截切。

6.1 曲面立体的投影

6.1.1 圆柱体

一条直母线以一条与其平行的直线为轴旋转一周所形成的曲面称为圆柱面。圆柱面与垂直于轴线的两平行的圆平面围成的立体，称为圆柱体（图6-1）。

1. 圆柱体的投影

如图 6-2 所示为圆柱体的三面投影。该圆柱体的底面平行于 H 面，轴线垂

直于 H 面。

(1) 由于圆柱面的轴线垂直于 H 面，则圆柱面上的素线也垂直于 H 面，因此圆柱面的水平投影积聚为圆。投影圆的直径等于圆柱面的直径，圆心是轴线的积聚投影。这个投影圆同时也是圆柱体上、下底面的实形投影。

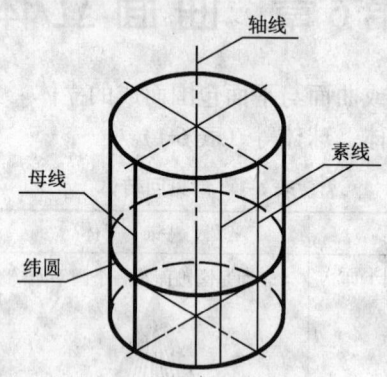

图 6-1 圆柱面的形成

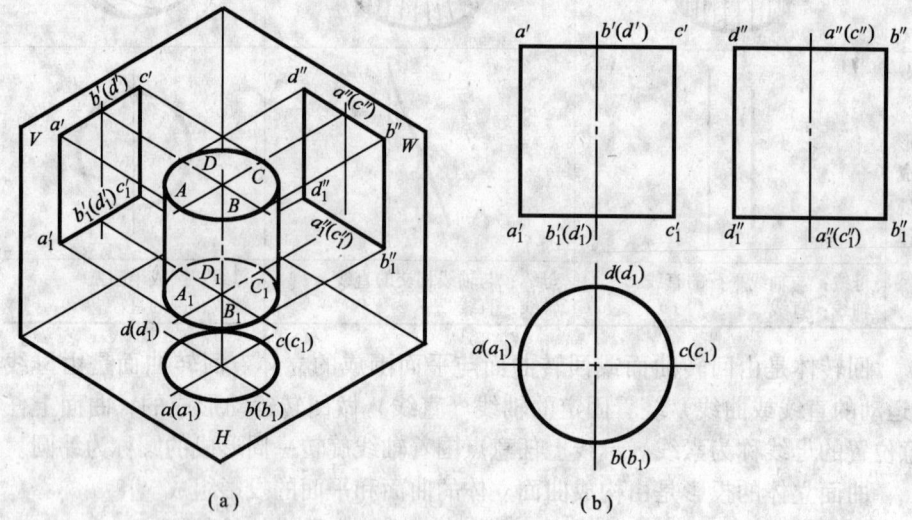

图 6-2 圆柱体的投影

(2) 正面投影是一个矩形线框，矩形线框的上下两条水平线是圆柱体上、下底面圆的积聚投影，左右两条竖直线 $a'a_1'$ 和 $c'c_1'$ 分别是圆柱面上最左和最右两条素线 AA_1 和 CC_1 的投影。AA_1 和 CC_1 是正面转向轮廓线，它们的侧面投影 $a''a_1''$ 和 $c''c_1''$ 与轴线的侧面投影重合，但 $a''a_1''$ 和 $c''c_1''$ 在侧面投影中不是转向轮廓线，所以不用画出。

(3) 圆柱面上最左和最右两条素线 AA_1 和 CC_1 将圆柱面分为前一半和后

一半,其水平投影分别为下半个圆周和上半个圆周。前半个圆柱体的正面投影看得见,后半个圆柱面的正面投影不可见。前一半和后一半圆柱面的正面投影重合,它们的侧面投影分别为轴线右边和左边的半个矩形。

(4) 侧面投影中矩形线框的上下两条水平线是圆柱体上底面圆和下底面圆的积聚性投影,矩形的另两条竖直线 $b''b_1''$ 和 $d''d_1''$ 分别为圆柱体上最前和最后两条素线 BB_1 和 DD_1 的投影。BB_1 和 DD_1 是侧面转向轮廓线,它们的正面投影 $b''b_1''$ 和 $d''d_1''$ 与轴线重合,不画出。

(5) 圆柱面上最前和最后两条轮廓线 BB_1 和 DD_1 将圆柱面分为左半部和右半部,其水平投影分别为左半个圆周和右半个圆周。左半个圆柱面的侧面投影看得见,右半个圆柱面的侧面投影不可见。左一半和右一半圆柱面的侧面投影重合,它们的正面投影分别为轴线左边和右边的半个矩形。

2. 圆柱体的投影特性

通过以上分析,得到圆柱体的投影特性如下:

圆柱体在底面所平行的投影面上的投影为圆,圆的直径等于圆柱的直径;其余两投影为大小相同的矩形,矩形的高等于圆柱体的高,矩形的宽等于圆柱体的直径。

6.1.2 圆锥体

一条直母线以一条与其相交的直线为轴旋转一周所形成的曲面成为圆锥面。圆锥面与垂直于轴线的平面所围成的立体,称为圆锥体 (图 6-3)。

1. 圆锥体的投影

如图 6-4 所示为圆锥体的三面投影。该圆锥体的底面平行于 H 面,轴线垂直于 H 面。

由于圆锥体的轴线垂直于 H 面,则圆锥体的水平投影为圆。它既是底面圆反映实形的投影,也是圆锥面的投影,圆的直径等于底面圆的直径,圆心是轴线的积聚投影。

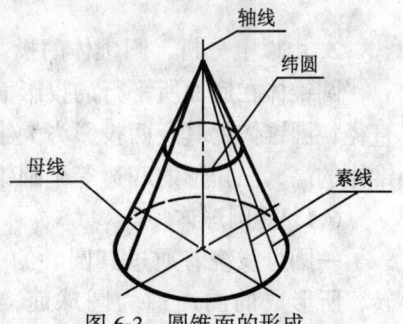

图 6-3 圆锥面的形成

(1) 圆锥体的正面投影和侧面投影是两个相等的等腰三角形线框,等腰三角形的高等于圆锥体的高,等腰三角形的底边长等于圆锥体底面圆的直径。圆锥体轴线的投影用点划线表示。

(2) 正面投影的三角形线框是看得见的前半个圆锥面和看不见的后半个圆锥面投影的重合。正面投影中三角形线框的底边是底面圆的积聚性投影,两条斜边 $s'a'$ 和 $s'c'$ 分别为圆锥面上最左和最右两条轮廓素线 SA、SC 的投影,它

们的水平投影 sa、sc 与轴线重合，它们的侧面投影 $s''a''$ 和 $s''c''$ 也与轴线重合，而不用画出。

（3）侧面投影的三角形线框是看得见的左半个圆锥面和看不见的右半个圆锥面投影的重合。侧面投影中三角形线框的底边也是底面圆的积聚性投影，两条斜边 $s''b''$ 和 $s''d''$ 分别为圆锥面上最前和最后两条轮廓素线 SB、SD 的投影，它们的水平投影 sb、sd 与圆的竖直中心线重合，它们的正面投影 $s'b'$ 和 $s'd'$ 也与轴线的投影重合，而不必画出（投影图中是点划线）。

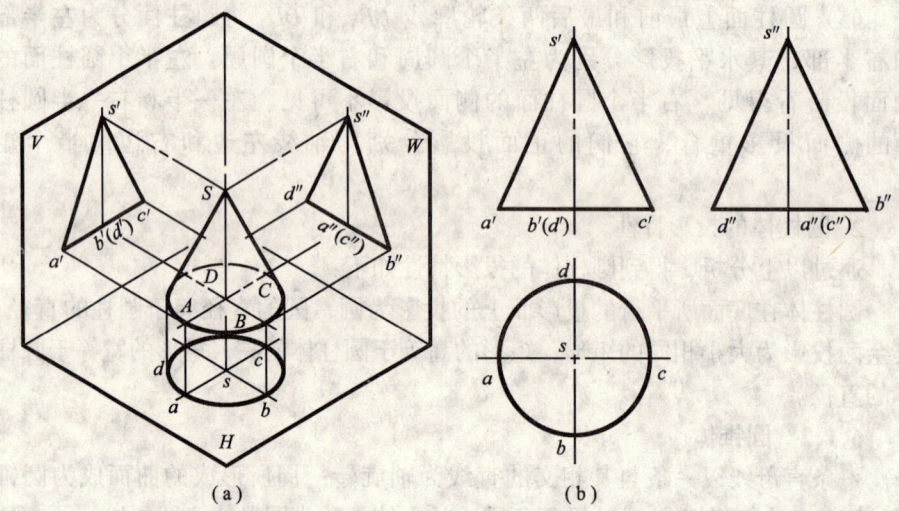

图 6-4 圆锥体的投影

2. 由以上分析，圆锥体的投影特性如下：

圆锥体在底面所平行的投影面上的投影为圆，圆的直径等于圆锥的底面圆直径；圆锥体的其余两投影为大小相同的等腰三角形，等腰三角形的高等于圆锥体的高，三角形的底边等于圆锥体底面圆的直径。

6.1.3 圆球体

一圆母线绕着通过其圆心的一条直径为轴旋转，所形成的曲面称为圆球面，如图 6-5 所示。圆球面所围成立体称为圆球体。

如图 6-6 所示，圆球体的三个投影为三个直径相等并等于球径的圆。

圆球体的水平投影圆是球面上的最大水平圆（水平转向轮廓线）的实形投影，该圆的正面投影和侧面投影均为水平直线段，与水平中心线重合，长度为直径。球面上最大水平圆将圆球面分为上

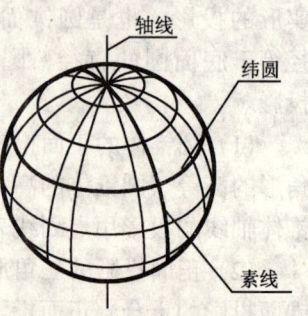

图 6-5 圆球面的形成

下两半。圆球面的水平投影也是看得见的上半个球面和看不见的下半个球面的重合投影。

圆球体的正面投影圆是球面上最大正平圆（正面转向轮廓线）的实形投影。该圆的水平投影与水平中心线重合；侧面投影为铅垂直线段，与铅垂中心线重合，长度为球径。球面上最大正平圆将圆球面分为前、后两半。球面的正面投影也是看得见的前半个球面和看不见的后半个球面的投影。

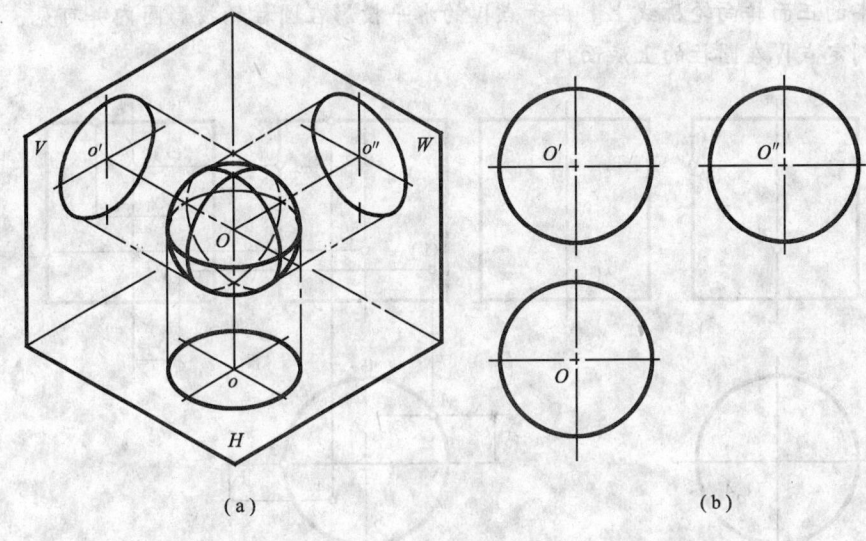

(a) (b)

图 6-6 球体的投影

圆球体的侧面投影圆是球面上最大侧平圆（侧面转向轮廓线）的实形投影。该圆的水平投影和正面投影均为铅垂直线段，与铅垂中心线重合，长度为球径。球面上最大侧平圆将圆球面分为左、右两半。球面的侧面投影也是看得见的左半个球面和看不见的右半个球面的投影。

6.2 曲面立体表面上取点

在回转体上取点、取线与在平面立体上取点、取线的作图原理相同。欲取回转体上的点，必先判断点所在的面上的位置，并可过此点在该回转面上取线。

6.2.1 圆柱体表面上取点

圆柱体是由圆柱面和上、下底面构成的，如果圆柱体的轴线垂直于某个投影面，那么，圆柱面在这个投影面上的投影有积聚性（圆），则圆柱面上所有的点和线都积聚在这个投影圆上，利用这可以作出点或线的其他投影。

【例 6-1】 已知圆柱表面上点Ⅰ、Ⅱ、Ⅲ、Ⅳ的一个投影，求它们的另外两个投影（图 6-7）。

分析：

由于点Ⅰ的侧面投影为可见，又位于左侧，故可判定点Ⅰ在圆柱的左后圆柱面上；由于点Ⅱ的正面投影为可见，可判定点Ⅱ在圆柱的前半圆柱面内；又由于 2' 位于圆柱的轴线上，故可判定点Ⅱ在将圆柱分为左右两半的侧面转向轮廓线上。点Ⅲ的正面投影位于矩形的线框上，故可判定点Ⅲ在将圆柱分为前后两半的正面转向轮廓线上。由于点Ⅳ的水平投影在圆柱的投影圆内并可见，故可判定点Ⅳ在圆柱的上底面内。

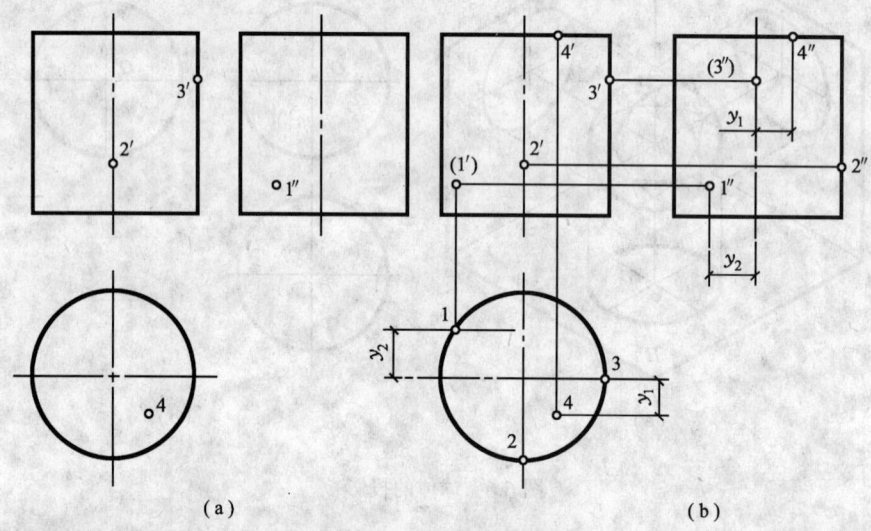

图 6-7 圆柱体表面上取点

作图：

（1）求 1 和 1'。圆柱面的水平投影有积聚性，点 1 的水平投影必定落在这个积聚投影圆上。故利用 Y 坐标差和点位于左侧直接求得 1。按点的三面投影规律可求得点的正面投影 1'，因为点Ⅰ位于圆柱面的后半部分，以其正面投影为不可见。结果如图 6-7b 所示。

（2）求 2 和 2"。根据前面的分析，可以直接作出 2 和 2"。结果如图 6-7b 所示。

（3）求 3 和 3"。同样根据前面的分析，可以直接作出 3 和 3"，因为点Ⅲ位于圆柱面的右半部，故 3" 不可见。结果如图 6-7b 所示。

（4）求 4' 和 4"。点Ⅳ在圆柱的上底内，故 4' 和 4" 均积聚在圆柱上底面的积聚投影上，按点的三面投影规律可求得 4' 和 4"。

6.2.2 圆锥体表面上取点

由圆锥的形成可知，圆锥面的投影没有积聚性，但圆锥面上的点必定在某条素线上，该素线的各个投影均为直线，作出该素线的各个投影，利用点在直线上的投影特性可以作出点的其他投影，此方法称为素线法；该点同时也必定在某一个纬圆上，该纬圆平行于底面圆，作出该纬圆的投影即可定出点的投影，此方法称为纬圆法。

【例 6-2】 已知圆锥表面上点Ⅰ、Ⅱ、Ⅲ的一个投影，作出它们的另外两面投影（图 6-8a）。

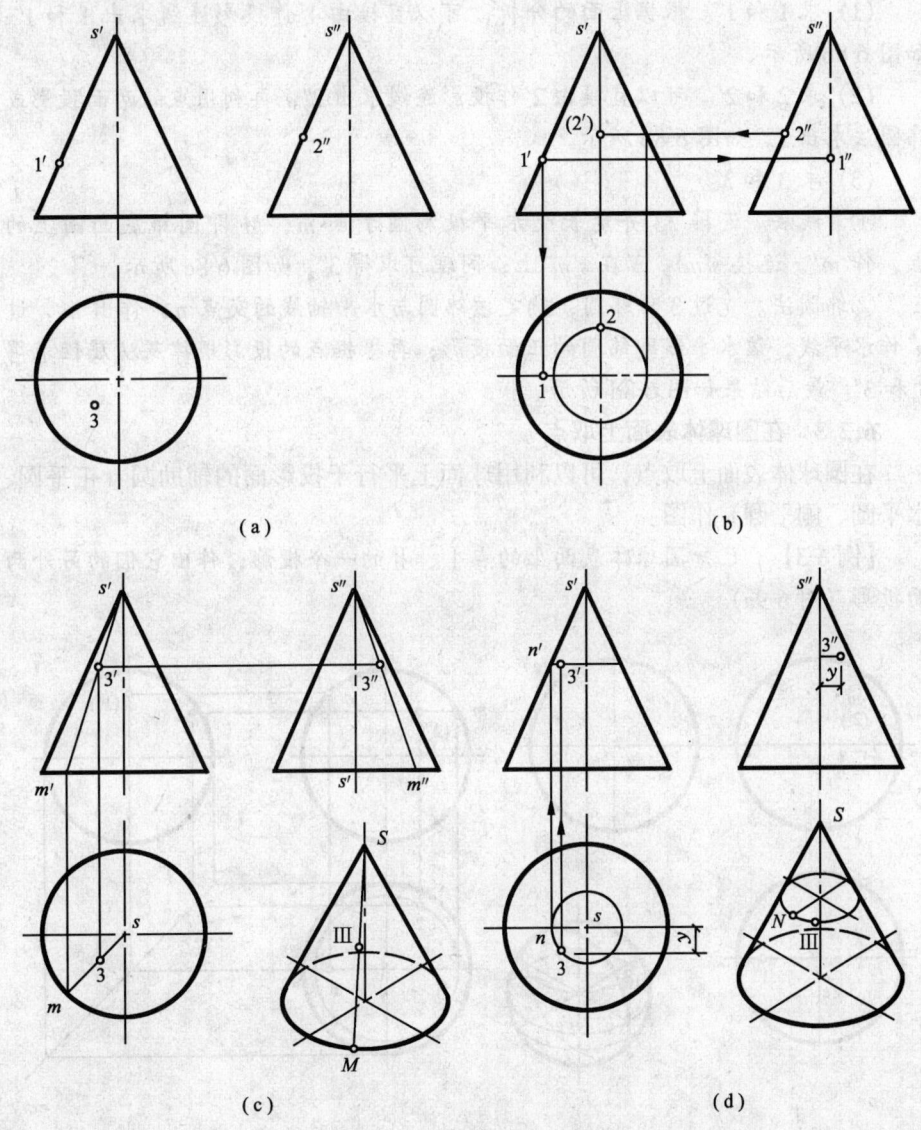

图 6-8 圆锥表面上取点

分析：

由于 1′ 在三角形的左腰上，故可判定 I 点在圆锥的左转向轮廓线上，它的水平投影在投影圆的水平轴线上，侧面投影在轴线上；由 2″ 的位置可判定，点 II 在圆锥的最后面的素线上；由 3 的位置判定，点 III 在圆锥的左前圆锥面上，它是一个一般位置点，需用纬圆法或素线法求得（图 6-8b、c、d）。

作图：

(1) 求 1 和 1″。根据上面的分析，可以直接由 1′ 作投影连线求出 1 和 1″，如图 6-8b 所示。

(2) 求 2 和 2′。可以直接由 2′ 作投影连线求出 2″，再利用点的两面投影或纬圆法求出 2，如图 6-8b 所示。

(3) 求 3′ 和 3″。

①素线法。连接 s3 并延长交水平投影圆于点 m，M 即圆锥底面圆上的点，作 m′，连接 s′m′，3′ 在 s′m′ 上；同理可求得 3″，如图 6-8c 所示。

②纬圆法。先过 3 作纬圆，确定该纬圆与水平轴线的交点 n，作出 n′，过 n′ 作水平线，该水平线即纬圆的正面投影；再根据点的投影规律及从属性求得 3′ 和 3″。最后结果如图 6-8d 所示。

6.2.3 在圆球体表面上取点

在圆球体表面上取点，可以利用球面上平行于投影面的辅助圆（正平圆、水平圆、侧平圆）作图。

【例 6-3】 已知圆球体表面上的点 I、II 的一个投影，作出它们的另外两面投影（图 6-9a）。

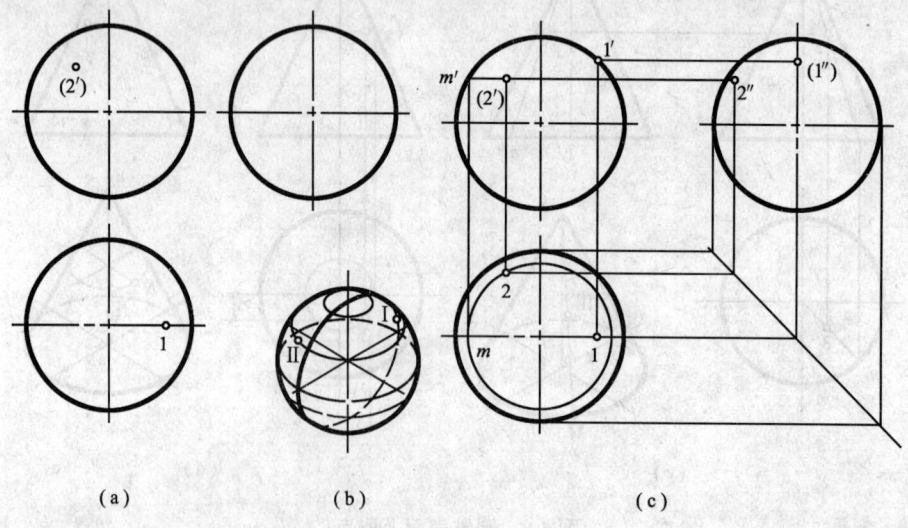

图 6-9 球体表面上取点

分析:

点Ⅰ的水平投影1在水平中心线上,由此可判断点Ⅰ在正面转向轮廓线上,它的正面投影1'在正面投影圆上,侧面投影1"在垂直轴线上。由点Ⅱ的正面投影2'不可见及投影的位置可判断,点Ⅱ处于球体的左、后、上(图6-9b)。

作图:

(1) 求1'和1"。根据以上分析可以直接求出1'和1"。

(2) 求2和2"。点Ⅱ是一个一般位置点,利用纬圆法可以求得。作图过程如图6-9c所示。图中用的是水平纬圆,同样也可以用正平纬圆或者侧平纬圆。

6.3 曲面立体的截切

平面与曲面立体表面相交,所产生的截交线通常有以下几种情况:

1. 由平面曲线围成的封闭图形(图6-10a)。
2. 由平面曲线和直线段围成的封闭图形(图6-10b)。
3. 由直线段围成的封闭多边形(图6-10c)。

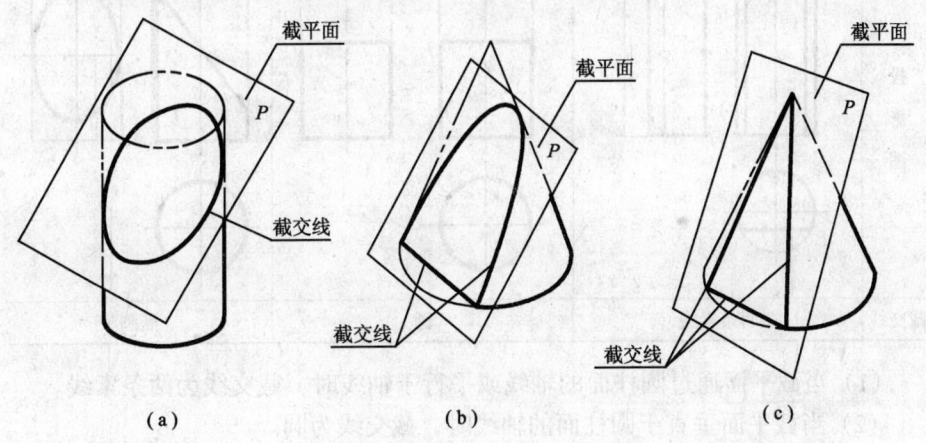

图6-10 平面与曲面立体相交

曲面立体截交线的具体形状取决于立体表面的形状和截平面与立体的相对位置。

截交线是曲面立体表面和截平面的共有点的集合。求曲面立体的截交线时,需先作出截交线上直线段的端点和曲线上一系列点的投影,然后正确连接各点,便得出截交线的投影。为了较准确地得到曲线的投影,一般要作出曲线上特殊点的投影,如最高点、最低点、最前点、最后点、最左点、最右点、可见与不可见的分界点、截交线本身固有的特殊点(如椭圆的长、短轴的端点,抛物线顶点)等。

6.3.1 平面与圆柱体相交

1. 平面与圆柱面相交

平面与圆柱面相交所得的截交线形状有三种（表 6-2）：

表 6-2 平面与圆柱面的截交线

截平面位置	平行于圆柱的轴线	垂直于圆柱的轴线	倾斜于圆柱的轴线
立体图		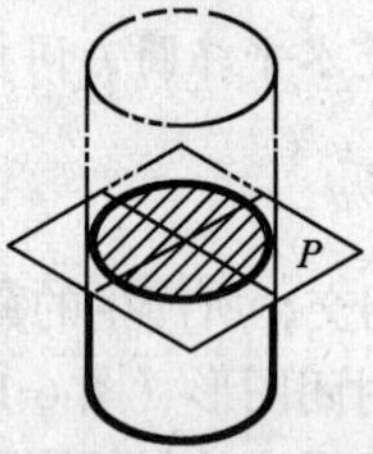	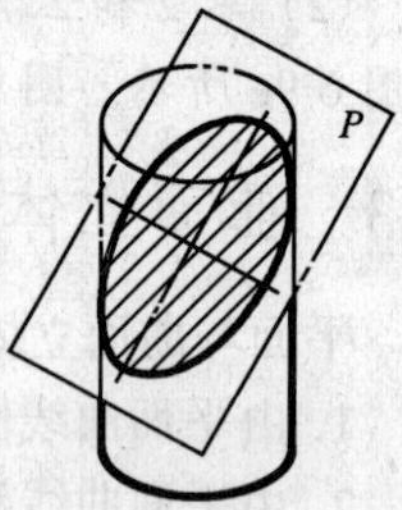
投影图	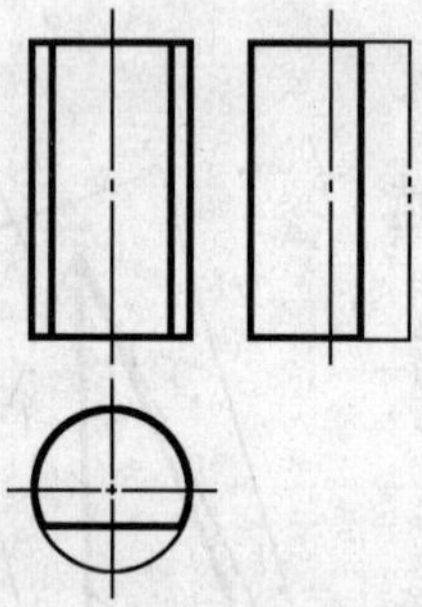	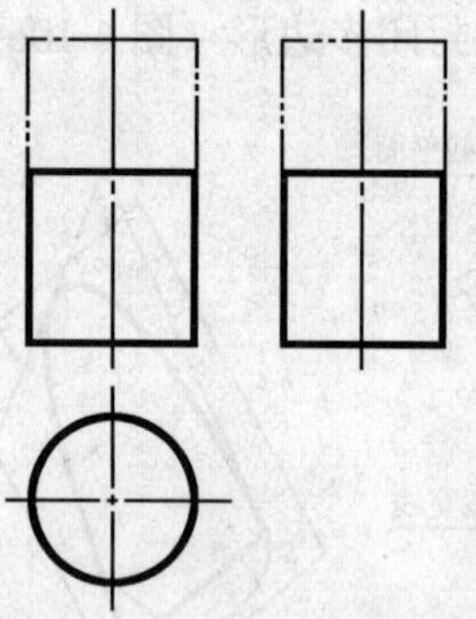	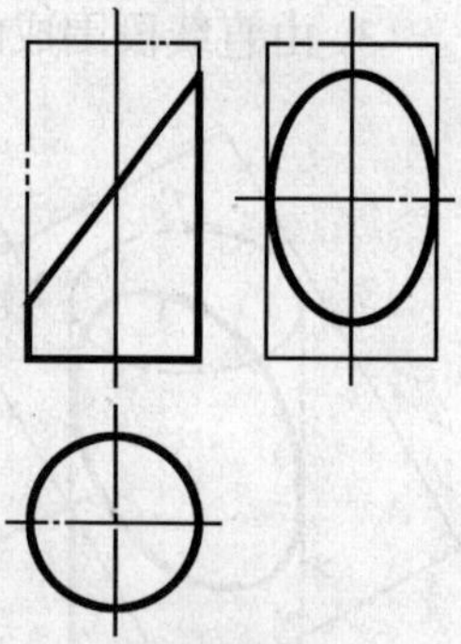
截交线	两条素线	圆	椭圆

（1）当截平面通过圆柱面的轴线或平行于轴线时，截交线为两条素线。

（2）当截平面垂直于圆柱面的轴线时，截交线为圆。

（3）当截平面倾斜于圆柱面的轴线时，截交线为椭圆。

2. 平面与圆柱体相交

掌握了平面与圆柱面的截交线，再把平面是否与圆柱体底面相交考虑进去（交线为直线），就可以得到平面与圆柱体的截交线。

下面举例说明如何在投影图中作圆柱体截交线的方法。

【例 6-4】 已知圆柱体被截切后的水平投影和正面投影（图 6-11a），作出侧面投影以及断面的实形。

分析：

因圆柱体轴线垂直于水平投影面，截平面 P 是一个正垂面，与圆柱体轴线斜交，所以截交线应为椭圆。截交线的正面投影与截平面 P 的正面投影 P^V

重合，是一段直线。截交线的水平投影与圆柱面的具有积聚性的水平投影重合，是一个圆。截交线的侧面投影仍是椭圆（但不反映实形），需作图。可利用截交线的两个已知投影，作出截交线上一系列点的侧面投影，然后依次用光滑曲线相连即可。

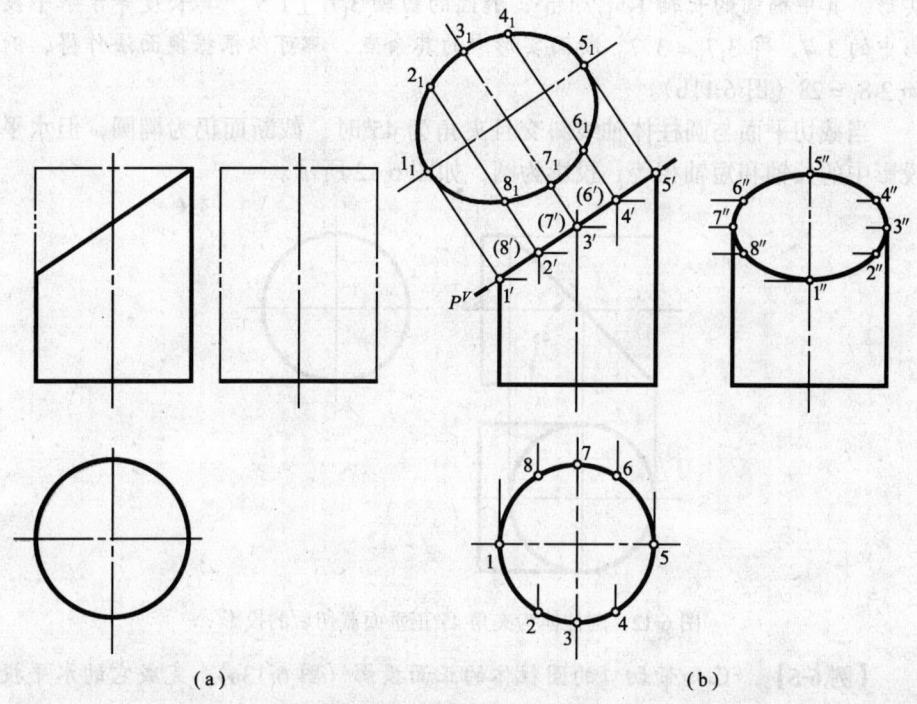

图 6-11　作圆柱体被正垂面截切后的侧面投影，并补画断面实形

作图（图 6-11b）：

(1) 作特殊位置点 Ⅰ、Ⅲ、Ⅴ、Ⅶ 的投影。

点 Ⅰ、Ⅲ、Ⅴ、Ⅶ 分别为截交线的最低点、最前点、最高点、最后点，也是截交线椭圆的长短轴的端点。

截交线的水平投影重合在圆柱面的水平投影圆上，故投影 1、3、7、5 可得。截交线的正面投影重合在 P^V 上，故投影 $1'、3'、7'、5'$ 可得。根据它们可作出 $1''、3''、5''、7''$ 的侧面投影（图 6-11b）。

(2) 作一般位置点的投影。

为了作图准确，需要再作出椭圆上若干个一般点。为此，可先在正面投影中取点，如 $2'、4'、6'、8'$，找出对应的水平投影 2、4、6、8，然后确定侧面投影 $2''、4''、6''、8''$（图 6-11b）。

(3) 连线并完成投影图。

在侧面投影上。用光滑曲线依次连接 1″—2″—3″—4″—5″—6″—7″—8″—1″ 各点，即得截交线的侧面投影。被截切后的圆柱体的侧面投影如图 6-11b 所示。

(4) 求截面实形。

建立辅助投影面使其平行于 P 面，利用投影变换作出截断面（椭圆）的实形。其中椭圆的长轴 1_15_1∥$1'5'$；椭圆的短轴 3_17_1⊥$1'5'$，其长度等于水平投影中的 3 7，即 3_17_1 = 3 7。断面实形中的其余点，都可以根据换面法作得，例如 2_18_1 = 28（图 6-11b）。

当截切平面与圆柱体轴线斜交且夹角为 45°时，截断面仍为椭圆，但水平投影中的长轴和短轴相等，投影为圆，如图 6-12 所示。

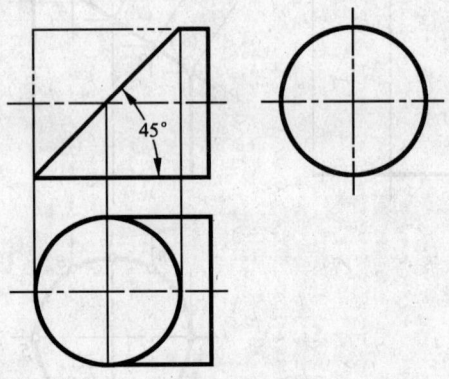

图 6-12　圆柱体为夹角 45°正垂面截切后的投影

【例 6-5】　已知带切口的圆柱体的正面投影（图 6-13a），完成它的水平投影并补全它的侧面投影。

分析（图 6-13b）：

圆柱体的轴线垂直于侧立投影面。切口是由一个水平面、一个正垂面和一个侧平面共同切割而形成的。因水平面平行于圆柱体轴线，故与圆柱面交线为两条素线；正垂面与圆柱体轴线倾斜，与圆柱面交线为椭圆的一部分；侧平面与圆柱轴线垂直，与圆柱面交线是圆的一部分；每两个截平面的交线是正垂线。

作图：

(1) 作出圆柱体被截切前的水平投影（图 6-13c）。

(2) 作水平截切平面产生交线的投影（图 6-13c）。

水平截切平面与三个面相交：圆柱体的左端面、圆柱面和正垂截平面，其断面形状是矩形ⅠⅡⅧⅨ。该矩形的正面投影为 1′2′8′9′（积聚为一条直线），它的侧面投影 1″2″8″9″也积聚为一条直线，根据正面投影和侧面投影求出它们的水平投影 1 2 8 9（为矩形的实形）。

(3) 作正垂截切平面产生交线的投影（图 6-13d）。

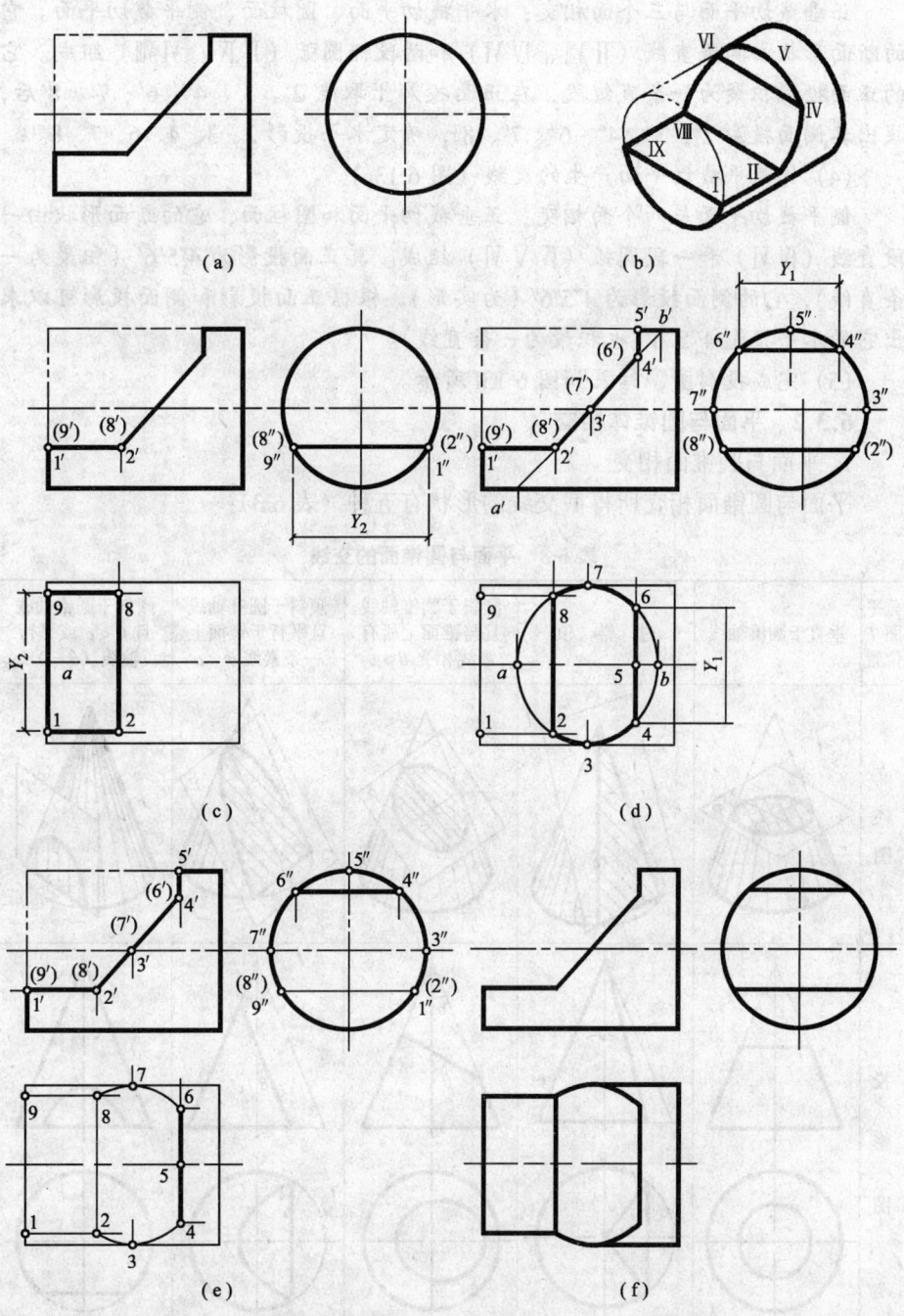

图 6-13 补全带切口圆柱体的侧面投影,并作出水平投影
(a) 已知条件;(b) 立体图;(c) 作图过程;(d) 作图过程;(e) 作图过程;(f) 作图结果

正垂截切平面与三个面相交：水平截切平面、圆柱面、侧平截切平面。它的断面形状由两条直线（ⅡⅧ、ⅣⅥ）和两段椭圆弧（ⅡⅣ、ⅥⅧ）组成。它的正面投影积聚为一条直线段，在正面投影上取点2′、3′、4′、6′、7′、8′后，找出其侧面投影2″、3″、4″、6″、7″、8″，确定水平投影2、3、4、6、7、8。

（4）作侧平截切平面产生的交线（图6-13e）。

侧平截切平面与两个面相交：正垂截切平面和圆柱面，它的断面形状由一段直线（ⅣⅥ）和一段圆弧（ⅣⅤⅥ）组成。其正面投影为4′5′6′（积聚为一条直线），它的侧面投影为4″5″6″（为实形），根据正面投影和侧面投影可以求出它的水平投影4 5 6（也积聚为一条直线）。

（5）完成投影图，结果如图6-13f所示。

6.3.2 平面与圆锥体相交

1. 平面与圆锥面相交

平面与圆锥面相交所得截交线的形状有五种（表6-3）：

表6-3 平面与圆锥面的交线

截平面P位置	垂直于圆锥轴线	过锥顶	倾斜于圆锥轴线且与锥面上所有素线相交 $\theta > \alpha$	倾斜于圆锥轴线且平行于锥面上一条素线 $\theta = \alpha$	倾斜于圆锥轴线且 $\theta < \alpha$ 或平行轴线（$\theta = 0$）
立体图	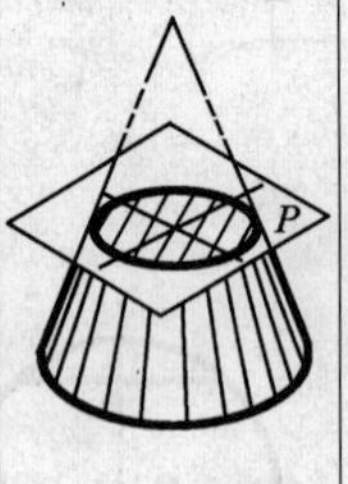	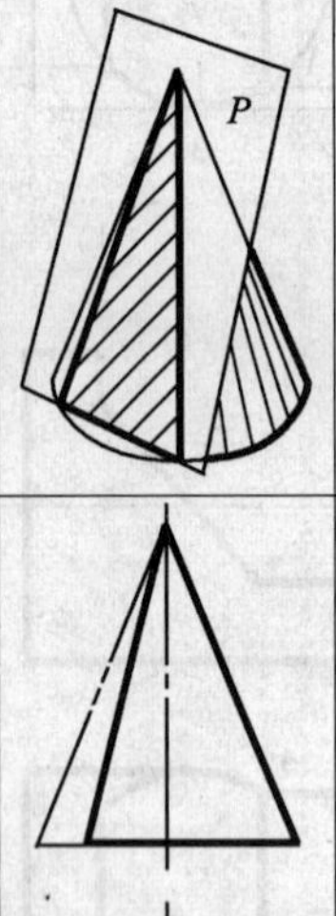	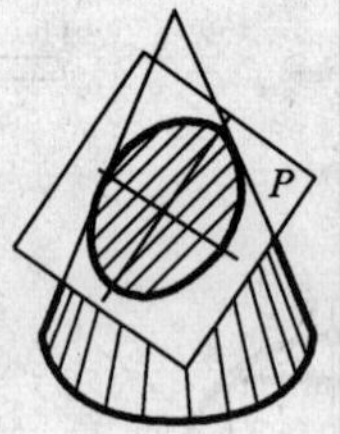	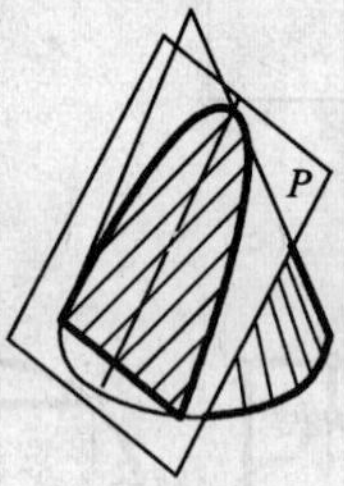	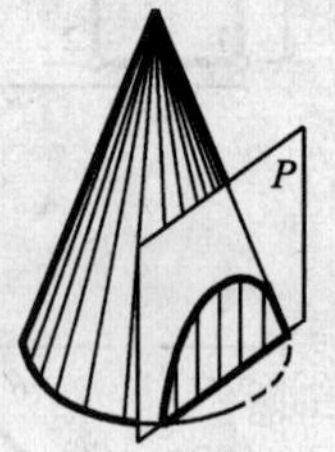
投影图	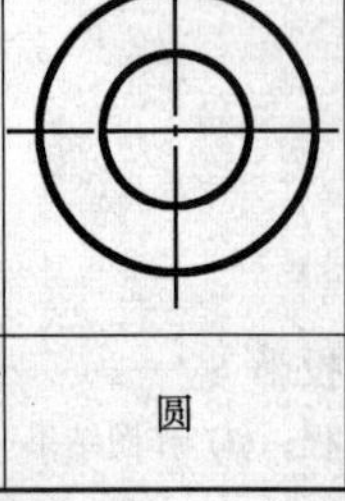			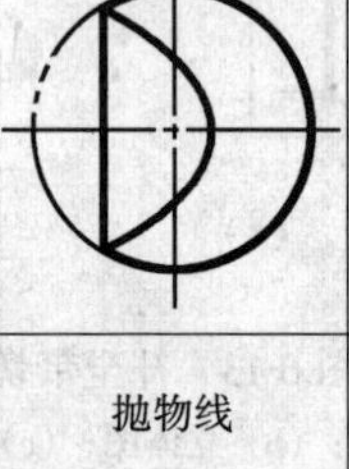	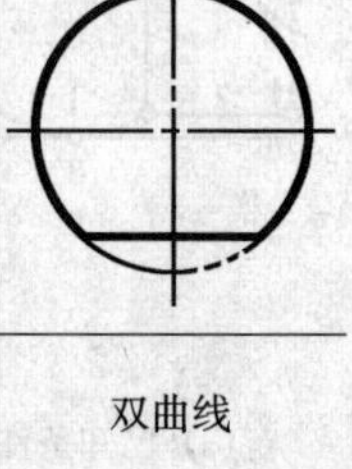
截交线	圆	过锥顶的两条相交素线	椭圆	抛物线	双曲线

(1) 当截平面垂直于轴线时，截交线为一圆。

(2) 当截平面通过锥顶时，截交线为两条素线。

(3) 当截平面与轴线的夹角 θ 大于母线与轴线夹角 α 时（$\theta > \alpha$），截交线为一椭圆。

(4) 当截平面平行于一条素线时（即 $\theta = \alpha$ 时），截交线为抛物线。

(5) 当截平面与轴线的夹角 θ 小于母线与轴线夹角 α 或平行于轴线时（$\theta < \alpha$ 或 $\theta = 0$），截交线为双曲线。

2. 圆锥体的截切

圆锥体由圆锥面和底面圆组成，当截平面切割圆锥体时，要将截平面是否与底面圆相交考虑进去（交线为直线），就可以得到平面与圆锥体的截交线。

下面举例说明如何在投影图中作截平面与圆锥体的切割。

【例 6-6】 已知被切割圆锥体的正面投影，补画水平投影和侧面投影（图6-14a）。

分析：

因圆锥体轴线垂直于水平投影面，截平面 P 是一个正垂面，与圆锥体轴线斜交并且与圆锥面上所有的素线相交，所以截交线为一椭圆。椭圆的正面投影与截平面 P 的正面投影 P^V 重合，是一段直线；椭圆的水平投影和侧面投影仍是椭圆。

作图（图6-14b）：

(1) 求截交线上特殊点的投影。

截交线的正面投影为直线段 $1'5'$，重合于 P^V。点Ⅰ、Ⅴ是截交线上的最低点、最高点，也是截交线椭圆的长轴端点，由它们的正面投影 $1'$、$5'$ 可作出水平投影 1、5 和侧面投影 $1''$、$5''$。点Ⅲ、Ⅶ是截交线椭圆的短轴端点，也是最前点、最后点。它们的正面投影位于 $1'5'$ 的中点 $3'$（$7'$），利用纬圆法可求出水平投影 3、7 和侧面投影 $3''$、$7''$，Ⅳ、Ⅵ是侧面转向轮廓线上的点。由正面投影点 $4'$、$6'$ 可作出 4、6 和 $4''$、$6''$。

(2) 作一般位置点的投影。

在正面投影中取一般点Ⅱ、Ⅷ的投影 $2'$（$8'$），然后用纬圆法作出水平投影 2、8 和侧面投影 $2''$、$8''$。

(3) 连线并完成投影图。

在水平投影中用光滑的曲线连接 1—2—3—4—5—6—7—8—1 点，即得截交线的水平投影。同样在侧面投影上依次用光滑曲线连接 $1''$—$2''$—$3''$—$4''$—$5''$—$6''$—$7''$—$8''$—$1''$ 点，可得截交线的侧面投影。最后在侧面投影中，完成截切后圆锥体的投影。

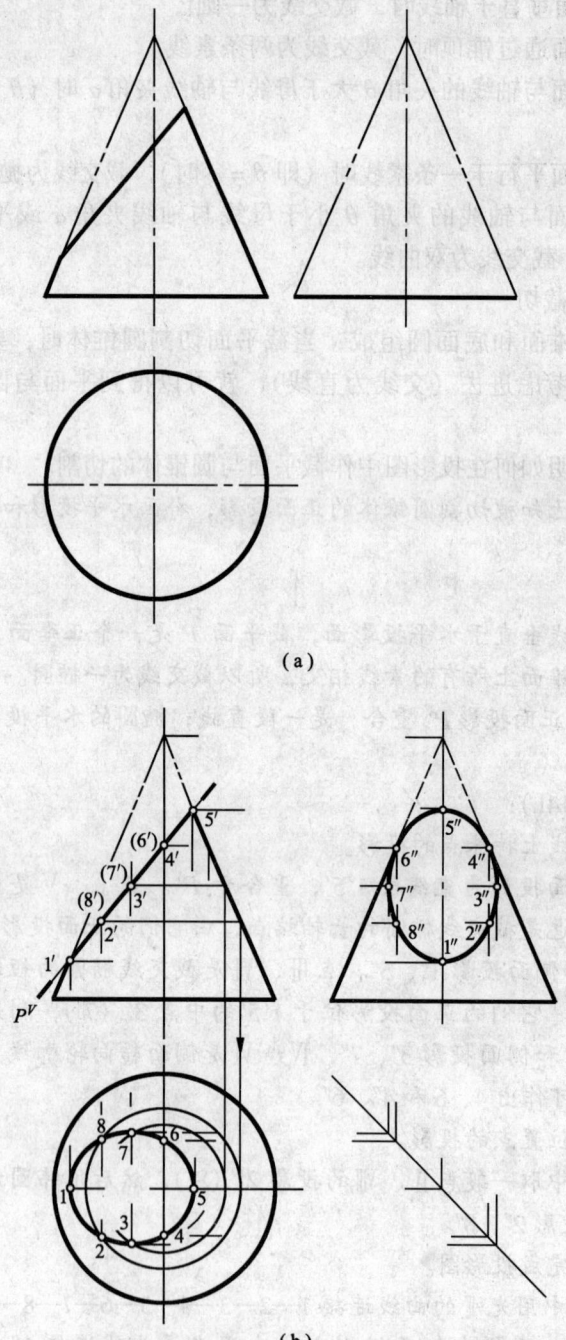

图 6-14 作圆锥体被正垂面截切后的投影

120

【例 6-7】 已知带切口的圆锥体的正面投影，完成它的侧面投影并补全它的水平投影（图 6-15a）。

分析（图 6-15b）：

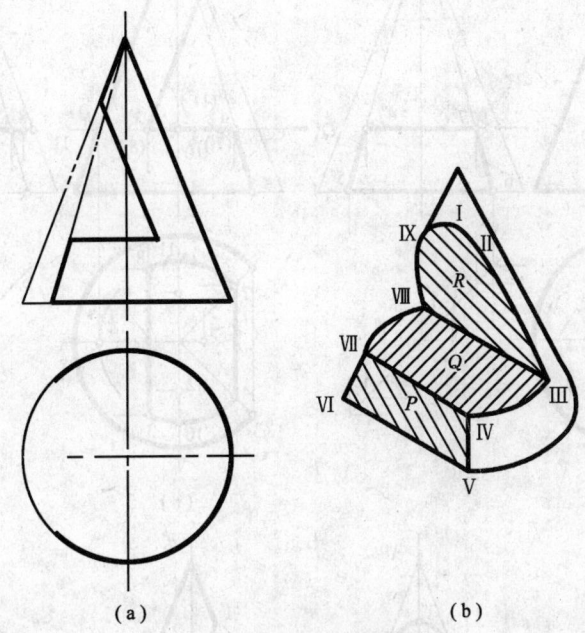

图 6-15 带切口的圆锥体
(a) 已知条件；(b) 立体图

圆锥体的轴线垂直于水平投影面。切口由一个过锥顶的正垂面 P、一个垂直于轴线的水平面 Q 和一个平行于圆锥面素线的正垂面 R 共同切割而形成的（图 6-15b）。由表 6-3 可知，过圆锥体锥顶的正垂面 P 与圆锥面的截交线是两条素线；水平面 Q 与圆锥面的截交线是圆弧；正垂面 R 与圆锥面的截交线是抛物线。三个截切平面都垂直于正立投影面，截平面之间的两条交线都是正垂线。

作图：

(1) 作出完整圆锥体的侧面投影（图 6-16a）。

(2) 作正垂面 P 产生的交线（图 6-16a）。

过圆锥体锥顶的正垂面 P 与三个面相交：圆锥体底面、圆锥面、水平面 Q，其断面形状是个梯形（Ⅳ Ⅴ Ⅵ Ⅶ）（图 6-16a）。

确定梯形的正面投影 $4'5'6'7'$（积聚为一条直线），求出它的侧面投影 $4''5''6''7''$（梯形）和水平投影 4567（梯形）。

(3) 作水平面 Q 产生的交线。

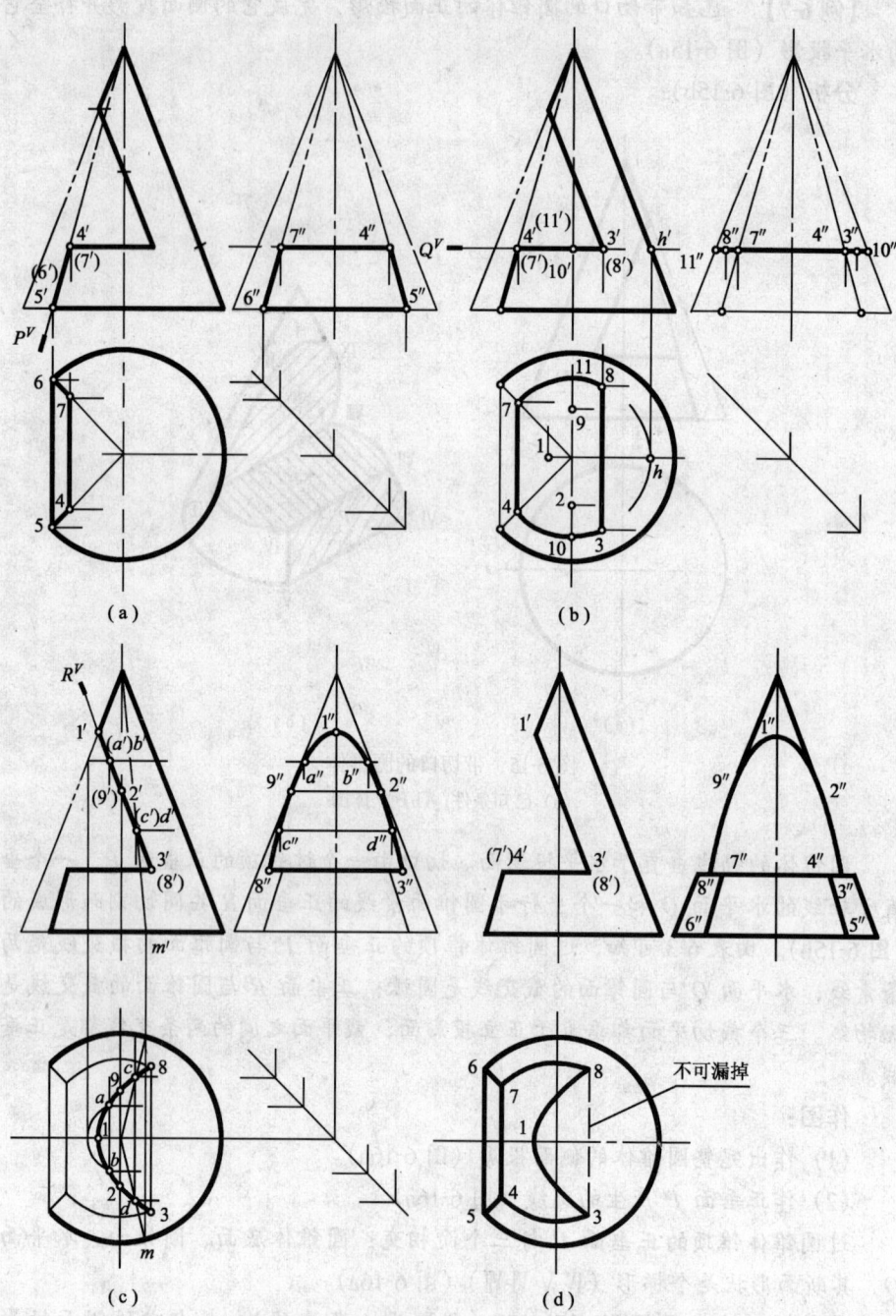

图 6-16 补全圆锥体被切割后的水平投影,并作出侧面投影
(a) 作截切平面 P 的截交线;(b) 作截切平面 Q 的截交线;
(c) 作截切平面 R 的截交线;(d) 作图结果

水平面 Q 也与三个面相交：正垂面 P、圆锥面、正垂面 R，其断面形状由两条直线（Ⅳ Ⅶ、Ⅲ Ⅷ）和两段圆弧（Ⅲ Ⅳ、Ⅶ Ⅷ）组成（图 6-16b）。它的正面投影积聚为一段直线 3′4′7′8′，作出其侧面投影 3″4″7″8″（直线）和水平投影 3 4 7 8（实形），作图过程如图 6-16b 所示。

(4) 作正垂面 R 产生的交线。

正垂面 R 与两个面相交：圆锥面和水平面 Q，它的断面形状由抛物线（Ⅷ Ⅰ Ⅲ）和直线（Ⅲ Ⅷ）组成（图 6-16c）。

作出抛物线的特殊点（Ⅷ Ⅸ Ⅰ Ⅱ Ⅲ）的正面投影 1′、2′、3′、8′、9′（积聚为一条直线），求出它的侧面投影 1″、2″、3″、8″、9″和水平投影 1、2、3、8、9（图 6-16c）。

为了作图准确，再作出抛物线上几个一般位置点（A、B、C、D）。在正面投影中取点 a′、b′、c′、d′，然后用素线法或纬圆法作出各点的水平投影 a、b、c、d 和侧面投影 a″、b″、c″、d″。具体的作图过程如图 6-16c 所示。

(5) 连线并完成投影图。

值得注意的是，要注意截交线的可见性，如水平投影 3 8 就不可见。结果如图 6-16d 所示。

6.3.3 平面与圆球体相交

平面截切圆球体所得的截交线总是一个圆。当截平面平行于某一投影面时，截交线在此投影面上的投影是圆，另两个投影为直线段。如图 6-17 所示的是圆球体被水平面截切的情况。当截平面垂直于某一投影面时，圆在此投影面上的投影为一直线段，另两个投影为椭圆。

下面举例说明如何在投影图中作圆球体截交线的方法。

【例 6-8】 已知圆球体被铅垂面截切（图 6-18、图 6-19a），作出截切后圆球体的正面投影和侧面投影。

分析：

截平面 P 垂直于水平投影面，截交线为一个位于此铅垂面上的圆。该圆的水平投影是直线段（P 与圆球体水平投影重合的部分），其长度反映圆的直径。圆的正面投影和侧面投影都是椭圆。

作图：

(1) 求特殊点（椭圆的长轴和短轴顶点）的投影。

截交线的水平投影为直线段 1 2。由 1 和 2 可作出其正面投影 1′2′（1′2′在水平中心线上）和侧面投影 1″、2″，直线 1′2′和 1″2″就是正面投影和侧面投影中椭圆的短轴（图 6-19b）。

与圆的直径 Ⅰ Ⅱ 相垂直的直径 Ⅲ Ⅳ 的水平投影 3、4 积聚于直线 1 2 的中点，由 3、4 作出 3′、4′和 3″、4″，直线 3′4′的长度应等于直线 1 2 的长度，即截交线圆的直径，3′4′和3″4″就是正面投影和侧面投影中椭圆的长轴（图6-19b）。

（2）作转向轮廓线上的点Ⅴ Ⅵ和一般位置点Ⅶ Ⅷ的投影。

5（6）是12与中心线的交点，由此可作出5′、6′和5″、6″，点5′、6′是截交线的正面投影椭圆与圆球体转向轮廓线的切点（图6-19c）。

在水平投影上24之间取一般位置点7（8），用纬圆法求出它们的正面投影7′、8′和侧面投影7″、8″（图6-19c）。

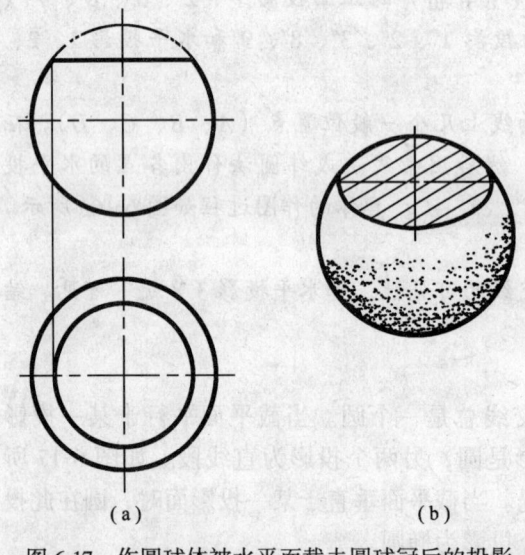

图 6-17　作圆球体被水平面截去圆球冠后的投影

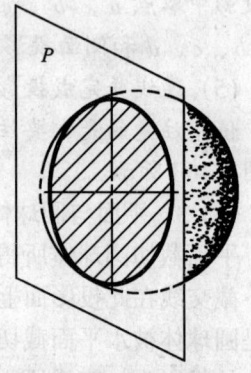

图 6-18　被铅垂面截去球冠后的圆球体

（3）连线并完成投影图。

把正面投影和侧面投影上求得的点分别用光滑曲线依次连接成椭圆，补画圆球体的转向轮廓线。应注意的是，因截平面 P 只截去左半圆球体的一部分，没有截到圆球体在侧面投影中的转向轮廓线。所以在侧面投影中椭圆应全部位于圆球体的转向轮廓线内（图6-19d）。

【例6-9】　已知半圆球体被截切后的水平投影，求作它的正面投影和侧面投影（图6-20a）。

分析：

由已知条件可知，此截切体是半圆球体被两对对称的正平面和侧平面截切后得到的。正平面截切半圆球体所得的截交线在正面投影中反映实形，侧平面截切半圆球体所得的截交线在侧面投影中反映实形。截平面的交线是四条铅垂线。

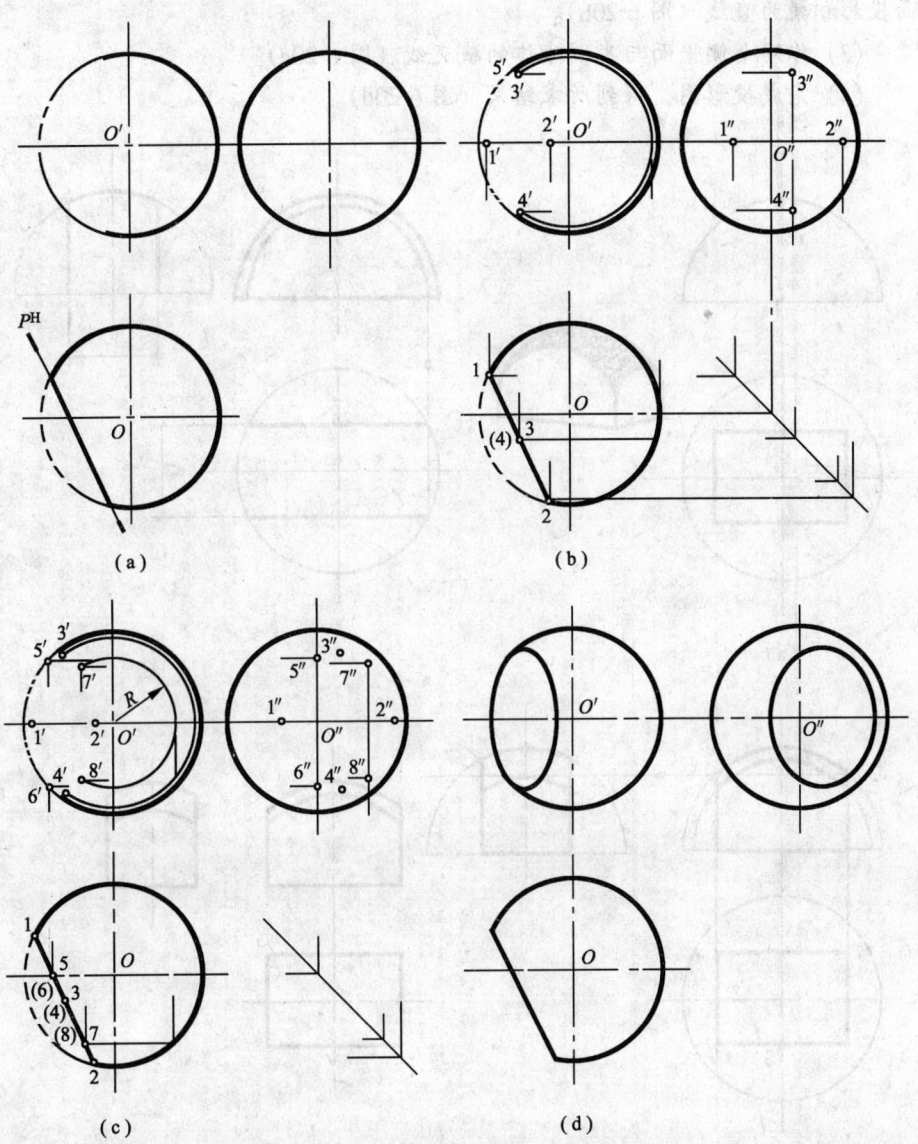

图6-19 作圆球体被铅垂面截去球冠后的投影

(a) 已知条件；(b) 作投影椭圆长短轴的端点；
(c) 作正面转向轮廓线上的点Ⅴ、Ⅵ及一般位置点；(d) 作图结果

作图：

(1) 作出半圆球体被截切前的侧面投影（图6-20b）。

(2) 作两个正平面与半圆球体的截交线（图6-20b）。

截交线为一圆弧和三条直线段组成，正面投影中反映实形，水平投影和侧

面投影积聚为直线（图6-20b）。

（3）作两个侧平面与半圆球体的截交线（图6-20c）。

（4）完成投影图，得到所求结果（图6-20d）。

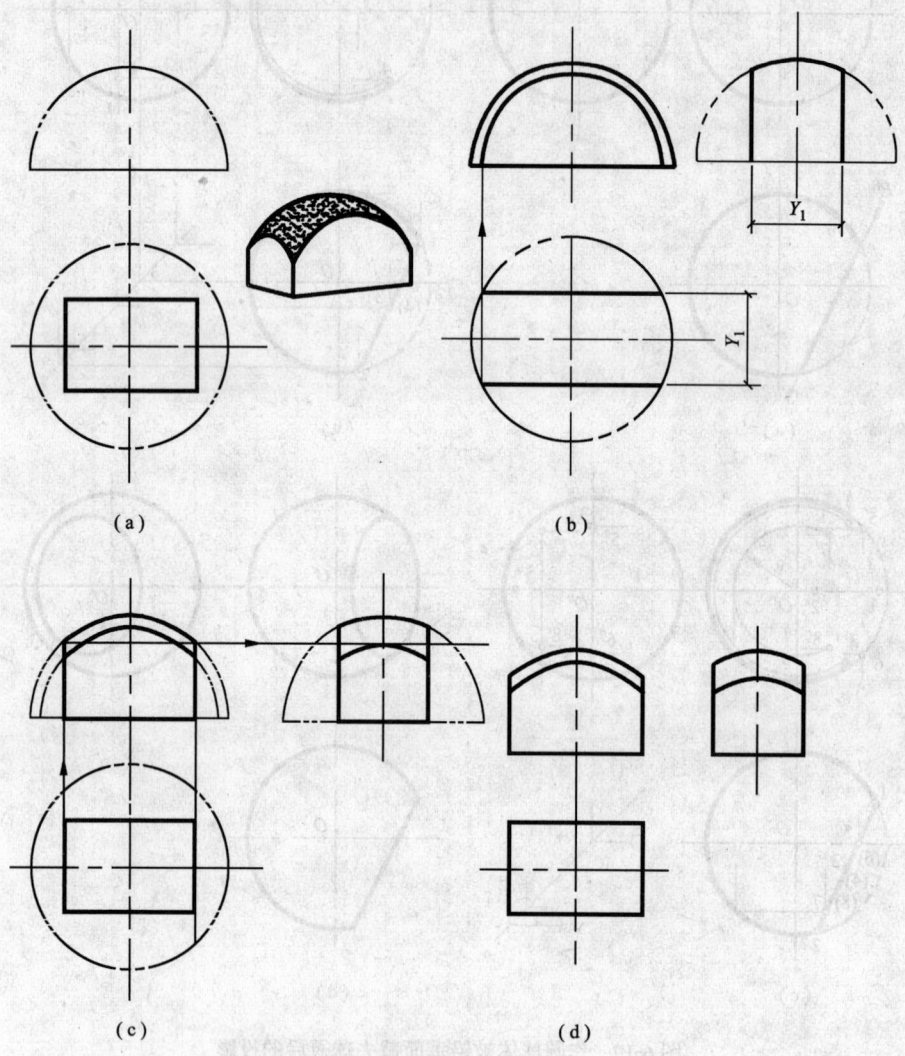

图6-20　半圆球体被正平面和侧平面的截切
(a)已知条件；(b)作两个正平面的截切；(c)作两个侧平面的截切；(d)作图结果

第 7 章　两立体相交

当两个立体相交时,在它们的表面上产生交线,该交线称为相贯线(图7-1)。相交的立体称为相贯体。

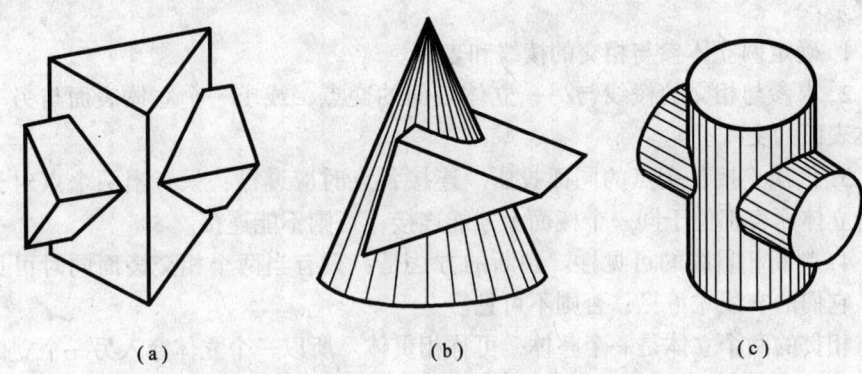

图 7-1　两个立体相交

(a) 两平面立体全贯；(b) 平面立体和曲面立体互贯；(c) 两曲面立体全贯

当一个立体全部贯穿另一个立体时,这样的相贯称为全贯(图7-1a、c),全贯的相贯线有两组;当两个立体互相贯穿时,则称为互贯(图7-1b),互贯的立体有一组相贯线。

根据图 7-1 可以看出两个立体的相贯线有以下两条基本性质:

1. 封闭性

因为两立体都是由若干表面围成的,所以在一般情况下相贯线是封闭的(图7-1)。

但当两个立体具有公共的表面时,它们的相贯线不封闭。如图7-2所示是圆锥体和三棱柱相交,它们的底面在同一平面上,相贯线是不封闭的。

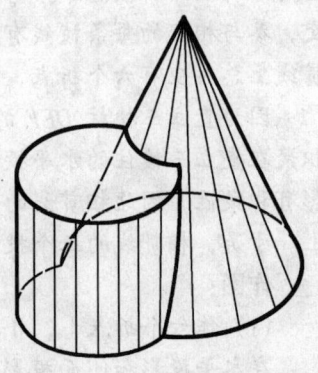

图 7-2　相贯线不封闭

2. 共有性

相贯线是两立体表面的共有线,相贯线上的点是两立体表面上的共有点的集合,因此我们可以根据这个特性来求相贯线。

7.1 两平面立体相交

7.1.1 概述

两个平面立体相交所得的相贯线，一般情况是一组或两组封闭的空间折线，如图 7-1a 所示。组成折线的每一段直线都是一个立体的棱面与另一个立体棱面的交线，而折线的每一个顶点是第一个平面立体上参与相贯的各条棱线与第二个平面立体各棱面的交点，即贯穿点；或是第二个平面立体上参与相贯的各条棱线与第一个平面立体各棱面的交点。因此，求两个平面立体相贯线的步骤是：

1. 确定两立体参与相交的棱线和表面。
2. 求参与相交的棱线与另一立体表面的交点，或求一个立体表面与另一立体表面的交线。
3. 依次连接各交点的同面投影。连接各点时应遵循：只有当两个点对于两个立体而言都位于同一个棱面上才能连接，否则不能连接。
4. 判断相贯线的可见性。判断的方法是：只有当两个相交棱面同时可见时，它们的交线才可见；否则不可见。

相贯的两个立体是一个整体，可称相贯体。所以一个立体穿入另一个立体内部的"棱线"实际上是不存在的，因此不必画出。

7.1.2 作图举例

【例 7-1】 已知两三棱柱相交，求作相贯线（图 7-3a）。

分析：

从图 7-3a 水平投影和侧面投影可以看出，两个三棱柱互贯，相贯线是一组封闭的空间折线。水平三棱柱的 A 棱、C 棱和直立三棱柱的 F 棱参与了相交，参与相交的每条棱线有两个交点（贯入点和贯出点），因此可以判断该相贯线上总共应有六个折点，即相贯线由六段直线组成（图 7-3b）。

因为直立三棱柱 DEF 的水平投影有积聚性，所以相贯线的水平投影必然积聚在直立三棱住的水平投影（△def）上；同样，水平三棱柱 ABC 的侧面投影有积聚性，因此相贯线的侧面投影必然积聚在水平三棱柱的侧面投影△abc 上。于是，相贯线的三个投影，只需求出正面投影。

作图：

(1) 作六个折点 Ⅰ、Ⅱ、Ⅲ、Ⅳ、Ⅴ、Ⅵ 的投影（图 7-3b）。

在水平投影和侧面投影上，确定折点 Ⅰ、Ⅱ、Ⅲ、Ⅳ、Ⅴ、Ⅵ（图 7-3b）的投影。水平投影为 1 (6)、2 (5)、3 (4)，侧面投影为 1″ (3″)、2″、5″、6″ (4″)（图 7-3c）。

由折点的水平投影和侧面投影求出它们的正面投影 1′、2′、3′、4′、5′、6′

(图7-3c)。

(2) 根据连线规则，连接六个顶点的正面投影并判别可见性（其中1′6′、3′4′两段线是不可见的，应画成虚线）。

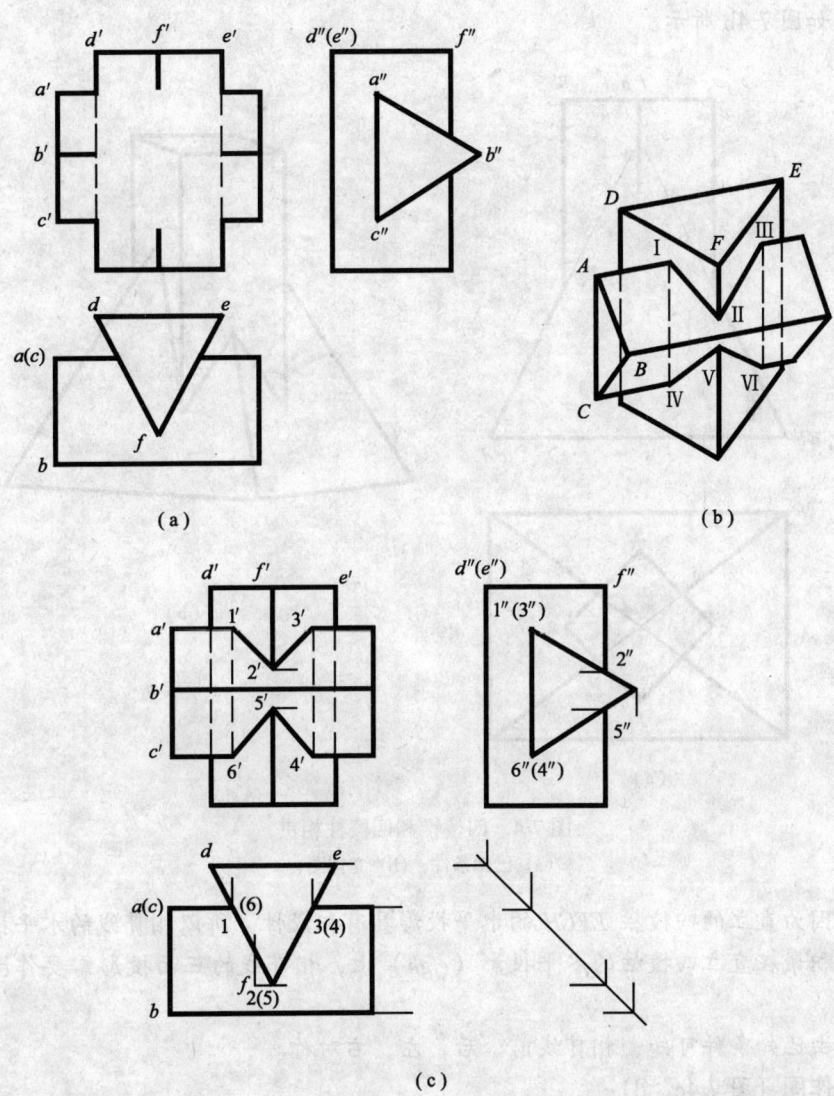

图7-3 两个三棱柱相交
(a) 已知条件；(b) 立体图；(c) 作图过程及结果

【例7-2】 求四棱锥和四棱柱的相贯线（图7-4a）。

分析：

从已知条件的水平投影可知，四棱柱从上而下贯入四棱锥中。相贯线是一

129

组封闭的折线。四棱柱的四条棱线和四棱锥的四条棱线均参与了相交,每条参与相交的棱线有一个交点(贯入而未贯出),相贯线总共有八个折点Ⅰ、Ⅱ、Ⅲ、Ⅳ、Ⅴ、Ⅵ、Ⅶ、Ⅷ(图7-4b),因此相贯线是由八段直线组成的空间折线,如图7-4b所示。

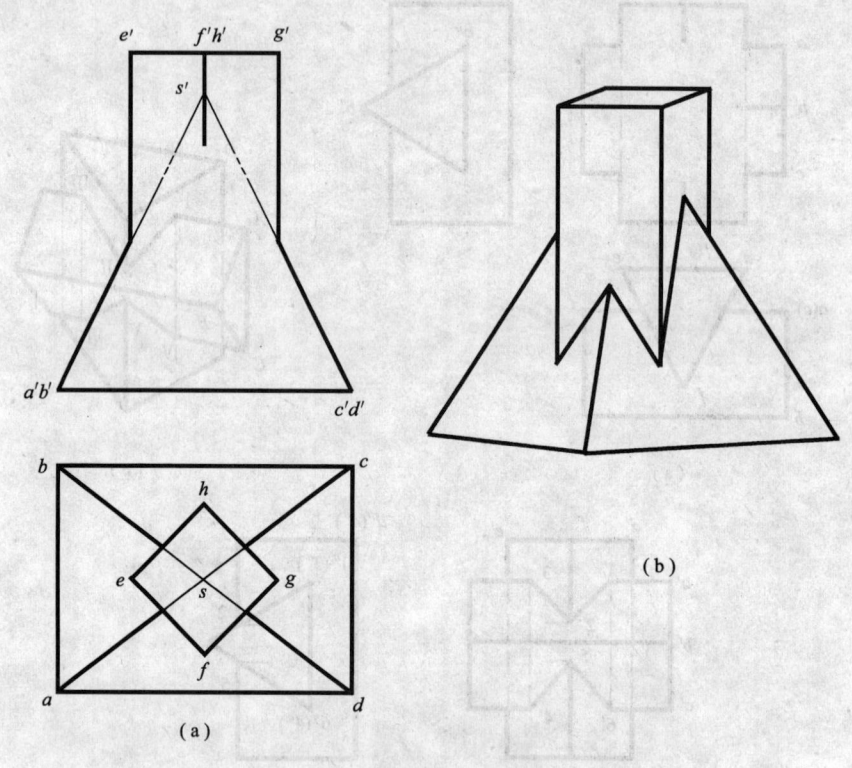

图7-4 四棱锥和四棱柱相贯
(a) 已知条件;(b) 立体图;

因为直立的四棱柱 $EFGH$ 的水平投影具有积聚性,所以相贯线的水平投影必然积聚在直立四棱柱的水平投影($efgh$)上,相贯线的正面投影需要作图求出。

由已知条件可知,相贯线前、后,左、右对称。

作图(图7-4c、d):

(1) 作相贯线八个折点(Ⅰ、Ⅱ、Ⅲ、Ⅳ、Ⅴ、Ⅵ、Ⅶ、Ⅷ)的各投影。

在水平投影上标出相贯线各个折点的投影1、2、3、4、5、6、7、8。

因为Ⅱ、Ⅳ、Ⅵ、Ⅷ是四棱锥四条棱线上的点,Ⅰ、Ⅴ是四棱锥两个正垂的棱面 SAB、SCD(正面投影积聚为直线 $s'a'$、$s'd'$)上的点,所以可以利用水平投影直接求出它们的正面投影2′、4′、6′、8′、1′、5′。过点Ⅲ作直线ⅢM

平行于底边 AD（$3m \parallel ad$），由此可以求出 $3'$、$7'$。

(2) 连线并判断可见性。

依次连接 $1'2'$、$2'3'$、$3'4'$、$4'5'$。与它们重合的直线 $1'8'$、$8'7'$、$7'6'$、$6'5'$ 不用画出。

(3) 最后将参与相交的各条棱线画至交点处。

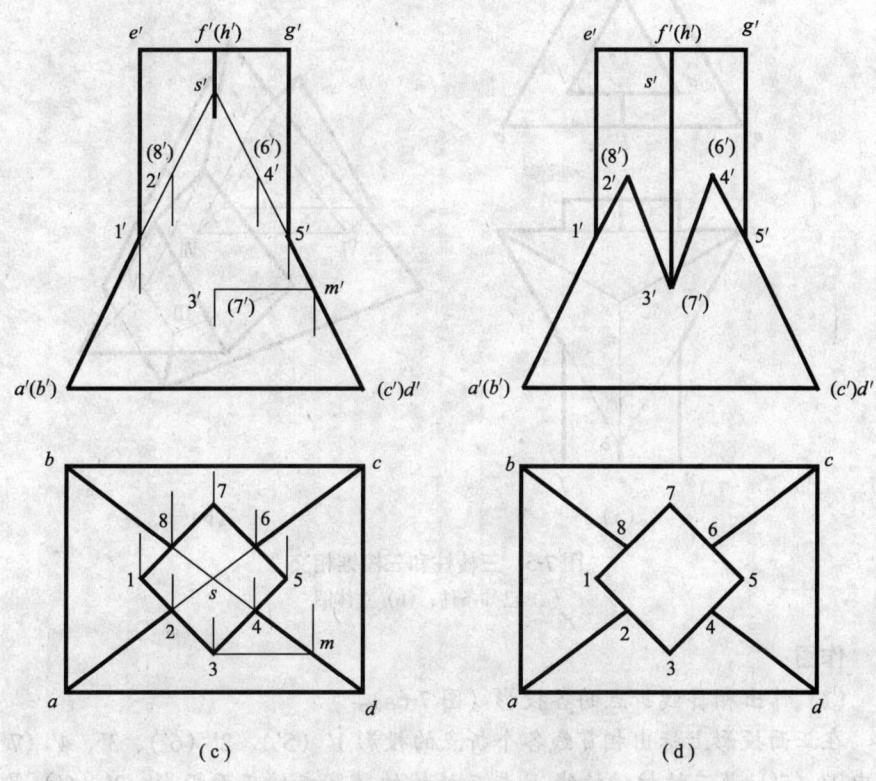

图 7-4　四棱锥和四棱柱相贯
(c) 作图过程；(d) 作图结果

【例 7-3】 求三棱柱和三棱锥的相贯线（图 7-5a）。

分析：

从已知条件可知，三棱柱和三棱锥全贯并穿通，故有两组相贯线。三棱柱的三条棱线 D、E、F 和三棱锥的一条棱线 SB 参与了相交，每条参与相交的棱线有两个交点，但因为三棱柱的棱 E 和三棱锥的棱 SB 相交，所以两组相贯线共有七个贯穿点（Ⅰ、Ⅱ、Ⅲ、Ⅳ、Ⅴ、Ⅵ、Ⅶ），如图 7-5b 所示。

因为正垂的三棱柱 DEF 的正面投影具有积聚性，所以相贯线的正面投影必然积聚在三棱柱 DEF 的正面投影（$\triangle d'e'f'$）上，相贯线的水平投影和侧面投影需要作图求出。

从三棱柱和三棱锥的相对位置可以判断，相贯线左右对称。

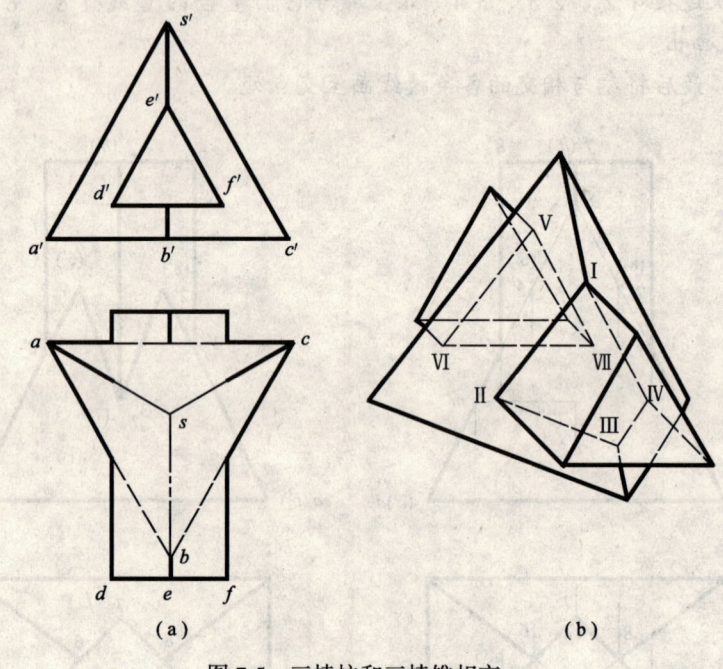

图 7-5 三棱柱和三棱锥相交
（a）已知条件；（b）立体图

作图：

（1）作出相贯线折点的各投影（图7-6a）。

在正面投影上标出相贯线各个折点的投影 1′（5′）、2′（6′）、3′、4′（7′）。其中 1′（5′）是三棱柱的棱线 E 与三棱锥的贯穿点的正面投影；2′（6′）是三棱柱的棱线 D 与三棱锥的贯穿点的正面投影；4′（7′）是三棱柱的棱线 F 与三棱锥的贯穿点的正面投影；1′、3′是三棱锥的棱线 SB 与三棱柱的贯穿点的正面投影。

延长 2′4′ 交 s′a′、s′c′ 于 m′、n′，利用直线上点的投影特性确定出 2、3、4、6、7，再利用两直线的平行性定出 1（12∥sa，14∥sc）、5（56∥sa、57∥sc）。最后利用点的三面投影特性求出各点的侧面投影 1″、3″、2″（4″）、5″、6″（7″）。

（2）连线并判断可见性（图7-6b）。

在水平投影中依次连接 1—2—3—4—1 和 5—6—7—5，其中 2 3、3 4、6 7 不可见（属于三棱柱下棱面上的线），画成虚线；在侧面投影中连接 1—2—3（与 3—4—1 重合）和 5—6（与 5—7 重合）。

(3) 将各参与相交的棱线画至交点（贯穿点）处（图7-6b）。

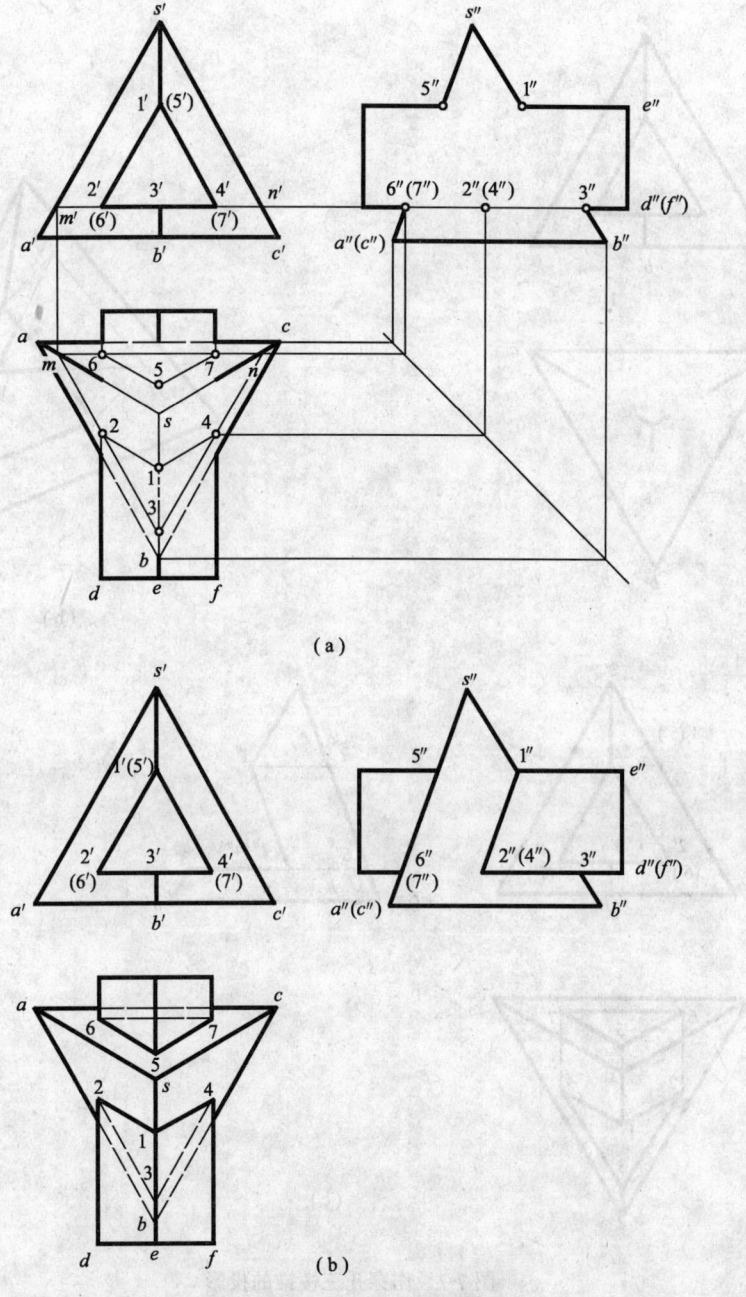

图 7-6 作三棱柱和三棱锥的相贯线
(a) 作图过程；(b) 作图结果

【例7-4】 求出切孔的三棱锥的水平投影和侧面投影（图7-7a）。

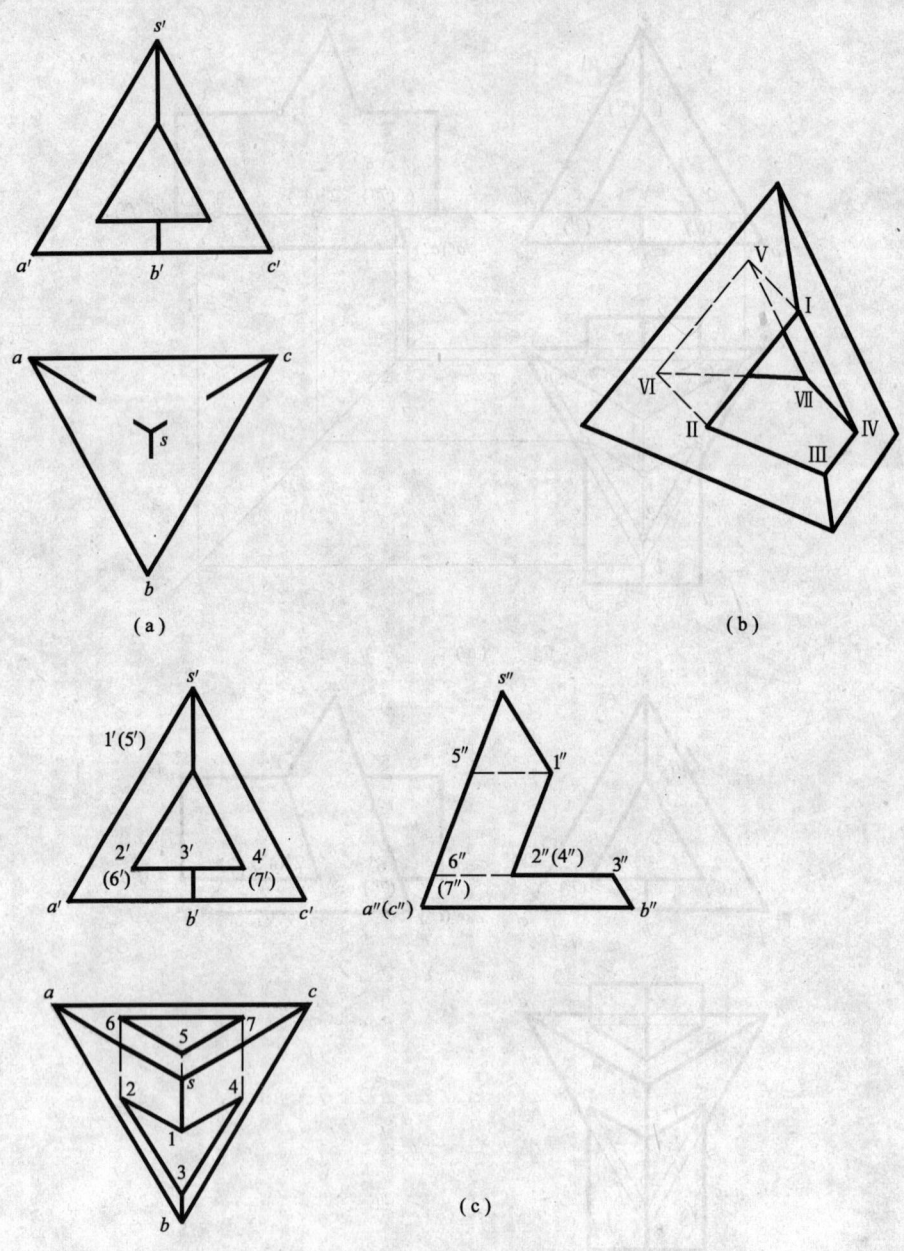

图 7-7 作穿孔三棱锥的投影
(a) 已知条件；(b) 立体图；(c) 作图结果

分析：

从已知条件可知，这个切割体是三棱锥被三棱柱穿透后形成的，并且在三棱锥的表面上形成了孔口线，由于本题的三棱锥和切孔的三棱柱以及它们的相对位置与【例 7-3】完全一样，因此该孔口线的形状与【例 7-3】中的相贯线形状一样（图 7-7b）。

作图方法与【例 7-3】相同。

值得注意的是：因为是切割体，三棱柱孔的三条棱线（ⅠⅤ、ⅣⅦ、ⅡⅥ）的水平投影和侧面投影应补画虚线，作图结果如图 7-7c 所示。

7.2 平面立体和曲面立体相交

7.2.1 概述

平面立体与曲面立体相交时，所得的相贯线一般情况下是：

1. 由若干段平面曲线组成的空间封闭线；
2. 由若干段平面曲线和直线组成的空间封闭线，如图 7-8 所示相贯线由四段双曲线组成。

相贯线上每段平面曲线（或直线），就是平面立体的一个棱面与曲面立体表面的交线（截交线）；相邻两段平面曲线（或直线）的交点是平面立体的一条棱线与曲面立体表面相交的贯穿点（图 7-8 中的点Ⅰ、Ⅲ、Ⅶ）。因此，求作平面立体与曲面立体的相贯线，

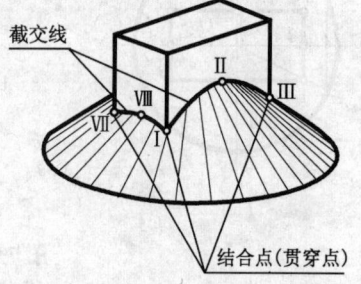

图 7-8 平面立体和曲面立体相交

可以归结为求平面与曲面立体截交线和求直线与曲面立体贯穿点的合成。

7.2.2 作图举例

【例 7-5】 已知四棱柱与圆锥体相交，求作相贯线的各投影（图 7-9a）。

分析：

由已知条件可知，相贯线是由四棱柱的四个棱面与圆锥面相交所产生的四段双曲线弧（前后对称，左右对称）组成的，四棱柱的四条棱线与圆锥面的四个交点是四条双曲线的结合点（图 7-8）。

由于四棱柱的水平投影有积聚性，因此，四段双曲线以及四个结合点的水平投影都积聚在四棱柱的水平投影上，对于正面投影，前、后两段双曲线投影重合，左、右两段双曲线分别积聚在四棱柱的左、右棱面的正面投影上；对于侧面投影，相贯线的左、右两段双曲线投影重合，前后两段双曲线分别积聚在四棱柱的前、后两个棱面上。作图时应注意对称性。

作图（图 7-9a）：

(1) 求结合点Ⅰ、Ⅲ、Ⅴ、Ⅶ及特殊位置点Ⅱ、Ⅳ、Ⅵ、Ⅷ（图 7-9a）。

因为四棱柱的四条棱线均为铅垂线,因此可直接标出四个结合点的水平投影1、3、5、7,可以利用表面上取点法(素线法或纬圆法)求出它们的正面投影1′、3′、5′、7′和侧面投影1″、3″、5″、7″。水平投影中,在四条交线的中点处标出双曲线顶点(最高点)的水平投影2、4、6、8,同样可以利用表面上取点法求出它们的正面投影2′、4′、6′、8′和侧面投影2″、4″、6″、8″。

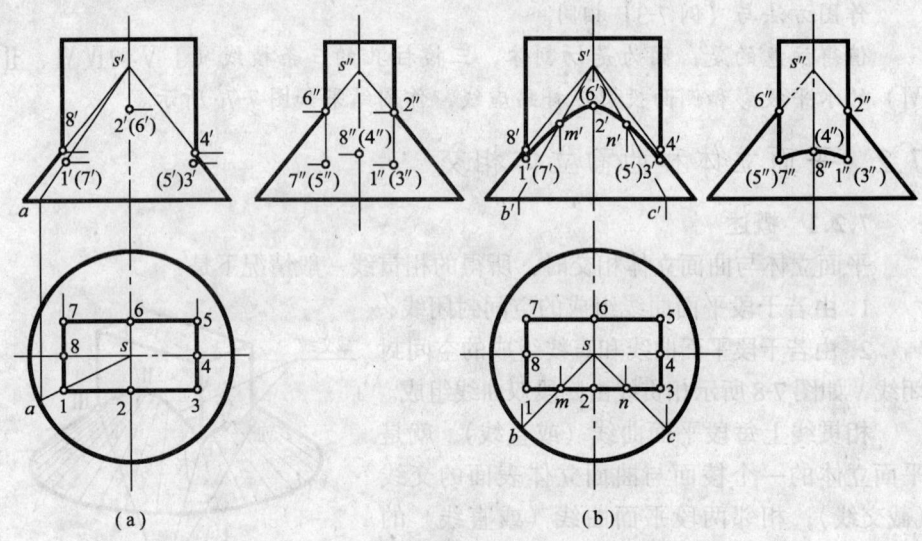

图 7-9 四棱柱和圆柱体相交
(a) 已知条件、作特殊位置点;(b) 作一般位置点及作图结果

(2) 作双曲线的一般位置点(图 7-9b)。

在水平投影上,在12和23之间取一般位置点 M、N 的水平投影 m、n,用表面上取点法作出 MN 的其他投影 m′、n′和 m″、n″,同样,可以作出另外几条截交线的一般位置点。

(3) 完成投影图。

在正面投影上,用光滑曲线连接点 1′、m′、2′、n′、3′,完成前、后两段截交线的正面投影(重合);连接直线 1′8′和 3′4′完成左、右截交线正面投影(积聚为直线);同样,在侧面投影上,完成前、后两段截交线的侧面投影(积聚为直线1″2″、6″7″)和左、右截交线侧面投影(重合为一条双曲线)。作图结果如图 7-9b 所示。

【例 7-6】 求出三棱柱与圆柱体相贯线的侧面投影(图 7-10a)。

分析:

由于三棱柱与圆柱体全贯且穿通,所以三棱柱与圆柱体的截交线时前后对称、形状相同的两组空间封闭交线。每组交线是由三段线结合而生的,分别是一段椭圆弧、一段圆弧和一段直线（图7-10b）。

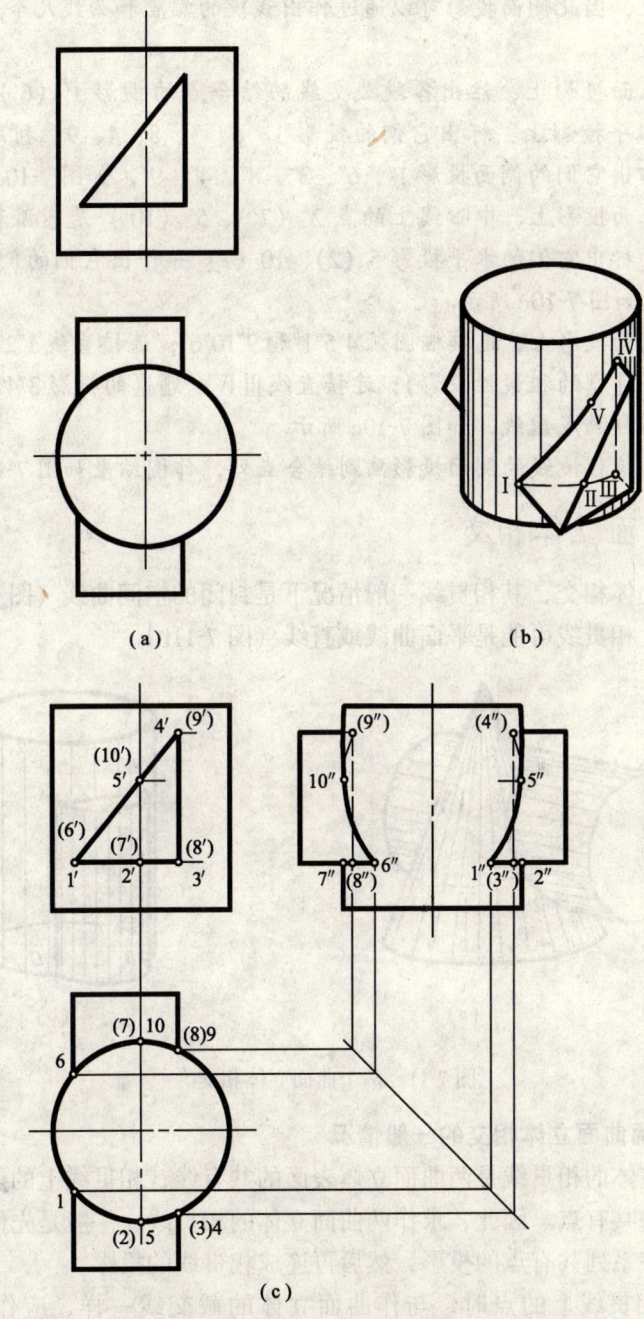

图 7-10　穿孔的圆柱体
(a) 已知条件；(b) 立体图；(c) 作图过程及结果

相贯线的正面投影积聚在三棱柱孔的正面投影上，水平投影积聚在圆柱面的水平投影上，因此侧面投影可以通过作出线段的端点和曲线几个点求出。

作图：

(1) 在正面投影上，注出各段截交线的结合点的投影 1′ (6′)、3′ (8′)、4′ (9′)；在水平投影上，标出它们的投影 1、6、3、8、4、9；利用表面上取点的方法，作出它们的侧面投影 1″、6″、3″、8″、4″、9″，如图 7-10c 所示。

(2) 在正面投影上，中心线上的点 2′ (7′)、5′ (10′) 是圆弧和椭圆弧的特殊位置点，标出它们的水平投影 5 (2)、10 (7) 并作出它们的侧面投影 2″、7″、5″、10″，如图 7-10c 所示。

(3) 在侧面投影上，连接椭圆弧 4″5″1″和 9″10″6″；连接直线 1″2″、6″7″（圆弧ⅠⅡⅢ和ⅥⅦⅧ的积聚性投影）；连接直线ⅢⅣ、ⅧⅨ的投影 3″4″、8″9″。其中不可见的部分画成虚线，如图 7-10c 所示。

(4) 将三棱柱棱线的侧面投影画到结合点处，作图结果如图 7-10c 所示。

7.3 两曲面立体相交

两曲面立体相交，其相贯线一般情况下是封闭的空间曲线（图 7-11a）；在特殊情况下，相贯线可能是平面曲线或直线（图 7-11b）。

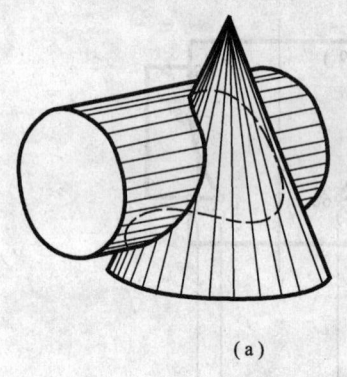
(a)

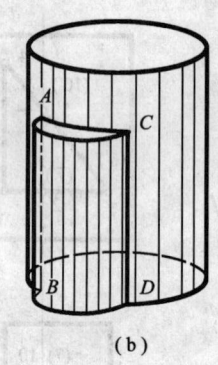
(b)

图 7-11 两个曲面立体相交

7.3.1 两曲面立体相交的一般情况

两曲面立体的相贯线是两曲面立体表面的共有线，相贯线上的点是两个相交曲面立体的共有点。因此，求作两曲面立体的相贯线，一般是先作出两曲面立体表面上一系列共有点的投影，然后再连成相贯线的投影。

在求作相贯线上的点时，与作曲面立体的截交线一样，应作出一些能控制相贯线范围的特殊点，如曲面立体投影轮廓线上的点、相贯线上的极限位置点（包括最高、最低、最前、最后、最左、最右点）等。为了作图准确，还需要再求作相贯线上的一般位置点。在连线时，应表明可见性。可见性的判断原则是：只有同时位于两个立体可见表面上的相贯线才是可见的，否则不可见。

本章只讨论两个圆柱体相交的相贯线的求法。

求两圆柱体相贯线上点的常用方法是：表面取点法。

7.3.2 两个圆柱相交的一般情况

如果相交的两个圆柱体中，有一个立体表面的投影具有积聚性（轴垂直于投影面）时，就可以利用在圆柱体表面上取点的方法作出两圆柱体表面上的一系列共有点的投影。具体作图时，先在圆柱面的积聚投影上标出相贯线上的一些点（包括特殊位置点和一般位置点），然后把这些点看作另一圆柱面上的点，用表面取点的方法，求出它们的其他投影。最后，把这些点的同面投影光滑的连接起来（可见的连成实线，不可见的连成虚线），即得出相贯线的投影。

【例 7-7】 已知大小不同的两圆柱体相交，求作相贯线的投影（图 7-12a）。

分析：

由已知条件可知，两圆柱体的轴线垂直相交，有共同的前、后对称面。小圆柱体横向穿入大圆柱体。因此，相贯线是前、后对称的一条封闭空间曲线（图 7-12b）。

由于大圆柱体的轴线为铅垂线，圆柱面的水平面投影积聚为圆，相贯线的水平投影就重合在此圆上；同样的，小圆柱体的侧面投影积聚为圆，相贯线的侧面投影就重合在这个圆上。因此，只有相贯线的正面投影需要作图求得。

作图（图 7-12c）：

(1) 求特殊位置点。

先在相贯线的侧面投影（小圆柱面的投影）上，标出相贯线的最高点（Ⅰ）、最低点（Ⅴ）、最前点（Ⅶ）、最后点（Ⅲ）的投影 $1''$、$5''$、$7''$、$3''$；这些点也是大圆柱面上的点，利用表面上取点的方法标出它们的水平投影（1、5、7、3），并求作出它们的正面投影 ($1'$、$5'$、$7'$、$3'$)。

(2) 求一般位置的点。

同样，在相贯线侧面投影的适当位置，标出相贯线的一般位置点Ⅱ、Ⅳ、Ⅵ、Ⅷ的投影 $2''$、$4''$、$6''$、$8''$，然后作出它们的水平投影 2、4、6、8 和正面投影 $2'$、$4'$、$6'$、$8'$。

(3) 连接各点。

按 $1'2'3'4'5'$ 的顺序用光滑的曲线将这些点连接即得所求的相贯线（与另一部分相贯线 $5'6'7'8'1'$ 重合）。

【例 7-8】 如图 7-13 所示，求穿孔圆柱体的投影。

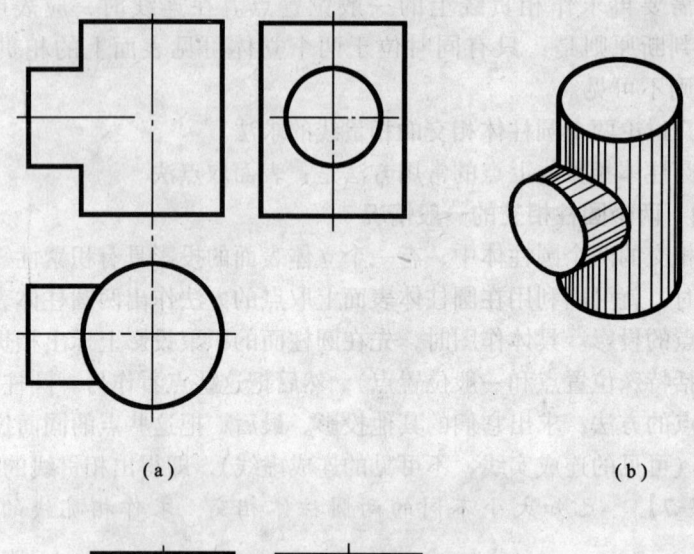

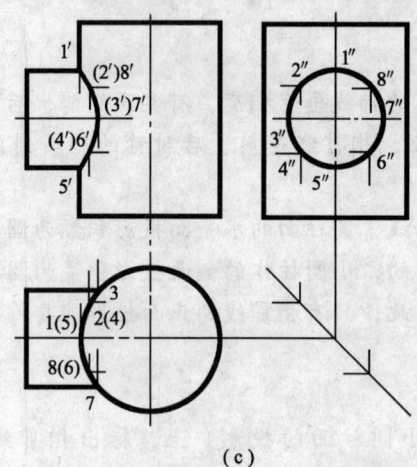

图 7-12 两个圆柱体垂直相交
(a) 已知条件；(b) 立体图；(c) 投影图

分析：

从上几节的内容我们已经知道，相贯线是由两个立体的形状以及两个立体的相对位置决定，而与立体是外表面还是内表面相交并无关系。因此，我们可以利用上例中两个正交圆柱体的作图方法求出圆柱体穿孔后的相贯线。

由于圆柱孔在圆柱体的内部，故其正面投影的转向轮廓线和侧面投影的转向轮廓线为不可见，都画成虚线。正面投影的 1′ 和 2′ 之间没有线，因为此处的轮廓线已被切割去。圆柱孔下端的相贯线与上端完全一样。结果如图 7-13 所示。

图 7-14 为两圆柱体内表面正交，其相贯线的作法和形状也与图 7-13 相同。

两相交圆柱孔的轮廓线均不可见,相贯线也不可见。

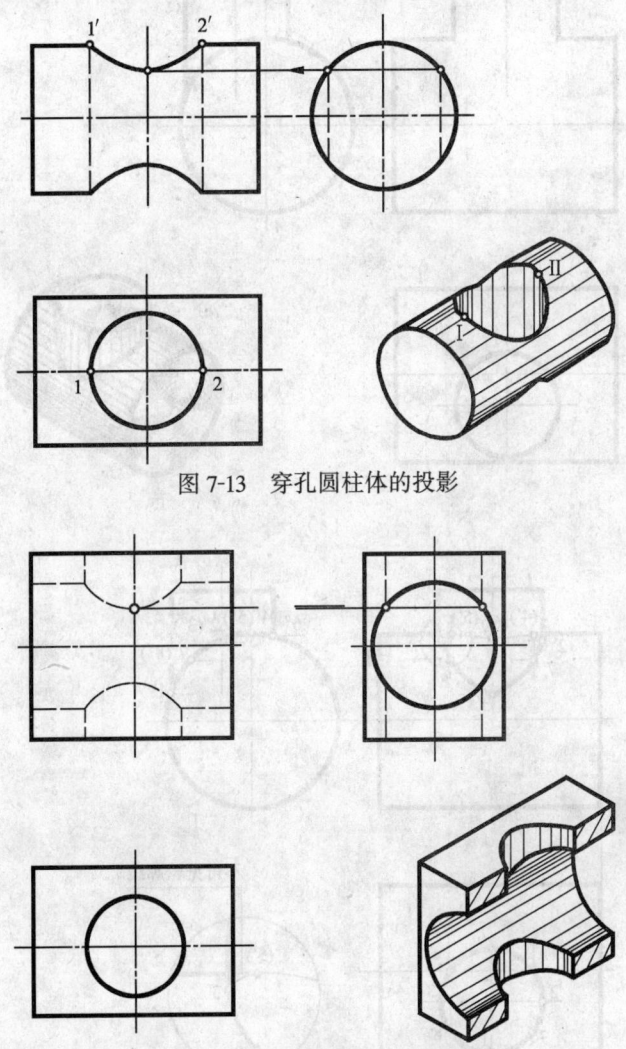

图 7-13 穿孔圆柱体的投影

图 7-14 两个圆柱体的内表面相交

【例 7-9】 求轴线垂直交叉的两圆柱体的相贯线(图 7-15a)。

分析:

两个圆柱体轴线垂直交叉,前后不对称,故相贯线正面投影前后不重合。由于小圆柱体轴线垂直于水平投影面,大圆柱体的轴线垂直于侧立投影面,故相贯线的水平投影积聚在小圆柱面的圆上,侧面投影积聚在大圆柱面的圆上。现需求出相贯线的正面投影。

作图(图 7-15b):

(1) 作出相贯线上的特殊位置点。

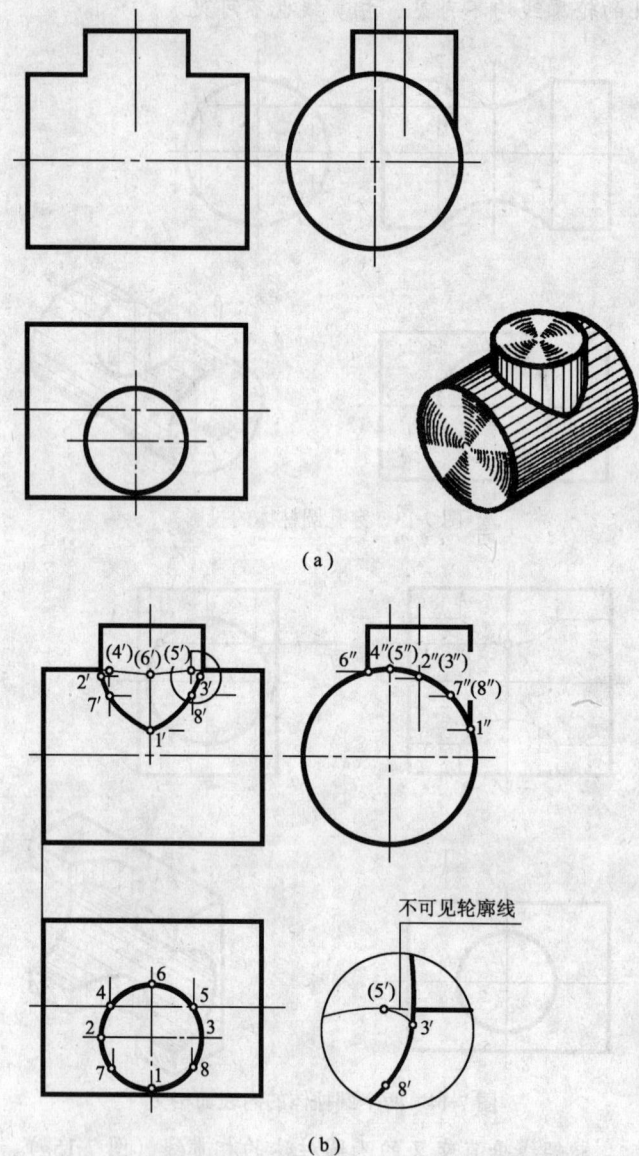

图7-15 圆柱体轴线垂直交叉的投影
(a) 已知条件；(b) 作图过程及结果

在相贯线的水平投影（小圆柱面的投影圆）上，标出相贯线上极限位置点的投影，包括：最前（低）点1、最后点6、最左点2、最右点3、最高点4、5，确定这些特殊点的侧面投影 $1''$、$2''$、$3''$、$4''$、$5''$、$6''$，利用大圆柱面表面取点的方法作出它们的正面投影 $1'$、$2'$、$3'$、$4'$、$5'$、$6'$。

(2) 作一般位置点。

在相贯线的水平投影上，在点1、2和1、3之间任取两个一般位置点的投影7和8；作出这两个点的侧面投影7″、8″和正面投影7′、8′。

(3) 连线。

依次用光滑曲线连接各点的正面投影，并判别可见性。相贯线正面投影2′—7′—1′—8′—3′属于两个圆柱面的前半部，故可见；相贯线2′—(4′)—(6′)—(5′)—3′属于小圆柱体的后半部，故不可见，画成虚线。1′、2′是相贯线正面投影可见与不可见部分的分界点。

(4) 完成投影图。

将两个圆柱体看成一个整体，去掉或补上部分轮廓线。正面投影中，直立圆柱体的轮廓线画到点2′和3′处，并与相贯线相切且全部可见，画成实线。大圆柱体的正面投影中，点4′和5′之间无轮廓线，另有一小部分与小圆柱体重影，画成虚线。详见图7-15b中右下方的局部放大图。

7.3.3 两圆柱体相交的特殊情况

在特殊情况下，两曲面体的相贯线可能是平面曲线或直线。下面介绍两曲面的相贯线为平面曲线（直线）的几种特殊情况。

1. 两圆柱面的轴线平行

当两圆柱面的轴线平行时，两圆柱面的交线为直线。在图7-16所示的情况下，其相贯线为两条平行直线 AB、CD 和一段圆弧 AC。

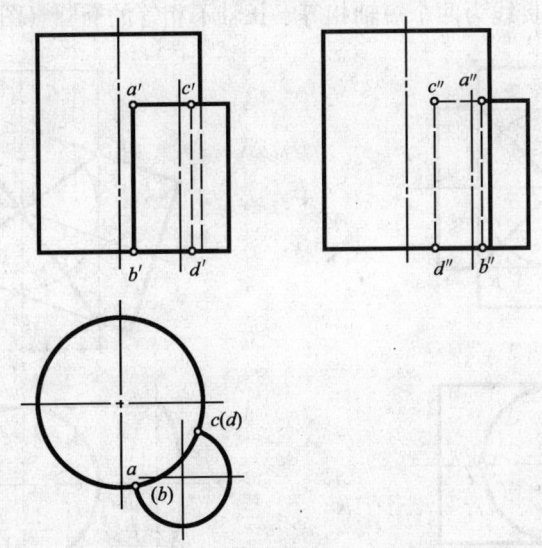

图7-16 两圆柱面的轴线平行

2. 两回转体共轴

当两回转体共轴时，它们的相贯线为圆，并且圆所在的平面垂直于公共轴线，如图 7-17 所示。

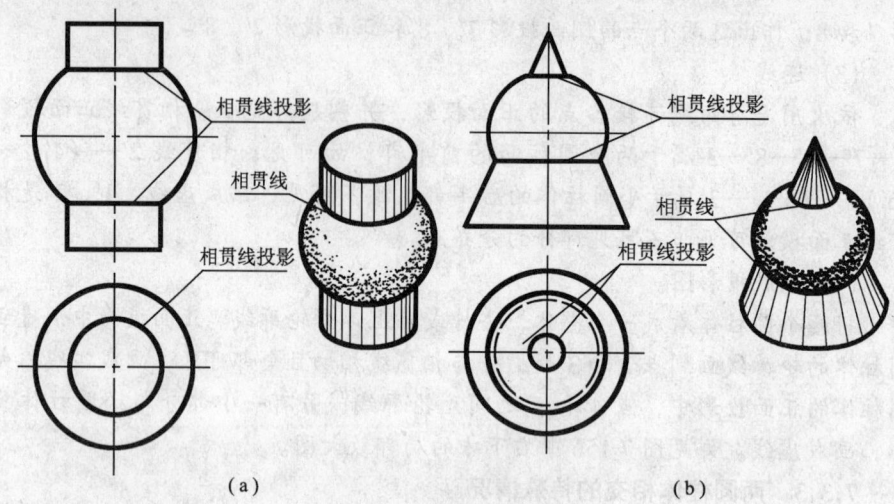

图 7-17 两个回转体共轴

3．两个圆柱直径相等、轴线相交

当两个圆柱面直径相等、轴线相交时，它们外切于同一个圆球面，相贯线为两个椭圆。当轴线正交时，相贯线为两个相同的椭圆（图 7-18a）。椭圆的正面投影为直线 $a'b'$、$c'd'$，水平投影与直立圆柱面的水平投影（圆）重合。当轴线斜交时，相贯线为两个短轴相等、长轴不相等的椭圆（图 7-18b）。

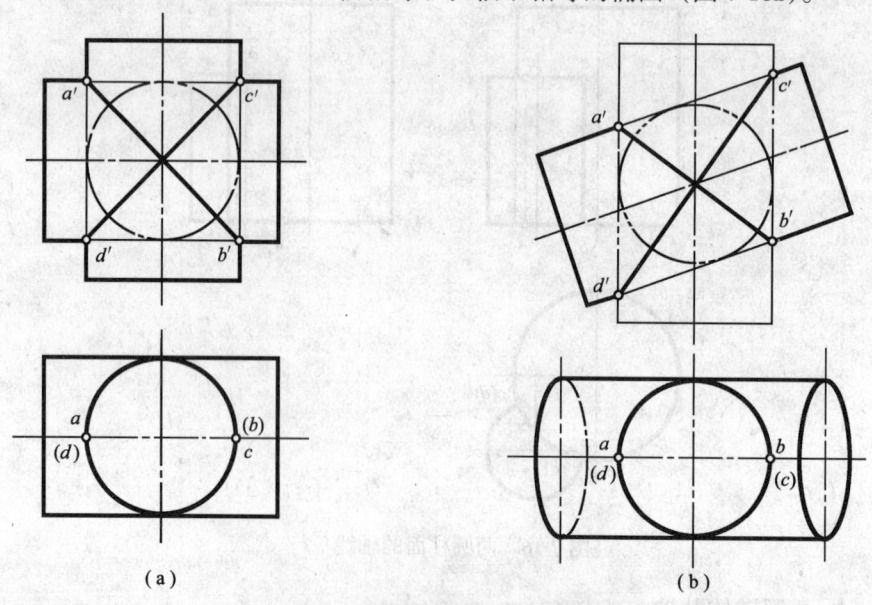

图 7-18 两圆柱面直径相等、轴线相交
(a) 两个圆柱体正交；(b) 两个圆柱体斜交

第8章 组合体

8.1 概述

任何复杂的建筑形体，从形体的角度看，都可以认为是由一些基本形体（基本平面体和基本曲面体）所组成的，如图8-1所示形体。这些由两个或两个以上基本形体组成的物体，称为组合体。

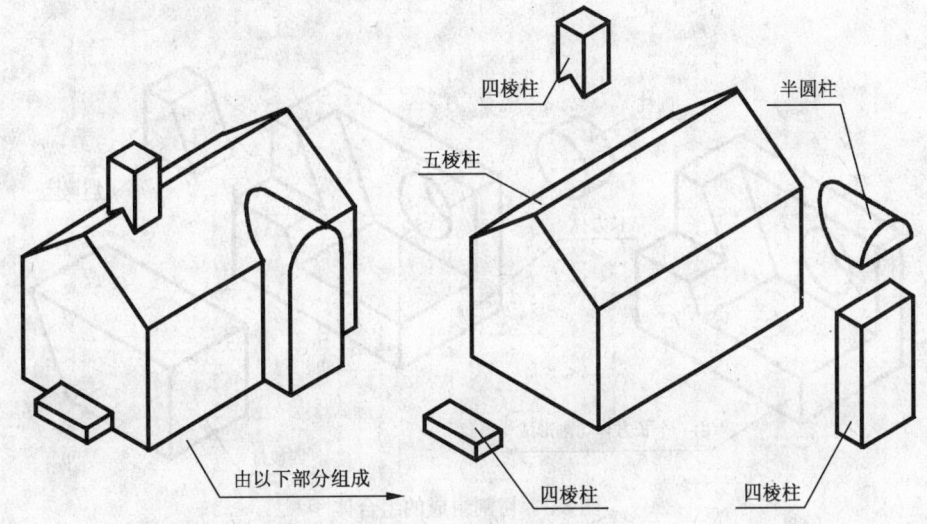

图8-1 组合体的组成

组合体是实际建筑形体的抽象，是形体由抽象几何体向实际建筑形体的过渡，是画法几何理论与建筑制图实践内容的一个桥梁。在本章学习中必须综合运用点、线、面、体的投影特性及基本作图方法，掌握组合体投影图的画法和读图，为后续建筑工程图的绘制和阅读打下一个良好的基础。

8.2 画组合体的三面投影

8.2.1 组合体的构成方式

组合体按其构成方式，通常可以分为叠加和切割两种方式。叠加的形式是将组合体看成由几个基本体叠加形成，如图8-2所示。

切割的形式是将组合体看成由一个基本体通过几个不同的切割方式形成，

如图 8-3 所示。

而更常见的形成方式是叠加与切割两种方法同时使用，如图 8-4 所示。

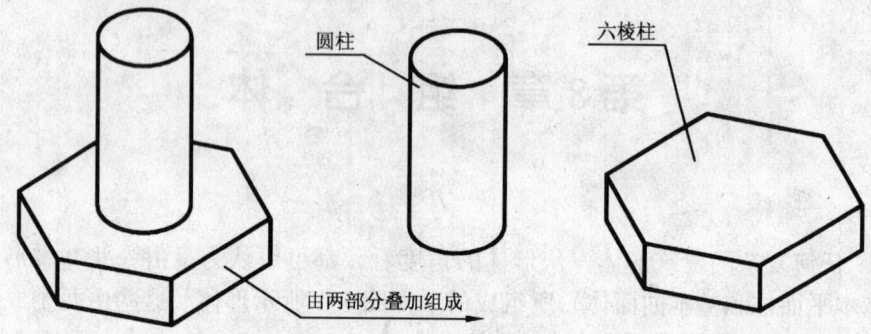

图 8-2　叠加组成的组合体

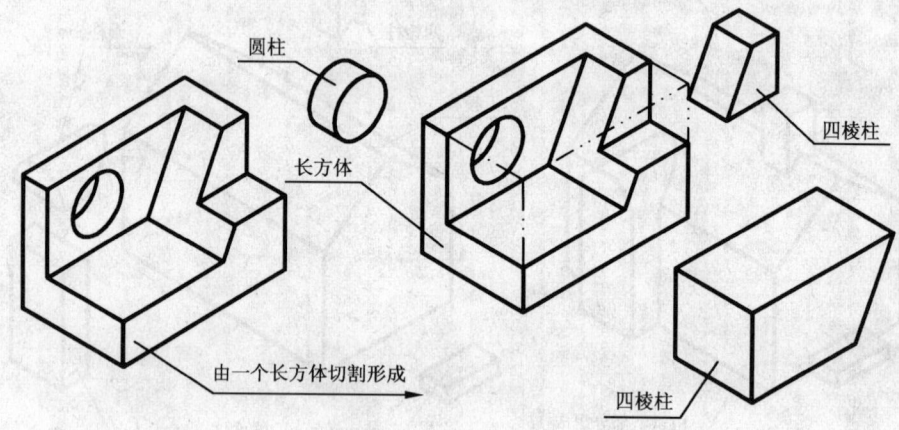

图 8-3　切割组成的组合体

8.2.2　组合体各基本体之间的表面连接关系

组合体中各基本体表面之间按位置关系可分为相交、相切和共面三种形式。

1. 相交关系

两基本体的相邻两表面相交时，在相交部分产生交线。交线的作法在画法几何中已讨论过。画图时应正确地画出两表面的交线，如图 8-5 所示。

2. 相切关系

当两基本体表面相切时，在相切处的特点是由一个表面光滑地过渡到另一形体的表面，在过渡处无明显的交界线。因为相切时光滑过渡，因此在投影图上不画出切线的投影，如图 8-6 所示。

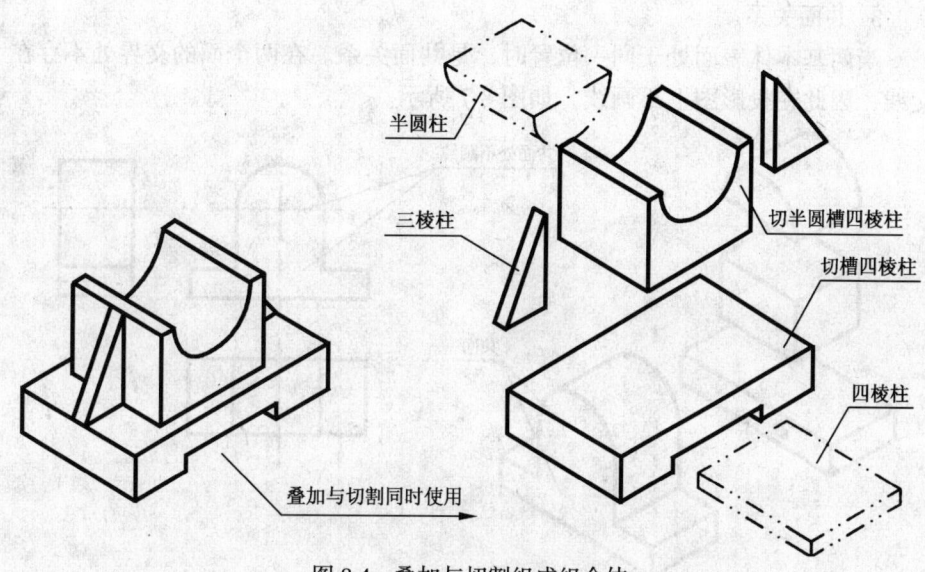

图 8-4 叠加与切割组成组合体

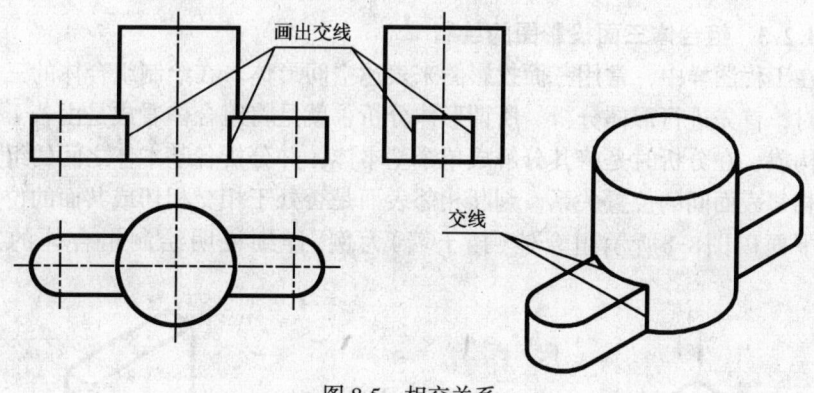

图 8-5 相交关系

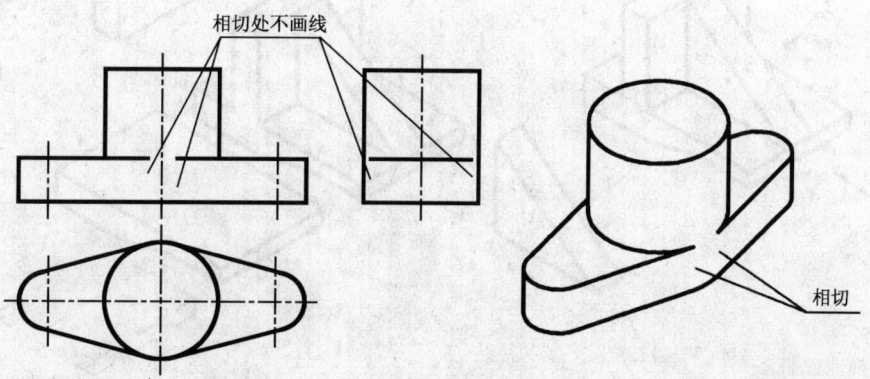

图 8-6 相切关系

147

3. 共面关系

当两基本体表面处于同一位置时,是共面关系。在两个面的交界处不存在交线,因此在投影图上不画线,如图8-7所示。

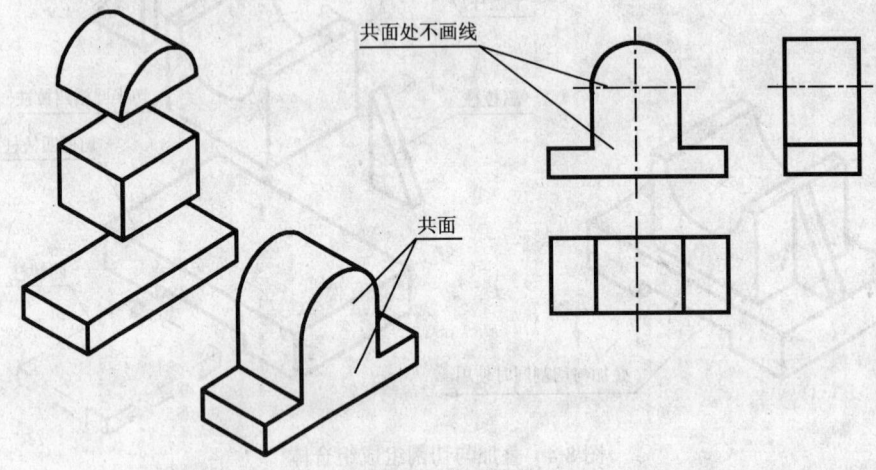

图8-7 共面关系

8.2.3 组合体三面投影图的绘制

在工程图样中,常用三面投影图来表达空间形体。在绘制组合体的三面投影图时,首先进行形体分析。所谓形体分析,就是将组合体看成是由若干个基本体构成,在分析时是将其分解成单个基本体,并分析各基本体之间的组成形式和相邻表面间的位置关系,判断相邻表面是否处于相交相切或共面的位置。

下面以图8-8所示组合体(挡土墙)为例,详细说明绘制组合体的三面

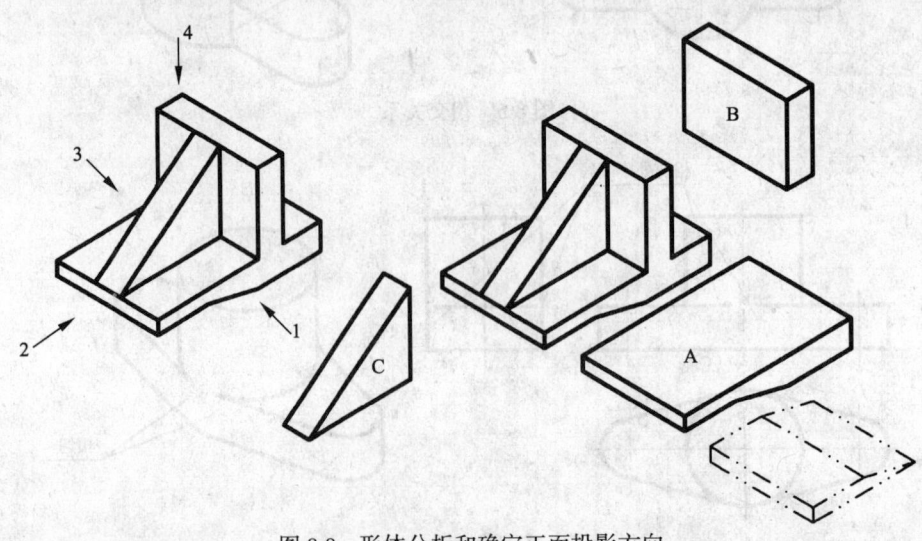

图8-8 形体分析和确定正面投影方向

投影图的全过程。

1. 形体分析，确定组成组合体的各基本体的性质和相对位置，相邻表面的位置关系。从图中看到该组合体由三部分组成。A 是一个切割后的长方体，B 是一个长方体，C 是一个三棱柱。三部分以叠加的方式组合，A 在下面，B 在 A 的上面，C 作为支撑肋板立在 A 和 B 之间。A 和 B 前后相邻表面共面。

2. 确定正面投影方向，正面投影方向确定形体的正面投影图，是最重要的一个投影图。在选择正面投影方向时应遵守以下原则：将最能表达形体特征的方向作为正面投影方向，并使形体处于稳定平放的位置，并使投影图中的虚线尽量少。

在图 8-8 所示挡土墙的例子中，从 1 方向投影是最合适的，从 2、4 方向去投影其投影图轮廓都是矩形，不反映形体特征。而且 4 方向不是工程安放位置，3 方向从反映形体特征方面和 1 相同，但在其侧面投影中会产生虚线，因此也不合适。几个方向的对比如图 8-9 所示。

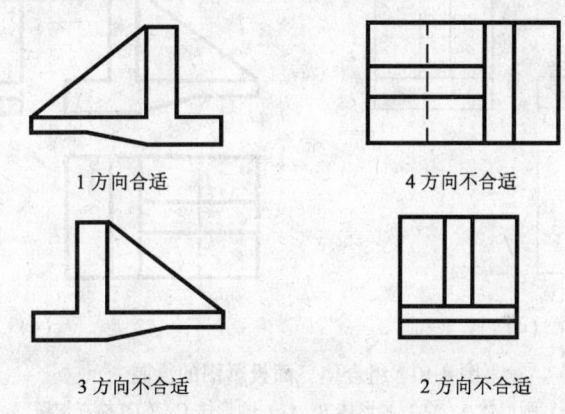

图 8-9 选择正面投影方向的对比

3. 绘制组合体三面投影图。按形体分析将组合体中的各基本体，逐一绘制三面投影。

绘制次序一般按先画大形体后画小形体，先画曲面体后画平面体，先画实体后画空腔的次序。三面投影一起画，先完成组合体投影图的底稿，然后检查加深。加深的次序按先加深曲线后加深直线，先加深长线后加深短线，先加深细线后加深粗线的次序，完成三面投影图的加深，如图 8-10 所示。

(1) 画形体 A 的三面投影图，水平投影中右边的一条虚线在投影上与 B 形体重合，如图 8-10a 所示。

(2) 画形体 B 的三面投影图，B 和 A 前后相邻表面共面，所以此处不画线，如图 8-10b 所示。

(3) 画形体 C 的三面投影图，形体 C 在形体 A 的上面和形体 B 的左面，如图 8-10c 所示。

(4) 检查并加深，如图 8-10d 所示。

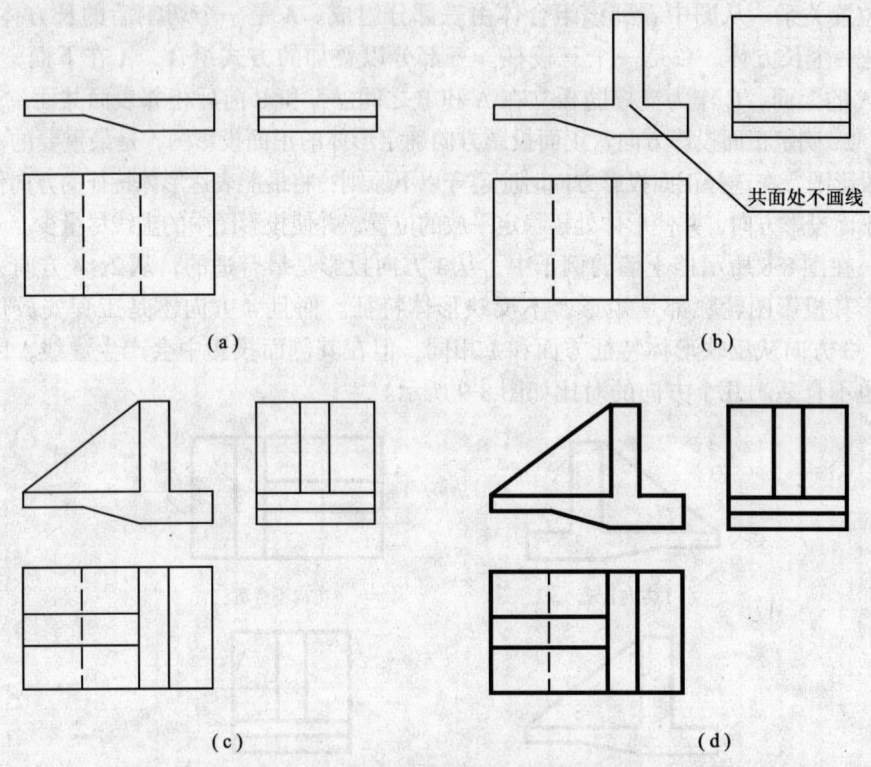

图 8-10 组合体三面投影图的绘制
(a) 画形体 A；(b) 画形体 B；(c) 画形体 C；(d) 检查加深

如图 8-11 所示为一切割形成的组合体。在正面投影方向选择中将最能表达切割特征的 1 方向，作为正面投影方向。画三面投影图时以切割次序依次画

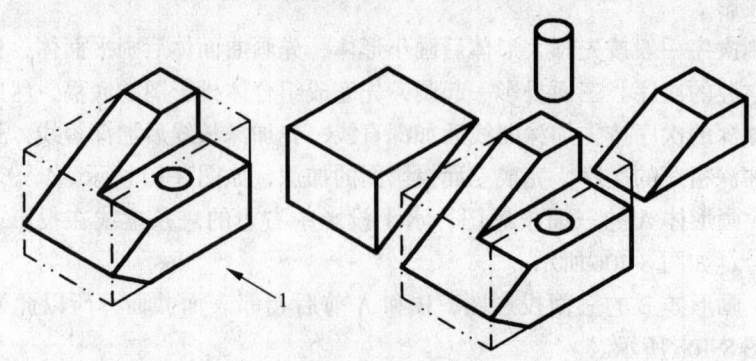

图 8-11 切割形式组合体

出各面投影图，如图 8-12 所示。

(1) 画完整长方体的三面投影图。

(2) 画两个正垂面切割长方体的三面投影图。其中水平投影两条交线中的一条是虚线。

(3) 画切去上半角和开孔的三面投影图。注意切角时与正垂面的交线的位置关系，其交线的位置与虚线部分重合。画开孔时三面投影中均需画上孔的中心线。

(4) 检查并加深。

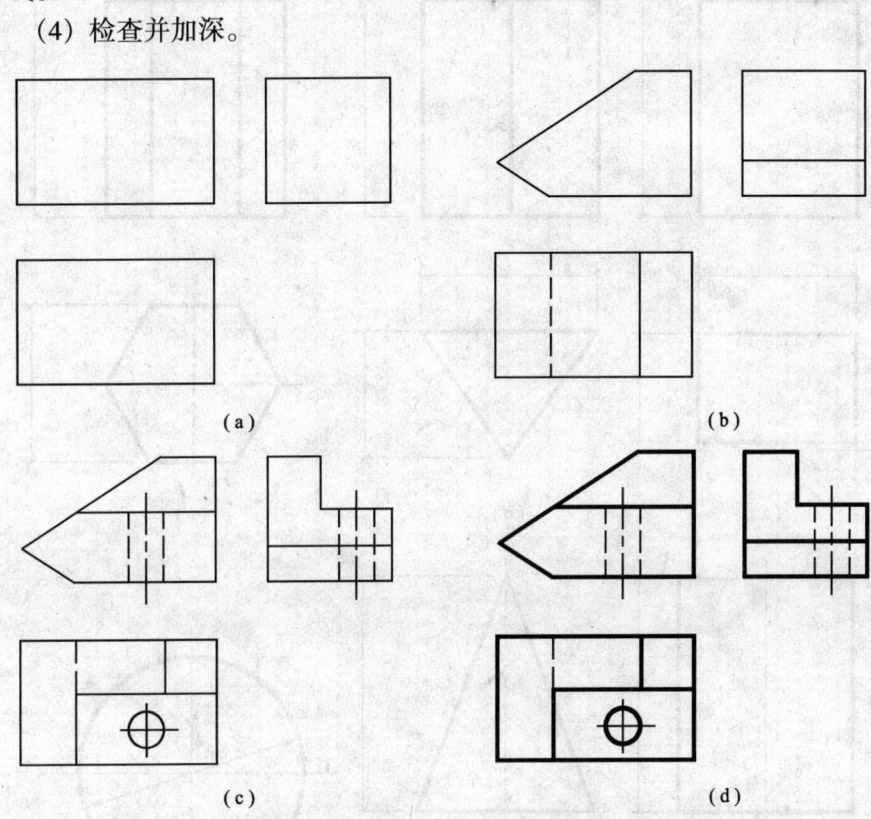

图 8-12 画切割形式组合体三面投影图
(a) 画长方体三面投影图；(b) 画两正垂面切割长方体；
(c) 画长方体切去上半角和内孔；(d) 检查加深

8.3 组合体的尺寸标注

组合体的三面投影图主要表达的是形体的形状，不能确定形体的大小。在工程实际中不仅要知道它的形状，而且要知道它的大小，因此必须在组合体三面投影图中标注形体的尺寸。标注尺寸时应做到：完整清晰、注写正确、符合标准。

8.3.1 基本体的尺寸标注

要掌握组合体的尺寸标注，必须首先掌握基本体的尺寸标注。

1. 完整基本体的标注

常见的平面立体在标注时，按平面体的三个方向标注；若底面是正多边形，则标注正多边形的特征尺寸，并标高度。曲面体圆柱和圆锥在标注时，标

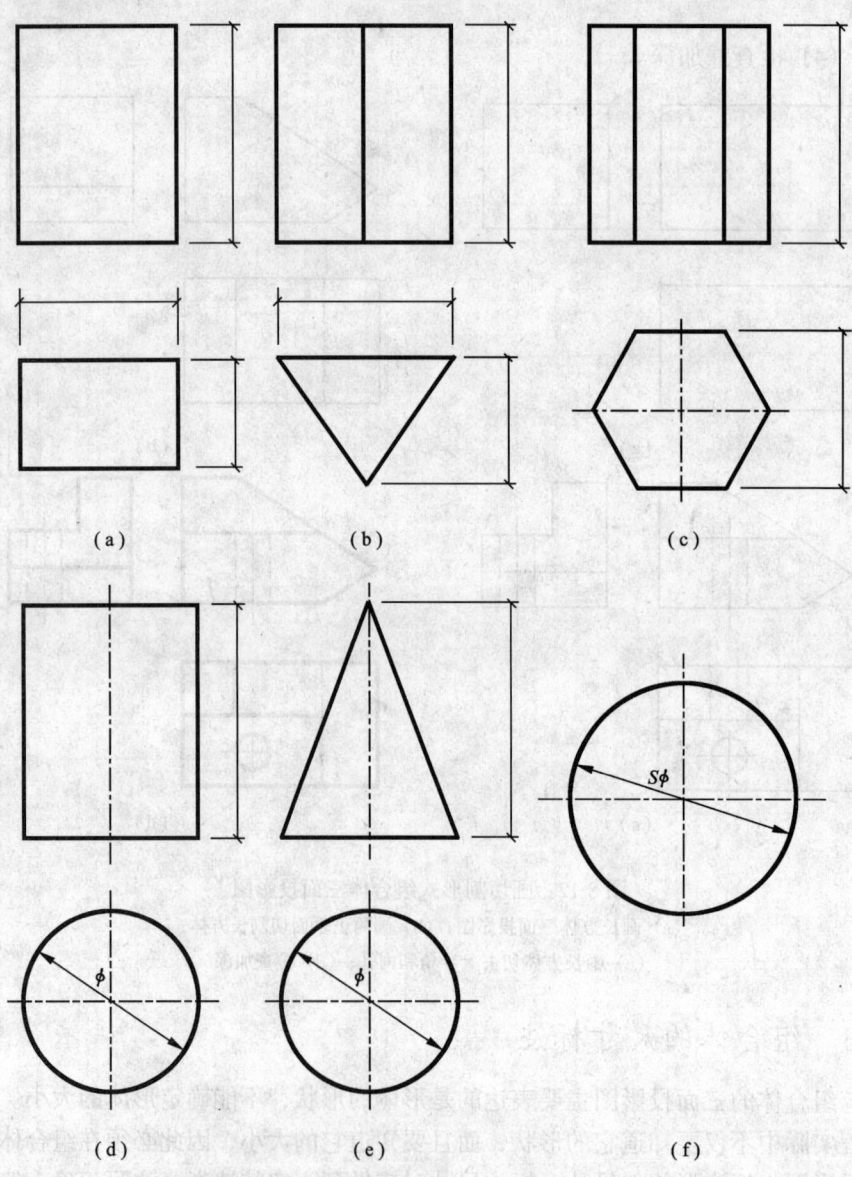

图 8-13 基本体的尺寸标注

底圆直径和高度，圆球标一个"$S\phi$"（此时圆球表达只需一个投影图）。常见的基本体尺寸标注如图 8-14 所示。

2. 切割、相贯基本体的标注

对于切割基本体，除了注出基本体的尺寸外，还需注出截平面的位置。当截平面与立体的位置确定后，截交线随之确定，所以不需标出截交线的尺寸。对于相贯体也同样，不标相贯线的尺寸，而标出两相贯体的相对位置，如图 8-14 所示。

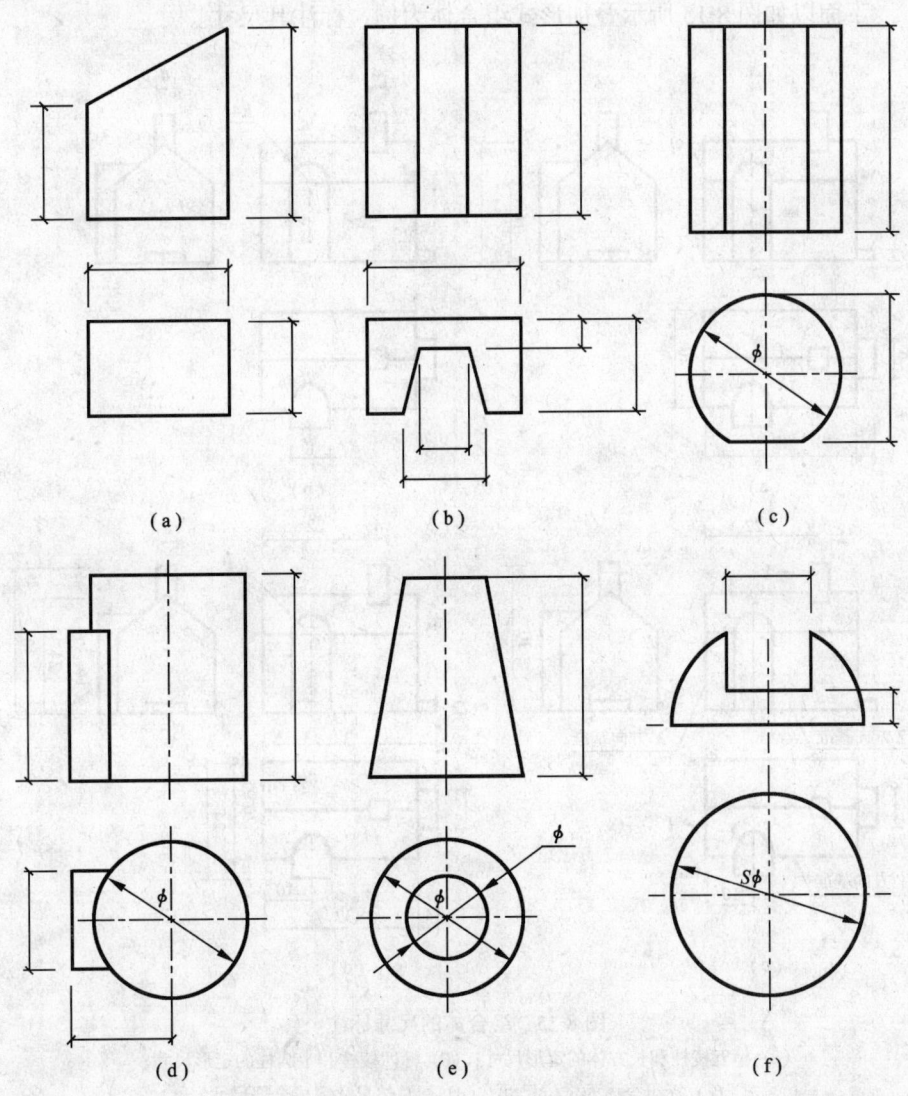

图 8-14 切割和相贯基本体的尺寸标注

8.3.2 组合体的尺寸标注

在组合体的尺寸标注中，首先应用形体分析法将其分成若干个基本体，标注基本体的尺寸，再标注各基本体之间的相对位置尺寸，最后标注组合体的总体尺寸。因此，组合体的尺寸分为下列三类尺寸：

1. 定形尺寸：确定组合体中各基本体大小的尺寸；
2. 定位尺寸：确定组合体中各基本体相对位置的尺寸；
3. 总体尺寸：确定组合体的总长、总宽、总高的尺寸。

下面以如图 8-15 所示叠加形式组合体为例，标注其尺寸。

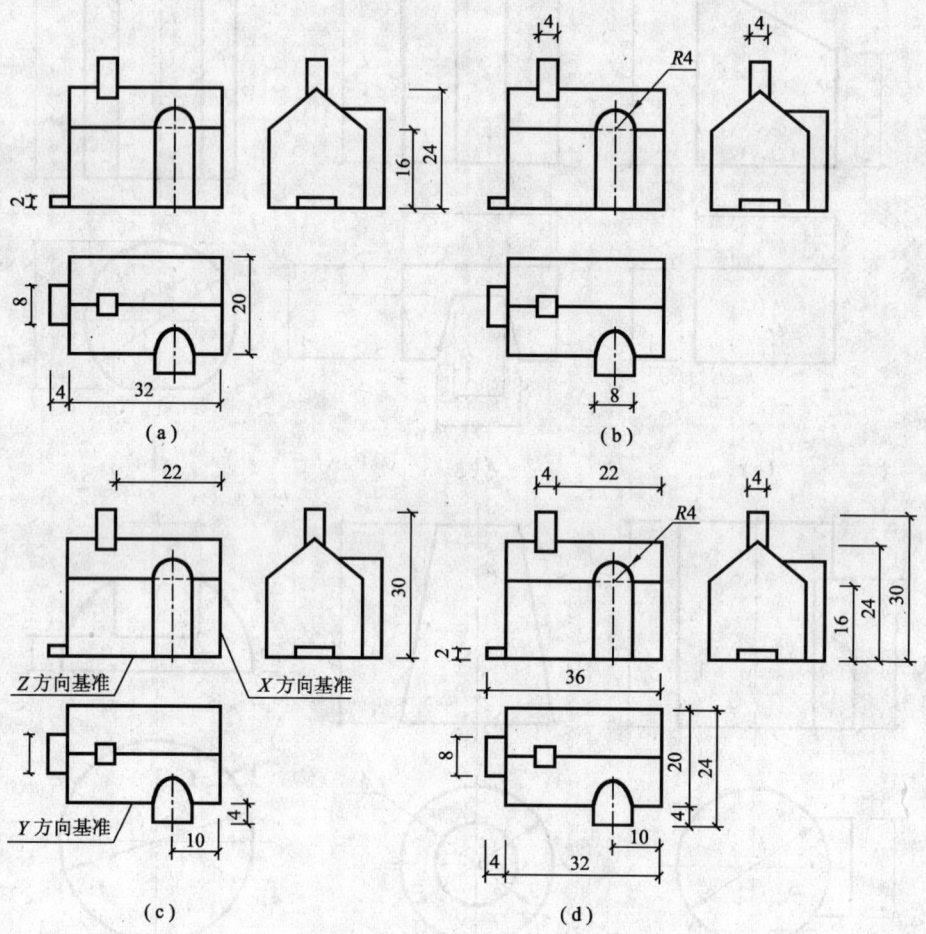

图 8-15 组合体的尺寸标注
(a) 标五棱柱和长方体的定形尺寸；(b) 标四棱柱和半圆柱的定形尺寸；
(c) 标组合体的定位尺寸；(d) 标总体尺寸完成全部尺寸

首先在形体分析的基础上，标注其各个基本体的定形尺寸；其次根据各基本体的相对位置标注定位尺寸；最后标注总体尺寸。

（1）标注五棱柱和左端长方体的定形尺寸，如图 8-15a 所示。

（2）标注上面四棱柱和前面半圆柱的定形尺寸，如图 8-15b 所示。

四棱柱与其下面的五棱柱相贯，高度方向由定位尺寸确定，只标顶面四边形尺寸。半圆柱只标半径，其宽度方向由定位尺寸确定。

（3）标注定位尺寸，如图 8-15c 所示。

形体在空间由 XYZ 三个方向来确定其位置，在标注组合体定位尺寸时，首先应确定尺寸基准。基准是定位尺寸的起点，在形体上每个方向都必须有定位尺寸的基准。通常以组合体中的底面、端面、对称面或回转体的轴线等作为尺寸基准。在此例中，以五棱柱的右端面作为 X 方向基准，上面四棱柱定位尺寸 22，前面半圆柱定位尺寸 10，均以此定位。该组合体的下底面作为 Z 方向的基准，上面四棱柱定位尺寸 30 以此定位。五棱柱的前面作为 Y 方向的基准，半圆柱定位尺寸 4 以此定位。左端长方体紧靠在五棱柱的左端下面中间，所以不需定位尺寸。

（4）标注总体尺寸完成尺寸标注，如图 8-15d 所示。

总体尺寸是组合体在 XYZ 三个方向上的最大尺寸，36 是 X 方向的最大尺寸，24 是 Y 方向的最大尺寸，Z 方向的最大尺寸 30 与顶上四棱柱的定位尺寸重合。

8.3.3 组合体的尺寸标注中须注意的问题

1. 尺寸标注必须正确完整

尺寸标注的正确性和完整性是标注中的基本要求，要求尺寸标注必须符合国家标准的基本规范。要求形体的每一部分都须有确定的大小，能够准确确定各部分的位置关系，各部分尺寸不能互相矛盾。

2. 尺寸标注清晰明了

在尺寸标注中，XYZ 三个方向的尺寸，每一个尺寸都会在两个投影图中出现。从正确性的角度讲，标在任一个投影图上都是正确的。但从标注的合理性出发，要求尺寸应尽量标注在最能表达形体特征的投影图上；同一结构的尺寸应尽量标在同一投影图上。例如图 8-16 中，槽的定形尺寸在正面及水平都可以标注，但在侧面投影上槽的特征明显，所以标在侧面上。半径尺寸 $R6$ 应标在侧面投影上。其他几个尺寸也类似处理。

3. 尺寸分布合理

在标注尺寸中，尺寸应适当集中。例如长方体的长、宽和高，尽量将其中两个标在一个投影图上。但集中不能过分，不能将尺寸只标在一两个投影图上。排列尺寸时，应大尺寸在外，小尺寸在内，避免尺寸线与其他线相交重叠。尺寸尽量不要标在虚线上。

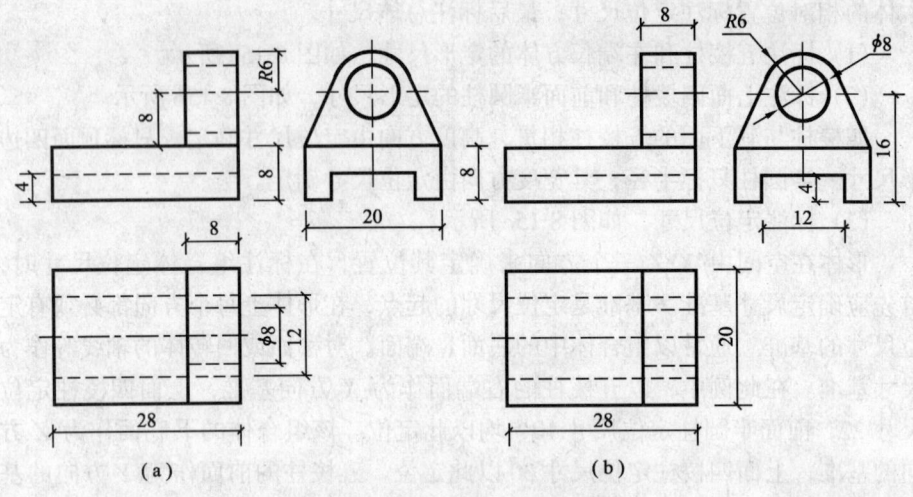

图 8-16 组合体尺寸的合理标注
(a) 标注不合理；(b) 标注合理

8.4 读组合体的三面投影

组合体绘图是将三维的立体按投影规律投射到投影面上，所得到的投影图是二维平面图形。而组合体的读图，则是根据已画好的投影图，运用投影规律，想象出空间立体的形状。读组合体投影图是画法几何知识的综合运用，具体方法采用形体分析和线面分析的方法。分析组合体投影图各个部分的投影特点，认清各基本体的形状和线面相互关系，综合分析确定空间立体。

8.4.1 读组合体投影图的基本知识

1. 读组合体投影图首先要熟练掌握基本体的投影与阅读。基本体的知识在前面立体及截交相贯部分已有介绍，但在本章中立体的形态各异，所以对基本体不仅要掌握简单的形式，还需掌握基本体的一些常见的变化和组合形式，如图 8-17 所示部分简单立体的投影图。

2. 熟练掌握立体上的线面特点。在组合体的投影图中，图上的一条直线，可能表达一个面有积聚性的投影，也可能是两个面的交线，或者是曲面的轮廓线。在切割立体时，当垂直面与平行面相交时，会得到平行线；当两非同面垂直面相交时，会得到一般位置线，如图 8-18 所示。

3. 掌握立体的投影特征，从反映形体特征的投影图入手读图。看组合体图时，首先对投影图进行观察，从正面投影入手，因为在组合体的画图时已经讲到，最能表达形体特征的投影通常是正面投影。

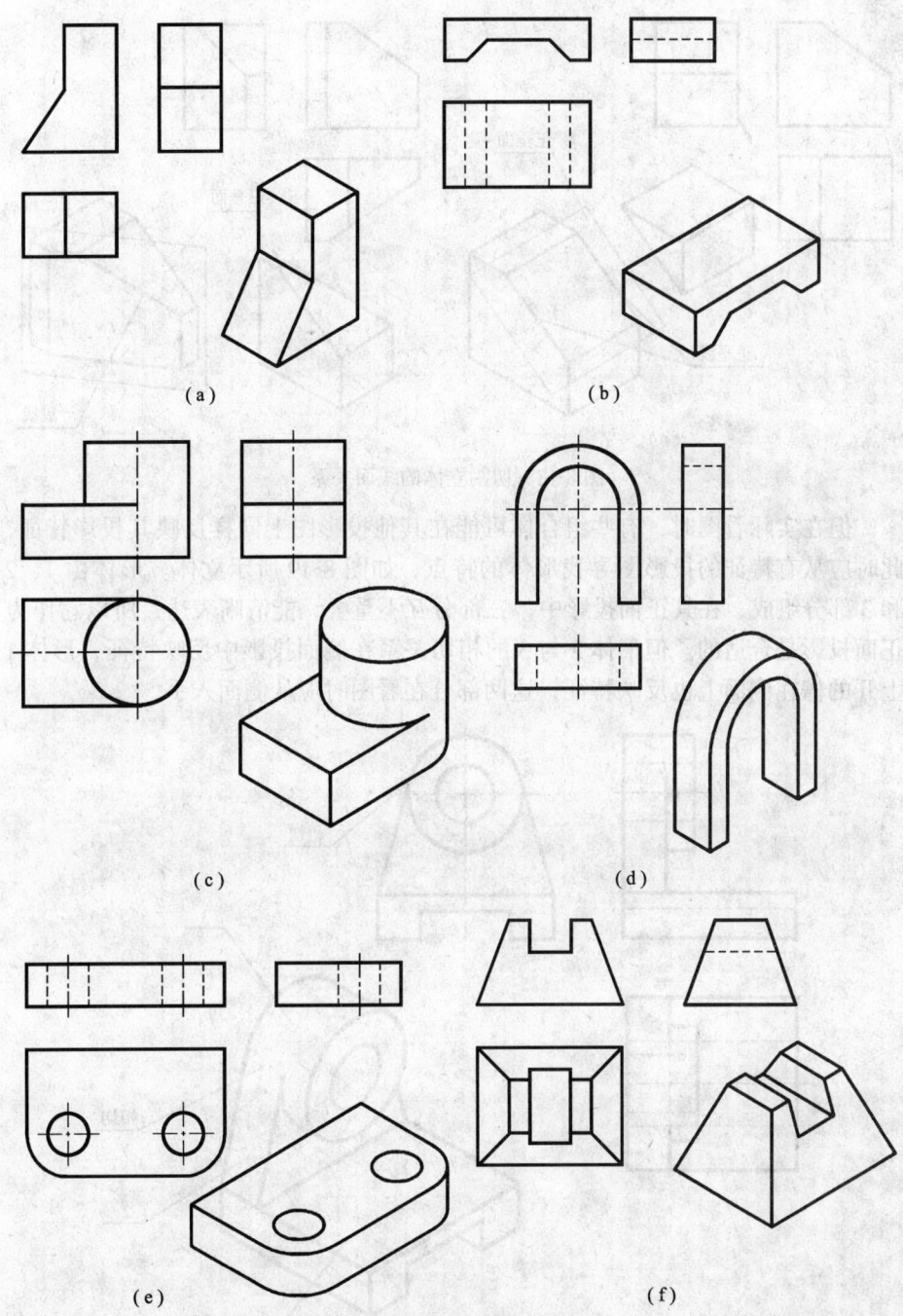

图 8-17 简单立体的投影

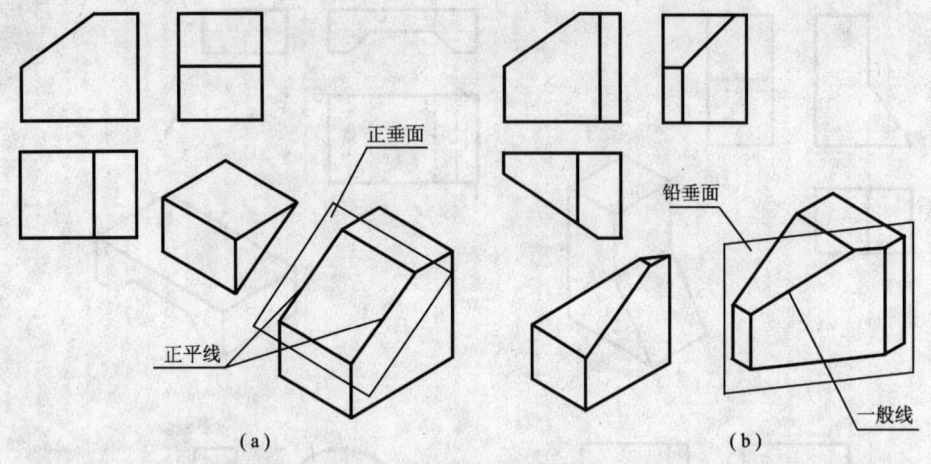

图 8-18 切割立体的线面关系

但在实际看图时,有些组合体可能在其他投影图上同样反映其投影特征,此时应从有特征的投影图寻找形体的特点,如图 8-19 所示立体。形体由 1、2 和 3 部分组成,在其正面投影中,三部分互不重叠,能清晰表达,所以它作为正面投影是合适的。但形体 2 与 3 的相切关系在侧面投影中反映特征,形体 1 上开的槽在侧面上也反映特征,这两部分在看图时应从侧面入手。

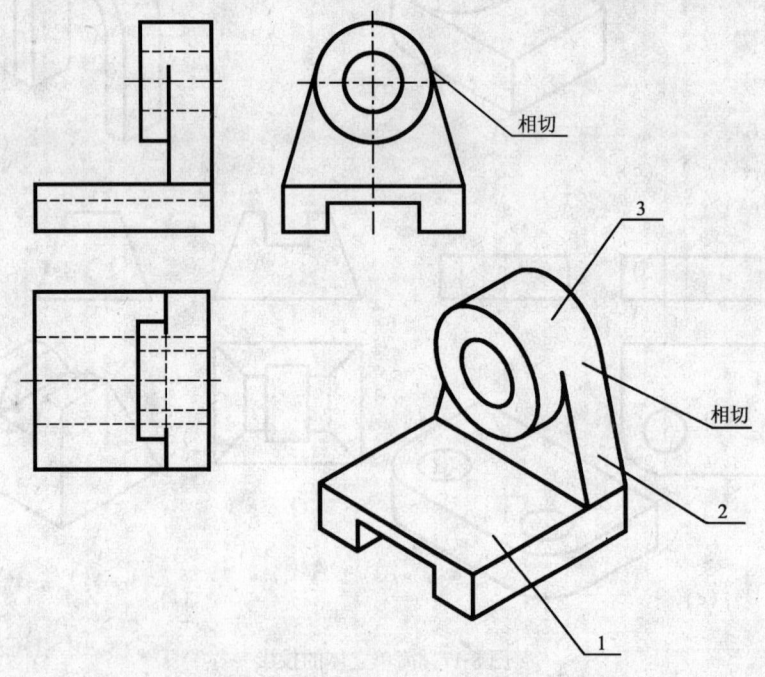

图 8-19 反映形体特征的投影图

4. 认清投影图上每一线框的含义

投影图上的一个封闭的线框,一般代表立体上的一个面的投影,或者是一个通孔。在看图时需搞清楚它的含义和相互位置关系。如图8-20所示的几组

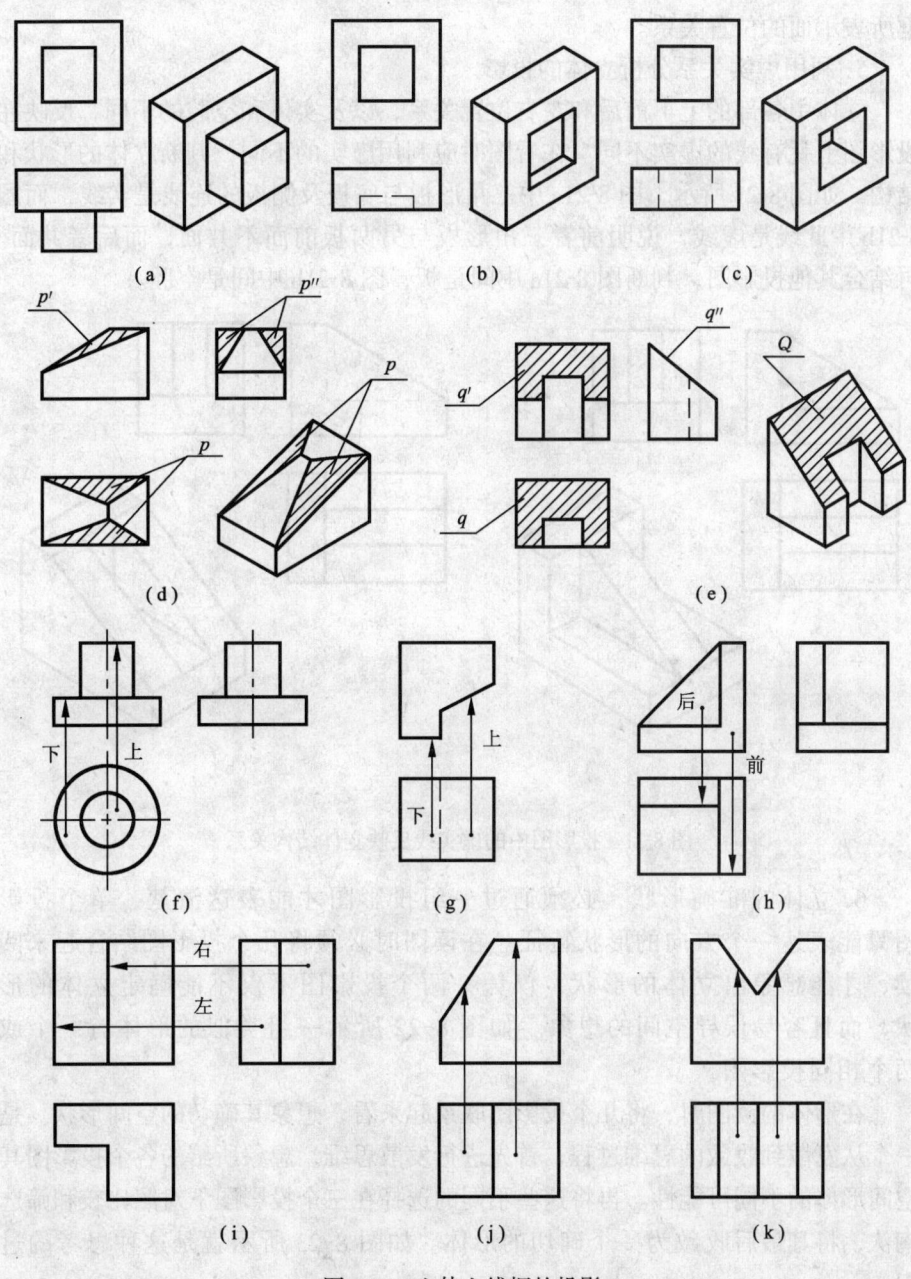

图 8-20 立体上线框的投影

立体其线框的含义与位置关系就各不相同。图 8-20a ~ 图 8-20c 表达的是正面投影中间的线框，图 8-20a 表达的是一个实体，图 8-20b 表达的是一个空腔，而图 8-20c 则表达的是一个通孔。图 8-20d 和图 8-20e 表示 P 面和 Q 面是一般位置面及侧垂面，在读图时应注意其投影的类似性。在其他的几个图中应注意线框所表示面的位置关系。

5. 利用虚实关系分析立体的投影

立体中各部的上下前后和左右位置关系，以及实体和空腔的不同，反映在投影图上就有线的虚实不同。在看图时应利用虚实的不同，判断立体的形状和结构。如图 8-21 所示，图 8-21a 中三角形板与底板及侧板的连线是实线，而图 8-21b 中此线是虚线，说明前者三角形板与另两板前面不共面，而后者共面。再结合其他投影图，判断图 8-21a 中间是板，图 8-21b 中间是空腔。

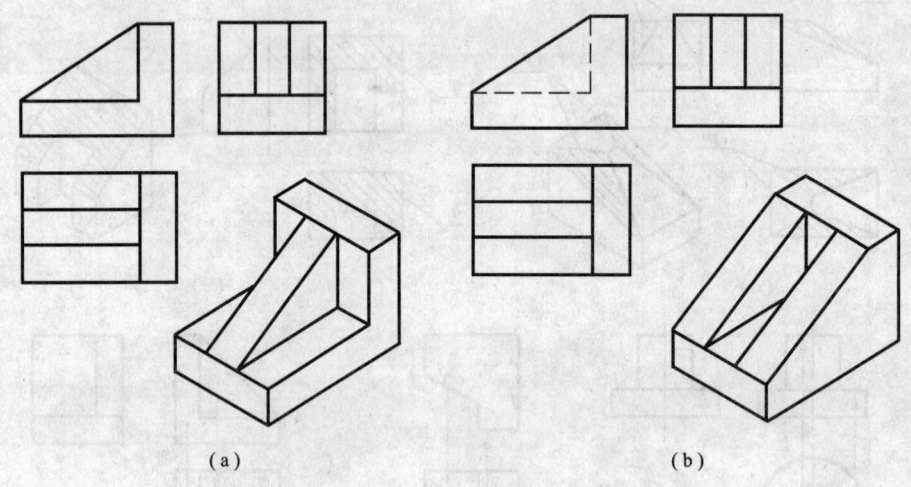

图 8-21　投影图中的虚实线反映立体结构关系

6. 立体的准确形状，必须通过一组投影图才能表达清楚，单个投影图只能表达一个方向的形状特征。在读图时必须将几个投影图结合起来阅读，才能想象出立体的形状，仅凭一两个投影图不仅不能确定立体的形状，而且容易误导空间的想象。如图 8-22 所示一组类似的形体有一个或两个相同投影图。

在形体的读图时，将几个投影图联系起来看，想象其确切的空间形状。是一个从发散到收敛的思维过程，首先进行发散思维，想象所给的各个投影图其空间形体的不同可能性。再将这些不同的选择在三个投影图下对照比较和筛选淘汰，将其最后收敛为一个确切的形体。如图 8-23 所示就是这种思考的过程。

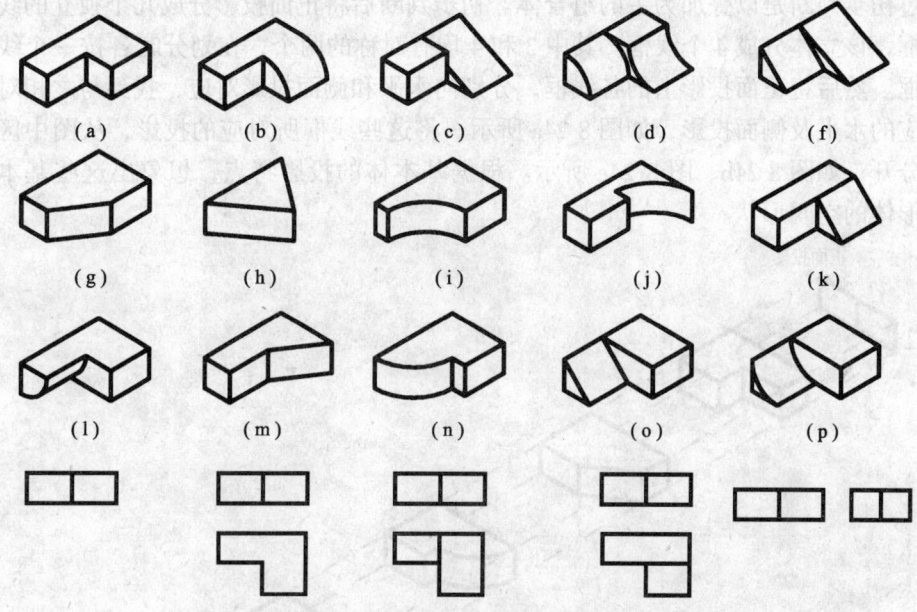

图 8-22 具有一两个投影相同的立体

(a) ~ (p) 所有立体正面投影相同；(a)、(b) 水平投影相同；(c)、(f)、(o)、(p) 水平投影相同；
(d)、(k) 水平投影相同；(a)、(g)、(m) 侧面投影相同

8.4.2 读组合体投影图的方法

根据组合体的投影图，想象出它的空间形状，是读组合体投影图的目的。读图的基本方法是形体分析法和线面分析法。通常以形体分析法为主。只有当遇到组合体中某些部分的投影关系比较复杂，线面相交较多时，才辅之以线面分析法。

1. 用形体分析法读图

由组合体的构成可知，组合体可看成是由多个基本体通过叠加或切割的方法组合而成。所谓形体分析法读图，就是使用组合体组合过程的逆过程：拆分。将组合体分成若干个基本体，看懂每一个基本体的形状和大小，并搞清楚各基本体之间的位置关系。最后将这些基本体再组合，想象出它的空间形状。下面以图 8-24 所给三面投影图为例，讨论组合体投影图的阅读。

(1) 分析投影图，划分线框，对照投影，看懂基本体。

组合体看图时，首先对投影图进行观察。从正面投影入手，首先判断形体的构成方式，是以叠加为主构成，还是以切割为主构成。判断的基本方法是，对照组合体的三面投影，如果三面投影的轮廓是某一个基本体的投影，则是一个以切割为主的组合体。否则是以叠加为主的组合体。如图 8-24 所示立体，通

过初步判断是以叠加为主的组合体。初步判断后将正面投影分成几个独立的线框，该立体分成4个线框。其中3和4均有对称的两个，在划分时各按一个线框。然后将正面投影上的各线框，分别向水平和侧面投影对应，找到与之相对应的水平及侧面投影，如图8-24a所示。将这些线框所对应的投影，从图中区分开，如图8-24b、图8-24e所示。根据基本体的投影特点，想象出这些基本形体的空间形状。

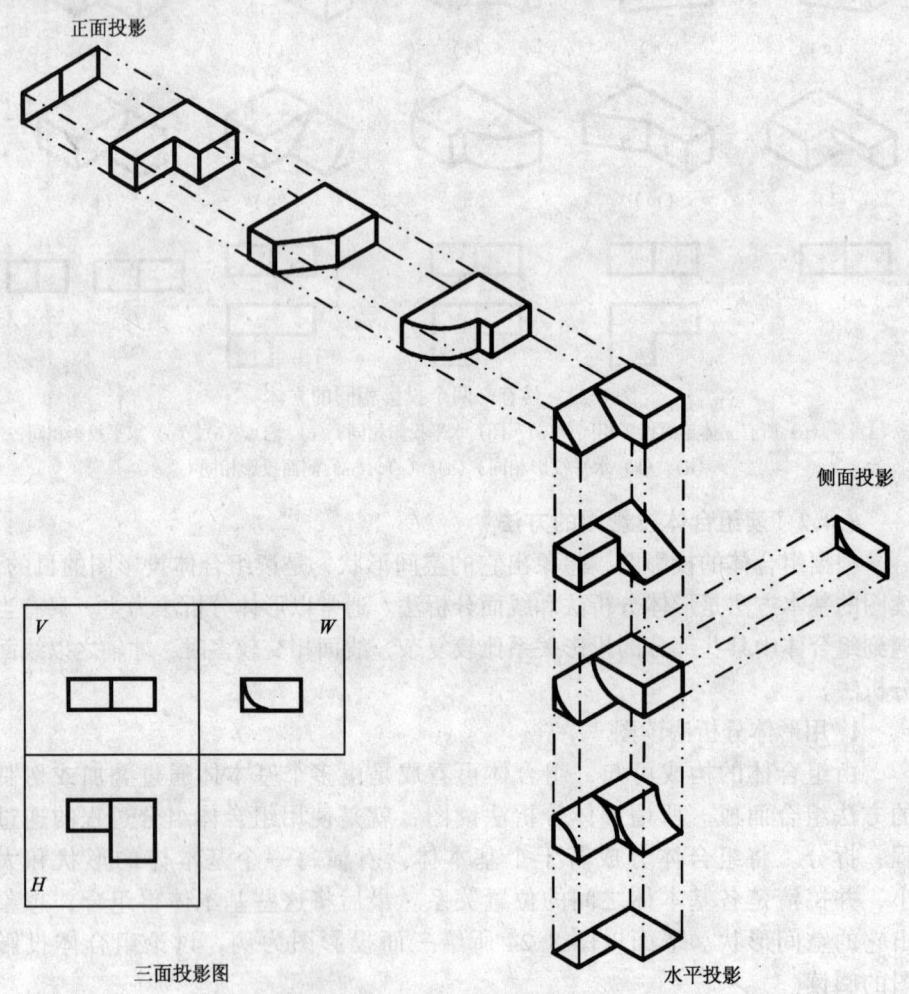

图8-23 由投影图想象空间立体

(2) 综合各基本体的形状和相对位置，想象组合体的空间形状。

综合以上的分析，形体1是一个空心的圆柱，形体2是一个开孔的四棱柱，形体3是一个三棱柱，形体4是一个开半圆槽的长方体。四种基本体的位置关系是，1形体空心圆柱形在正中，4形体左右对称两个在最下面，与1形

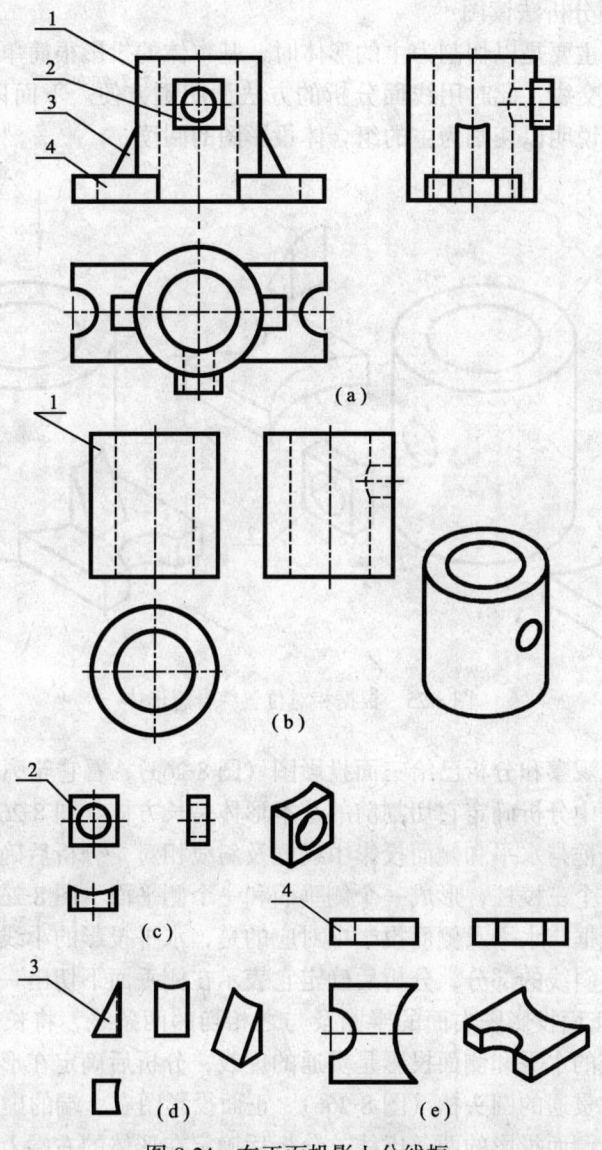

图 8-24 在正面投影上分线框

体共底面并与其圆柱面相交。3 形体也是左右两个在 4 之上与 1 相交。其空间位置关系和形体如图 8-25 所示。

(3) 再投影检验读图的正确性。

在得到立体的空间形象后,对这个立体进行再投影。将再投影得到的投影图与所给的投影图进行比较,看是否符合原图。若不符则再进行分析,直到完全符合就是原投影图所表达的立体。

2. 用线面分析法读图

当组合体主要是以切割为主的形体时，基本体的投影很简单。主要是切割产生的截面和交线，此时用线面分析的方法读图更方便。下面以图 8-26 所示投影图为例，说明以切割为主的组合体投影图的阅读。

图 8-25　根据相对位置综合想形体

首先还是观察和分析已给三面投影图（图 8-26a），看它轮廓是什么基本体的投影。从图中分析确定它切割前的基本形体是长方体（图 8-26b）。正面投影图左面的大线框与水平和侧面投影中线框及斜线相对，分析后确定是长方体的左上角切去一个三棱柱，形成一个侧垂面和一个侧平面（图 8-26c）。正面投影图左面的小线框与水平及侧面投影中对应的是，水平投影的小线框和侧面投影的两条虚线及斜线的部分，分析后确定它表示在侧垂面下切出一个三棱柱形槽（图 8-26d）。正面投影图右面的半圆及与之相切的两条线，将长方体的轮廓切开，与之对应的水平和侧面投影是贯通的虚线，分析后确定在形体的右端中部开了一个前后贯通的圆头槽（图 8-26e）。正面投影图右上端的虚线对应水平的半圆轮廓线及侧面投影的两条虚线，分析后确定在形体的右端上部开了一个半圆槽（图 8-26f）。

在分析切割立体的过程中，每一步都对想象的立体进行再投影，分析再投影结果与所给投影图的异同，不断进行修正，直到符合原图的投影。

3. 组合体读图方法小结

组合体读图是本章内容的一个最关键的环节，也是本书内容中一个非常重要的章节。画法几何内容掌握得是否扎实，能否灵活运用，是不是真正建立了空间想象的思维体系，会不会用投影的理论与实践知识去解决问题。组合体读图是最好的检验方法。

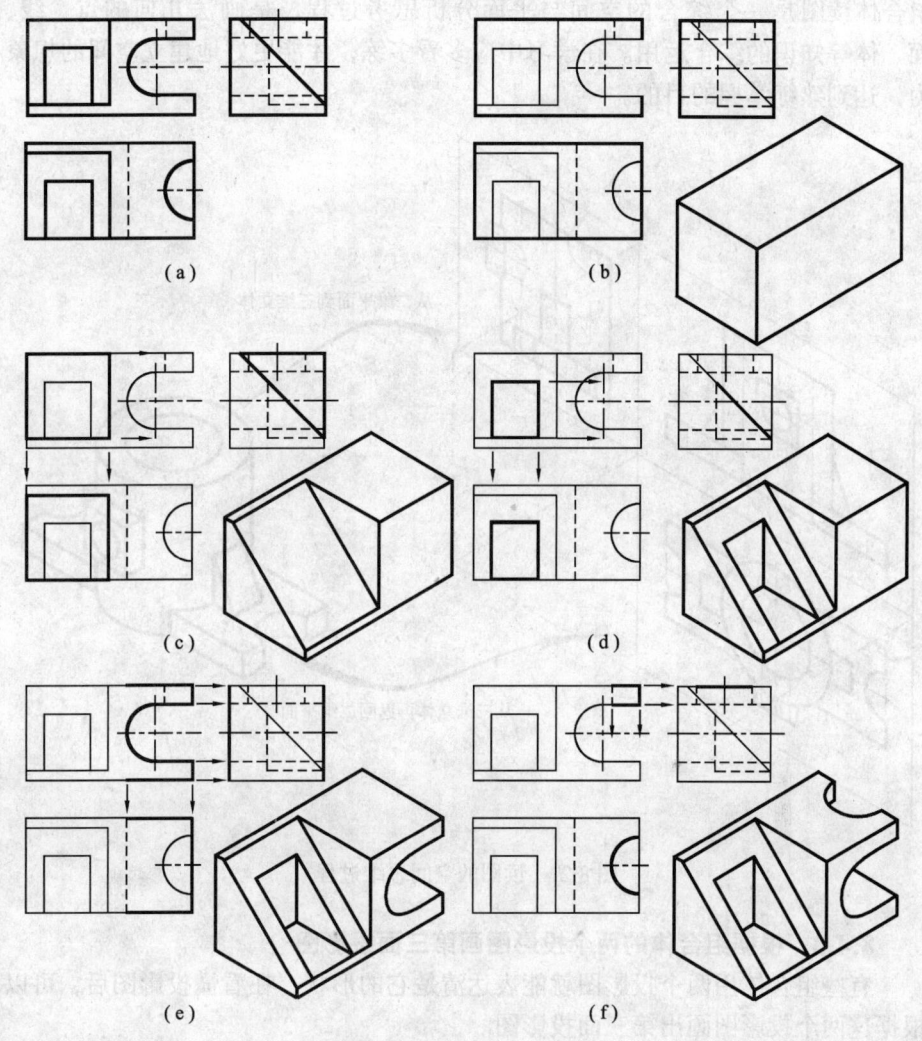

图 8-26　切割为主组合体的读图

组合体读图的基本知识和形体分析及线面分析的实际运用，在前面已经详细介绍。但归根结底还是如何建立空间想象力，通俗地讲即在自己的脑子中要有"立体"。这个"立体"与一个"平面"之间建立一个对应的关系，即在三维的立体与二维的投影图之间依照投影方法建立一一对应的联系，如图 8-27 所示。在读图时很难做到从投影图到立体一次完全看懂，通常要多次循环，不断地在二维投影图与三维立体之间变换。

在用形体分析读图时，不仅需要在二维的投影图与三维的立体之间循环，

165

组合体→分解成基本体→根据相对位置再组合，也是一个循环的过程。总之，组合体读图是一个综合的空间与平面分析思考过程，是画法几何的点、线、面、体等知识的综合运用。在学习中应多看多练，才能更好地建立空间的想象力，达到熟练掌握的目的。

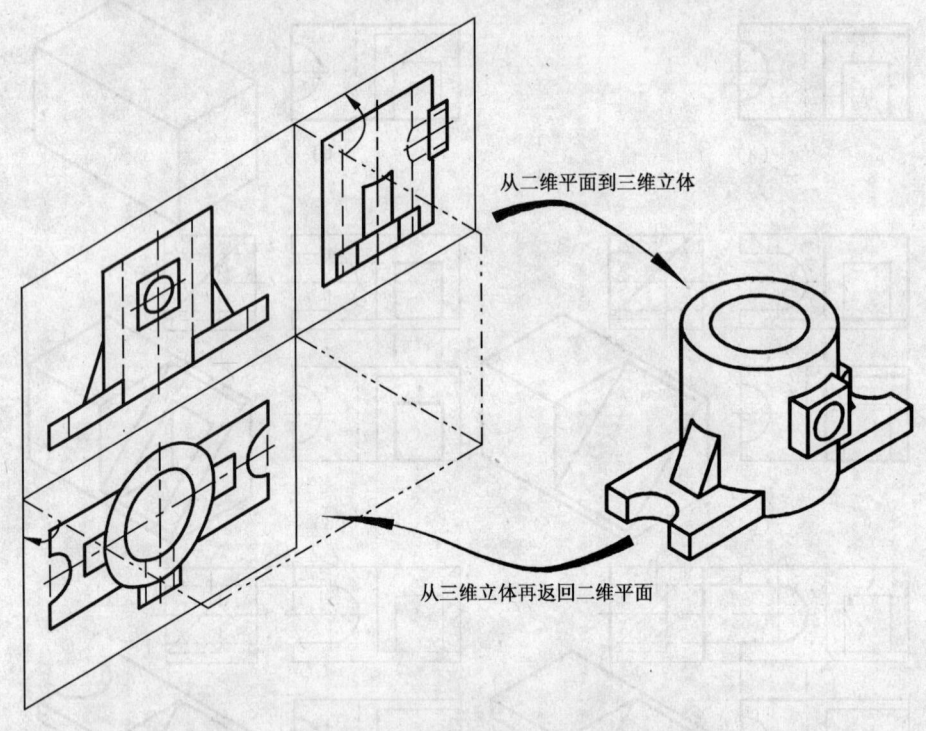

图 8-27　读图的空间思维过程

8.4.3　根据组合体的两个投影图画第三面投影图

有些组合体用两个投影图就能表达清楚它的形状，在看懂投影图后，可以根据这两个投影图画出第三面投影图。

例如图 8-28a 所示组合体投影图。在看图时，首先还是第一步分析投影图，划分线框，对照投影，看懂基本体。从正面投影和水平投影两个投影图可以看出该形体左右对称，所以在划分线框时分四个（第 4 线框对称）。1 和 2 形体的基本形状都是长方体，1 形体左右两边各开一个方槽。1 和 2 形体的后面自上而下开了一个通槽。3 形体是一个半圆柱体，在其前面开一通孔直到 2 形体的后面。4 形体是半个圆柱，注意 4 形体的顶面与 1 形体上所开槽的底面共面。看懂基本体后根据相对位置综合想形体，如图 8-28b 所示。

看懂组合体的形状后，对其进行侧面投影，按形体分析分步画出形体的侧面投影，如图 8-29 所示。

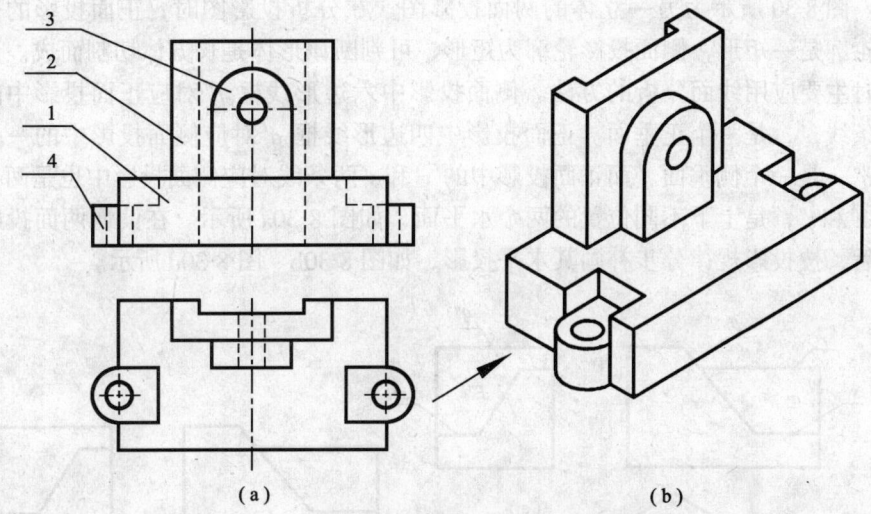

图 8-28 根据组合体的两面投影图看懂立体

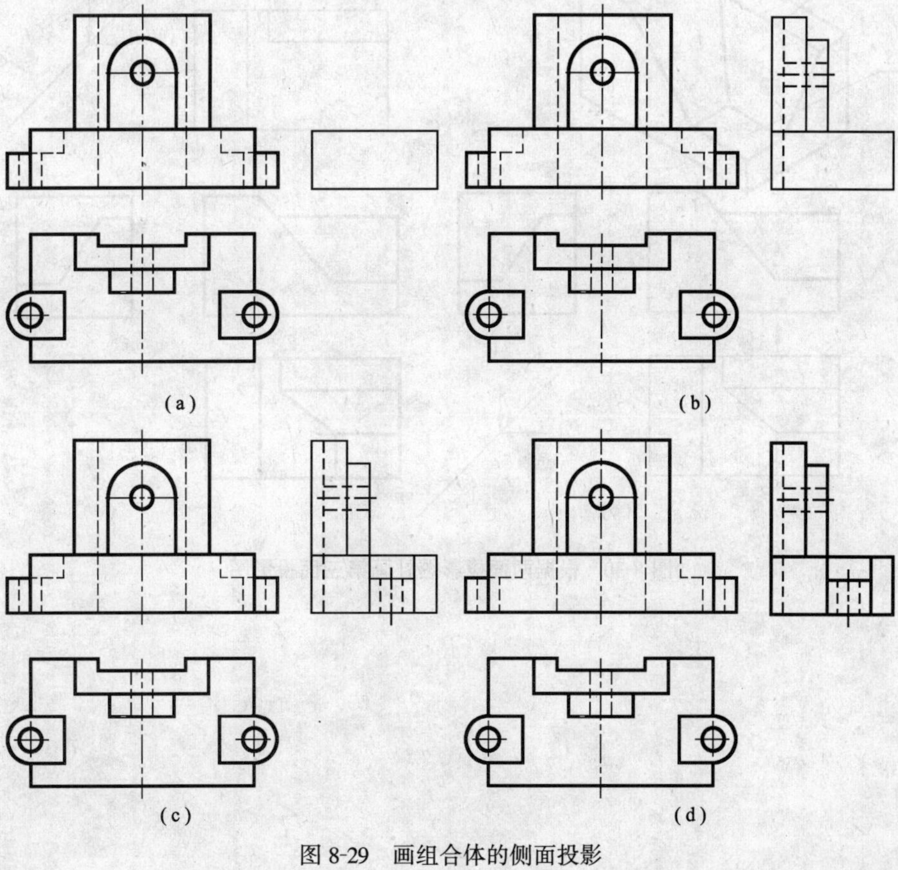

图 8-29 画组合体的侧面投影

图 8-30 所示为另一立体的两面投影图。在分析投影图时，正面投影的基本轮廓是一矩形，侧面投影轮廓为矩形，可判断该形体是长方体切割而成。读图时主要应用线面分析的方法。侧面投影中六边形线框 p'' 对应正面投影中的一条线 p'，是一个正垂面。正面投影中四边形线框 q' 对应侧面投影中的一条线 q''，是一个侧垂面。而正面投影中的 r' 和 s' 两条线对应侧面投影中也是两条线 r'' 和 s''，是上下不同位置的两个水平面，如图 8-30a 所示。在读懂两面投影图后，按投影规律分步补画其水平投影，如图 8-30b～图 8-30d 所示。

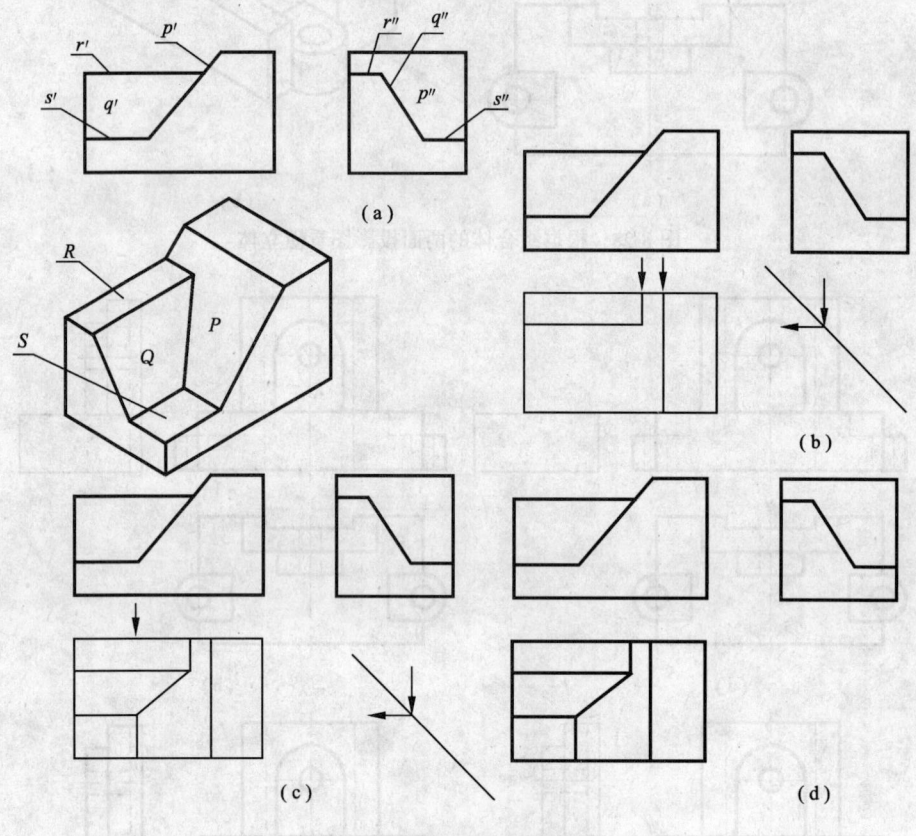

图 8-30　根据两面投影图补画第三面投影图

第 9 章 轴测投影

9.1 轴测投影的基本概念

用正投影图表达空间形体具有画图简单、投影形状真实、度量方便等优点，因此在工程实际中被广泛应用。但正投影图缺乏立体感，只有具备一定读图能力才可以读懂。轴测投影是一种具有立体感的图形，建筑工程图样中，常采用轴测投影作为辅助图样来表示物体。如图 9-1a 所示为一形体的三面正投影，图 9-1b 为该形体的轴测投影。

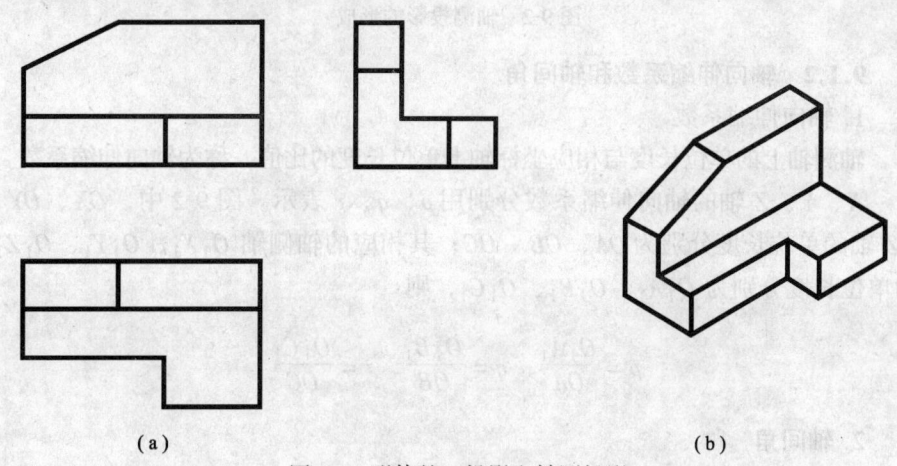

图 9-1 形体的正投影和轴测投影

9.1.1 轴测投影的形成

轴测投影是将物体连同其参考直角坐标系，沿不平行于任一坐标面的方向，用平行投影法将其投射在单一投影面上所得到的具有立体感的图形，如图 9-2 所示。其中，P 平面称为轴测投影面，O_1X_1、O_1Y_1、O_1Z_1 分别为直角坐标轴 OX、OY、OZ 的轴测投影，称为轴测投影轴（简称轴测轴）。

轴测投影是单面投影。"轴测"是沿轴向测量的意思。为使物体的投影具有立体感，应避免物体长、宽、高的任何一个方向的投影积聚。所以直角坐标轴 OX、OY、OZ 的投影应具有一定的长度。这只要选投射方向不与任何坐标轴或坐标面平行即可。轴测投影图的优点是立体感好，直观性强，但与多面正投影相比，其度量性较差，绘图较繁，因此它是工程上的一种辅助图样。

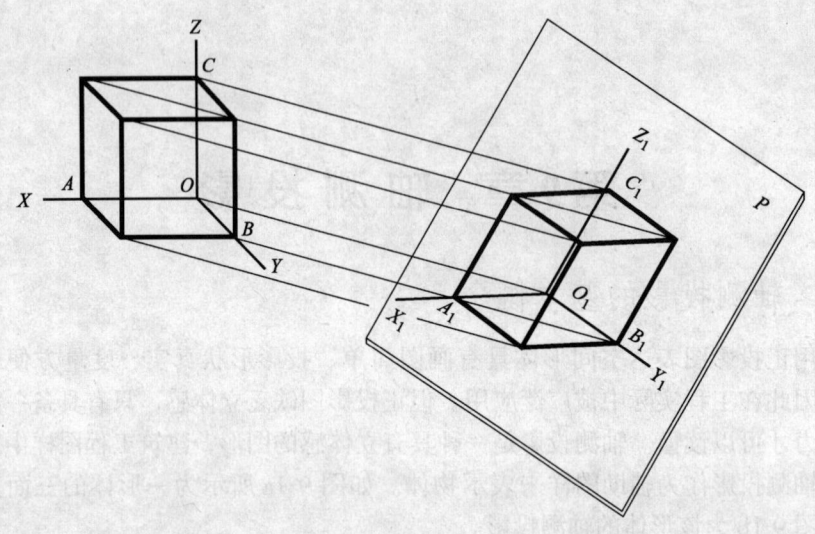

图 9-2 轴测投影的形成

9.1.2 轴向伸缩系数和轴间角

1. 轴向伸缩系数

轴测轴上的单位长度与相应坐标轴上单位长度的比值,称为轴向伸缩系数。

X、Y、Z 轴的轴向伸缩系数分别用 p、q、r 表示。图 9-2 中,OX、OY、OZ 轴的单位长度分别为 OA、OB、OC;其相应的轴侧轴 O_1X_1、O_1Y_1、O_1Z_1 的单位长度分别为 O_1A_1、O_1B_1、O_1C_1,则

$$p = \frac{O_1A_1}{OA}, \quad q = \frac{O_1B_1}{OB}, \quad r = \frac{O_1C_1}{OC}$$

2. 轴间角

两根轴测轴之间的夹角 $\angle X_1O_1Y_1$、$\angle X_1O_1Z_1$、$\angle Y_1O_1Z_1$ 称为轴间角。

9.1.3 轴测投影的分类及特性

1. 轴测投影的分类

(1) 正轴测投影

用正投影法(光线垂直于轴测投影面)投射物体所得到的图形称为正轴测投影(简称为正轴测)。

按三个轴向伸缩系数是否相等,可将正轴测投影分为三种:

①正等测(三个轴向伸缩系数均相等);

②正二测(只有两个轴向伸缩系数相等);

③正三测(三个轴向伸缩系数均不相等)。

(2) 斜轴测投影

用斜投影法（光线倾斜于轴测投影面）投射物体所得到的图形称为斜轴测投影（简称为斜轴测）。

同样，按三个轴向伸缩系数是否相等，可将斜轴测分为三种：
①斜等测（三个轴向伸缩系数均相等）；
②斜二测（只有两个轴向伸缩系数相等）；
③斜三测（三个轴向伸缩系数均不相等）。

2．轴测投影的特性

(1) 平行性

空间平行的直线，其轴测投影仍互相平行。物体上与坐标轴平行的线段，其轴测投影仍平行于相应的轴测轴。

(2) 等比性

物体上平行于坐标轴的线段，其轴测投影长与原线段实长之比等于相应的轴向伸缩系数。

不同的轴测投影具有不同的轴向伸缩系数和轴间角，只要知道各轴向伸缩系数和轴间角，便可以根据物体的正投影图画出其轴测投影。

9.2 平面立体轴测投影画法

根据物体的正投影画轴测投影的基本步骤为：

1．读正投影图，进行形体分析，并确定直角坐标轴的位置。坐标原点一般设在形体的角点或对称中心上。

2．根据轴间角作轴测轴，一般将 O_1Z_1 画成铅垂位置。

3．按各轴向伸缩系数确定物体上平行坐标轴的线段的投影长度。

4．用坐标法、切割法或叠加法等方法逐步完成形体的轴测投影。

下面主要介绍工程中常用的几种轴测投影的画法。

9.2.1 正等轴测投影

当确定物体空间位置的直角坐标轴 OX、OY、OZ 与轴测投影面的倾角均相等（约为 $35°16'$）时，用正投影法投射物体所得到的轴测投影称为正等轴测投影（简称正等测）。

正等测的轴间角均为 $120°$，各轴向的伸缩系数约等于 0.82，如图 9-3 所示。

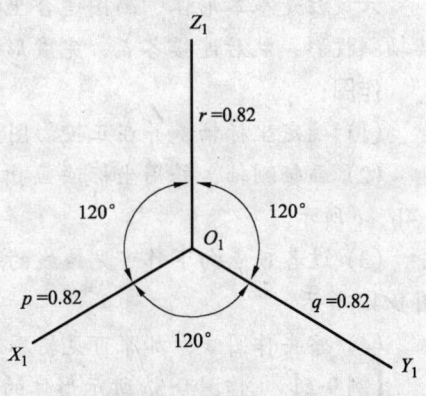

图 9-3 正等测的轴间角与轴向伸缩系数

为了作图简便，常将轴向伸缩系数由 0.82 简化为 1，简化后的轴向伸缩系数称为简化系数。用简化系数 1 画出的正等测比用实际轴向伸缩系数 0.82 画出的正等测放大 1.22 倍（即 $\frac{1}{0.82} \approx 1.22$），但不影响图形效果。

【例 9-1】 作六棱柱的正等测（图 9-4）。

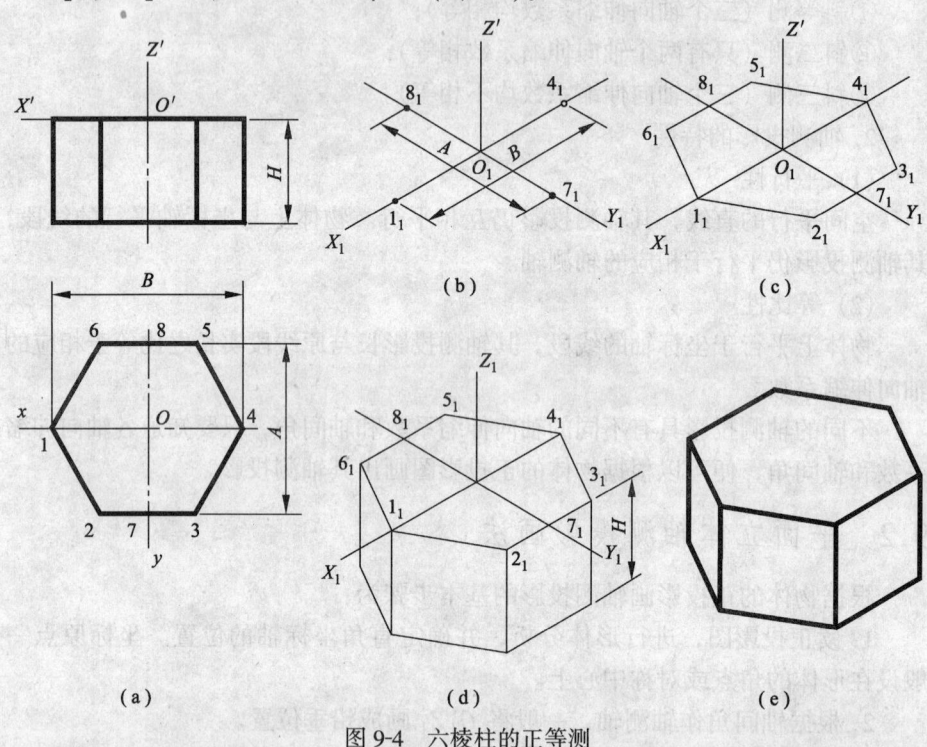

图 9-4 六棱柱的正等测

分析：

六棱柱是基本形体，画图适合坐标法。坐标法就是根据点的空间坐标画出其轴测投影，然后连接各点，完成形体的轴测投影。

作图：

(1) 确定坐标轴，并在正投影图上表示出来，如图 9-4a 所示。

(2) 画轴测轴，并用坐标法画出六棱柱上底面六边形的轴测投影，如图 9-4b、c 所示。

(3) 过各顶点向下作可见棱线的轴测投影，取棱线高为 H，然后连线，如图 9-4d 所示。

(4) 擦去作图线，加深可见轮廓线，完成全图，如图 9-4e 所示。

【例 9-2】 作图 9-5a 所示形体的正等测。

分析：

该形体是一个长方体被一个正垂面切割后，在左边又切了一个槽而成。适合用切割法画图。切割法就是按形体的形成过程，先画出整体，再依次去掉被切除部分，从而完成形体的轴测投影。

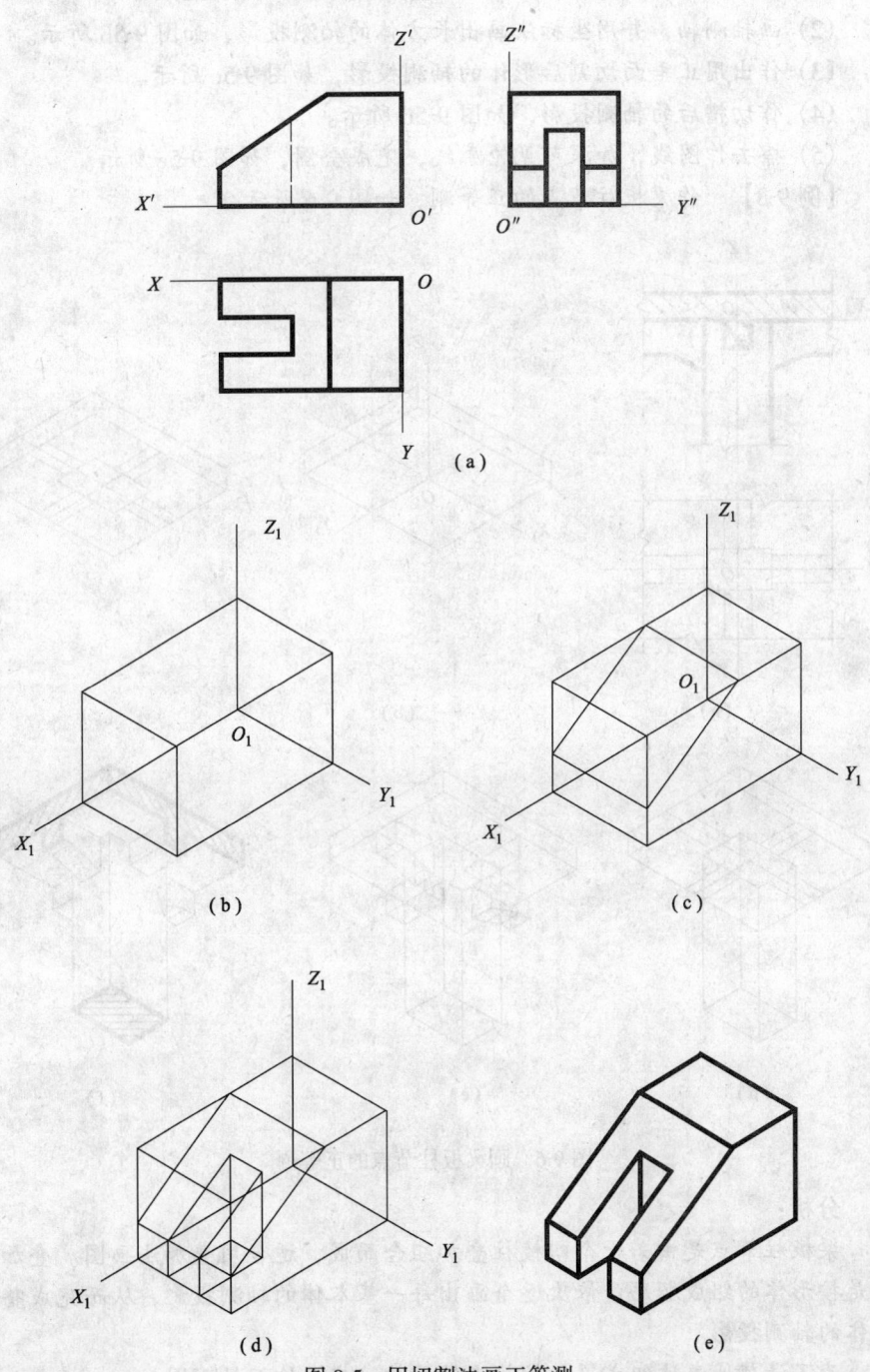

图 9-5 用切割法画正等测

作图：

(1) 确定坐标轴，并在正投影图上表示出来，如图 9-5a 所示。

(2) 画轴测轴，并用坐标法画出长方体的轴测投影，如图 9-5b 所示。

(3) 作出用正垂面切割后形体的轴测投影，如图 9-5c 所示。

(4) 作切槽后的轴测投影，如图 9-5d 所示。

(5) 擦去作图线，加深可见轮廓线，完成全图，如图 9-5e 所示。

【例 9-3】 作梁板柱节点的正等测，如图 9-6 所示。

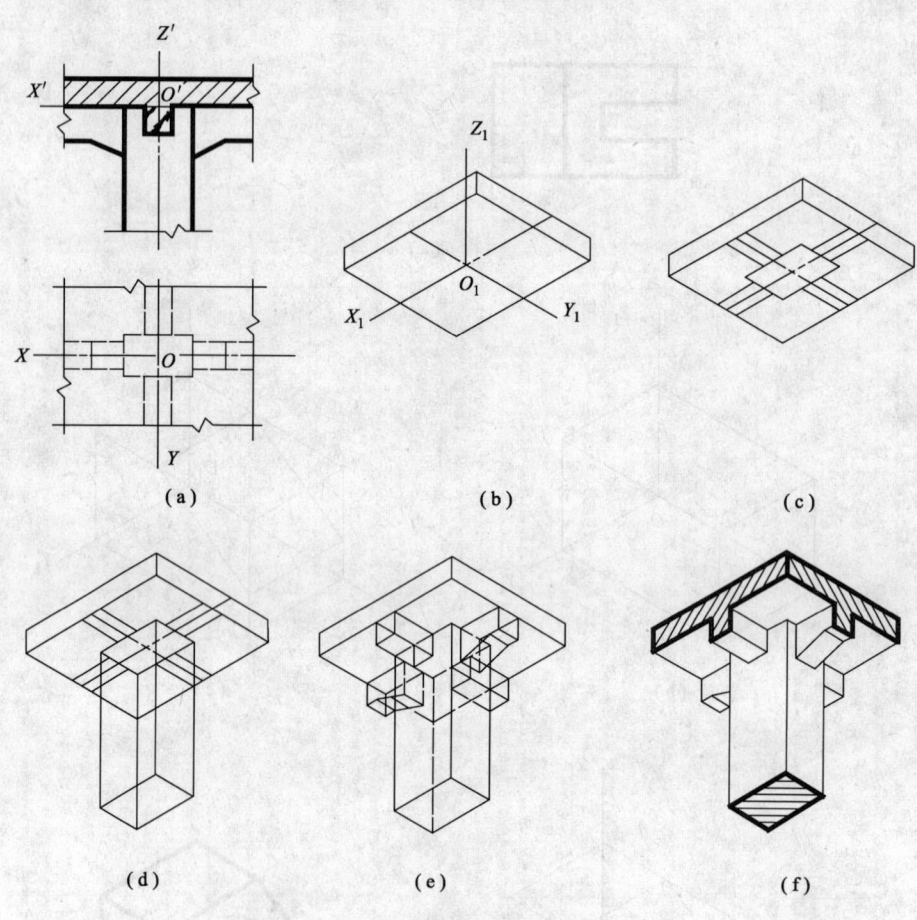

图 9-6 画梁板柱节点的正等测

分析：

梁板柱节点是由若干个四棱柱叠加组合而成，适合用叠加法画图。叠加法就是按形体的组成顺序，依次逐个画出每一基本体的轴测投影，从而完成整个形体的轴测投影。

为了清楚地表达组成梁板柱节点的结构，应画仰视轴测图。

作图：

(1) 确定坐标轴，并在正投影图上表示出来，如图9-6a所示。

(2) 画轴测轴，并用坐标法画出四棱柱楼板的轴测投影，如图9-6b所示。

(3) 给梁柱定位：在楼板的底面上，绘出柱子、主梁和次梁的水平面轴测投影，如图9-6c所示。

(4) 画柱子：过柱子的水平面轴测投影向下定柱子的高度，绘出柱子的轴测投影，如图9-6d所示。

(5) 画主梁和次梁：过主梁和次梁的水平面轴测投影向下定高度，绘出主梁和次梁的轴测投影及与柱子的交线，如图9-6e所示。

(6) 擦去作图线，加深可见轮廓线。节点的断面边界画粗实线，断面画剖面符号，完成全图，如图9-6f所示。

9.2.2 正面斜二测

以正投影面为轴测投影面，使空间形体的 XOZ 坐标面平行于轴测投影面，所得到的斜轴测投影称为正面斜轴测，如图9-7所示。

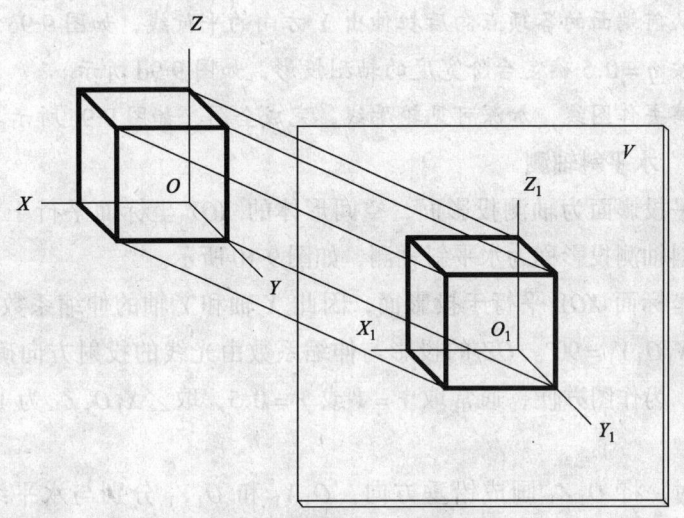

图9-7 正面斜轴测的形成

由于坐标面 XOZ 平行投影面，故 X、Z 轴的伸缩系数 $p = r = 1$，轴间角 $\angle X_1 O_1 Z_1 = 90°$。OY 的投影与伸缩系数由光线的投射方向确定，各自相对独立。为作图方便，通常取 Y 轴的伸缩系数 $q = 0.5$；$O_1 Y_1$ 与水平线的夹角取 $45°$（也可取 $30°$ 或 $60°$），如图9-8所示。这样得到的斜轴测称为正面斜二测。

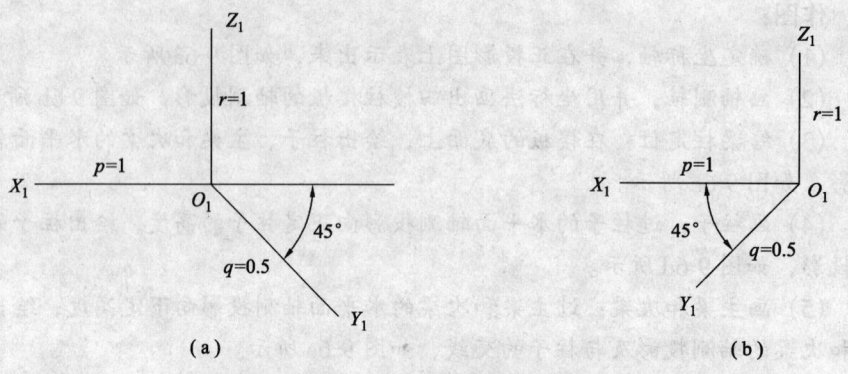

图 9-8 正面斜二测的轴间角和轴向伸缩系数

【例 9-4】 作图 9-9 所示台阶的正面斜二测。

作图：

(1) 确定坐标轴，并在正投影图上表示出来，如图 9-9a 所示。

(2) 画轴测轴，并画出台阶前端面的轴测投影，如图 9-9b 所示。

(3) 从前端面的各顶点向后拉伸出 Y 方向的平行线，如图 9-9c 所示。

(4) 按 $q = 0.5$ 确定台阶宽度的轴测投影，如图 9-9d 所示。

(5) 擦去作图线，加深可见轮廓线，完成全图，如图 9-9e 所示。

9.2.3 水平斜轴测

以水平投影面为轴测投影面，空间形体的 XOY 坐标面平行于该投影面，所得到的斜轴测投影称为水平斜轴测，如图 9-10 所示。

由于坐标面 XOY 平行于投影面，因此 X 轴和 Y 轴的伸缩系数 $p = q = 1$，轴间角 $\angle X_1 O_1 Y_1 = 90°$。OZ 的投影与伸缩系数由光线的投射方向确定，各自相对独立。为作图方便，通常取 $r = 1$ 或 $r = 0.5$，取 $\angle X_1 O_1 Z_1$ 为 120°，如图 9-11a 所示。

画图时，将 $O_1 Z_1$ 画成铅垂方向，$O_1 X_1$ 和 $O_1 Y_1$ 分别与水平线成 30°和 60°，如图 9-11b 所示。

图 9-12 为水平斜轴测的作图过程。先将图 9-12a 中的水平投影逆时针旋转 30°，得到图 9-12b，再在各转角处画出高线，量取高度，即可画出水平斜轴测投影，如图 9-12c 所示。

水平斜轴测投影，适合于表达建筑小区的平面布置和一幢房屋的水平剖视。如图 9-13 所示为某小区的平面布置图。

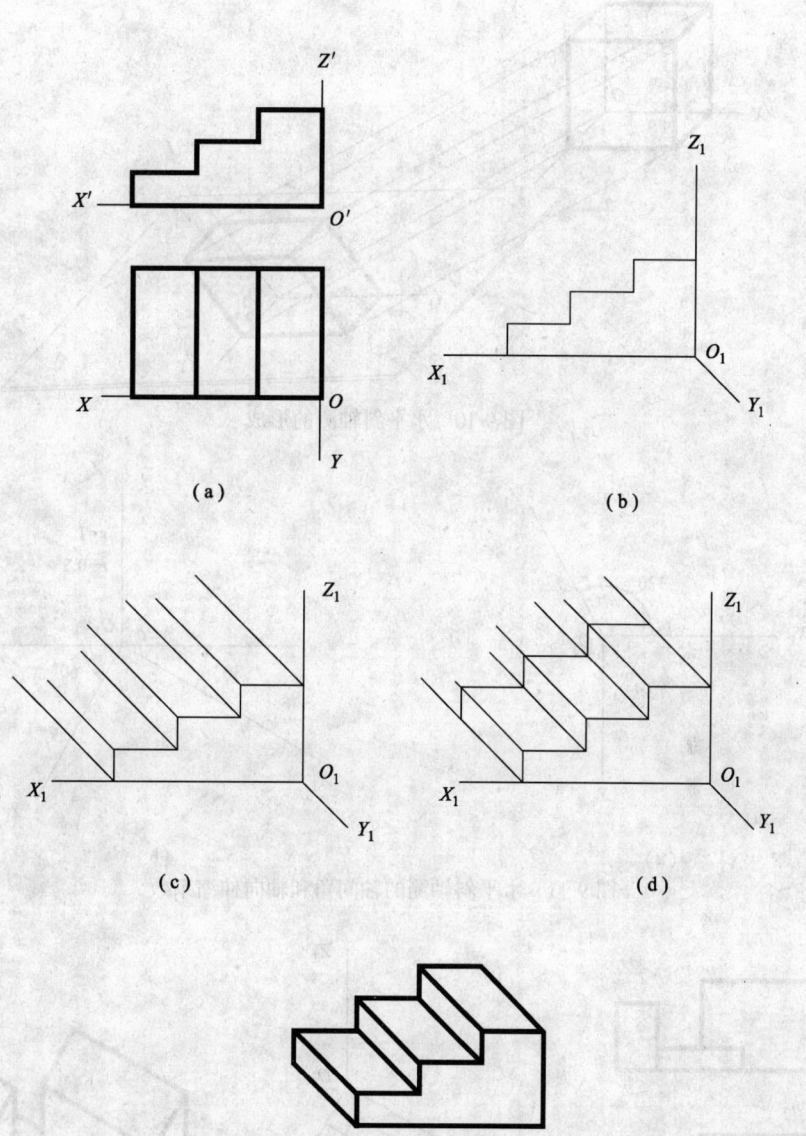

图 9-9 台阶的正面斜二测

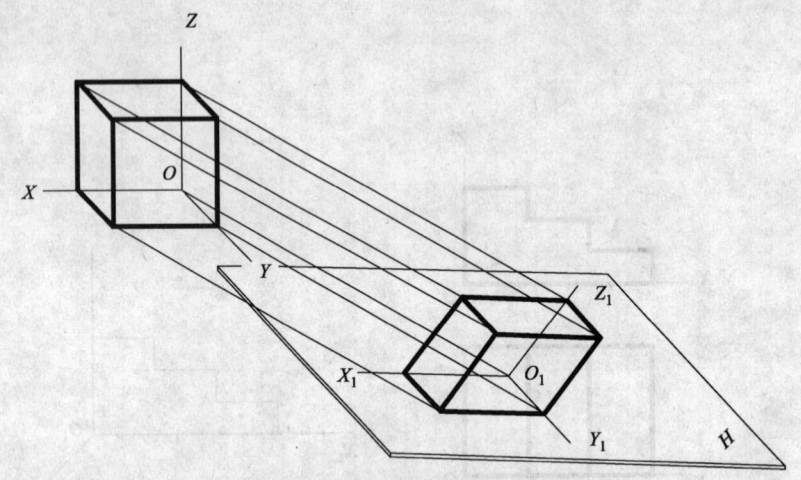

图 9-10 水平斜轴测的形成

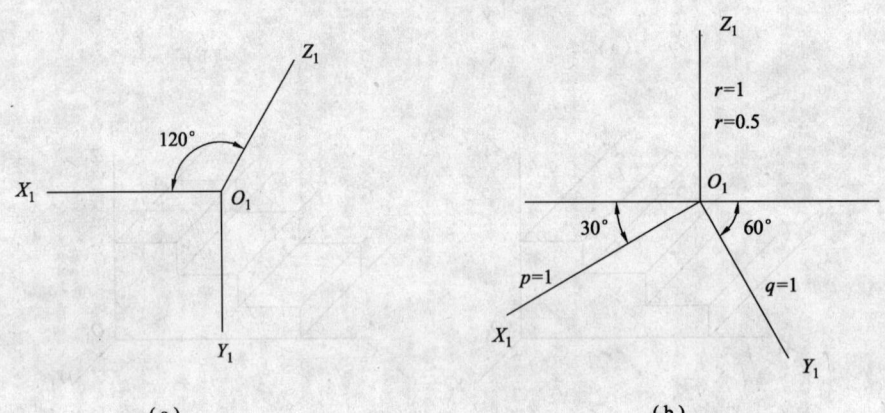

(a)   (b)

图 9-11 水平斜轴测的轴间角和轴向伸缩系数

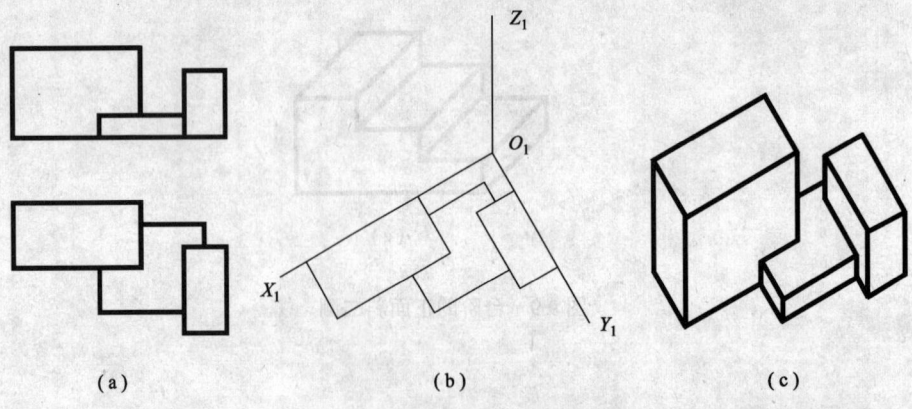

(a)   (b)   (c)

图 9-12 建筑形体的水平斜轴测

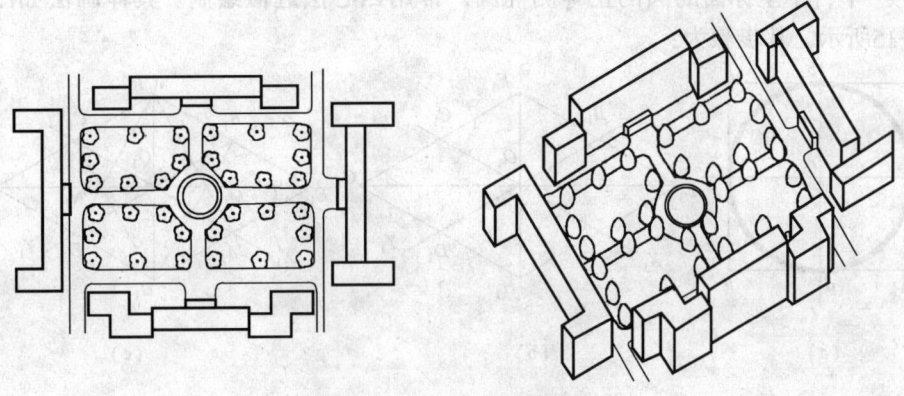

图 9-13 某小区的平面布置

9.3 曲面立体轴测投影的画法

9.3.1 曲面立体的正等测

1. 平行于坐标面的圆的正等测画法

在正等测投影中,平行于坐标面的圆的投影都是椭圆。如图 9-14 所示为正方体表面上的三个内切圆(分别平行于三个不同坐标面的直径相同的圆)的正等测投影。

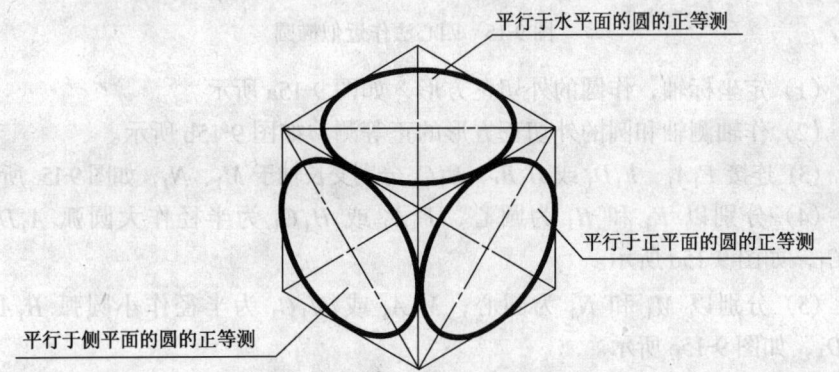

图 9-14 平行于坐标面的圆的正等测

这三个椭圆的形状和大小相同,但长轴的方向各不相同,表 9-1 列出了这三个椭圆的长短轴方向及大小(表中 D 为圆的直径)。

表 9-1 正等测椭圆的长短轴方向及大小

正等测椭圆 圆	长短轴方向		长短轴大小(用简化系数 1)	
	长轴	短轴	长轴	短轴
平行 XOY 面	$\perp O_1Z_1$	$// O_1Z_1$	$\approx 1.22D$	$\approx 0.7D$
平行 XOZ 面	$\perp O_1Y_1$	$// O_1Y_1$	$\approx 1.22D$	$\approx 0.7D$
平行 YOZ 面	$\perp O_1X_1$	$// O_1X_1$	$\approx 1.22D$	$\approx 0.7D$

平行于坐标面的圆的正等测椭圆，常用四心法近似绘制。具体画法如图 9-15 所示，其步骤为：

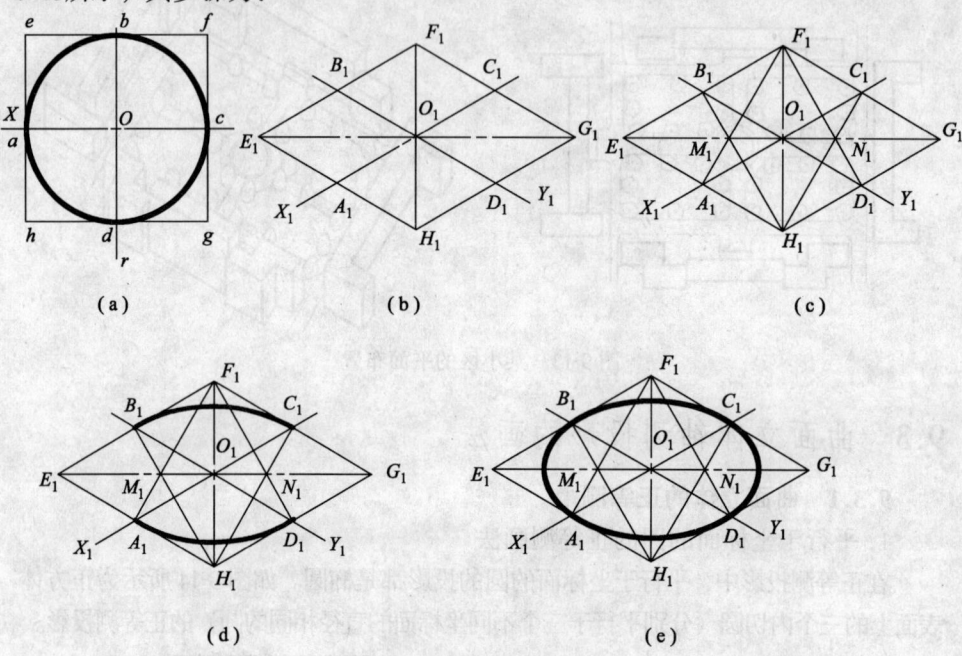

图 9-15 四心法作近似椭圆

(1) 定坐标轴，作圆的外切正方形，如图 9-15a 所示。

(2) 作轴测轴和圆的外切正方形的正等测，如图 9-15b 所示。

(3) 连接 F_1A_1、F_1D_1 或 H_1B_1、H_1C_1 分别交长轴于 M_1、N_1，如图 9-15c 所示。

(4) 分别以 F_1 和 H_1 为圆心，F_1A_1 或 H_1C_1 为半径作大圆弧 A_1D_1 和 B_1C_1，如图 9-15d 所示。

(5) 分别以 M_1 和 N_1 为圆心，M_1A_1 或 M_1C_1 为半径作小圆弧 B_1A_1 和 C_1D_1，如图 9-15e 所示。

由大圆弧 A_1D_1、B_1C_1 和小圆弧 B_1A_1、C_1D_1 就组成了一个近似椭圆。

2. 曲面立体正等测画法

【例 9-5】 作图 9-16 所示的带切槽圆柱的正等测。

分析：

该形体是前边被切了一个槽的圆柱体，适合用切割法画图。

作图：

(1) 确定坐标轴，并在正投影图上表示出来，如图 9-16a 所示。

(2) 根据圆柱的直径 D 和高 H，作上下底圆外切正方形的轴测投影，如图 9-16b 所示。

(3) 用四心法作出上底的近似椭圆以及下底面近似椭圆的可见部分，并作出两椭圆的公切线，如图 9-16c 所示。

(4) 作切槽，如图 9-16d 所示。

(5) 擦去作图线，加深可见轮廓线，完成全图，如图 9-16e 所示。

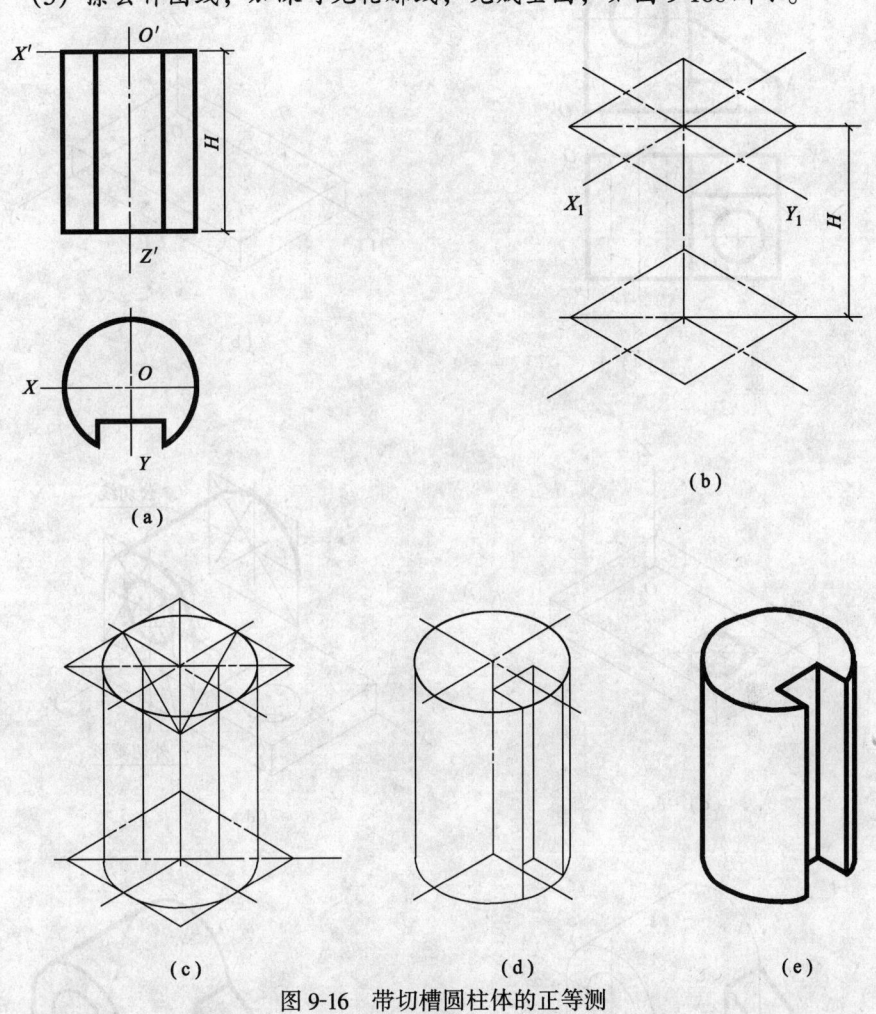

图 9-16 带切槽圆柱体的正等测

【例 9-6】 作图 9-17 所示的组合形体的正等测。

分析：

该形体是由一个带圆孔的长方体底板、半圆柱体及三角形板组成。适合用叠加法画图。

作图：

(1) 确定坐标轴，并在正投影图上表示出来，如图 9-17a 所示。

(2) 画轴测轴，并用坐标法画长方体底板及板上小孔的轴测投影，如图

9-17b、c 所示。

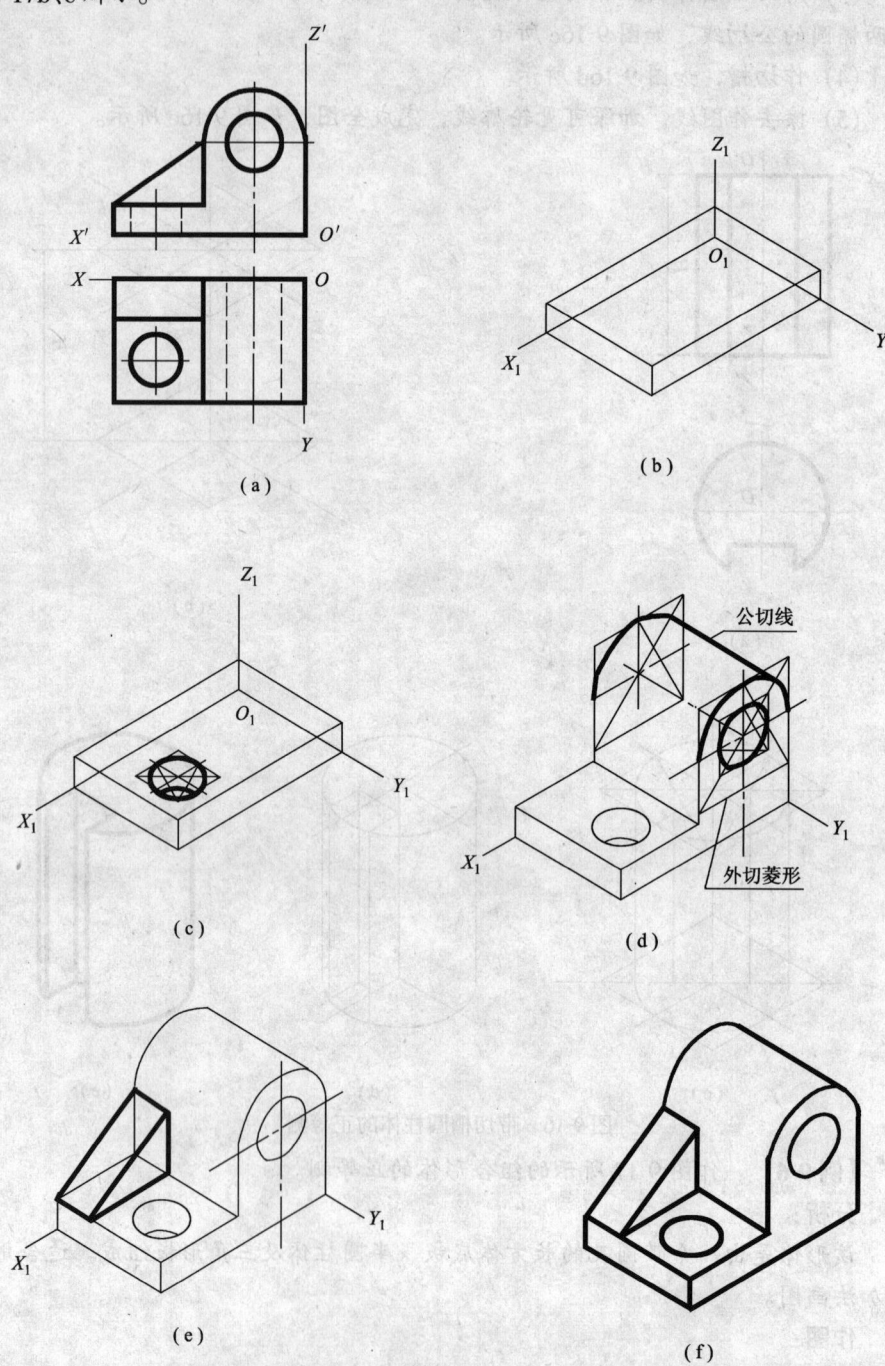

图 9-17 组合体的正等测画法

182

(3) 根据相对位置，分别画出半圆柱体及三角形板的轴测投影，如图 9-17d、e 所示。

(4) 擦去作图线，加深可见轮廓线，完成全图，如图 9-17f 所示。

9.3.2 曲面立体的正面斜二测

1. 平行于坐标面的圆的正面斜二测

图 9-18 表示了正立方体表面上三个内切圆的正面斜二测。由于坐标面 XOZ 平行于轴测投影面，所以平行坐标面 XOZ 的圆的正面斜二测仍是大小相同的圆；平行于坐标面 XOY 和 YOZ 的圆的正面斜二测是椭圆。该椭圆的画法本书不再赘述，请参考有关书籍。

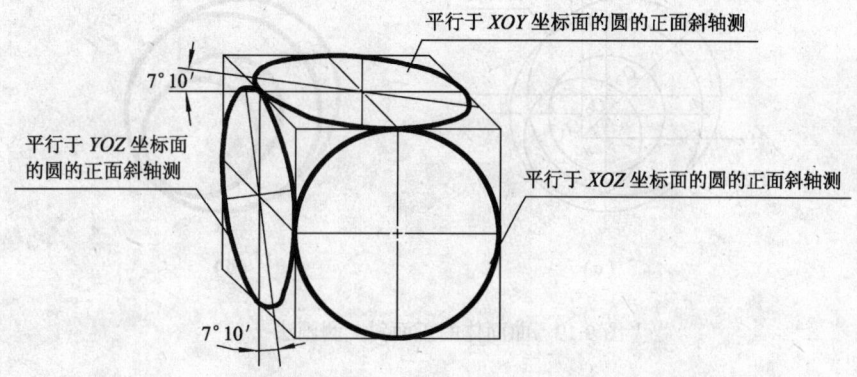

图 9-18 平行于坐标面的圆的正面斜二测

当物体上有比较多的平行于坐标面 XOZ 的圆或曲线时，选用正面斜二测，会使作图较为方便。

2. 曲面立体的正面斜二测画法

【例 9-7】 作图 9-19 所示形体的正面斜二测。

分析：

该形体由同轴的两个大、小圆柱叠加而成。由于大、小两圆柱的前后端面都是圆，因此，将前后端面放成平行于坐标面 XOZ 的位置，作图就很方便。

作图：

(1) 确定坐标轴，并在正投影图上表示出来，如图 9-19a 所示。

(2) 作小圆柱的轴测投影，如图 9-19b 所示。

(3) 作大圆柱的轴测投影，如图 9-19c 所示。

(4) 擦去作图线，加深可见轮廓线，完成全图，如图 9-19d 所示。

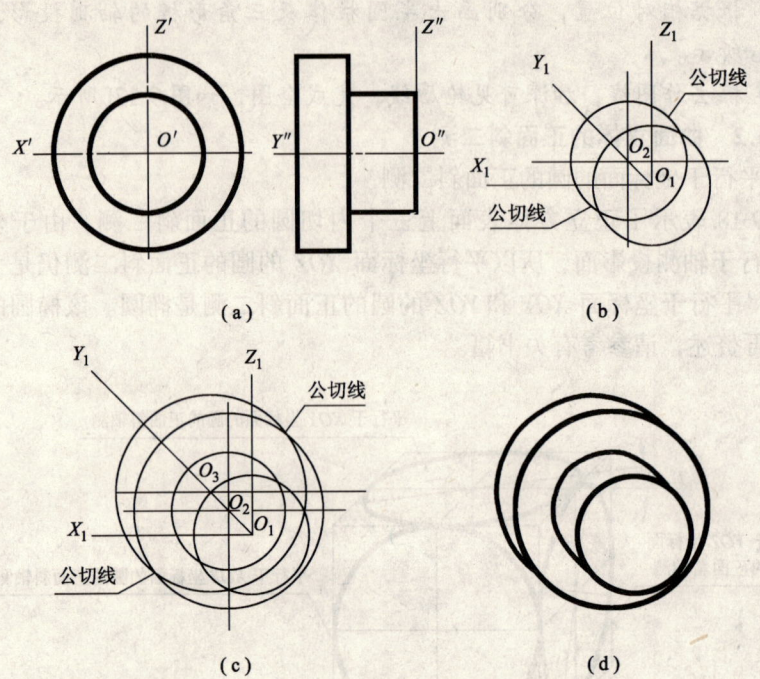

图 9-19 曲面体的正面斜二测画法

【例 9-8】 作图 9-20 所示组合体的正面斜二测。

分析：

该形体是由一个长方体底板、半圆的竖板及梯形板组成。适合用叠加法画图。

作图：

(1) 确定坐标轴，并在正投影图上表示出来，如图 9-20a 所示。

(2) 画轴测轴，并用坐标法画出长方体底板的轴测投影，如图 9-20b 所示。

(3) 根据相对位置，分别画出半圆竖板和梯形板的轴测投影，如图 9-20c、d 所示。

(4) 擦去作图线，加深可见轮廓线，完成全图，如图 9-20e 所示。

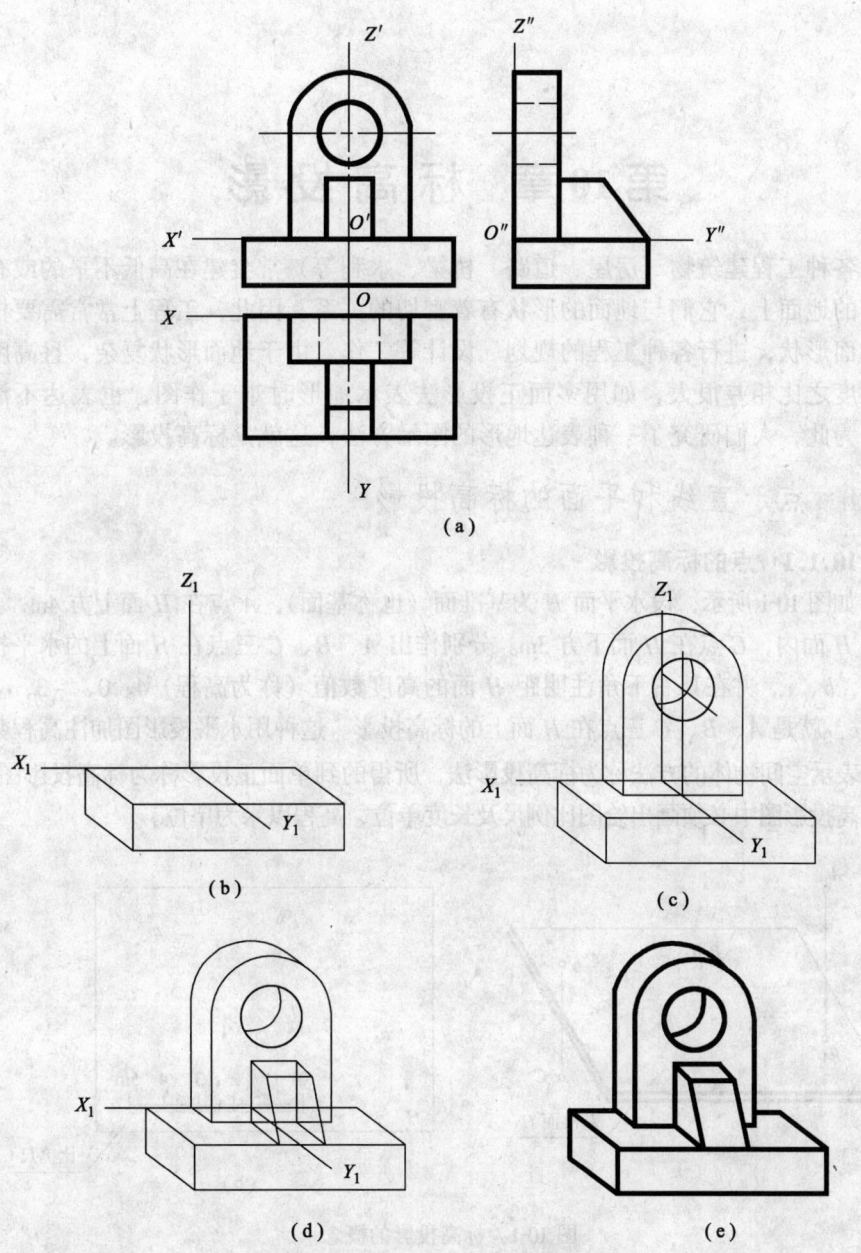

图 9-20 组合体的正面斜二测画法

第10章 标 高 投 影

各种工程建筑物（房屋、道路、桥梁、水利等）常会建在高低不平的或有山峦的地面上，它们与地面的形状有着密切的关系。因此，工程上常常需要根据地面形状，进行各种工程的规划、设计等工作。由于地面形状复杂，且高度与长度之比相差很大，如用多面正投影法表示地形时难于作图，也表达不清楚。为此，人们研究了一种表达地形的图示方法，这就是标高投影。

10.1 点、直线和平面的标高投影

10.1.1 点的标高投影

如图10-1所示，设水平面H为基准面（也称基面），A点在H面上方4m，B点在H面内，C点在H面下方3m。分别作出A、B、C三点在H面上的水平投影a、b、c，并在其右下角注明距H面的高度数值（称为高程）4、0、-3，a_4、b_0、c_{-3}就是A、B、C三点在H面上的标高投影。这种用水平投影图加注高程数值来表示空间物体的方法称为标高投影法，所得的到单面正投影称为标高投影图。在标高投影图中必须画出绘图比例尺及长度单位，高程以米为单位。

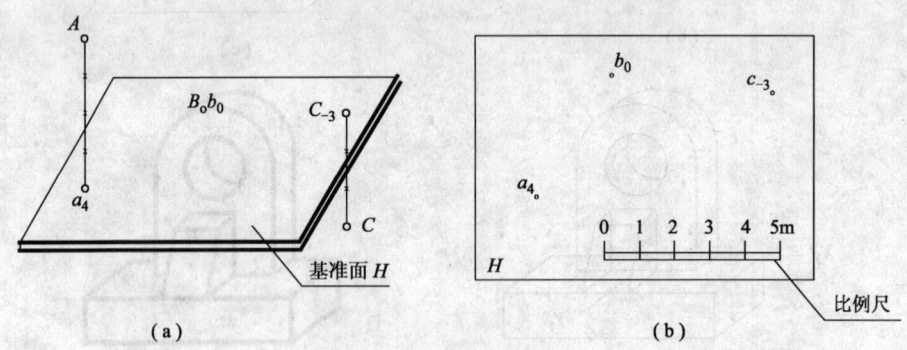

图10-1 标高投影的概念
(a) 轴测图；(b) 标高投影

10.1.2 直线的标高投影

1. 直线的表示法

(1) 用直线上两点的标高投影来表示

如图10-2a所示直线AB的立体图，A点高程为7m，B点高程为2m。分别

作出 A、B 两点在 H 面的标高投影 a_7、b_2，然后连接 a_7 与 b_2 便得到直线 AB 的标高投影，如图 10-2b 所示。

（2）用直线上一点 A 的标高投影及直线的坡度来表示

如图 10-2c 所示，用直线上一点 A 的标高投影 a_7 和直线的坡度 $i = 1:1$ 表示直线。规定表示坡度方向的箭头指向直线的下坡，即由高指向低。

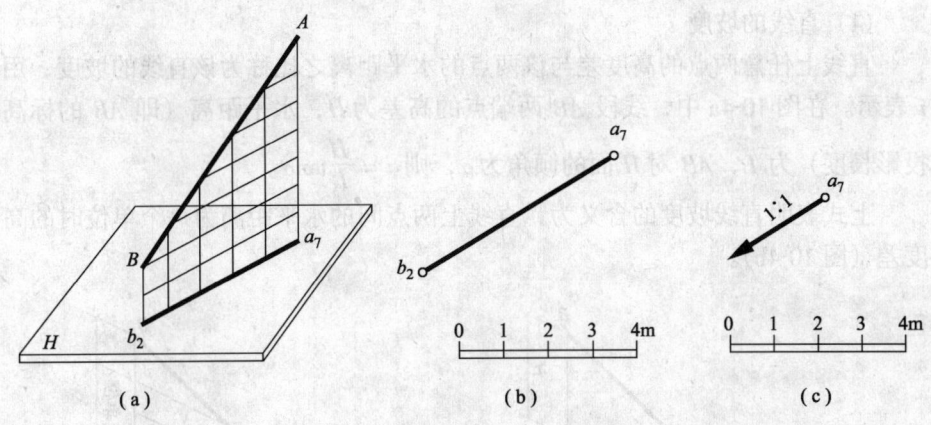

图 10-2　直线的标高投影
(a) 轴测图；(b) 用两端点的标高投影表示；(c) 用一点的标高投影和坡度表示

2. 直线段的实长

当已知一直线的标高投影（图 10-3a），求线段实长仍然可用直角三角形法或一次换面法来解决。

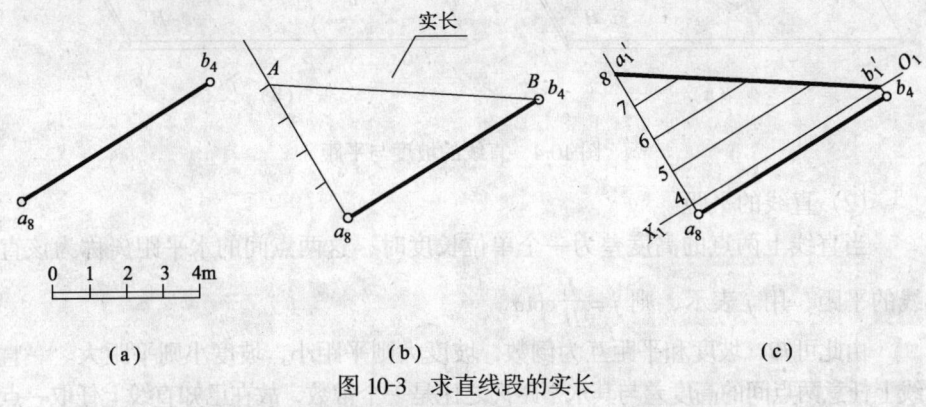

图 10-3　求直线段的实长
(a) 已知条件；(b) 直角三角形法求实长；(c) 换面法求实长

（1）直角三角形法求线段实长

以线段的标高投影 $a_8 b_4$ 为直角三角形的一直角边，另一直角边是线段两端点距 H 面的高度差，其斜边 AB 即为实长。作图时，高差与标高投影应采用同一比例尺，如图 10-3b 所示。

(2) 换面法求实长

在适当位置作标高投影 a_8b_4 的平行线 O_1X_1 作为新轴,并将 O_1X_1 轴作为高程为整数4的起始线。然后再绘出相隔一个单位的 O_1X_1 轴的平行线,在此平行线上标出5、6、7、8,得到 $a_1'b_1'$ 即为 AB 的实长,如图 10-3c 所示。

3. 直线的坡度与平距

(1) 直线的坡度 i

直线上任意两点的高度差与该两点的水平距离之比称为该直线的坡度,用 i 表示。在图 10-4a 中,线段 AB 两端点的高差为 H,水平距离(即 AB 的标高投影长度)为 L,AB 对 H 面的倾角为 α,则 $i = \dfrac{H}{L}\tan\alpha$。

上式表明直线坡度的含义为:直线上两点间的水平距离为一个单位时的高度差(图 10-4b)。

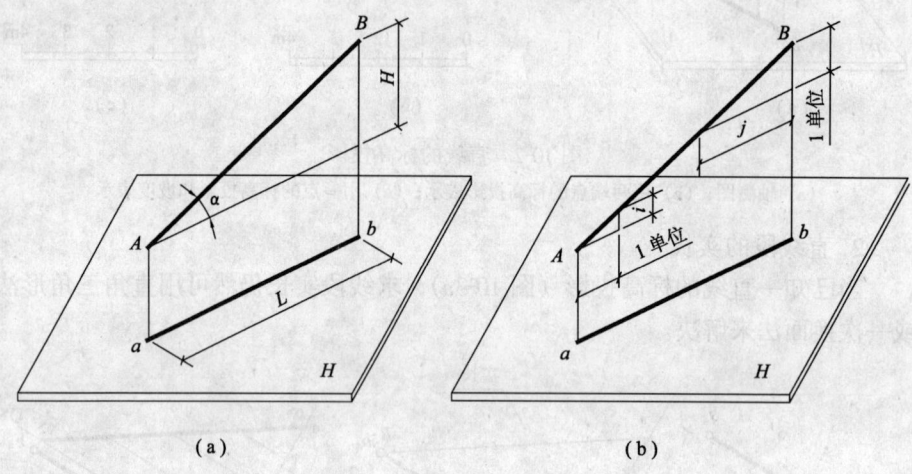

图 10-4 直线的坡度与平距

(2) 直线的平距

当直线上两点的高度差为一个单位长度时,这两点间的水平距离称为该直线的平距,用 j 表示,则 $j = \dfrac{L}{H}\cot\alpha$。

由此可知,坡度和平距互为倒数,坡度大则平距小,坡度小则平距大。一直线上任意两点间的高度差与其水平距离之比是一个常数,故在已知直线上任取一点都能计算出它的高程,或已知直线上任一点的高程可确定它的标高投影的位置。

【例 10-1】 已知线段 AB 的标高投影 $a_{10}b_5$(图 10-5),求 AB 的坡度 i、平距 j 和 AB 线上 C 点的高程。

解:

(1) 图解法:可用图 10-3b 所示的换面法求解(读者自行补充)。

(2) 数解法：

①求直线 AB 的坡度 i

$i = \dfrac{H_{AB}}{L_{AB}}$，$H_{AB} = 10 - 5 = 5\text{m}$，$L_{AB} = ab$，在图上用比例尺度量 $ab = 10\text{m}$，所以 $i = \dfrac{H_{AB}}{L_{AB}} = \dfrac{5}{10} = \dfrac{1}{2}$。

②求直线 AB 的平距 j

$j = \dfrac{L_{AB}}{H_{AB}} = \dfrac{10}{5} = 2$

③求 C 点的高程

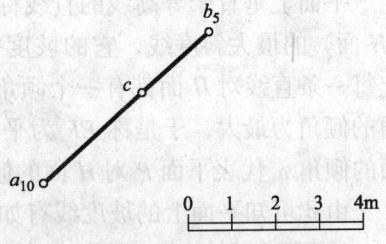

图 10-5 求 AB 的坡度、平距和 AB 线上 C 点的标高

因为 $i = \dfrac{H_{AB}}{L_{AB}} = \dfrac{H_{AC}}{L_{AC}} = \dfrac{1}{2}$，所以 $H_{AC} = \dfrac{1}{2}L_{AC}$。由比例尺量得 $L_{AC} = 6\text{m}$，由此得 $H_{AC} = \dfrac{1}{2} \times 6 = 3$。所以 C 点的高程为 $10 - 3 = 7$（m）。

10.1.3 平面的标高投影

1. 平面上的等高线和坡度线

(1) 平面上的等高线

平面上的水平线称为平面的等高线。等高线就是该平面与水平面的交线。等高线上各点到基准面的距离（高程）相等。平面上的各等高线彼此平行，并且各等高线间的高差与水平距离成同一比例。当各等高线的高差相等时，它们的水平距离也相等，如图 10-6a 所示。

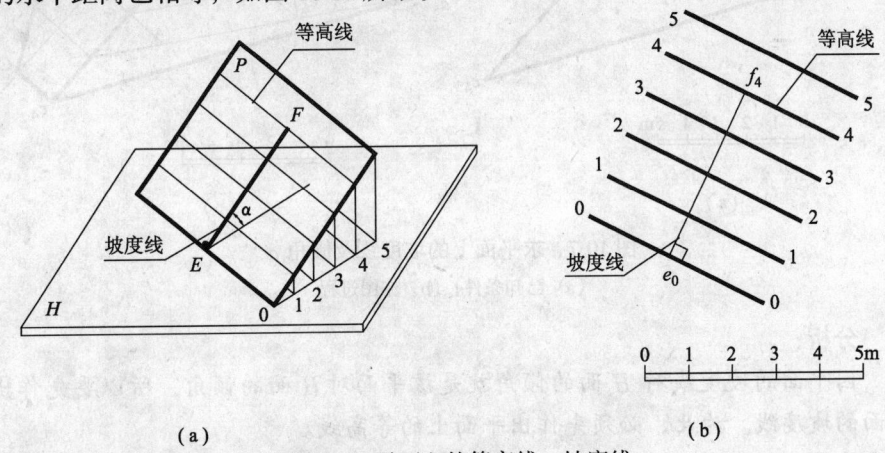

(a)   (b)

图 10-6 平面上的等高线、坡度线

由此可知平面上的等高线有以下特征：

①平面上的等高线是直线；

②等高线彼此平行；

③等高线的高差相等时，其水平间距也相等。

(2) 平面上的坡度线

平面上垂直于等高线的直线称为平面的坡度线。坡度线就是平面上对基面（H 面）的最大斜度线，它的坡度代表了该平面的坡度。图 10-6a 中，P 平面上每一条直线对 H 面都有一个倾角，其中垂直于 P 面上等高线的直线 EF 对 H 面的倾角为最大，于是称 EF 为平面 P 对 H 面的最大斜度线。最大斜度线对 H 面的倾角 α 代表平面 P 对 H 面的倾角。

由此可知平面上的坡度线有如下特征：

①平面上的坡度线与等高线互相垂直，它们的标高投影也互相垂直（图 10-6b）。

②坡度线对 H 面的倾角等于该平面对 H 面的倾角。因此，坡度线的坡度就代表该平面的坡度。

【例 10-2】 已知一平面 ABC 的标高投影为 $a_5b_9c_4$（图 10-7a），求作该平面的坡度线以及该平面对 H 面的倾角 α。

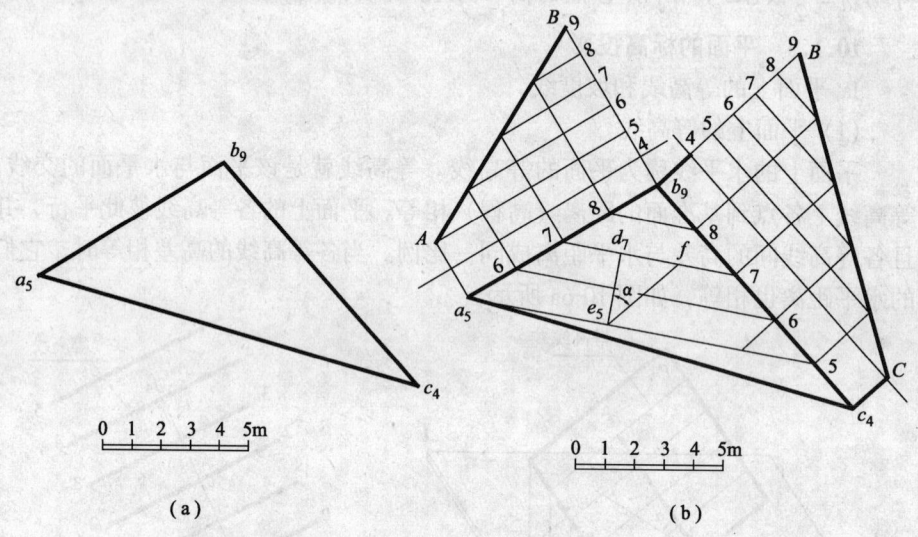

图 10-7 求平面上的坡度线及倾角 α
(a) 已知条件；(b) 作图过程

分析：

因平面的坡度线对 H 面的倾角就是该平面对 H 面的倾角，所以要先作出平面的坡度线。为此，必须先作出平面上的等高线。

作图（图 10-7b）：

(1) 作平面上的等高线

在 $a_5b_9c_4$ 上任选两条边 a_5b_9 和 b_9c_4，用换面法分别在 a_5b_9 和 b_9c_4 定出整数标高点 8、7、6、5。连接相同标高的点就得到该平面上的等高线。

(2) 作平面上的坡度线

根据一边平行于投影面的直角投影特性,在适当位置任作等高线的垂线 d_7e_5,即为 ABC 平面的坡度线。

(3) 求平面对 H 面的倾角

坡度线 d_7e_5 对 H 面的倾角就是 ABC 平面对 H 面的倾角 $α$。$α$ 角可用直角三角形法求得。以 d_7e_5(两个平距)为一直角边,再用比例尺量得两个单位的高差($d_7f=2m$)为另一直角边,斜边 e_5f 与坡度线 d_7e_5 之间的夹角 $α$ 就是 ABC 平面对 H 面的倾角。

2. 平面的标高投影表示法

平面除了可用几何元素(不在同一直线上的三点、一直线和直线外一点、相交两直线、平行两直线、平面图形)的标高投影来表示以外,还可以根据标高投影的特点用以下方法来表示。

(1) 用平面上一条等高线的标高投影和该平面的坡度来表示平面。

在图 10-8a 中,平面上一条等高线的高程为 l0,坡度线垂直于等高线,在坡度线上画出指向下坡的箭头,并标出平面的坡度 i。

(2) 用平面上一组等高线的标高投影表示该平面,如图 10-8b 所示。

(3) 用平面上一条倾斜直线的标高投影和该平面的坡度表示平面。

在图 10-8c 中画出了平面上一条倾斜直线的标高投影 a_5b_{10}。因为平面上的坡度线不垂直于该平面上的倾斜直线,所以在平面的标高投影中坡度线不垂直于倾斜直线的标高投影 a_5b_{10}。通常,把坡度线画成带箭头的弯折线,箭头仍指向下坡。

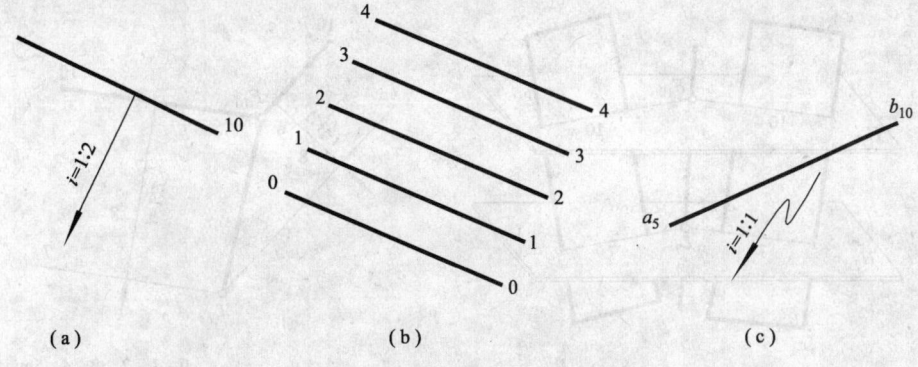

图 10-8 平面的标高投影表示法

【例 10-3】 已知平面上一条高程为 20 的等高线,平面的坡度 $i=1:2$,试作出该平面上若干条整数高程的等高线(图 10-9a)。

作图(图 10-9b):

由平面的坡度 $i=1:2$，可计算出平距 $j=\dfrac{1}{i}=2\mathrm{m}$。根据图中已给的绘图比例尺，自坡度线与等高线 20 的交点 k 沿指向下坡的箭头方向连续量取平距 j，即可定出平面上整数高程的等高线 19、18、17 等。假如沿反方向量取 j，可定出等高线 21、22 等。

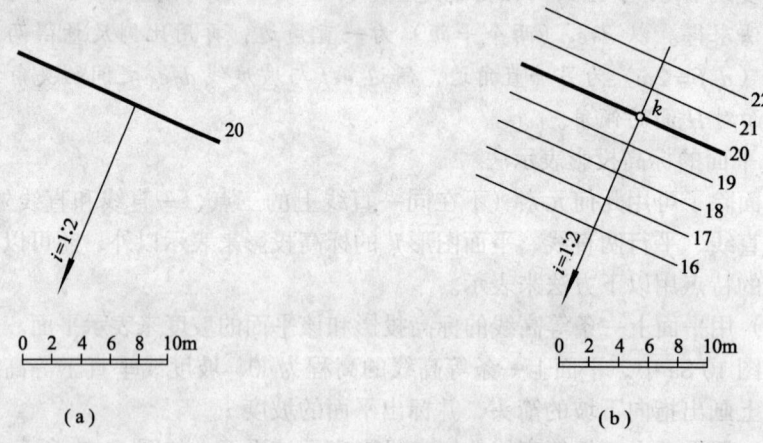

图 10-9　求作等高线

3. 两平面的交线

在标高投影中，通常用水平面作辅助截平面求两平面的交线。水平辅助面与两个相交平面的交线是两条同高程的等高线。这两条等高线的交点是两平面的共有点，即两平面交线上的点。只要连接两平面上的相同高程等高线的两个交点就得到两平面的交线，如图 10-10a 所示。图 10-10b 所示为标高投影作法。

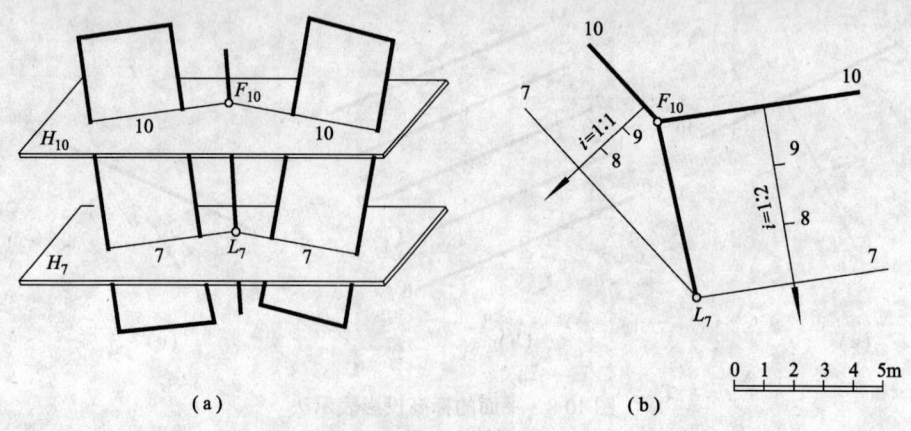

图 10-10　求作两平面交线

在实际工程中，把建筑物上相邻两坡面的交线称为坡面交线。坡面与地面的交线称为坡边线。坡边线分为开挖坡边线（简称开挖线）和填筑坡边线（简称坡脚线)。

【例10-4】 在高程为4m的地面上挖一基坑,坑底高程为1m;坑底的形状、大小以及各坡面坡度如图10-11a所示,求作开挖线和坡面交线,并在坡面上画出示坡线。

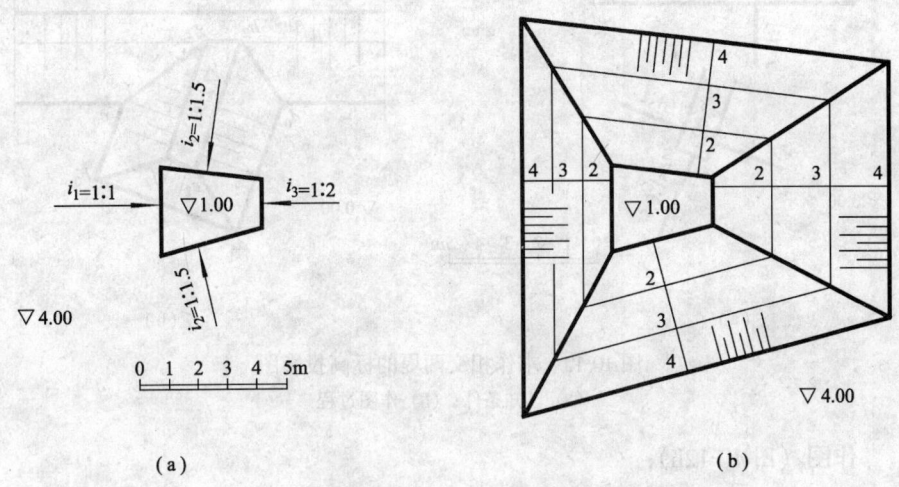

图 10-11 求作开挖线和坡面交线
(a) 已知条件；(b) 作图过程

作图 (图 10-11b):

(1) 作开挖线

地面高程为4m,因此开挖线就是各坡面上高程为4m的等高线,它们分别与坑底相应的边线平行。由平距 $j=\dfrac{H}{i}$,计算出 $j_1=1\text{m}$;$j_2=1.5\text{m}$;$j_3=2\text{m}$。根据比例尺在各坡度线上取平距 j 后,得到各坡面的等高线。高程为4m的等高线就是各坡面的开挖线。

(2) 作坡面交线

相邻两坡面上标高相同的两等高线的交点,是两坡面的共有点,也是坡面交线上的点。因此,分别连接开挖线(高程为4m的等高线)的交点与坡底边线(高程为1m的等高线)的交点,即得四条坡面交线。

(3) 画出各坡面的示坡线。

为了加强图形的明显性,可在坡面上高的一侧按坡度线方向画示坡线。示坡线用长短相间的细线从坡顶画出。

【例10-5】 已知大堤与小堤相交,堤顶面标高分别为3m和2m,地面标高为0。各坡面的坡度如图10-12a所示。求作相交两堤的标高投影图。

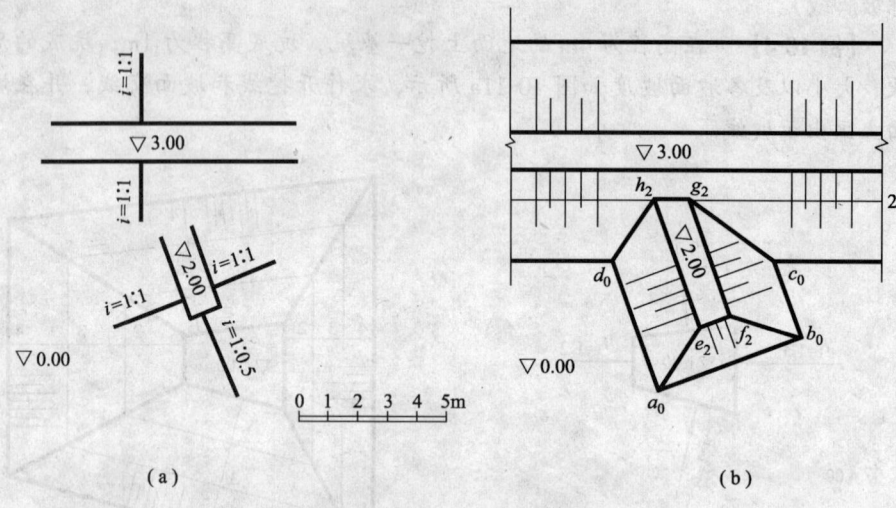

图 10-12 求作相交两堤的标高投影图
(a) 已知条件；(b) 作图过程

作图（图 10-12b）：

(1) 求大堤坡脚线

大堤坡顶线与坡脚线的高差为 3m。大堤前、后坡面的坡度均为 1:1，则坡顶线到坡脚线的水平距离 $l = \dfrac{H}{i} = 3 \div \dfrac{1}{1} = 3\text{m}$。按比例尺在两坡面的坡度线上分别截取 3m，作出上坡顶线的平行线，即得大堤的前、后坡脚线。

(2) 求小堤坡脚线

小堤左、右坡面坡脚线的作法同上。前坡顶线到坡脚线的水平距离 $l = \dfrac{H}{i} = 3 \div \dfrac{1}{0.5} = 1.5\text{m}$。按比例尺在前坡面的坡度线上截取 1.5m，作出前坡顶线的平行线，即得小堤的前坡面坡脚线。

(3) 作小堤的坡面交线

将小堤顶面边线（高称为 2m）的交点 e_2、f_2 分别与小堤坡脚线（高称为 0）的交点 a_0、b_0 相连，$e_2 a_0$、$f_2 b_0$ 即为小堤的坡面交线。

(4) 作小堤顶面与大堤前坡面的交线

小堤顶面标高为 2m，它与大堤前坡面的交线应位于大堤前坡面标高为 2m 的等高线上。作出大堤前坡面标高为 2m 的等高线，求得交线 $h_2 g_2$。

(5) 求大堤与小堤坡面的交线

分别将小堤顶面边线的交点 h_2、g_2 与小堤、大堤坡脚线的交点 d_0、c_0 相连，$h_2 d_0$、$g_2 c_0$ 即为大堤与小堤坡面的交线。

(6) 在各坡面上画出示坡线。

10.2 曲面的标高投影

在标高投影中，用一系列的水平面截切曲面，画出各截交线的标高投影，就得到曲面的标高投影。

10.2.1 圆锥面的标高投影

图 10-13a 为正圆锥面的正面投影。当圆锥面的底圆为水平面时，用一组高差相同的水平面与圆锥面相交，其截交线为一组水平圆，它们是锥面的一组等高线。作出各等高线在 H 面的水平投影，并标出各等高线的高程就得到圆锥面的标高投影。所有各等高线的标高投影为同心圆，且间距相等（图 10-13b）。

当正圆锥面正立时，等高线越靠近圆心，高程越大，当正圆锥面倒立时，等高线越靠近圆心，高程越小（图 10-13c）。

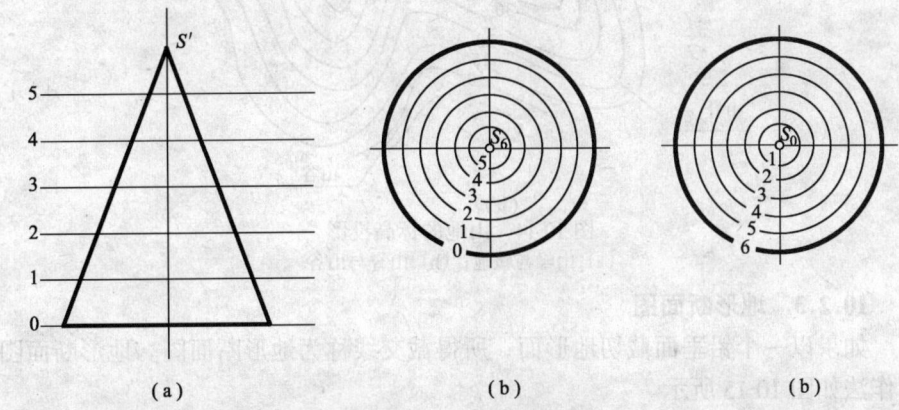

图 10-13 圆锥面的标高投影

10.2.2 地形面的标高投影

地形面是不规则曲面，用一系列整数标高的水平面与地面相交，就得到地面的各等高线。将各等高线向 H 面作正投影，便得一系列不规则形状的曲线，注上相应的标高值，就是地形面的标高投影。

如图 10-14 所示是山地的标高投影图，称为地形图。看地形图时，要注意根据等高线间的间距去想象地势的陡峭或平顺程度。若在图上等高线间距密，则表示该处地形坡度大，反之，则坡度小，即平缓。

学习地形图时要掌握山峰、山脊、山谷、鞍地等基本地形及等高线的特征。山峰是山地的最高部分，等高线成环形，环形越小，标高越大。两山峰之间的低洼处，称为鞍地，如图 10-14a 所示。高于两侧并连续延伸的山地，称为山脊，其等高线凸出部分指向下坡方向。低于两侧并连续延伸的山地，称为山谷，其等高线凸出部分指向上坡方向，如图 10-14b 所示。

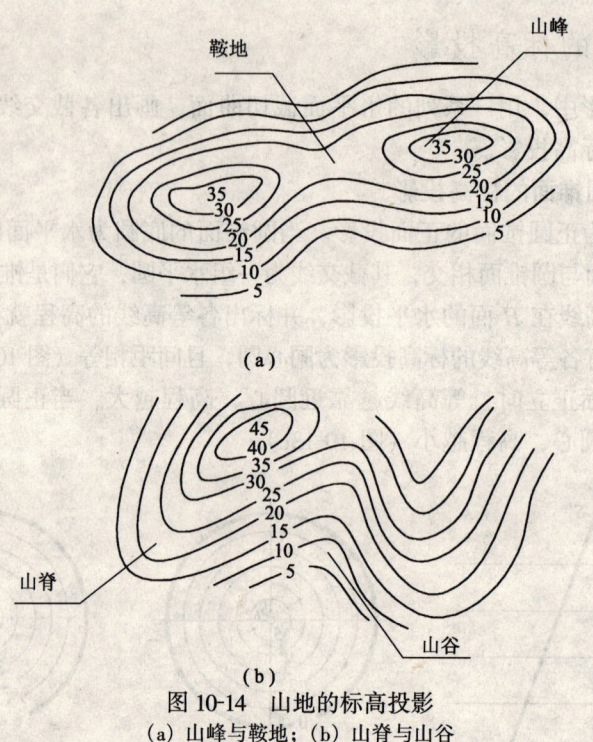

图 10-14 山地的标高投影
(a) 山峰与鞍地；(b) 山脊与山谷

10.2.3 地形断面图

如果以一个铅垂面截切地形面，所得截交线称为地形断面图。地形断面图的作法如图 10-15 所示。

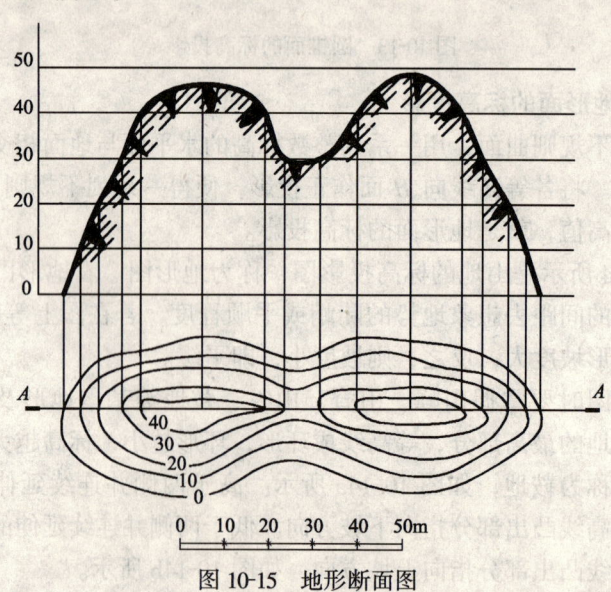

图 10-15 地形断面图

先作一竖直线，按作图比例尺标出各等高线的高程，由此画出一系列水平线。取断面 A-A 为正平面，然后从断面位置线 A-A 与地面各等高线的交点引竖直线，与相应的水平线相交，连接各交点，即为 A-A 地形断面图。断面处地形的起伏情况，可从该断面图上形象地反映出来。

第2篇 建筑工程制图

第11章 建筑形体的表达方法

房屋建筑可以看成是复杂的组合形体，为了清晰、完整、准确地表达建筑形体的内外结构，国家标准《技术制图 图样画法》(GB/T 17451—1998、GB/T 17452—1998)和《房屋建筑制图统一标准》(GB/T 50001—2001)规定了各种表达方法：视图、剖面图、断面图等。本章主要介绍这些方法的画法及其应用。

11.1 基本视图

在工程制图中，将工程物体向投影面投射所得到的图形称为视图。

对于形状比较复杂的物体，用两个或三个视图尚不能完整、清楚地表达它们的内外形状时，可在原有三个投影面的基础上，再增设三个投影面（分别与 H、V、W 平行），组成一个正六面体。以正六面体的六个面作为基本投影面，物体向基本投影面投射所得到的视图，称为基本视图。基本视图的形成及展开如图 11-1、图 11-2 所示。

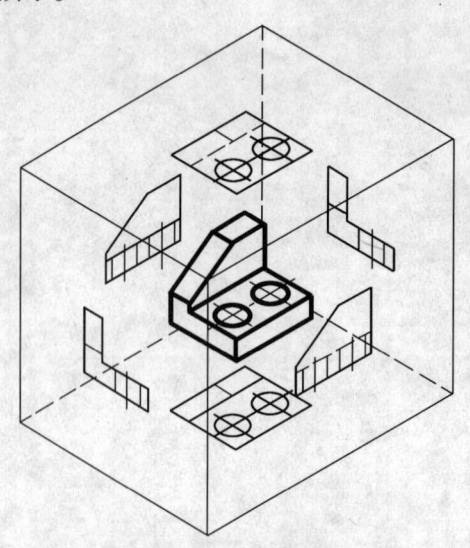

图 11-1 基本视图的形成

其中，把由前向后投射得到的视图称为主视图；把由上向下投射得到的视图称为俯视图;把由左向右投射得到的视图称为左视图;把由下向上投射得到的视图称为仰视图;把由右向左投射所得到的视图称为右视图;把由后向前投射所得到的视图称为后视图。

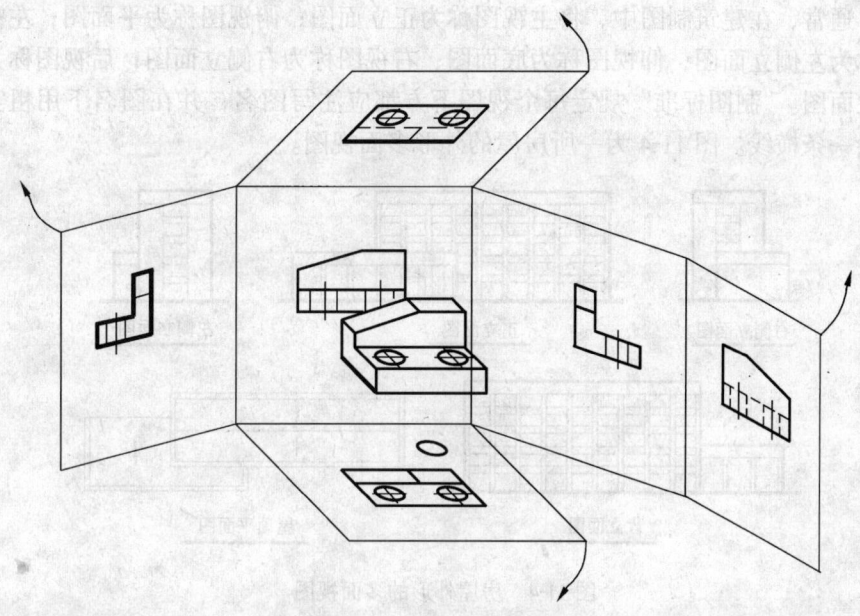

图 11-2　基本视图的展开

基本投影面按图 11-2 展开后,各基本视图的配置关系如图 11-3 所示。显然,基本视图之间仍保持"长对正、高平齐、宽相等"的关系。

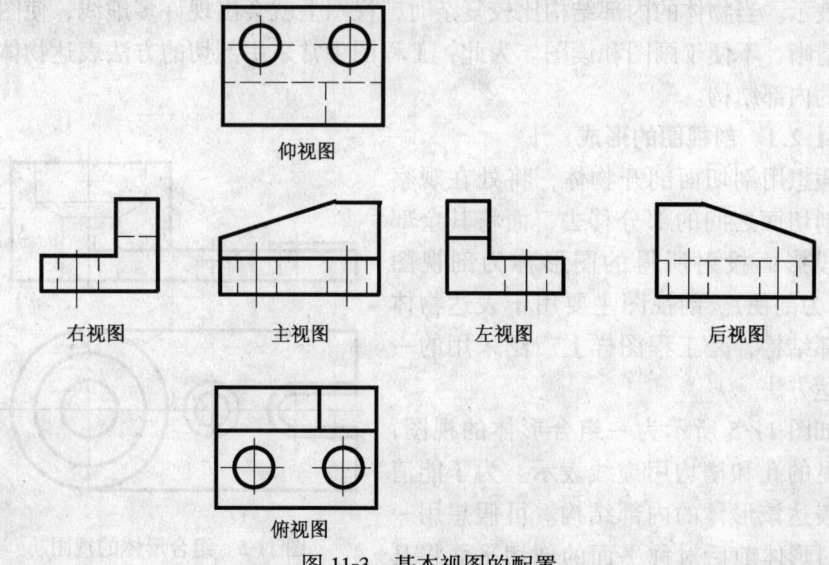

图 11-3　基本视图的配置

在六个基本视图中,主视图、俯视图、左视图所表示的方位关系与前述的三面投影相同。右视图表示物体的上下、前后关系、仰视图表示物体的左右、前后关系、后视图表示物体的上下、左右关系。

通常,在建筑制图中,将主视图称为正立面图;俯视图称为平面图;左视图称为左侧立面图;仰视图称为底面图;右视图称为右侧立面图;后视图称为背立面图。"制图标准"规定每个视图下方都应注写图名,并在图名下用粗实线绘一条横线。图11-4为一所房屋的外形多面视图。

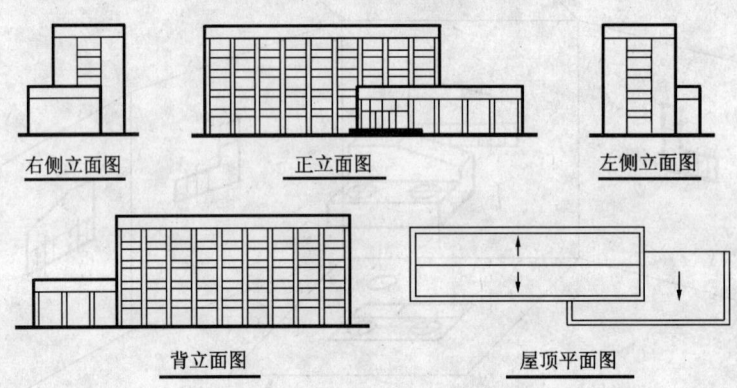

图11-4 房屋外形的多面视图

11.2 剖视图

画物体的视图时,物体的可见轮廓线一般用粗实线表示,不可见轮廓线用虚线表示。当物体的内部结构比较复杂时,视图上就会出现许多虚线,使图形很不清晰,不便于画图和读图。为此,工程图中常采用剖切的方法表达物体看不见的内部结构。

11.2.1 剖视图的形成

假想用剖切面剖开物体,将处在观察者和剖切面之间的部分移去,而将其余部分向投影面投射所得的图形称为剖视图(简称为剖视)。剖视图主要用于表达物体的内部结构,是工程图样上广泛采用的一种表达方法。

如图11-5所示为一组合形体的视图,看不见的孔和槽均用虚线表示。为了能清晰地表达该形体的内部结构。可假想用一个通过形体前后对称平面的剖切平面将其

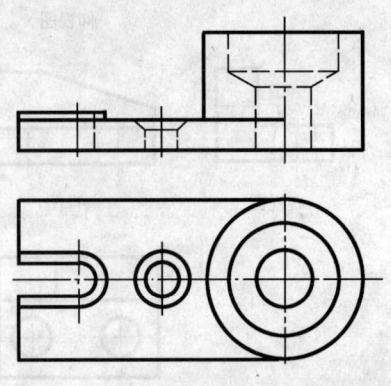

图11-5 组合形体的视图

剖开，如图 11-6a 所示。然后移去剖切平面与观察者之间的部分，将留下的部分向正投影面进行投射，所得的主视图称为剖视图，如图 11-6b 所示。

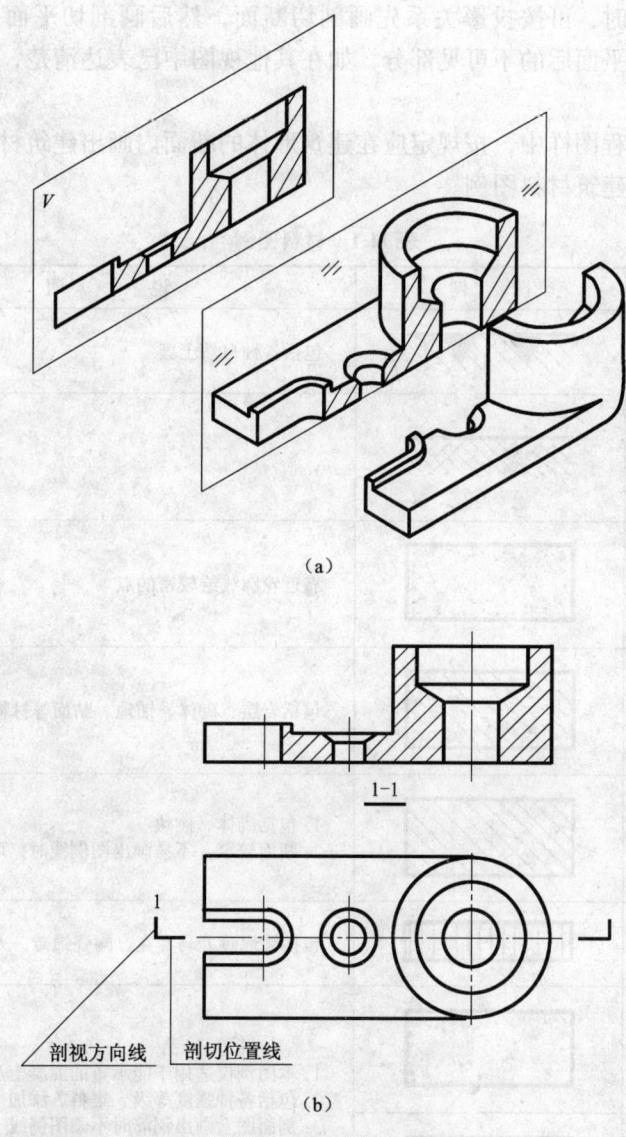

图 11-6 剖视图的形成

11.2.2 剖视图的画法及标注

1. 确定剖切平面的位置

画剖视图时，应根据形体的结构特点选择剖切平面的位置，使剖切后所画的剖视图能确切反映要表达部分的真实形状。所以剖切平面应通过物体内部的对称面或通过孔的轴线，且平行于投影面。图 11-6 中剖切平面为正平面。

2. 画剖视图

画剖视图时，可按投影关系先画剖切断面，然后画剖切平面后的可见部分。对于剖切平面后的不可见部分，如在其他视图中已表达清楚，其虚线省略不画。

在建筑工程图样中，按规定应在建筑形体的断面内画出建筑材料图例。表 11-1 为常用的建筑材料图例。

表 11-1　材料图例

名　称	图　例	说　明
自然土壤		包括各种自然土壤
夯实土壤		
砂、灰土		靠近轮廓线绘较密的点
天然石材	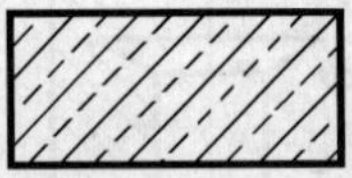	包括岩层、砌体、铺地、贴面等材料
普通砖	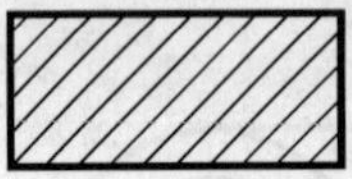	1. 包括砌体、砌块 2. 断面较窄，不易画出图例线时，可涂红
饰面砖		包括铺地砖、马赛克、陶瓷锦砖、人造大理石等
混凝土	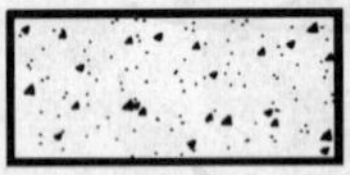	
钢筋混凝土	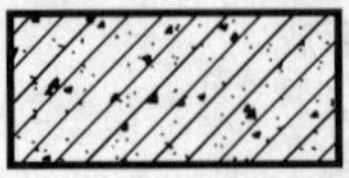	1. 本图例仅适用于能承重的混凝土及钢筋混凝土 2. 包括各种强度等级、集料、添加剂的混凝土 3. 剖面图上画出钢筋时不画图例线 4. 断面较窄，不易画出图例线时，可涂黑
毛　石	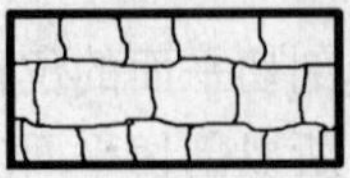	

续表

名　称	图　例	说　明
木　材		1. 上图为断面图，左上图为垫木、木砖、木龙骨 2. 下图为纵断面
金　属		1. 包括各种金属 2. 图形小时，可涂黑
防水材料		构造层次或比例较大时，采用上面图例

　　如果所画剖视图不需指明材料，可在断面内画45°方向的等间距平行细实线，如图 11-6 所示。

　　由于剖切是假想的，并不是真正把物体切掉一部分。所以只有在画剖视图时，才假想将物体切去一部分，其他视图还应按完整的物体考虑画出，如图 11-6b 中水平投影仍按完整的物体画出。

　　3. 剖视图的标注

　　为了便于读图，查找剖视图与其他图样间的对应关系，需对剖视图进行标注。剖视图的标注由剖切符号和编号组成。

　　剖视图的剖切符号表示剖切面的起、迄、转折位置及投射方向。剖切符号由剖切位置线和剖视方向线组成。剖切位置线是剖切平面的积聚投影，用两段长度为 6~10mm 的粗实线来表示。剖切位置线画在图形的外部，且不与图线相交。剖视方向线用垂直于剖切位置线、长度为 4~6mm 的粗实线来表示。剖切符号的编号应注写在剖视方向线的端部，剖视图的编号宜采用阿拉伯数字，按顺序由左至右、右下至上连续编排，如图 11-6b 所示。剖切符号应标注在与剖视图有关的其他视图上。

　　在剖视图的下方要注写与剖切符号编号数字相同的图名，如"1-1"，并在图名下画一等长的粗实线。

　　图 11-7 为房屋的剖视图。图 11-7a 假想用一水平的剖切平面，通过门、

窗洞将整幢房屋剖开，然后画出其整体的剖视图，表示房屋内部的水平布置。图 11-7b 是假想用一铅垂的剖切平面，通过门、窗洞将整幢房屋剖开，画出从屋顶到地面的剖视图，以表示房屋内部的高度情况。在房屋建筑图中，将水平剖切所得的剖视图称为平面图，将铅垂剖切所得的剖视图称为剖面图。

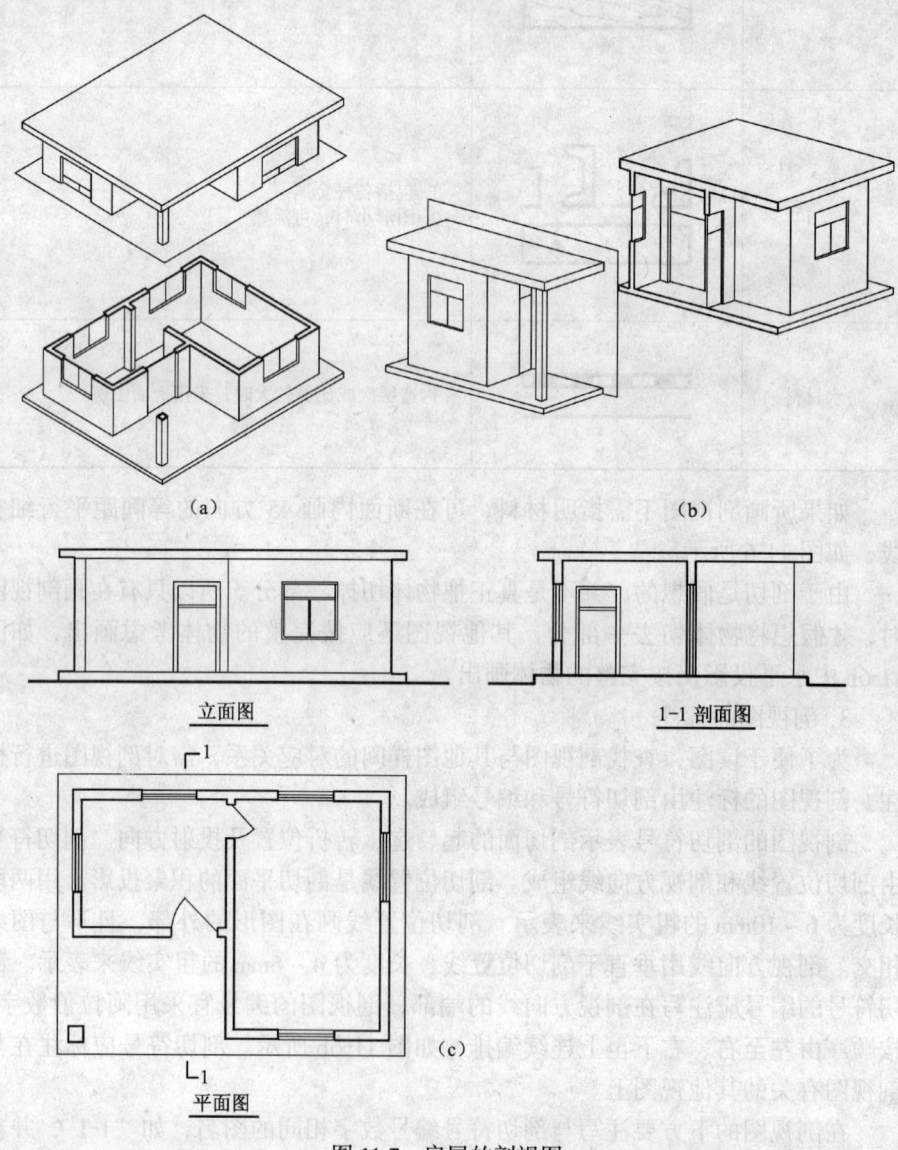

图 11-7 房屋的剖视图

204

11.2.3 剖视图的种类

由于建筑形体的结构复杂，为了完整、清晰地表达建筑形体，可根据结构特点采用不同的剖视图进行表达。

1. 全剖视图

用剖切面完全地剖开物体所得的剖视图，称为全剖视图。全剖视图一般用于不对称且外形比较简单的物体，图 11-6、图 11-7 均为全剖视图。

2. 半剖视图

当物体具有对称平面时，在垂直于对称平面的投影面上投射所得的图形，可以对称中心线为界，一半画成表示内部结构的剖视图，另一半画成表示外形的视图，这样的图形称为半剖视图。

图 11-8 所示的杯形基础左右对称，所以 1-1 剖视图是以对称中心线为界，一半画表达外形的视图，一半画表达内部结构的半剖视图。为了表明它的材料是钢筋混凝土，则在其断面上画出相应的材料图例。

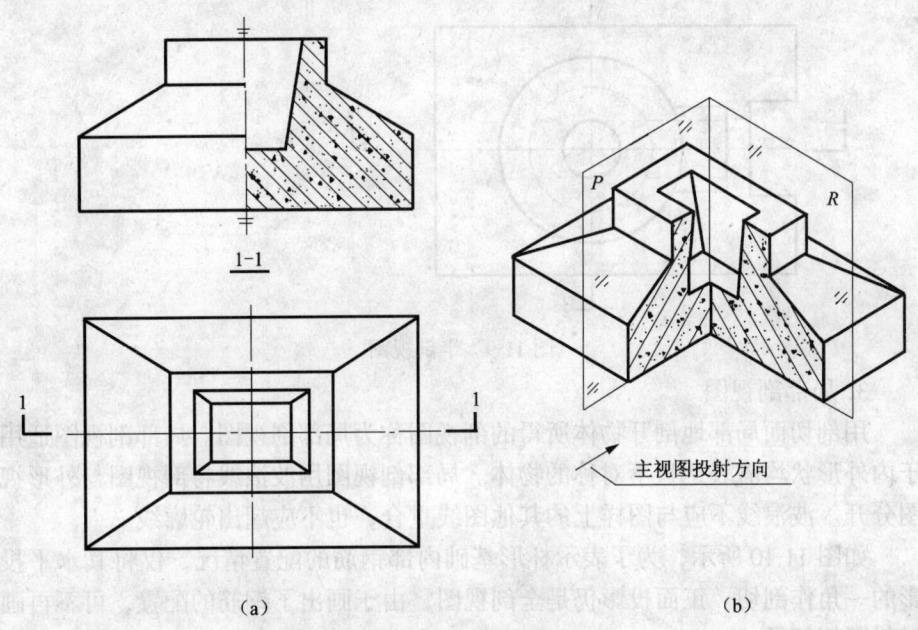

图 11-8 半剖视图的形成

半剖视图主要用于表达内外形状较复杂且对称的物体。如图 11-9 所示的物体前后对称，主视图采用全剖视图，左视图采用半剖视图。这样的表示方法既可表达物体的内部结构形状，又可表达物体的外部结构形状。

一般情况下，当对称中心线为铅直线时，剖视图画在中心线右侧；当对称中心线为水平线时，剖视图画在水平中心线下方。由于未剖部分的内形已由剖开部分表达清楚，因此表达未剖部分内形的虚线省略不画。

半剖视图中剖与不剖两部分的分界用对称符号画出。对称符号由对称线和两端的两对平行线组成。对称线用细点画线绘制；平行线用细实线绘制，长度为6~10mm，每对平行线的间距为2~3mm。半剖视图仍需要标注剖视图的图名，并在相应的视图上标注剖切符号及编号。

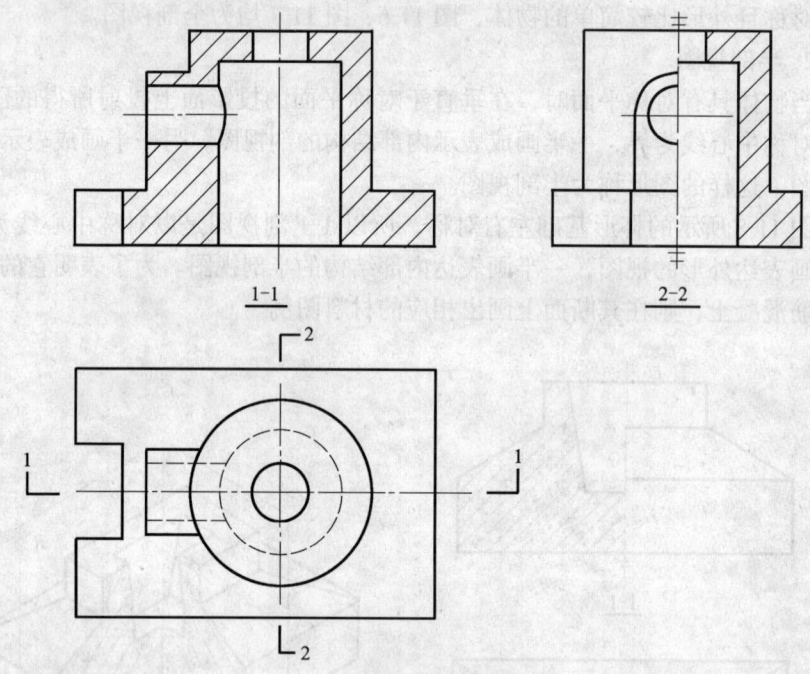

图 11-9 半剖视图

3. 局部剖视图

用剖切面局部地剖开物体所得的剖视图称为局部剖视图。局部剖视图适用于内外形状均需表达且不对称的物体。局部剖视图用波浪线将剖视图与外形视图分开。波浪线不应与图样上的其他图线重合，也不应超出轮廓线。

如图 11-10 所示，为了表示杯形基础内部钢筋的配置情况，仅将其水平投影的一角作剖切。正面投影仍是全剖视图，由于画出了钢筋的配置，可不再画材料图例符号。

在建筑工程图样中，对一些具有不同构造层次的工程建筑物，可按实际需要用分层剖切的方法进行剖切，从而获得分层局部剖视图。分层局部剖视图常用来表达墙面、楼面、地面和屋面等部分的构造及做法。如图 11-11 所示为楼面的分层局部剖视图。

局部剖视图中大部分投影表达外形，局部表达内形，而且剖切位置都比较明显，所以，一般情况下图中不需要标注剖切符号及剖视图的名称。

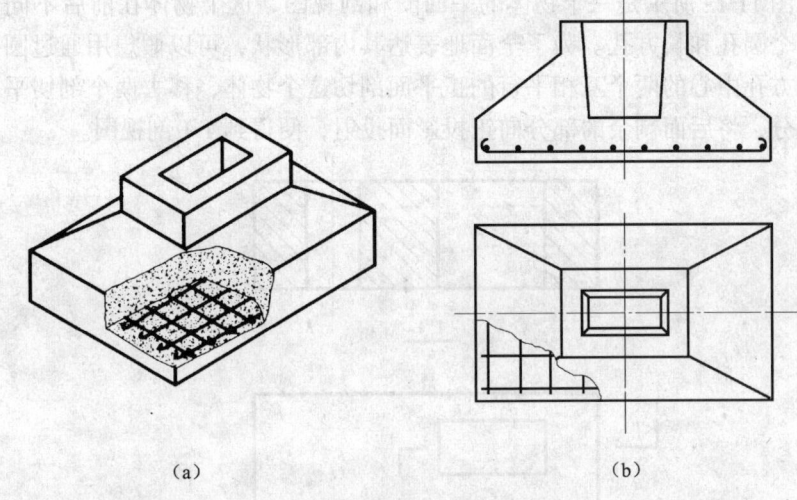

图 11-10 杯形基础局部剖视图

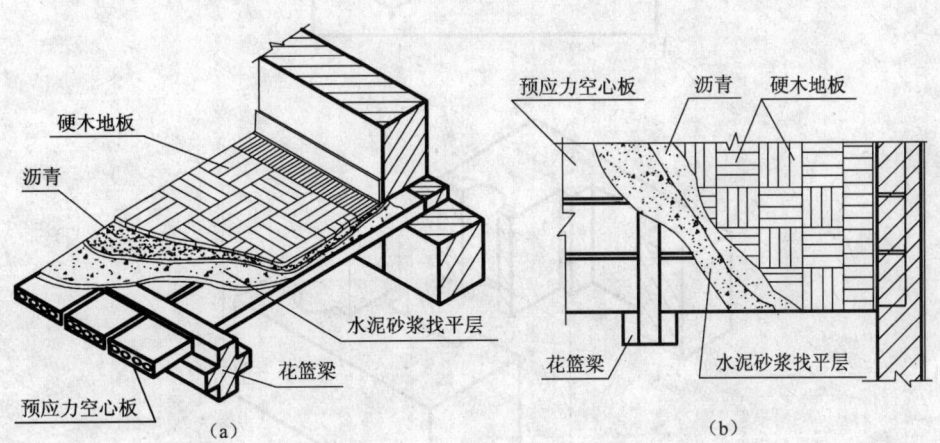

图 11-11 分层局部剖视图

11.2.4 剖视图的剖切方法

为了表达不同结构形状的物体，在画剖视图时，可采用以下几种剖切方法进行剖切。

1. 单一剖切面剖切

用一个剖切平面或曲面剖切物体。建筑图中大多使用平面作为剖切面。前边的图例均是采用单一剖切平面剖切所形成的剖视图。

2. 用几个平行的剖切平面剖切

用两个以上互相平行的剖切平面剖切物体，这种剖切方法称为阶梯剖。阶梯剖适用于用一个剖切平面不能同时剖切到所要表达的几处内部构造的建筑形体。

如图11-12所示是一个物体的平面图和剖视图，这个物体在前后不同位置上有一个圆孔和长方孔。为了全面地表达其内部形状，可以假想用通过圆孔轴线和长方孔中心的两个互相平行的正平面剖切这个物体，移去两个剖切平面之前的部分，将后面剩余的部分向正投影面投射，便得到1-1剖视图。

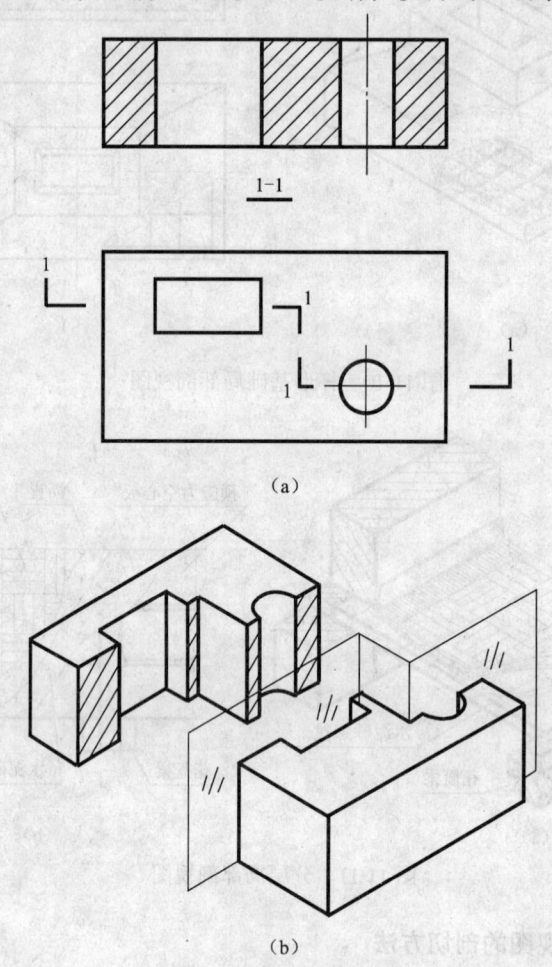

图11-12 阶梯剖的形成

图11-13的正面投影也是用两个平行平面剖切后得到的剖视图。

画阶梯剖时应该注意：由于剖切是假想的，所以在剖视图中，不应画出两剖切平面转折处的分界线。同时，在标注剖切符号时，应在两剖切平面转角的外侧加注与该符号相同的编号。

3．用几个相交的剖切平面剖切

用两个以上相交的剖切平面剖切物体，这种剖切方法称为旋转剖。采用旋转剖时，其中一个剖切平面平行于一投影面，另一个剖切平面则与这个投影面倾斜，两剖切平面的交线应垂直于另一投影面。

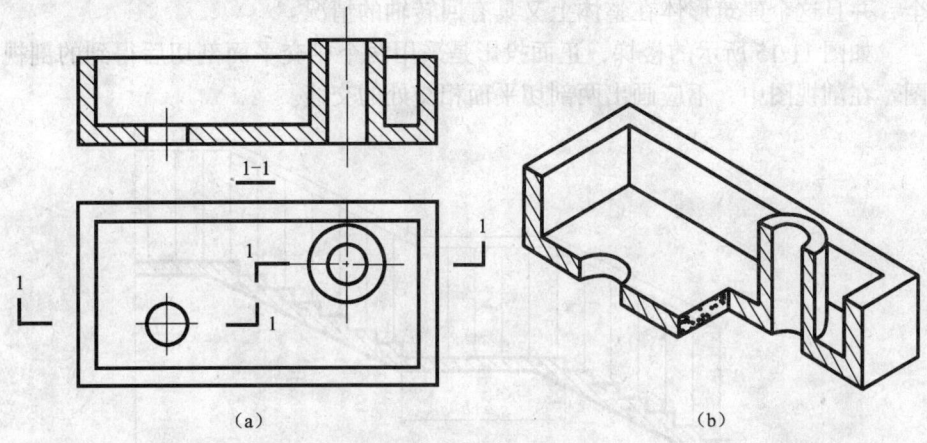

图 11-13 物体的阶梯剖

作剖视图时，移去处于观察者和剖切平面之间的部分，将用平行于投影面的剖切平面剖开的部分直接向投影面投射；将用倾斜于投影面的剖切平面剖开的部分绕两剖切平面的交线旋转到平行于该投影面的位置，然后再向该投影面投射。

如图 11-14a 所示，1-1 剖视图是用相交于铅垂轴线的正平面和铅垂面剖切后，将铅垂剖切平面剖到的部分绕铅垂轴旋转到正平面位置，并与左侧用正平面剖切到的部分一起向正投影面投射而得到的。旋转剖所得到的剖视图的图名后应加注"展开"二字。

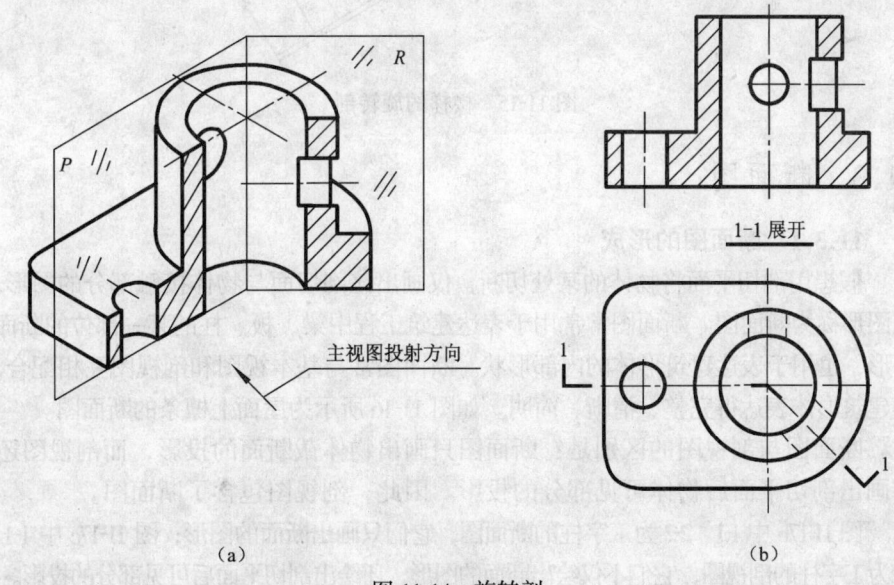

图 11-14 旋转剖

旋转剖常用于建筑形体的内部结构形状用一个剖切平面剖切不能表达完全，并且这个建筑形体在整体上又具有回转轴的情况。

如图11-15所示的楼梯，正面投影是采用两个相交平面剖切后得到的剖视图。在剖视图中，不应画出两剖切平面相交处的交线。

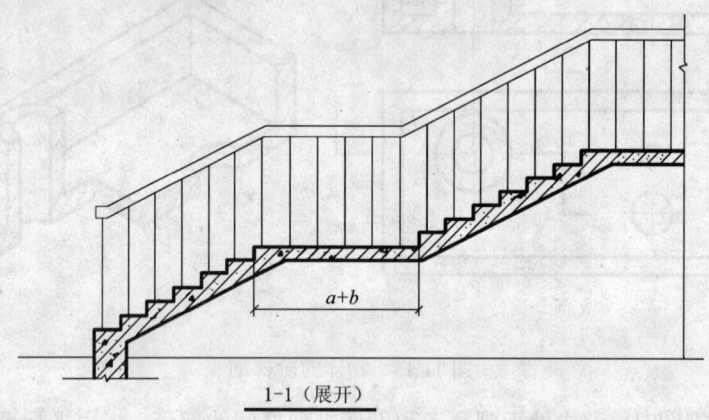

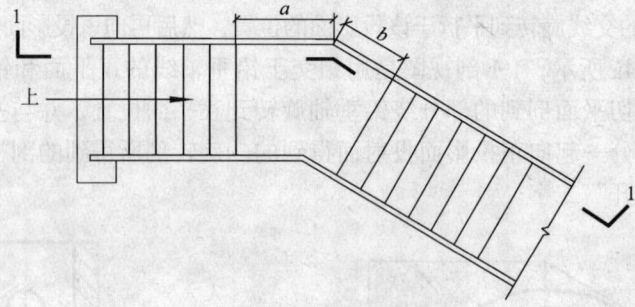

图 11-15　楼梯的旋转剖

11.3　断面图

11.3.1　断面图的形成

假想用剖切平面将物体的某处切断，仅画出该剖切面与物体接触部分的图形，该图形称为断面图。断面图常常用于表达建筑工程中梁、板、柱的某一部位的断面真形，也用于表达建筑形体的内部形状。断面图常与基本视图和剖视图互相配合，使建筑形体表达得完整、清晰、简明。如图11-16所示为屋面上檩条的断面图。

断面图与剖视图的区别是：断面图只画出物体截断面的投影，而剖视图还要画出剖切平面后物体可见部分的投影。因此，剖视图包含了断面图。

图11-17b中1-1、2-2为工字柱的断面图，它们只画出断面的图形；图11-17c中1-1、2-2为工字柱的剖视图，它们不仅绘出断面的图形，还绘出剖切平面后可见部分的投影。

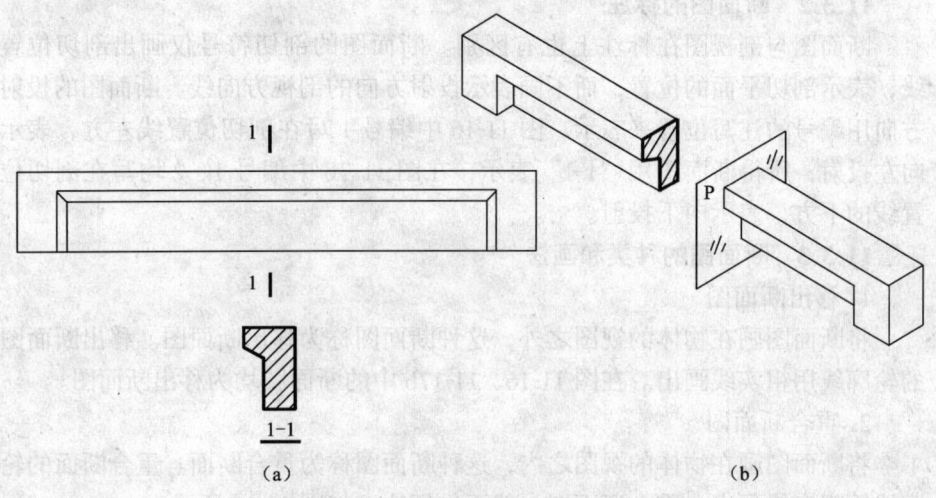

图 11-16　断面图的形成

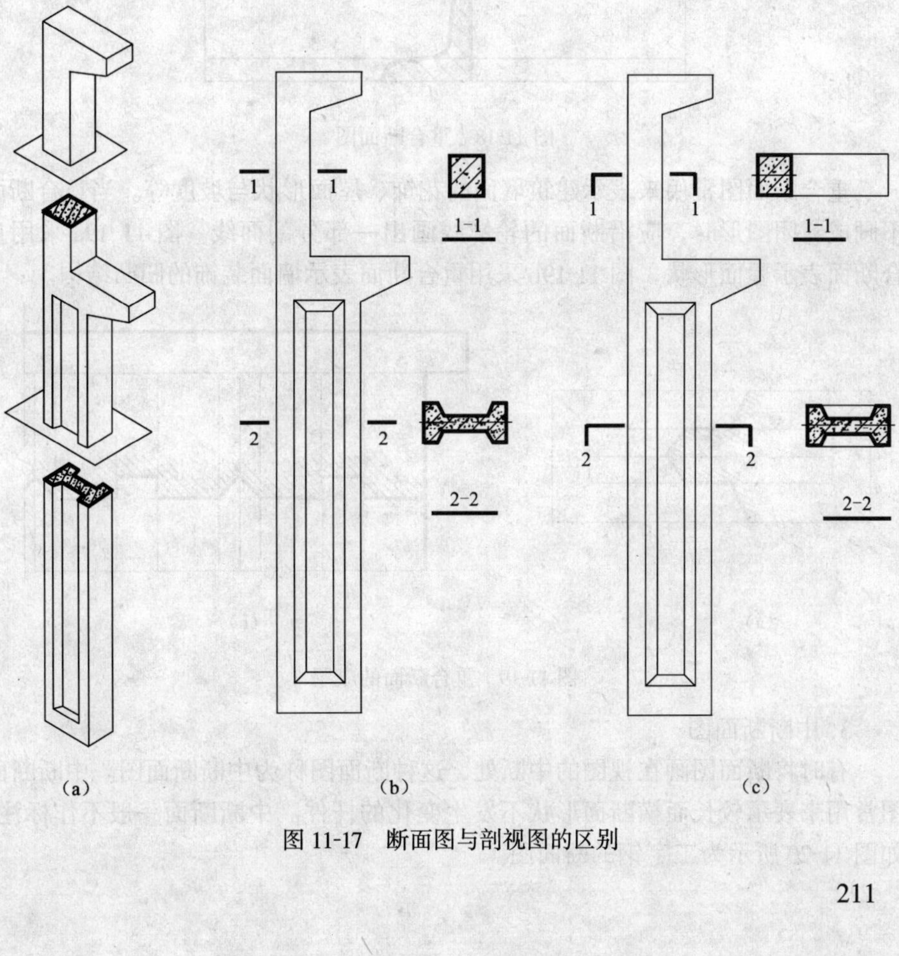

图 11-17　断面图与剖视图的区别

11.3.2 断面图的标注

断面图与剖视图在标注上也有区别。断面图的剖切符号仅画出剖切位置线，表示剖切平面的位置，而不画表示投射方向的剖视方向线。断面图的投射方向用编号的注写位置来表示。图11-16中编号1写在剖切位置线左方，表示向左投射，所得断面图用"1—1"表示，在图11-7b中编号1、2均写在剖切位置线的下方，表示向下投射。

11.3.3 断面图的种类和画法

1. 移出断面图

将断面图画在物体的视图之外，这种断面图称为移出断面图。移出断面图的轮廓线用粗实线画出。在图11-16、11-17b中的断面图均为移出断面图。

2. 重合断面图

将断面图画在物体的视图之内，这种断面图称为重合断面。重合断面的轮廓线用粗实线画出，重合断面图一般不作标注，如图11-18所示。

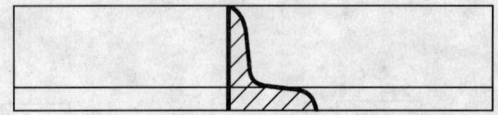

图11-18 重合断面图

重合断面图常用来表示建筑墙面的花饰、屋面形状与坡度等。当重合断面不画成封闭图形时，应沿断面的轮廓线画出一部分剖面线。图11-19a采用重合断面表示屋面形状，图11-19b采用重合断面表示墙面装饰的凹凸结构。

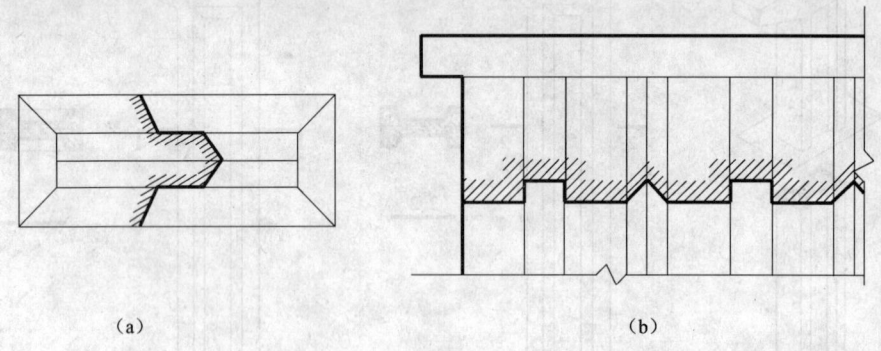

(a)　　　　　　　　　　　　(b)

图11-19 重合断面的应用

3. 中断断面图

有时将断面图画在视图的中断处，这种断面图称为中断断面图。中断断面图常用来表示较长而横断面形状不发生变化的杆件。中断断面一般不作标注，如图11-20所示为工字钢的断面图。

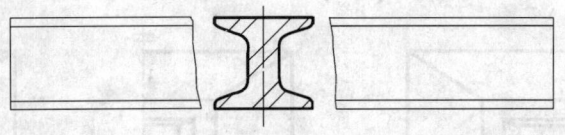

图 11-20 中断断面

11.4 其他表达方法

11.4.1 镜像投影

镜像投影是物体在镜面中的反射图形的正投影，该镜面应平行于相应的投影面。当某些工程物体直接用正投影法绘制不方便时，可用镜像投影法绘制。但应在图名后注写"镜像"二字。

如图 11-21 所示，把镜面放在形体的下面，代替水平投影面，在镜中映射得到的图像则称为"平面图（镜像）"。显然镜像平面图和用正投影法绘制的平面图是有所不同的。此方法对于表现房间的天花板装饰很方便，被广泛使用。

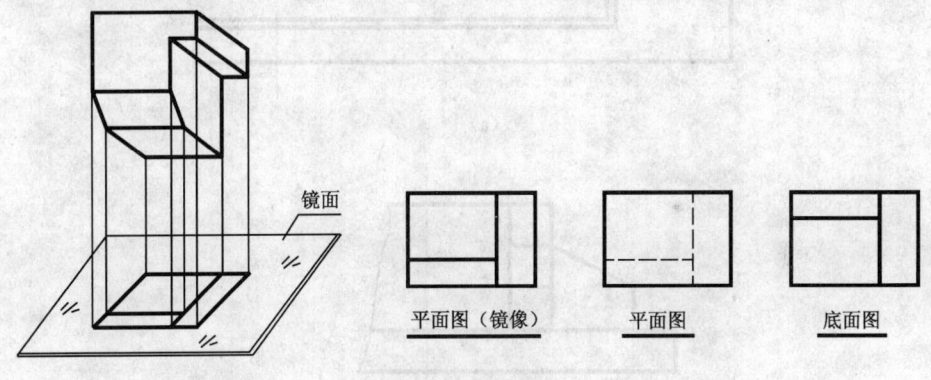

图 11-21 镜像投影

11.4.2 简化画法

在建筑工程制图中，"建筑制图"国家标准允许在必要时采用一些简化画法，以便画图与读图。

1. 对称画法

当构配件的图形对称时，可以只画图形的一半，但要加上对称符号。例如图 11-22a 所示的锥壳基础平面图，因为它左右对称，可以只画左半部，并画出对称符号，如图 11-22b 所示。

由于锥壳基础不仅左右对称，而且前后对称，因此它的平面图还可以进一步简化，只画出其四分之一，但同时要增加一条水平的对称符号，如图 11-22c 所示。

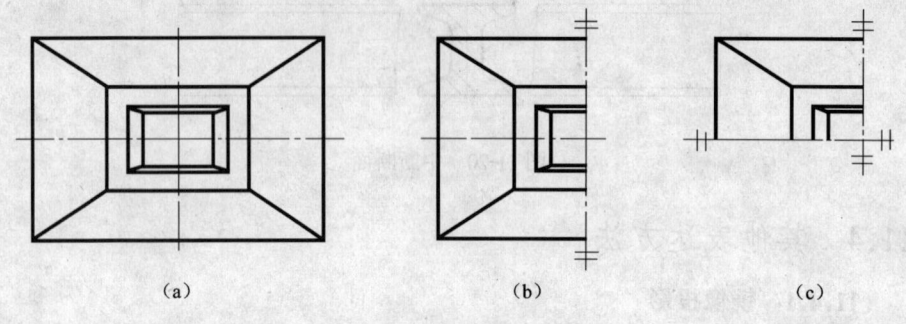

图 11-22 对称画法（一）

对称的构配件图形，也可以稍超出图形的对称线之外来画，此时无需加上对称符号，如图 11-23 所示。

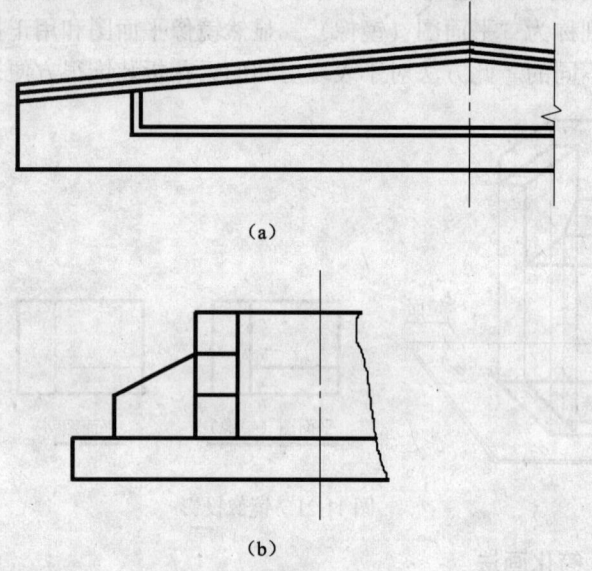

图 11-23 对称画法（二）

2. 相同要素的省略画法

建筑物或构配件的图形，如果有多个完全相同而连续排列的构造要素，可以仅在两端或适当位置画出其中一两个要素的完整形状，其余要素以中心线或中心线交点表示，以确定它们的位置，并在图形中注明个数，如图 11-24a 的混凝土空心砖和图 11-24b 的预应力空心板。

3. 折断画法

较长的构件，如沿长度方向的形状相同，或按一定的规律变化，可断开省略绘制。然后在断开处两侧加上折断线，如图 11-25 所示的柱子。

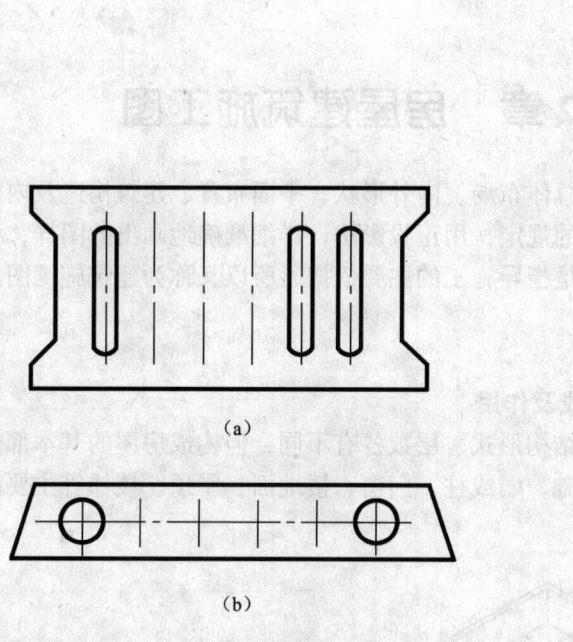

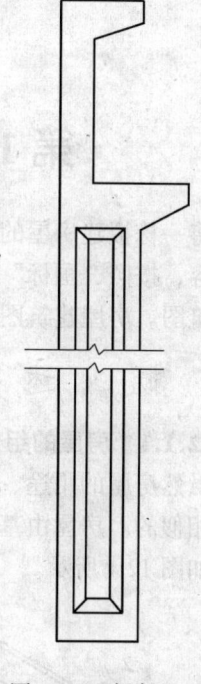

图 11-24 相同要素的省略画法　　　　图 11-25 折断画法

4. 连接画法

一个构配件如果与另一构配件仅部分不相同,该构配件可以只画不同的部分,但要在两个构配件的相同部分与不同部分的分界线处,分别画上连接符号。两个连接符号应对准在同一位置线上,如图 11-26 所示。

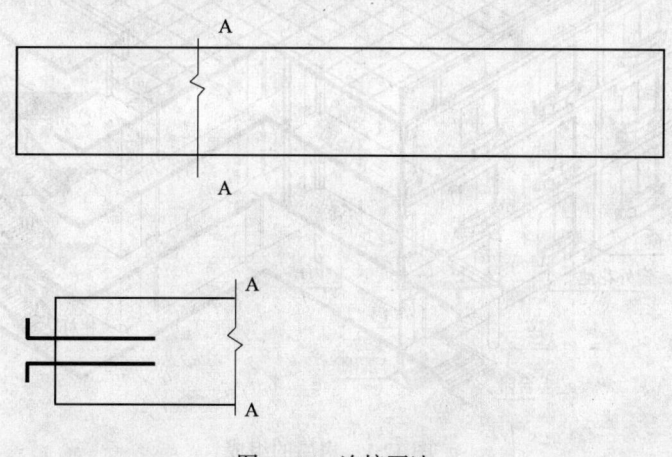

图 11-26 连接画法

第12章 房屋建筑施工图

将一栋拟建房屋的总体布局、内外形状、平面布置、建筑构造及内外装修等内容，按照"国标"的规定，用正投影法，详细准确地画出的图样，称为房屋建筑图。房屋建筑图是指导施工的主要依据，所以又称为建筑施工图。

12.1 概 述

12.1.1 房屋的组成及作用

虽然房屋的用途、结构形式、层数各有不同，但构成房屋的基本部分是相同或相似的。房屋由基础、墙或柱、门窗、楼地面、屋顶、楼梯等主要部分组成，如图12-1所示。

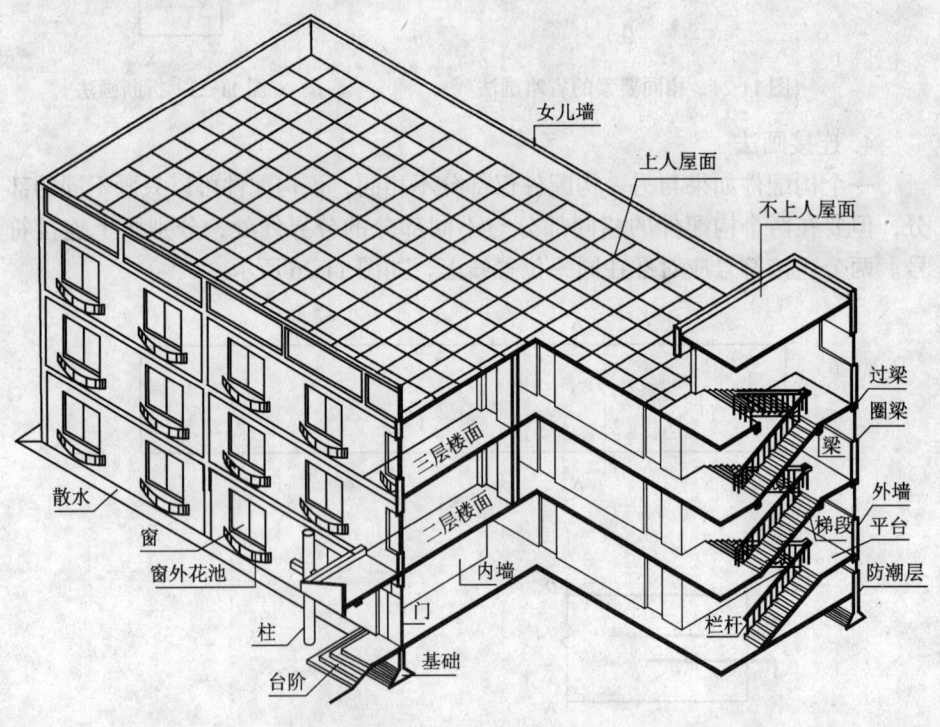

图 12-1 房屋的组成

1. 基础

基础是房屋最下面的部分，埋在自然地面以下，它承受房屋的全部荷载，并把这些荷载传给它下面的土层，墙下常采用条形基础，柱下常采用独立基础。

2. 墙或柱

墙或柱是房屋的垂直承重构件，它承受楼面或屋顶传给它的荷载，并把这些荷载传给基础。墙不仅是承重构件，它也起围护、分隔、保温、隔声、防水等作用。

3. 门窗

门主要起沟通房屋内外的交通作用，有的门还兼有采光和通风的作用。窗的作用是采光、通风和眺望。

4. 楼地面

楼地面是房屋的水平承重和分隔构件，它包括楼板和地面两部分。楼板将其所承受的荷载传给墙或柱。地面将其所承受的荷载传给它下面的地基。

5. 屋顶

屋顶是房屋顶部的承重和围护部分，它由屋面承重结构层、保温隔热层和屋面防水层组成。屋面承重结构承受屋面的全部荷载，并将其传给墙或柱。保温隔热层的作用是防止冬季室内热量散失、夏季太阳辐射热进入室内。屋面防水层的作用是阻隔雨水、风雪对室内的影响。

6. 楼梯

楼梯是联系上下楼层的垂直交通设施。在灾害状态时供人们紧急疏散。

房屋除上述主要组成部分外，还有一些其他构件和设施，如：勒脚、踢脚板、遮阳板、圈梁、过梁、女儿墙、防潮层、通风道、烟道、垃圾道、天沟、雨水管等。

12.1.2 房屋建筑设计程序

房屋的建造一般需要经过设计和施工两个过程。按房屋设计的过程，其程序一般可分为初步设计、技术设计和施工图设计三个阶段。

1. 初步设计阶段

设计人员接受设计任务后，根据使用单位的要求，收集资料，调查研究，综合分析，合理构思后作出几种方案以供选用。

2. 技术设计阶段

根据审批后的方案图及建设单位提出的修改建议，对方案图进行修改，进一步解决构件造型、平面布置、房屋外形等问题，绘制出比较详细的图，报送有关部门审批。

3. 施工图设计阶段

根据审批后的技术设计图，进一步解决各种技术问题，取得各工种的协调统一，绘制出一套既能满足施工需要又能反映房屋整体和细部全部内容的图样。

12.1.3 房屋施工图的种类

房屋施工图是用于指导施工的一套图纸，根据其内容和作用的不同，一般可分为建筑施工图、结构施工图和设备施工图三部分。

1. 建筑施工图（简称建施）

建筑施工图主要表示房屋建筑群体的总体布局，房屋的平面布置、立面形状、构造做法及内外装修等内容。它一般包括总平面图、建筑首页图、建筑平面图、建筑立面图、建筑剖面图和详图。

2. 结构施工图（简称结施）

结构施工图主要表示房屋承重构件的布置情况、构件类型、构造做法及所用材料等内容。它一般包括基础图、楼层、结构平面布置图、屋顶结构平面布置图、各种结构构件详图。

3. 设备施工图（简称设施）

设备施工图主要表示室内给水排水、采暖通风、电气照明等设备的布置、安装要求和线路敷设等内容。它一般包括平面布置图、系统图和安装详图。

12.1.4 建筑施工图中常用的符号

1. 定位轴线与编号

施工图中从墙或柱中心引出的细点划线称为定位轴线。它是施工放线、定位的依据。定位轴线应编号。编号注写在轴线端部的圆内。圆用细实线绘制，直径8mm。平面图上定位轴线的编号，宜标注在图样的下方和左侧。横向编号采用阿拉伯数字从左至右沿水平向顺序编号；竖向编号用大写拉丁字母从下至上顺序编号（拉丁字母的I、O、Z不得用作轴线的编号），如图12-2所示。

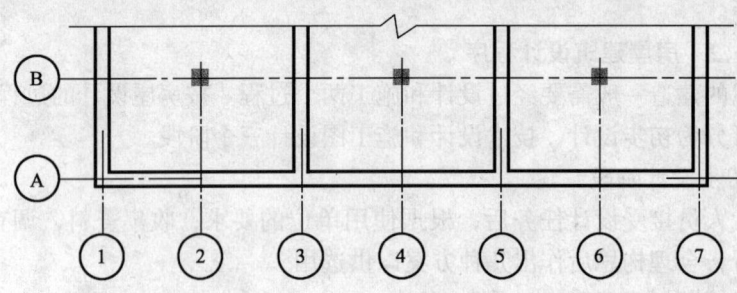

图12-2 定位轴线与编号

2. 附加轴线编号

对于一些与主要承重构件相联系的次要构件，可用附加轴线表示其位置。附加轴线的编号用分数表示，分子表示附加轴线的编号，用阿拉伯数字顺序编号，分母表示前一轴线的编号。编写方法见表12-1。

表 12-1 附加轴线编号

名称	轴线编号	说明
附加轴线编号	①/3	表示 3 号轴线后附加的第一根轴线
	②/B	表示 B 号轴线后附加的第二根轴线
	①/01	表示 1 号轴线之前附加的第一根轴线
	③/0A	表示 A 号轴线之前附加的第三根轴线

3. 详图的轴线编号

在详图中，若一个详图适用于几根定位轴线时，应同时注明各有关轴线的编号；通用详图的定位轴线，应只画圆、不注写轴线编号。见表 12-2。

表 12-2 详图的轴线编号

名称	轴线编号	说明
详图的轴线编号	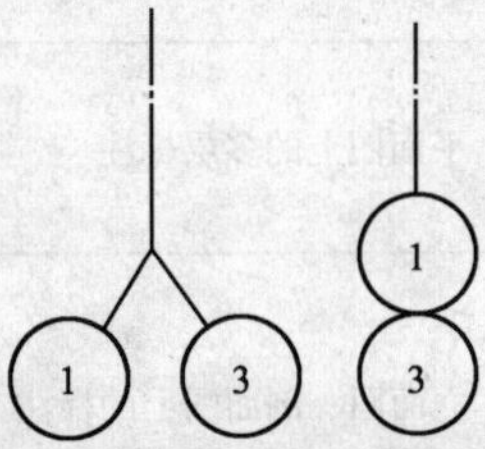 ①　③　①/③	用于两根轴线时
	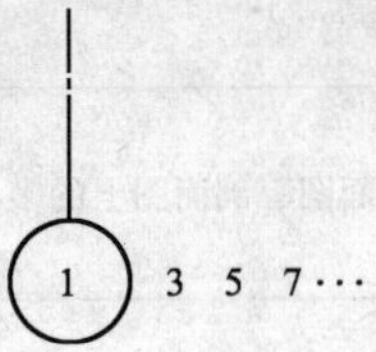 ①　3 5 7…	用于三根或三根以上轴线时
	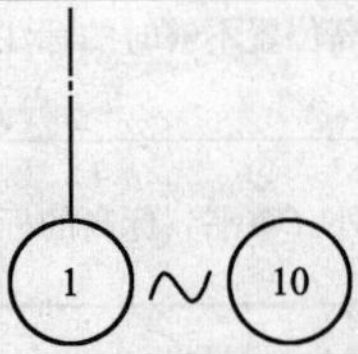 ①～⑩	用于三根以上连续编号的轴线时
	 ○	通用详图的定位轴线

4. 标高

标高用于表示建筑物某一部位的高度，其数值以米（m）为单位，注写到小数点后第三位。在总平面图中，可注写到小数点后第二位。标高分绝对标高和相对标高两种。我国将青岛附近的黄海海平面的高度定为零点，以此为基准的标高称为绝对标高。在建筑工程上一般都采用相对标高。将房屋底层室内地面的高度定为零点，以此为基准的标高称为相对标高。零点标高应注写成±0.000，正数标高不注"+"，负数标高应注"-"。标高符号的具体画法和标注方法见表12-3。

表12-3 标高符号及标注

序号	标高符号的标注	说　明
1	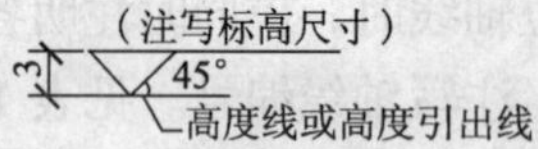 （注写标高尺寸）45° 高度线或高度引出线	标高符号的基本画法
2	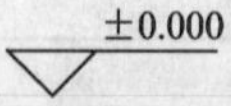 ±0.000	平面图上的标注
3	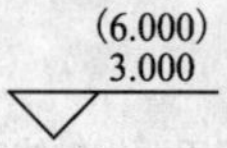 (6.000) 3.000	平面图上的多层标注
4	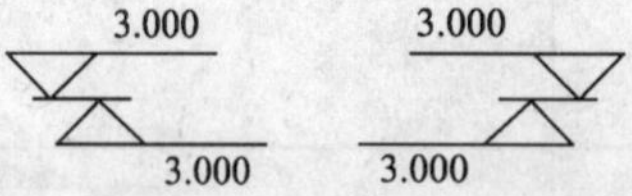 3.000　3.000 / 3.000　3.000	立面图、剖面图上的标注
5	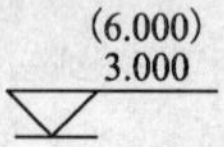 (6.000) 3.000	立面图、剖面图上的多层标注
6	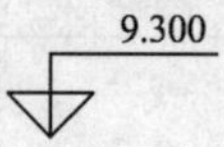 9.300	标高位置不够时的标注
7	 ▼ 49.00	室外（整平）标高的标注

5. 索引符号和详图符号

房屋平、立、剖面图都是用较小比例绘制，建筑物的一些节点及局部构造无法表达清楚，需画出详图表示。为了便于查阅图纸，常采用索引符号和详图符号来建立各种图样之间的联系。索引符号及详图符号的画法及标注方法见表12-4。

表 12-4　索引符号和详图符号

名称	图示方法	说明
索引符号	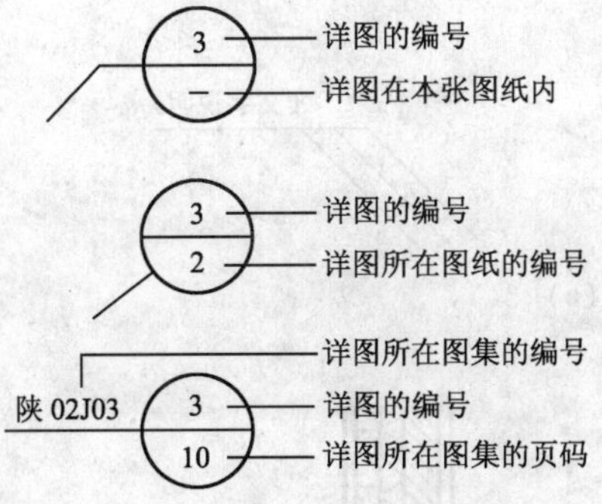 3 ── 详图的编号 — ── 详图在本张图纸内 3 ── 详图的编号 2 ── 详图所在图纸的编号 陕 02J03 ── 详图所在图集的编号 3 ── 详图的编号 10 ── 详图所在图集的页码	该索引符号为局部放大索引符号 圆圈直径为 10mm 线型为细实线，线宽为 $0.25b$ 引出线必须通过圆心
剖面索引符号	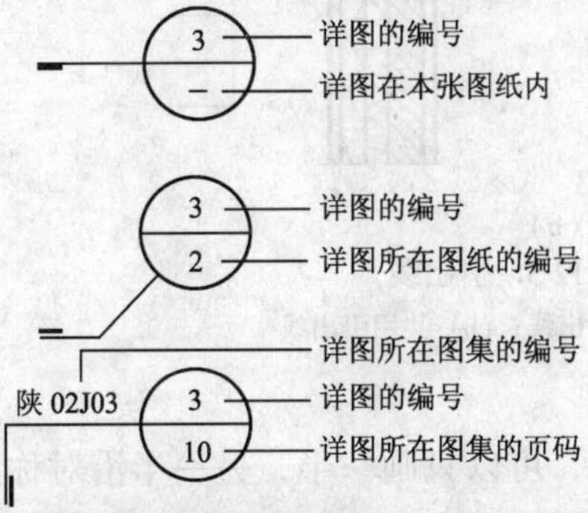 3 ── 详图的编号 — ── 详图在本张图纸内 3 ── 详图的编号 2 ── 详图所在图纸的编号 陕 02J03 ── 详图所在图集的编号 3 ── 详图的编号 10 ── 详图所在图集的页码	该索引符号为剖切局部放大索引符号 粗短线代表剖切位置 引出线一侧代表投影方向 圆圈直径为 10mm 线型为细实线，线宽为 $0.25b$ 引出线必须通过圆心
详图符号	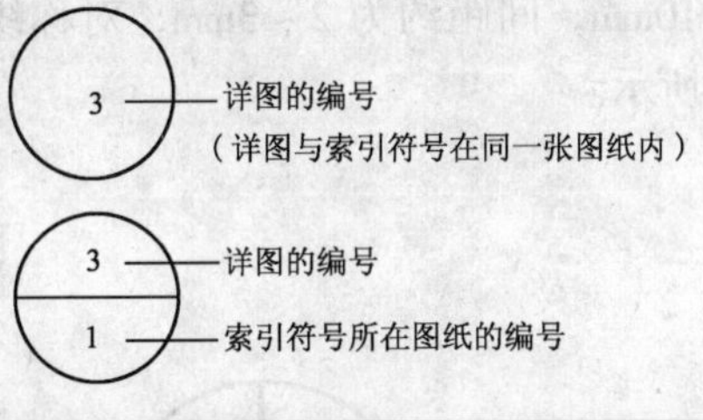 3 ── 详图的编号 （详图与索引符号在同一张图纸内） 3 ── 详图的编号 1 ── 索引符号所在图纸的编号	圆圈直径为 14mm 线型为粗实线，线宽为 b

6. 引出线

施工图中标注文字说明、尺寸及编号常需用到引出线。引出线应以细实线绘制，它可以是水平线，也可以是经过 30°、45°、60°、90°等方向再折为水平线。文字说明注写在水平线的上方，也可注在水平线的端部。图 12-3a 为多层构造共用的引出线，应通过被引出的各层。文字说明的顺序应由上至下与构造层次相一致。若构造层次为横向排列，则由上至下说明的顺序与由左至右的构造层次相一致。图 12-3b 文字说明注写在水平线的上方或水平线的端部。

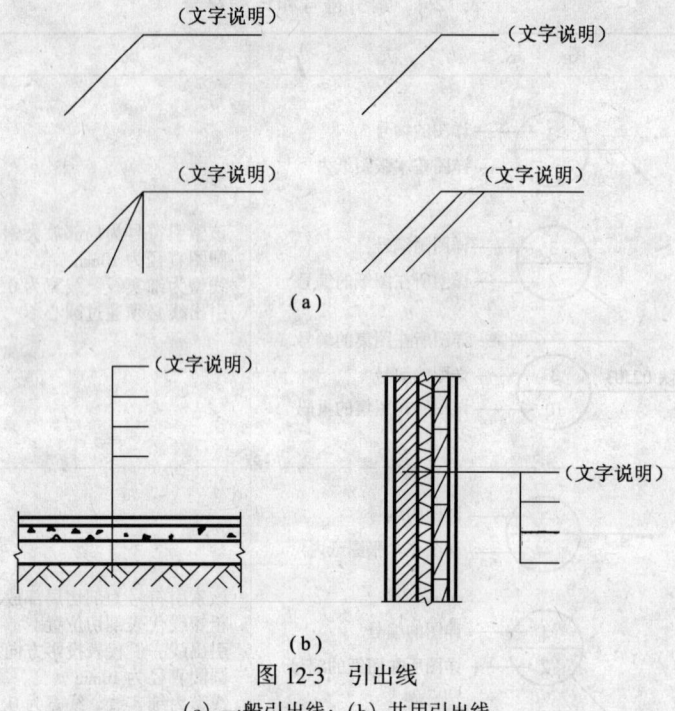

图 12-3 引出线
(a) 一般引出线；(b) 共用引出线

7. 对称符号

画图时，若物体具有对称平面，可以只画一半，另一半沿对称符号折断。对称符号由对称线和两端的两对平行线组成。对称线用细点划线绘制，平行线用细实线绘制。平行线长度约为 6~10mm，间距约为 2~3mm，对称线伸出平行线的距离应为 2~3mm，如图 12-4 所示。

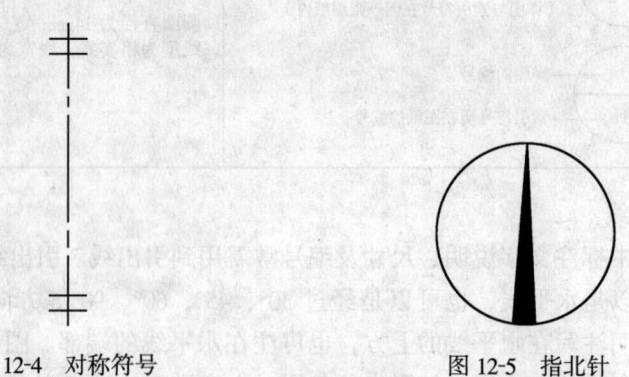

图 12-4 对称符号　　　　图 12-5 指北针

8. 指北针

指北针是建筑施工图中表明房屋朝向的符号。常画在建筑总平面图和建筑底层平面图的适当位置。指北针由圆和指针组成。圆的直径宜用 24mm 的细实线绘制，指针尾宽为 3mm。头部应注"北"或"N"字，如图 12-5 所示。

12.2 首页图与建筑总平面图

12.2.1 首页图

建筑施工图的首页，通常由图纸目录、设计说明、建筑用料说明和门窗统计表组成。

首页图放在建筑施工图的首页装订。其中图纸目录起到组织编排图纸的作用。从图纸目录可了解到该工程由哪些图组成，每个图放在哪一张图纸中，图纸的规格在目录中也有表示，如图 12-6 所示。

设计说明主要叙述工程的设计依据，工程的结构形式、耐火等级、使用年限、建筑总面积及施工中应注意的事项。

建筑用料说明主要叙述建筑体各个部位装饰材料的类别，采用标准图集的编号及附注。

门窗统计表主要表明该工程所使用的门窗类别，门窗编号、采用标准图集的图集号、页次、型号、洞口尺寸、不同门窗类型的总数量。

12.2.2 建筑总平面图

1. 建筑总平面图的形成及作用

建筑总平面图是将新建房屋及其附近一定范围的建筑物、构筑物及周围环境的情况用水平投影的方法和规定的图例绘制出的图样。它主要反映新建房屋的平面形状、位置、朝向、标高以及与原有建筑和周围环境的关系。总平面图是新建房屋定位、施工放线、土方施工及室外水、暖、电等管线布置设计的依据。图 12-7 是某单位新建宿舍楼的总平面图。

2. 建筑总平面图的图示内容

（1）图名、比例

在建筑总平面图的下方应注写图名和比例，并在其下画一粗下划线。由于总平面图所表示的区域范围较大，所以常采用较小的比例绘制，如 1∶500、1∶1000、1∶2000 等。

（2）图例

由于建筑总平面图的绘图比例较小，故采用图例表示新建和原有建筑物、构筑物的形状、位置及各建筑物的层数；附近道路、围墙、绿化的布置；地形、地物（如水沟、河流、池塘、土坡）的情况等。"国标"规定的总平面图常用图例见表 12-5。图 12-7 中用粗实线画出的图形表示新建宿舍楼。用细实线画出的图形表示原有建筑物。房屋的层数可用平面图形内的点数或数字表示。由此可知，新建宿舍楼为三层。

设计说明

1. 本工程设计根据为国家现行设计规范、甲方设计要求及工程勘察报告。甲方设计要求±0.000的相对标高为400.80m，料确定建筑室外标高为400.20m。设计室内±0.000的相对标高为400.80m。
2. 本工程为三层砖混结构，总建筑面积1281m²，耐火等级为二级，耐久年限为50年。
3. 内墙阴角均做2100mm高 50mm宽1:2水泥砂浆保护角。
4. 室外台阶、坡道、散水，道路采用的有关垫层做法3:7灰土夯实改为4:6砂石垫层。
5. 防水工程严格按图集规范及图集要求做好坡向和坡度，并按向地漏和明沟，作好防水层的处理。
6. 暖气罩构造参见陕02J04-1第67页图1的图示，并注意土建安装安装设备工艺之间的密切配合，以防出现错漏碰等现象，如有错碰请与设计人员联系。
7. 施工前要全面熟悉各专业图纸，并注意土建安装设备工艺之间的密切配合，如有错漏请与设计人员联系。

门窗统计表

类别	编号	利用标准图集	图集号	页次	型号	洞口尺寸(mm)		总数	备注
						宽	高		
门	LM-1	陕02J06-3	71	DHLM₂-38		2400	2700	1	
	M-1	陕02J06-1	7	M₂-1527		1500	2700	1	
	M-2	陕02J06-1	6	M₁-1027		1000	2700	38	
	M-3	陕02J06-1	9	M₄-0927		900	2700	12	
	M-4	陕02J06-1	7	M₂-1521		1500	2100	1	
窗	SGC-1	陕02J06-4	29	CST₈₀-78-S		1800	1800	45	
	SGC-2	陕02J06-4	28	CST₈₀-67-S		1500	1800	5	
	SGC-3	陕02J06-4	26	CST₈₀-21-S		1800	500	1	
	SGC-4	陕02J06-4	26	CST₈₀-39-S		1800	1400	3	

1. 所有门窗洞口尺寸及数量领教对无误后方可定货加工。
2. 外窗均设纱窗，底层外窗均设室外防护栏杆，具体情况可根据市场样品定货。

陕西××设计公司		工程名称	××大学
设立总负责人	工种负责人	设计项目	教职工宿舍楼
审核	设计	图纸目录	门窗统计表
校对	制图	用料说明	设计说明

设计号	05-2-8
图别	建施
图号	J-01
日期	2005 2

建筑用料说明

名称	适用范围	类别	编号	附注
墙身砌体	见设计说明	细石混凝土	散 4	宽度1200
散水		防水砂浆防潮层	散 1	地面下60
墙身防潮层		混凝土台阶	台 1	
室外平台踏步		外墙涂料	外 13	颜色见立面
外墙饰面	厕所、盥洗间	陶瓷砖铺地砖	地 29	鹅蛋色地砖300×300 600×600
地 面	其他用房	水泥砂浆	地 6	
	注：地面防水层均采用JD-002高分子水泥基复合防水涂料			
踢脚板	同楼地面			
墙 裙	全部内墙裙	油漆墙裙	裙 5	高度 150
内墙面	厕所、盥洗间	瓷砖防水墙面	内 40	高度1200苹果绿色
	其他用房	白色乳胶漆墙面	内 21	高度3000白色包截250×300
顶 棚	厕所	PVC条板吊顶	棚 6-B	吊顶高度2800
	其他用房	板底乳胶漆顶棚	棚 30	白色乳胶漆
	雨篷	板底刮腻子喷涂料棚面	棚 2	
油 漆	木材面	清漆	油 3	奶油色
	抹灰面	乳胶漆	油 18	白色乳胶漆
	金属面	银粉漆	油 24	
屋 面	上人屋面 80厚	铺地砖面层屋面	屋 3-1	聚乙酸酯涂料多彩涂料板保温层
	不上人屋面	水泥砂浆面层	屋 2	50厚泡沫苯板保温层

注：表格内用料编号详见陕 021-01《建筑用料及做法》

防水层均为1.2mm厚聚乙烯两层双面粘复合防水卷材，冷粘法结合

图 纸 目 录

序号	图别	图号	图纸名称	图纸规格
1	建施	J-01	门窗统计表 用料说明 设计说明	3#
2	建施	J-02	底层平面	2#
3	建施	J-03	二、三平面	2#
4	建施	J-04	东、西、北立面	2#
5	建施	J-05	屋顶平面、剖面	2#

图 12-6 首页图

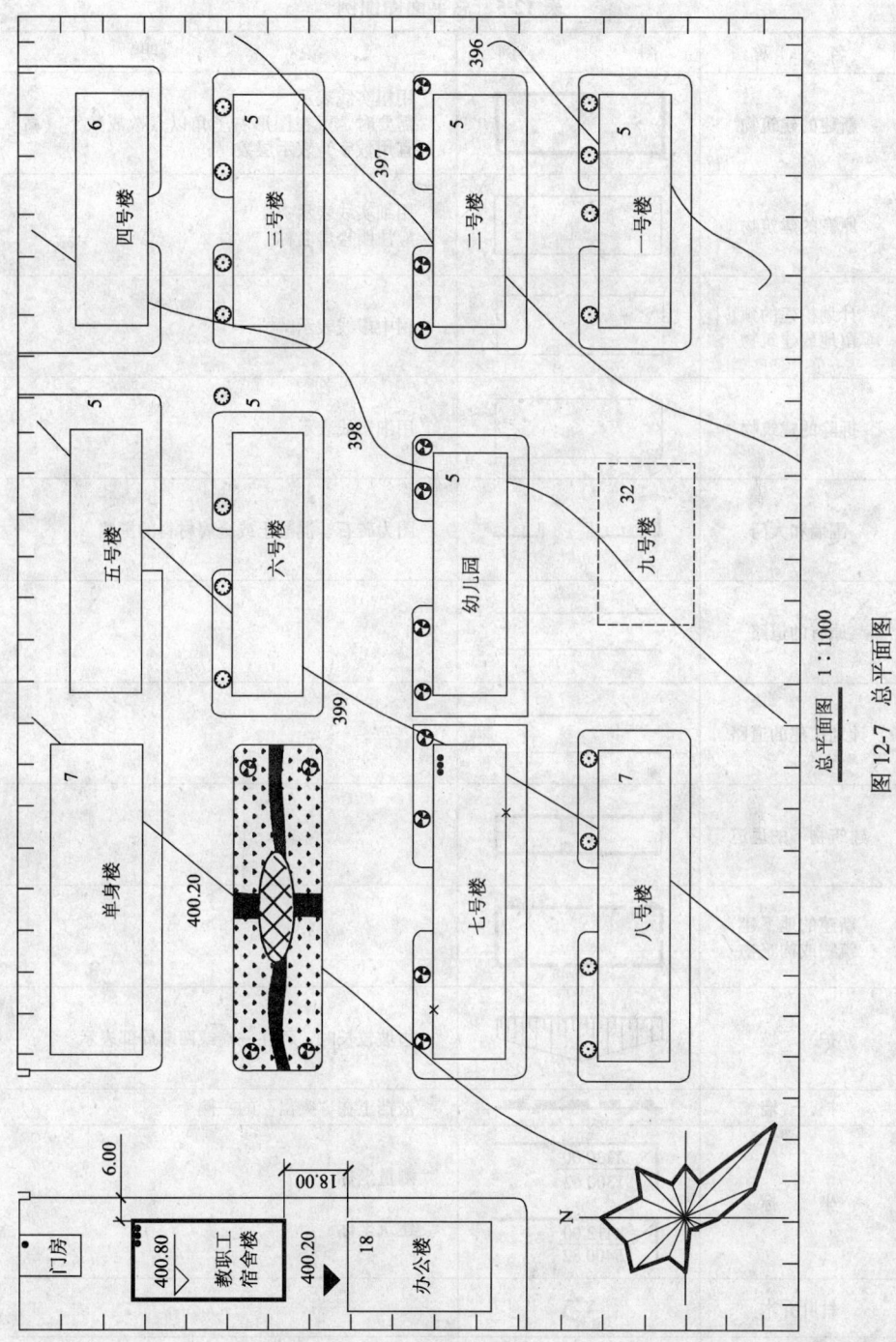

总平面图 1:1000

图 12-7 总平面图

表 12-5　总平面图图例

名　　称	图　　例	说　　明
新建的建筑物		用粗实线表示 需要时，可在图形右上角以点数或数字（高层宜用数字）表示层数
原有的建筑物		用细实线表示 应注明楼房名称
计划扩建的预留地或建筑物		用中虚线表示
拆除的建筑物		用细实线表示
围墙和大门		图为砖石、混凝土或金属材料的围墙
原有的道路		
计划扩建的道路		
建筑物下的通道		
新建的地下建筑物或构筑物		
护　　坡		边坡较长时，可在一端或两端局部表示
挡土墙		被挡土在"突出"的一侧
坐　　标	X130.00 Y300.62 A112.00 B400.82	测量坐标 建筑坐标
针叶乔木		
阔叶乔木		

(3) 新建房屋平面定位

新建房屋的位置一般可根据原有房屋或道路来定位，并以米为单位标注出定位尺寸。如图12-7所示新建宿舍楼的东墙平行于主干道，并与之相距6m；南墙面距办公楼18m，宿舍楼与办公楼平行，它们之间的距离为18m。对新建成片的建筑群或复杂的建筑物，常需画出测量坐标网进行定位，用坐标(X，Y)给出每一建筑物及道路转折点的位置。

(4) 新建房屋的标高

在总平面图中应标注新建房屋底层地面和室外地坪的绝对标高。如图12-7所示的新建教职工宿舍楼的底层地面的绝对标高为400.80m，室外地坪的绝对标高为400.20m。地势变化较大的区域，总平面图中还应画出等高线。

(5) 指北针和风向频率玫瑰图

总平面图中要画出指北针和风玫瑰图。指北针用来表示建筑物的朝向。风玫瑰图表示该地区各个方向常年风向频率。风玫瑰图上所表示的风向，是指从外面吹向该地区中心的。从图12-7所示的风向频率玫瑰图中可以看出该地区长年主导风向是东南风。

12.3 建筑平面图

12.3.1 建筑平面图的形成及作用

建筑平面图就是假想用一水平剖切平面沿门窗洞的位置将房屋剖开，然后移去剖切平面和它以上部分，将剩余部分从上向下做投射，在水平投影面上所得到的图样称为建筑平面图，简称平面图。建筑平面图实际上是一个房屋的水平全剖视图。

建筑平面图主要表示建筑物的平面形状、内部分隔、房间、走廊、楼梯、台阶、门窗、阳台的水平布置和大小等。

12.3.2 建筑平面图的命名

沿底层门窗洞口切开后得到的平面图，称为底层平面图。沿二层门窗洞口切开后得到的平面图，称为二层平面图。依次可得到三层平面图……顶层平面图。如果中间各层房间平面布置完全一样时，则相同楼层可用一个平面图表示，该平面图称为标准层平面图。若建筑平面图为对称图形时，可将两层平面图画在一起，中间用对称符号作为分界线，并在图的下方分别标注相应的图名。

建筑平面图还包括有屋顶平面图，它是房屋顶面的水平投影图，用来表示屋面的排水方向、雨水管位置等。图中还应画出凸出屋面的构筑物，如水箱、烟道、通风道、女儿墙、消防梯等。图12-8、图12-9、图12-10和图12-11分别是宿舍楼的底层平面图，二、三层平面图，屋顶平面图和楼梯间屋顶平面图。

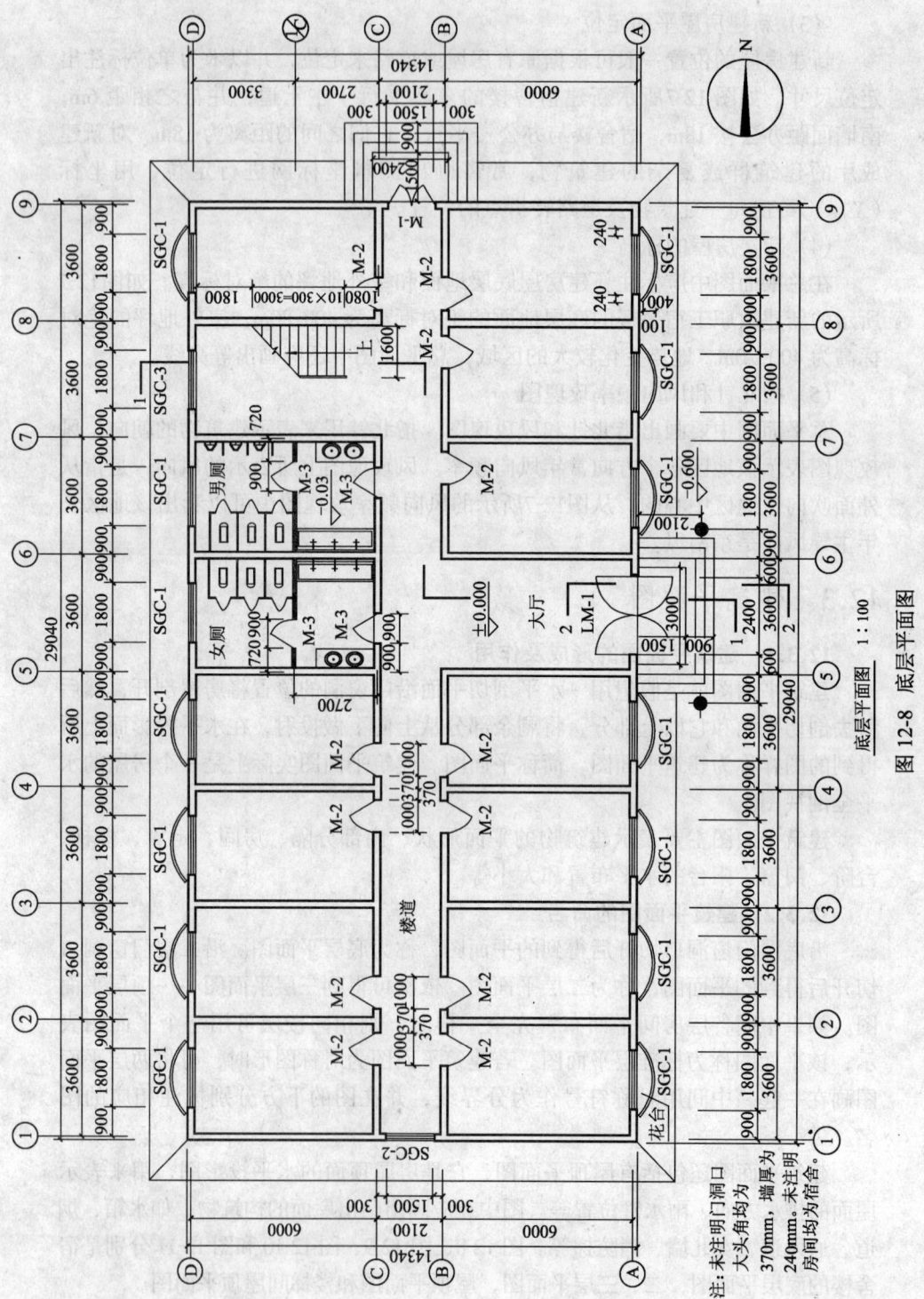

图 12-8 底层平面图

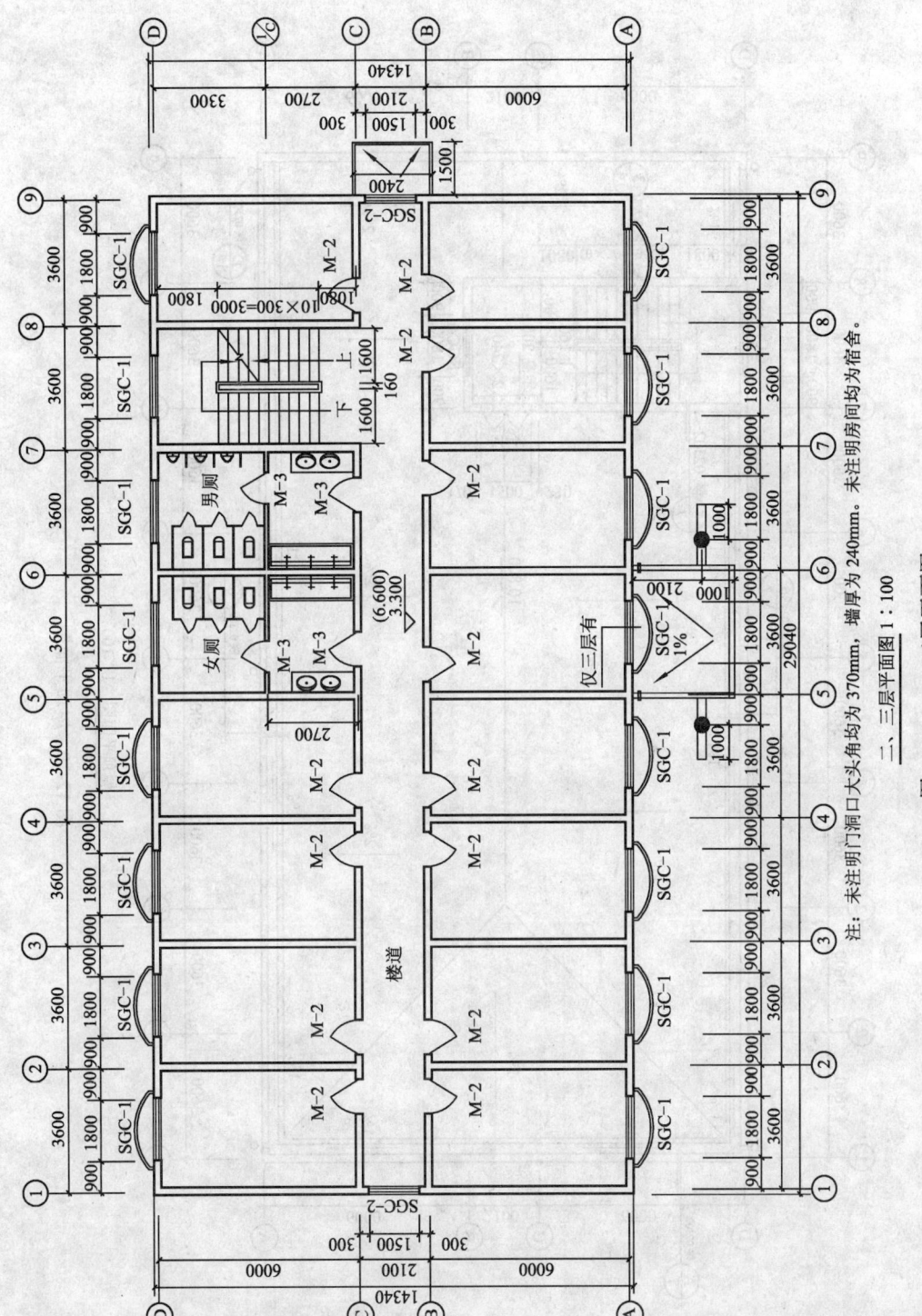

图 12-9 二、三层平面图

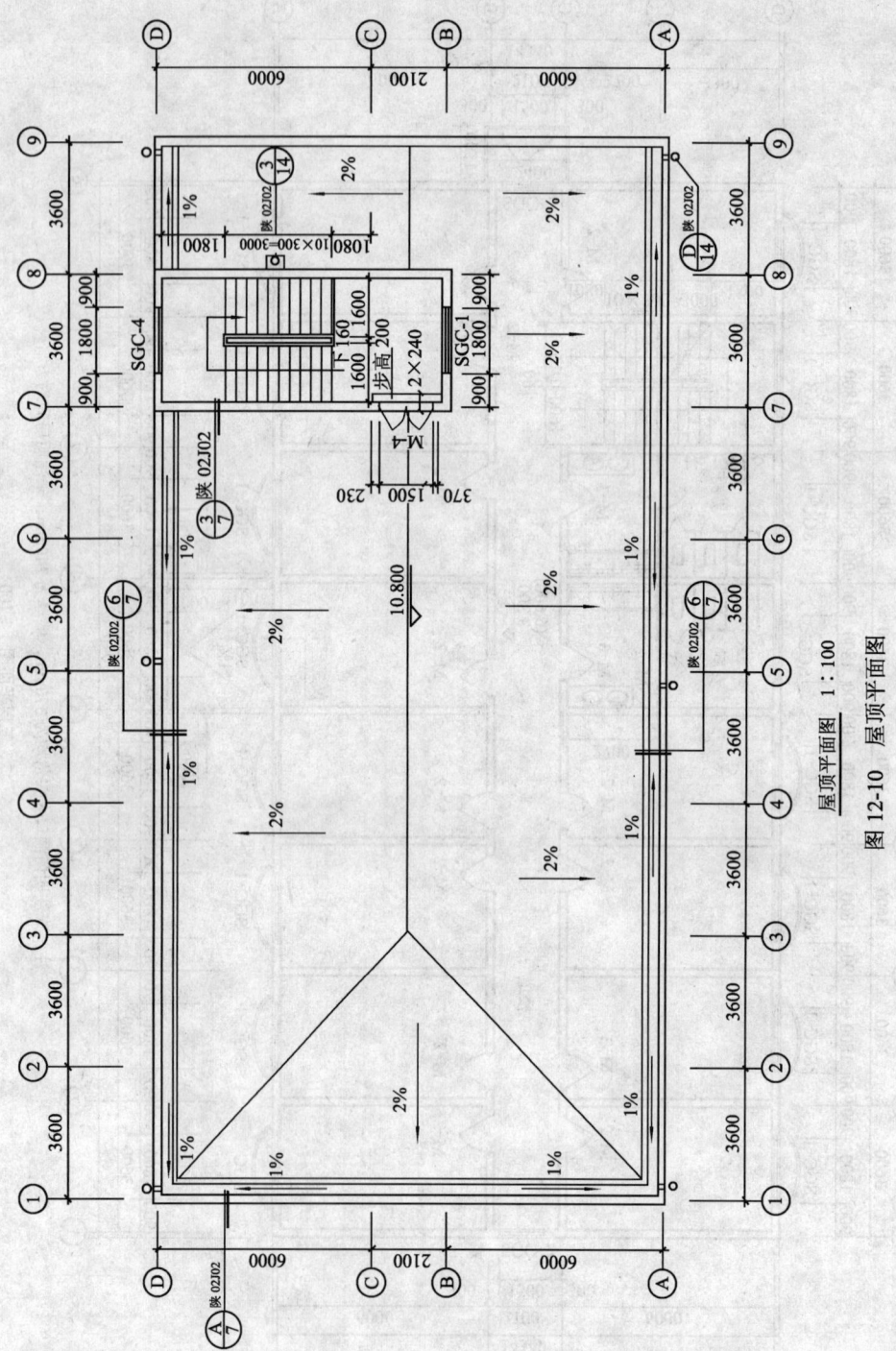

图 12-10 屋顶平面图

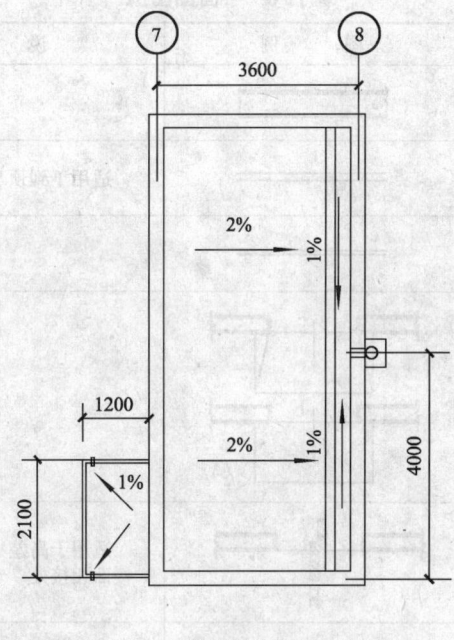

图 12-11　楼梯间屋顶平面图

12.3.3　建筑平面图的图示内容

1．比例

由于建筑物的形状较大，因此，常用较小的比例绘制建筑平面图。平面图常用比例为1∶50、1∶100、1∶200。图12-9、图12-10、图12-11、图12-12为1∶100。

2．图例

因为建筑平面图的绘图比例较小，所以在平面图中某些建筑构造、配件和卫生器具等都不能按其真实投影画出，而是要用"国标"中规定的图例表示。绘制房屋施工图常用图例见表12-6和表12-7。如底层平面图中的楼梯、洗脸盆、门、窗等均用图例符号表示。

3．定位轴线

在房屋施工图中，用来确定房屋基础、墙、柱和梁等承重构件的相对位置，并带有编号的轴线称为定位轴线。它是施工放线、测量定位、结构设计的依据。

定位轴线要用细实线画出，端部还要画上直径为8mm的细实线圆，并在圆内写上编号。对于前后、左右不对称的图形，应在四面标注定位轴线。若对称，则在左方下方标注。在图12-8中，横向轴线为①～⑨，纵向轴线为Ⓐ～Ⓓ，有一根附加轴线。

表 12-6　平面图图例

序号	名称	图例	说明
1	墙体	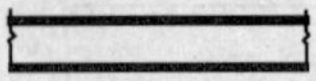	
2	隔断		适用于到顶与不到顶隔断
3	栏杆		
4	门口坡道	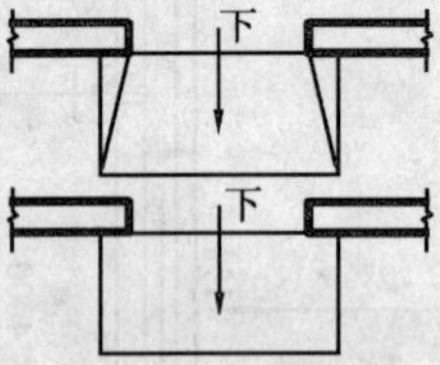	
5	平面高差	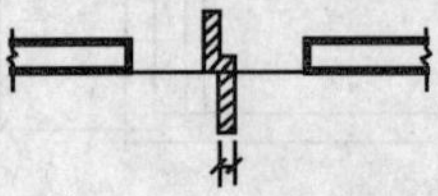	适用于高差小于100的两个地面或楼面相接处
6	孔洞		阴影部分可以涂色代替
7	墙预留洞	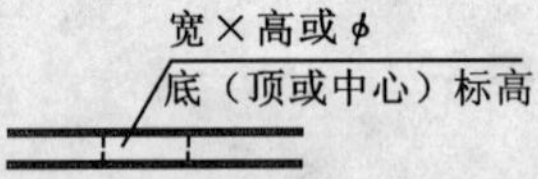 宽×高或φ / 底（顶或中心）标高	以洞中心或洞边定位宜以涂色区别墙体和留洞位置
8	墙预留槽	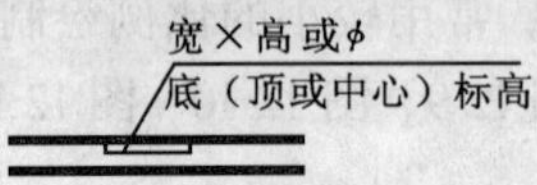 宽×高或φ / 底（顶或中心）标高	
9	烟道	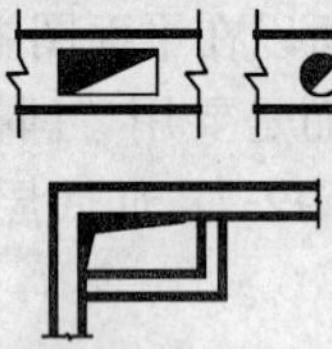	阴影部分可以涂色代替墙体与烟道材料相同时，相接处墙身线应断开
10	通风道	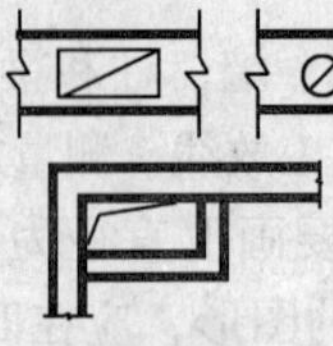	
11	检查孔	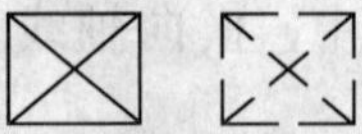	左图为可见检查孔 右图为不可见检查孔

表 12-7　楼梯及门窗图例

序号	名　称	图　例	说　明
12	楼　梯	底层楼梯平面图例 中间层楼梯平面图例 顶层楼梯平面图例	底层楼梯平面 中间层楼梯平面 顶层楼梯平面
13	空门洞	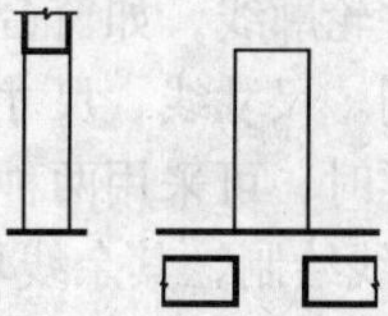	
14	单扇门 （包括平开或单面弹簧）	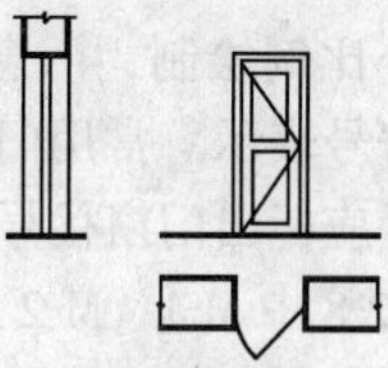	1. 门的名称代码用 M 表示 2. 图例中剖面图左为外、右为内，平面图下为外、上为内 3. 立面图上开启方向线交角的一侧为安装合页的一侧，实线为外开，虚线为内开 4. 平面图上门线应 90°或 45°开启，开启弧线宜绘出 5. 立面图上开启线在一般设计图中可不表示，在详图及室内设计图上应表示 6. 立面形式应按实际情况绘制
15	双扇门 （包括平开或单面弹簧）	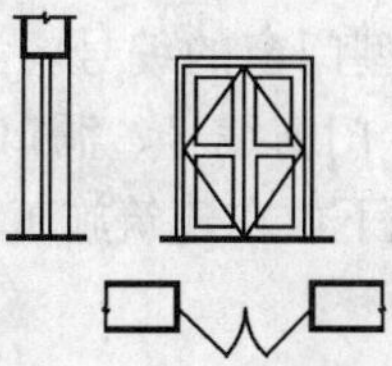	
16	单扇双面弹簧门	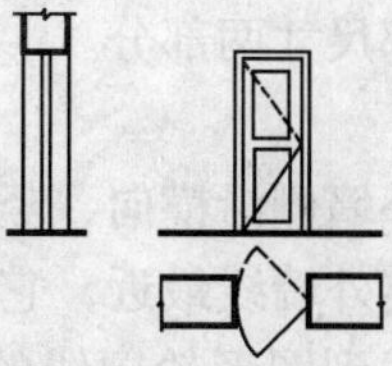	

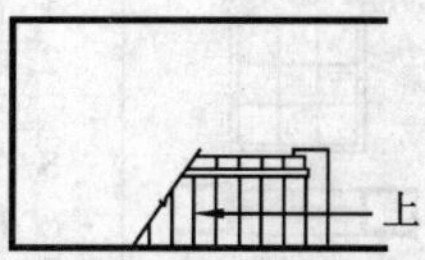

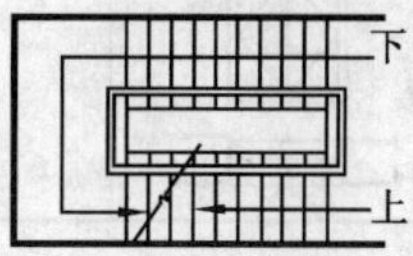

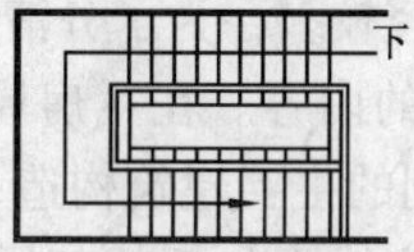

续表

序号	名称	图例	说明
17	单层固定窗	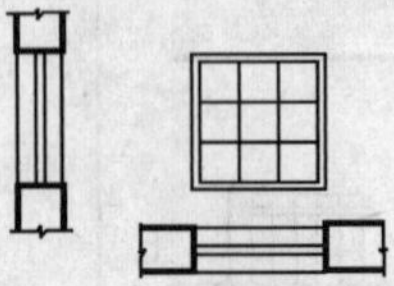	1. 窗的名称代码用 C 表示 2. 图例中剖面图左为外、右为内，平面图下为外、上为内 3. 立面图上的斜线表示窗的开启方向，实线为外开，虚线为内开 4. 平面图和剖面图上的虚线仅说明开关方式，在设计图中不需表示 5. 立面图上开启线在一般设计图中可不表示，在详图及室内设计图上应表示 6. 立面形式应按实际情况绘制
18	单层外开平开窗	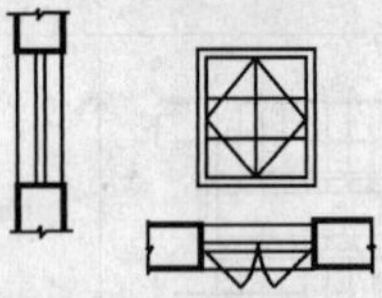	

4.图线

由于在平面图上要表示的内容较多，为了分清主次和增加图面效果，常选用不同的线宽和线型来表达不同的内容。在《房屋建筑制图统一标准》(GB/T 5001—2001)中规定，凡是被剖到的主要建筑构造，如承重墙、柱等断面轮廓线用粗实线绘制（墙、柱断面轮廓线不包括抹灰层厚度），被剖切到的次要建筑构造以及未剖切到但可见的配件轮廓线，如窗台、阳台、台阶、楼梯、门的开启方向和散水等均用中实线绘制。尺寸线、尺寸界线、箭头尾线、折断线等均用细线绘制。绘制较简单的图样时，可采用两种线宽的线宽组，其线宽比为 $b:0.25b$。即被剖切上的线用粗实线绘制，其余线均为细线绘制。

5.门窗编号

由于建筑平面图一般采用较小比例绘制，门窗无法在平面图上表达清楚。所以"国标"规定门窗均用图例符号表示。常用门窗图例见表 12-7。

在建筑平面图中，门窗图例旁应标出门窗代号。不同材质、不同形状、不同大小的门应编不同的号。如图 12-8 中 M-1、M-2、M-3、LM-1、SGC-1、SGC-2 等。其中 M 是门的代号，C 是窗的代号，LM 是铝合金门的代号，SGC 是塑钢窗的代号，1、2、3……是不同类型门窗的编号。为了便于施工，图中还应列出门窗表，表中应列出门窗类别、门窗编号、洞口尺寸、数量及所选用标准图集的编号等内容。门窗表通常情况下放在建筑施工图的首页图中，如图 12-6 所示。

6.尺寸标注

平面图尺寸分外部尺寸和内部尺寸两部分。

(1) 外部尺寸

为了便于看图和施工，需在外墙侧沿横向、竖向分别标注三道尺寸。第一道尺寸称为细部尺寸。这道尺寸离外墙线最近，它是以定位轴线为基准的门窗洞及洞间墙的尺寸。标注时尺寸线到图形轮廓线的距离不宜小于 10mm。如图

12-8 中靠近外墙的 900、1800 等尺寸。第二道尺寸称为定位尺寸，表示轴线之间的距离。它标注在各轴线之间，说明房间的开间及进深的尺寸。例如图中的 3600 是开间尺寸，6000 为进深尺寸。第三道尺寸称为总尺寸，它是从建筑物一端外墙皮到另一端外墙皮的总长和总宽尺寸。三道尺寸线间的距离宜为 10mm。本例建筑物总长为 29.04m，总宽为 14.34m。

当平面图的上下或左右的外部尺寸相同时，只需要标注左（右）侧尺寸与下（上）方尺寸就可以了；否则，平面图的上下与左右均应标注尺寸。外墙以外的台阶、平台、散水等细部尺寸应单独标注。

(2) 内部尺寸

内部尺寸是指外墙以内的全部尺寸，它主要用于注明内墙门窗的位置及其宽度、墙体厚度、房间大小、卫生器具等固定设备的位置及大小。

7. 标注室内、外地面和楼面的标高

建筑平面图中应标注楼面、地面、阳台、台阶、楼梯休息平台等处的相对标高（底层室内地面定为 ± 0.000）。本例底层室内地面为 ± 0.000，卫生间地面标高为 – 0.03，这表示该处比室内地面低 30mm。

8. 抹灰层、材料图例

平面图中被剖切到的构、配件断面上，其抹灰层和材料图例应根据不同的比例采用不同的画法：

比例大于 1:50 的平面图，应画出抹灰层的面层线，并宜画出材料图例；比例小于等于 1:50 的平面图，可不画抹灰层的面层线和材料图例；比例为 1:100 ~ 1:200 的平面图，可简化材料图例，如砖墙涂红，钢筋混凝土涂黑等；比例小于 1:200 的平面图，可不画材料图例。

9. 注写有关的符号及文字

在平面图中应注写各房间的名称，表明房间的功能。在需画详图的部位还应注出详图索引符号。建筑剖面图的剖切符号也应标注在底层平面图中。用图形表示不清楚的内容，可以用文字加以说明。

10. 图名、比例

建筑平面图画完以后，应在平面图的下方注写图名比例，图名下画粗下划线。

12.3.4 看图示例

现结合本章图 12-8 所示底层平面，说明平面图的内容及其阅读方法：

从图上可以看出这是教工宿舍底层平面图，其比例为 1:100，从平面图右下角处的指北针可以看出该宿舍为坐西朝东方向。宿舍入口位于楼的 ⑤ ~ ⑥ 之间，室外设有四步台阶，2 个门，门厅右侧的南北向走廊端头设有次要出入口，走廊两侧分布有 12 个房间，其中西侧 ⑤ ~ ⑦ 之间的两个房间为男厕和女厕，其他各房间均为教工宿舍。窗台外设有花池。花池兼起遮阳作用。

图中横向定位轴线编号为 1～9，竖向定位轴线编号为 A～D。房屋总长 29.04m，总宽 14.34m。开间尺寸均为 3.60m，进深均为 6.00m，墙厚均为 240mm。外门编号为 LM-1，M-1，内门编号为 M-2，M-3，窗的编号为 SGC-1，SGC-2，SGC-3。门和窗的详细尺寸均在门窗表中说明。

图中还表示了室内楼梯、各种卫生设备的配置和位置情况，以及室外台阶、散水的大小与位置。

12.3.5 建筑平面图的画图步骤

1. 定轴线加墙厚，首先根据轴线间尺寸绘制出轴线网，然后根据墙厚尺寸绘制出内外墙轮廓线，如图 12-12a 所示。

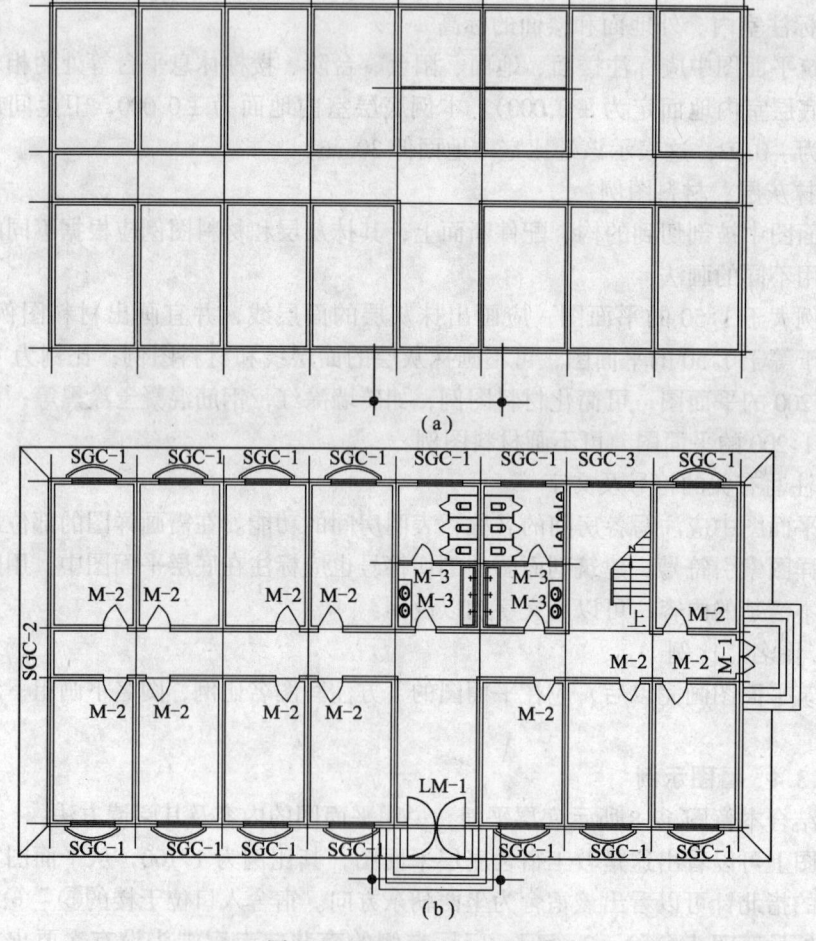

图 12-12 平面图的绘图步骤（一）
(a) 定轴线，画墙身；(b) 画门窗、楼梯、台阶、散水；

2. 画门窗、楼梯、台阶、散水、雨篷等细部，如图 12-12b 所示。
3. 标注内部尺寸、标高等，如图 12-12c 所示。

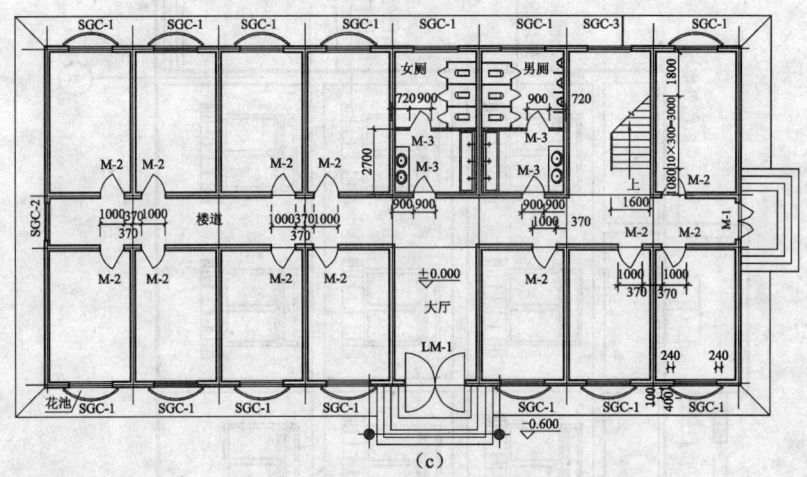

图 12-12　平面图的绘图步骤（二）
(c) 标注标高及内部尺寸

4. 标注外部尺寸、轴线编号、注写文字和符号（如详图索引符号、剖面符号等），并按规定加深图线，完成全图，如图 12-8 所示。

12.4　建筑立面图

12.4.1　建筑立面图的形成及作用

将房屋立面向与之平行的投影面上投射，所得到的正投影图称为建筑立面图。建筑立面图主要表达房屋的外部形状、房屋的层数和高度、门窗的形状和高度、外墙面的装修做法及所用材料等。

12.4.2　立面图的命名

当房屋前后、左右立面形状不同时，应画出每个方向的立面图。立面图常用以下几种方式命名：

1. 按房屋两端定位轴线编号命名：如①~⑨立面图、⑨~①立面图、Ⓐ~Ⓓ立面图等。

2. 按方位命名：可将反映主要出入口或比较明显地反映出房屋外貌特征的立面图命名为正立面图。其余的立面图分别命名为背立面图、左侧立面图、右侧立面图。

3. 按房屋的朝向命名：如南立面图、北立面图、东立面图和西立面图。如图 12-13~图 12-15 所示。

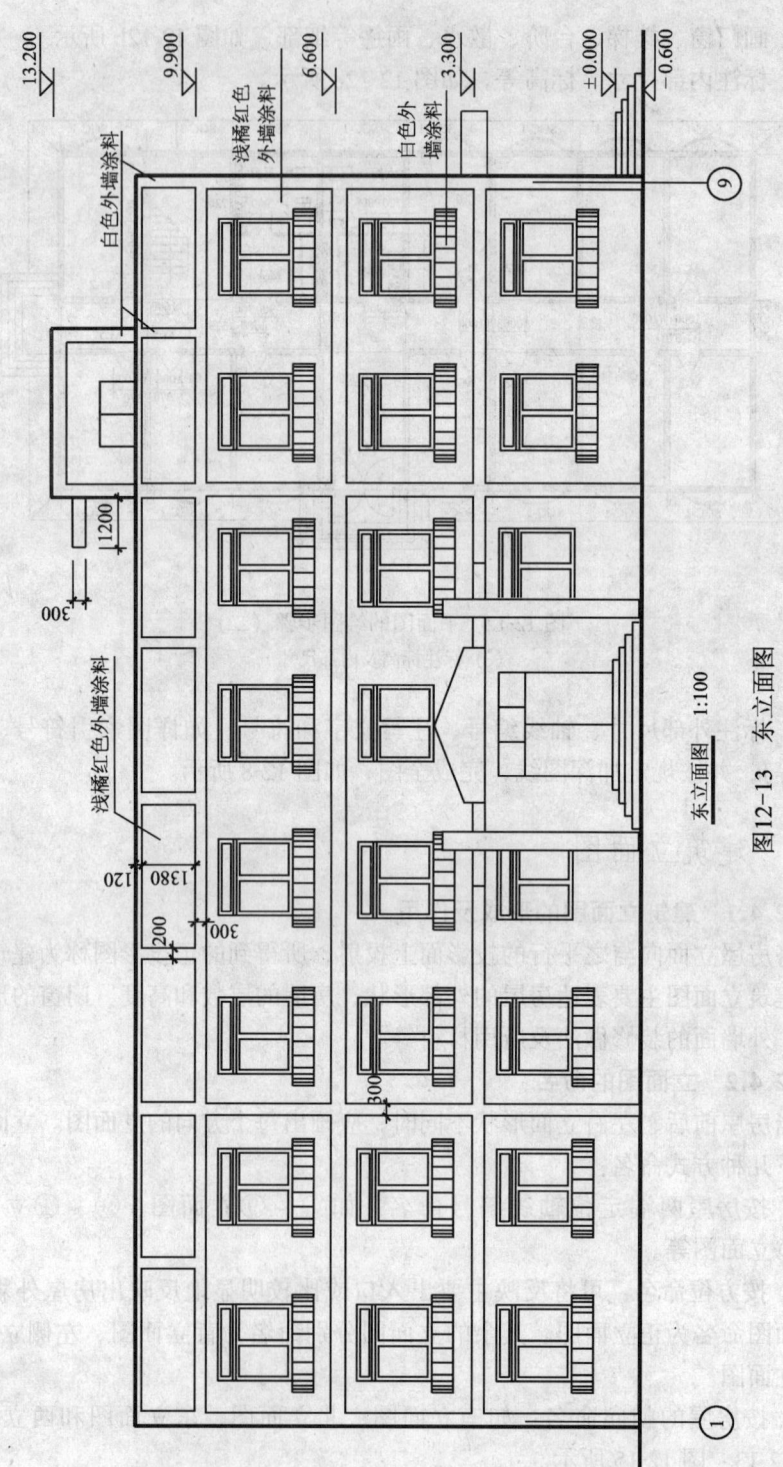

东立面图 1:100

图12-13 东立面图

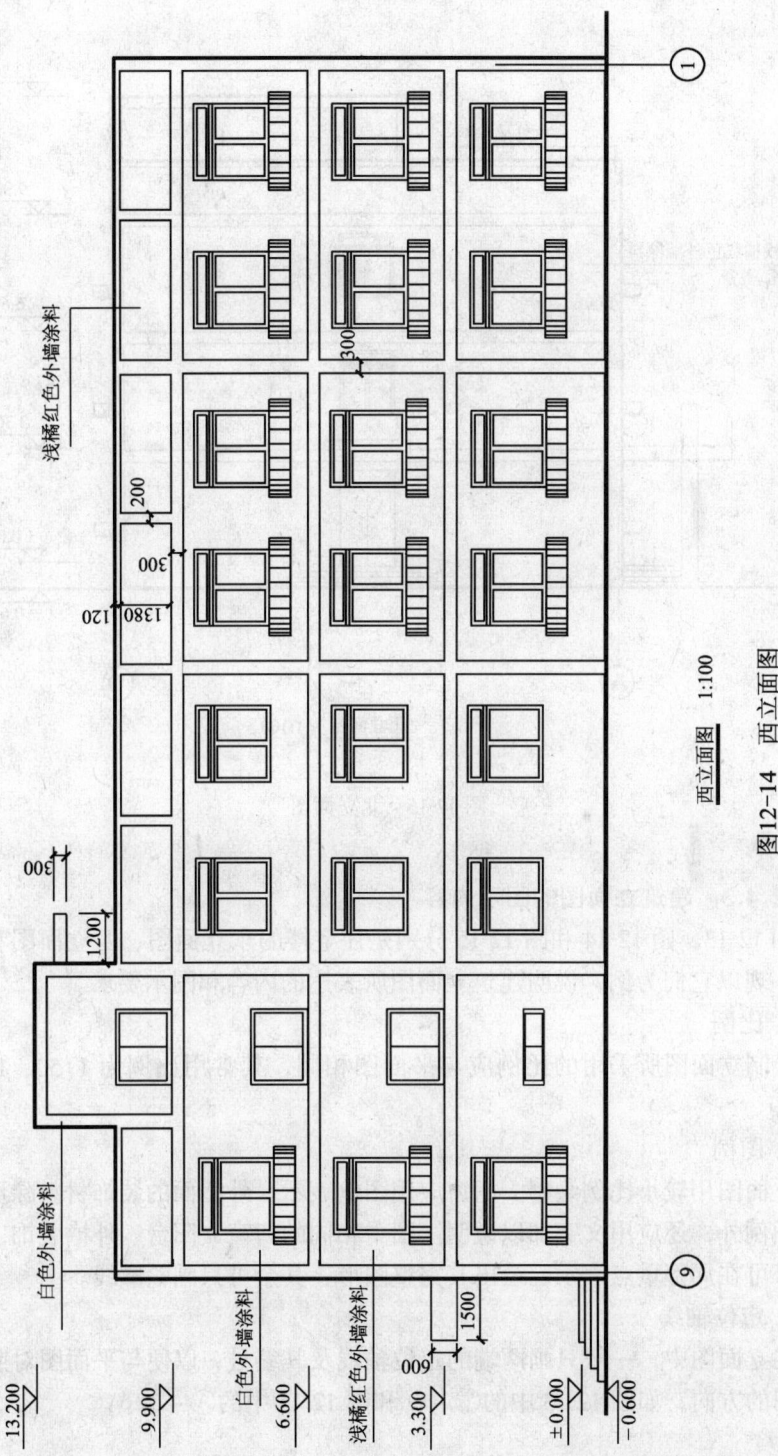

图12-14 西立面图

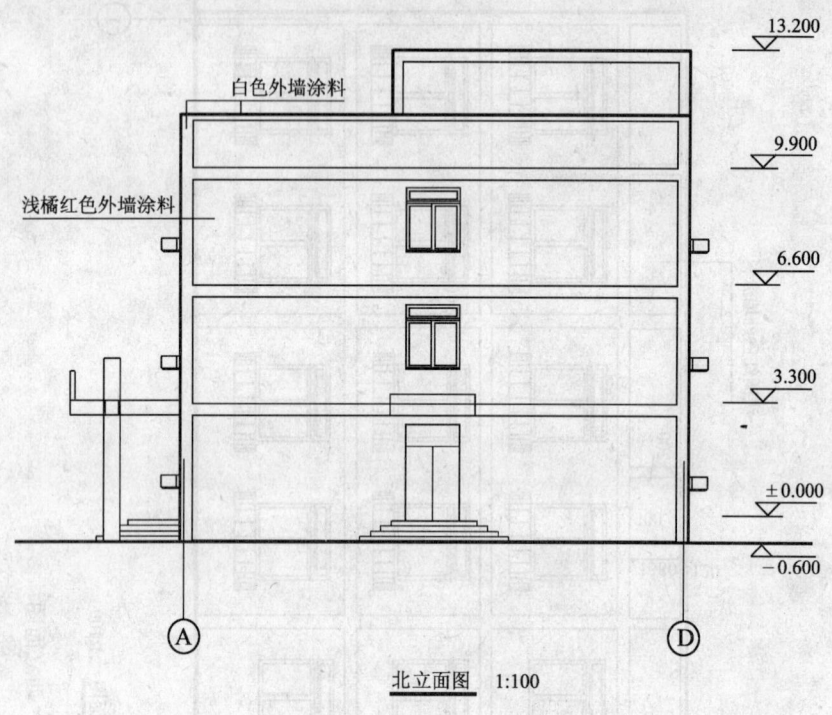

图 12-15 北立面图

12.4.3 建筑立面图的图示内容

图 12-13、图 12-14 和图 12-15 分别是住宅楼的东立面图、西立面图和北立面图。现以它们为例，说明建筑立面图所表达的内容和图示要求。

1. 比例

绘制立面图所采用的比例应与平面图相同，其常用比例为 1∶50、1∶100、1∶200。

2. 图例

立面图用较小比例绘制，门窗应用图例表示。外墙面的装饰材料除可画出部分图例外，还应用文字加以说明。图中相同的门窗、阳台、外檐装饰、构造做法等可在局部重点表示，绘出其完整图形，其余可只画轮廓线。

3. 定位轴线

在立面图中，一般只画两端的定位轴线及其编号，以便与平面图对照确定立面图的方向，如图 12-13 中的①～⑨和图 12-15 中的Ⓐ～Ⓓ。

4. 图线

为了使立面图中的主次轮廓线层次分明，增强图面效果，应采用不同线型。具体要求如下：

室外地面用特粗线（$1.4b$）表示；立面外包轮廓线用粗实线绘制；门窗洞口、台阶、花台、阳台、雨篷、檐口、烟道、通风道等均用中实线画出；某些细部轮廓线，如门窗格子、阳台栏杆、装饰线脚、墙面分格线、雨水管和文字说明引出线等均用细实线画出。

5. 尺寸标注

立面图中应注出外墙各主要部位的标高及高度方向的尺寸，如室外地面、台阶窗台、门窗上口、阳台、雨篷、檐口、屋顶、烟道、通风道等处的标高。对于外墙预留洞除注出标高外，还应注明其定量尺寸和定位尺寸。

6. 标注

立面图画完后，应在其下注明图名比例。图名下画粗下划线。

12.4.4 看图示例

现以本章图 12-13 东立面图为例说明立面图的内容及阅读方法。

查找轴线编号或图名。立面图两端通常标注有定位轴线编号，此编号与平面图的轴线编号是一致的，将两者联系起来对照阅读，便能够确定该立面图是表示房屋的东立面图。

了解房屋的外形。从立面图上能够看出，房屋的外形、房屋的高度变化，以及台阶、勒脚、阳台、雨篷、门窗、花台、屋顶和雨水管等细部的形式和位置。图中表示主要出入口位于房屋的中偏右部位，次要出入口位于一层北侧。楼梯通屋顶，所有外墙门均设雨篷，东面雨篷靠两根圆形柱支撑，屋面楼梯间雨篷和北面雨篷为悬挑雨篷。

了解房屋各部位的标高。从图中所标注的标高能够看出房屋室内外地面高差为 0.60m，房屋最高处标高为 13.200m，其他各部位标高和高度尺寸如图所示。

了解墙面装饰材料及做法。从图中引出的文字说明中，可知房屋外墙面装饰材料为浅橘红色外墙涂料，立面装饰线为白色外墙涂料。

12.4.5 建筑立面图的绘图步骤

(1) 绘室外地坪线、外墙轮廓和墙面分格线图，如图 12-16a 所示。

(2) 绘细部，如门窗、阳台、勒脚、雨篷等，如图 12-16b 所示。

(3) 标注标高、注写文字和索引符号等，并按规定加深图线，完成全图，如图 12-13 所示。

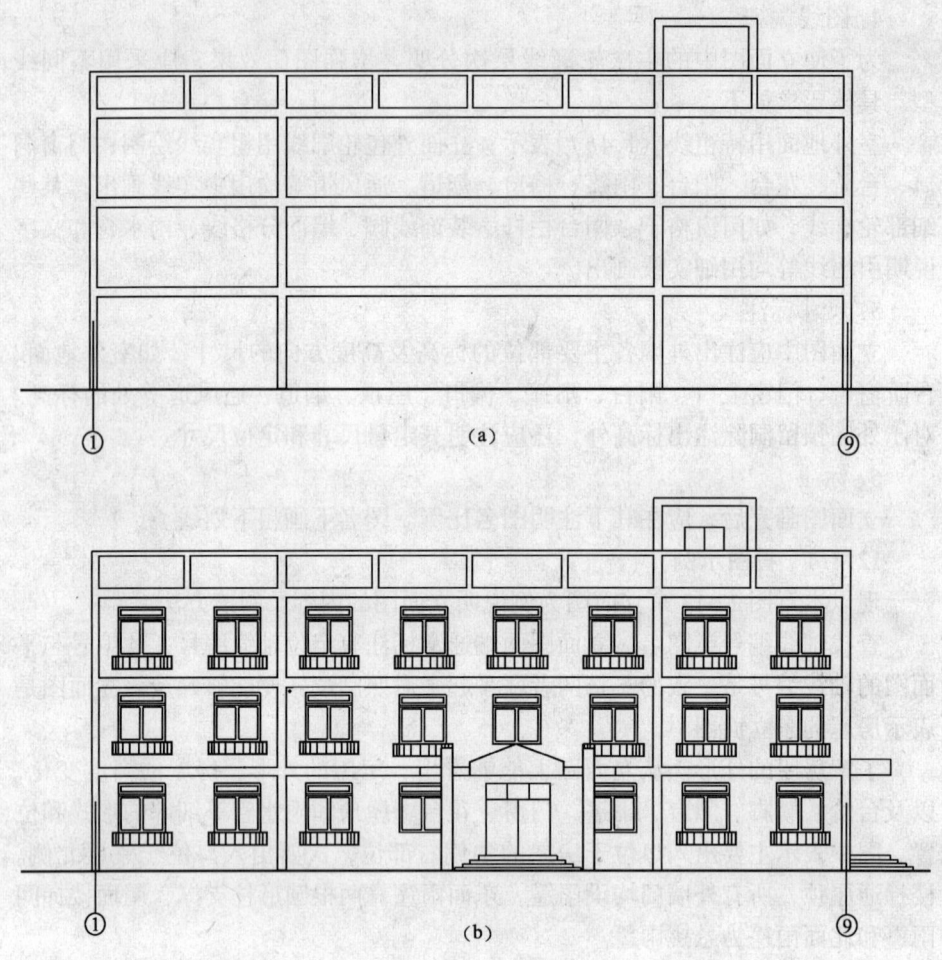

图 12-16 立面图的绘图步骤
(a) 画轮廓及墙面分格线；(b) 画门窗、台阶及细部

12.5 建筑剖面图

12.5.1 建筑剖面图的形成及作用

假想用一个或两个铅垂的剖切平面把房屋垂直切开，移去构造简单的一半，将剩余部分向投影面投射，所得到的剖视图称为建筑剖面图。如图 12-17 所示。

用剖面图表示房屋，通常是将房屋横向剖开，必要时也可纵向将房屋剖开。剖切面选择在能显露出房屋内部结构和构造比较复杂、有变化、有代表性

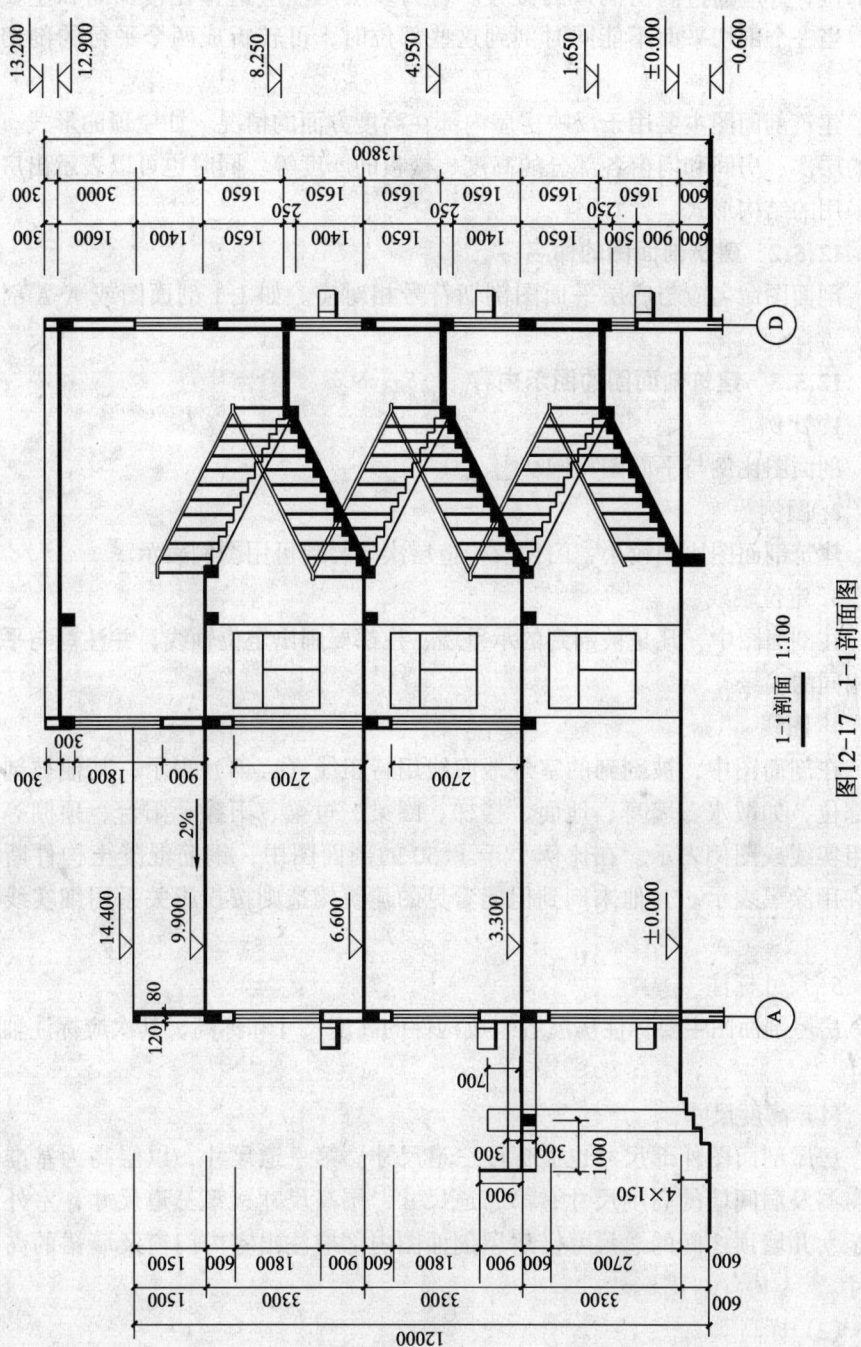

图12-17 1—1剖面图

的部位，并应通过门窗洞口的位置。若为多层房屋应选择在楼梯间和主要入口。当一个剖切平面不能同时剖到这些部位时，可转折成两个平行的剖切平面。

建筑剖面图主要用于反映房屋内部在高度方面的情况。如屋顶的形式、楼房的层次、房间和门窗各部分的高度、楼板的厚度等。同时也可以表示出房屋所采用的结构形式。

12.5.2 建筑剖面图的命名

剖面图命名应与底层平面图剖切符号相对应。如 1-1 剖面图或 A-A 剖面图。

12.5.3 建筑剖面图的图示内容

1. 比例

剖面图比例与平面图相同。

2. 图例

建筑剖面图比例较小，门窗及构造层次的材料可用图例表示。

3. 定位轴线

在剖面图中，凡是被剖到的承重墙、柱都要画出定位轴线，并注写与平面图相同的编号。

4. 图线

在剖面图中，被剖到的室外地面线用特粗线（$1.4b$）表示，其他被剖到的部位，如散水、墙身、地面、楼梯、圈梁、过梁、雨篷、阳台、顶棚等均用粗实线或图例表示。在比例小于 1∶50 的剖面图中，钢筋混凝土构件断面允许用涂黑表示。其他未剖到但能看见的建筑构造则按投影关系用细实线画出。

5. 尺寸标注

房屋剖面图主要标注房屋各组成构件的高度尺寸和标高，其次应标注轴线尺寸。

（1）高度尺寸

房屋剖面图外部尺寸也需标注三道尺寸。第一道尺寸，以层高为基准的门窗洞及洞间墙的高度尺寸；第二道尺寸，层高尺寸；第三道尺寸，室外地坪至女儿墙顶之间的总尺寸。房屋剖面图内部应注出室内门窗及墙裙的高度尺寸。

（2）标高

注出室内外地面、各层楼面、阳台、楼梯、平台、檐口、顶棚、门窗、台阶、烟道和通风道等处的标高。

(3) 轴线尺寸

注出承重墙或柱定位轴线间的距离尺寸。

6. 标注

剖切位置线和剖视方向线必须在底层平面图中画出并注写编号，编号可用阿拉伯数字、罗马数字或拉丁字母编号。在剖面图的下方标注与其相同的图名和比例。图名比例下画粗下划线。

12.5.4 看图示例

图 12-17 为某大学教职工宿舍楼的剖面图。从底层平面图中 1-1 剖切线的位置可知，1-1 剖面图是从⑤~⑥轴线间通过门厅，在楼道处转折，从⑦~⑧轴线间通过楼梯间剖切的。拿掉房屋右半部分，所作的右视剖面图。该图为阶梯剖面图。比例为 1:100。

1-1 剖面图表明该房屋为三层楼房，平屋顶，屋顶上四周有女儿墙，女儿墙为钢筋混凝土墙。楼梯间屋顶上四周也有女儿墙，为砖墙，高度为 300mm，顶标高为 13.200m，屋面排水坡度为 2%，楼梯通屋顶，屋面为上人屋面。楼梯间屋面为不上人屋面。室外地坪标高为 -0.600m。层高均为 3.300m。入口处有四步台阶，踢面高为 150mm，上有雨篷。雨篷带有上下翻檐，翻檐高度不同，两个面高度为上 300mm，下 300mm，一个面上部两端高度为 300 mm，中间高度为 900mm，下部 300mm。雨篷下有柱支撑，柱为圆形。

从尺寸标注上可看出Ⓐ轴线上有门、窗，高度分别为 2700mm、1800mm，窗台高为 900mm，有花池，花池栏板与窗洞底平齐。门洞、窗洞顶距楼面为 600mm，女儿墙高度为 1500mm，厚度为 120mm，顶标高为 11.400m。该剖面图没有表明地面、楼面、屋顶的做法，这些内容将在墙身详图中表示。

12.5.5 建筑剖面图的绘制步骤

(1) 定轴线，绘室内外地坪线、定楼板及楼梯休息平台位置，并绘出墙身，如图 12-18a 所示。

(2) 绘门窗、楼梯、楼板、休息平台板、梁等结构，如图 12-18b 所示。

(3) 绘细部，如楼梯、楼梯栏杆、雨篷、屋面等，如图 12-18c 所示。

(4) 标注标高及高度尺寸、注写有关文字和详图索引符号等，并按规定加深图线，完成全图，如图 12-17 所示。

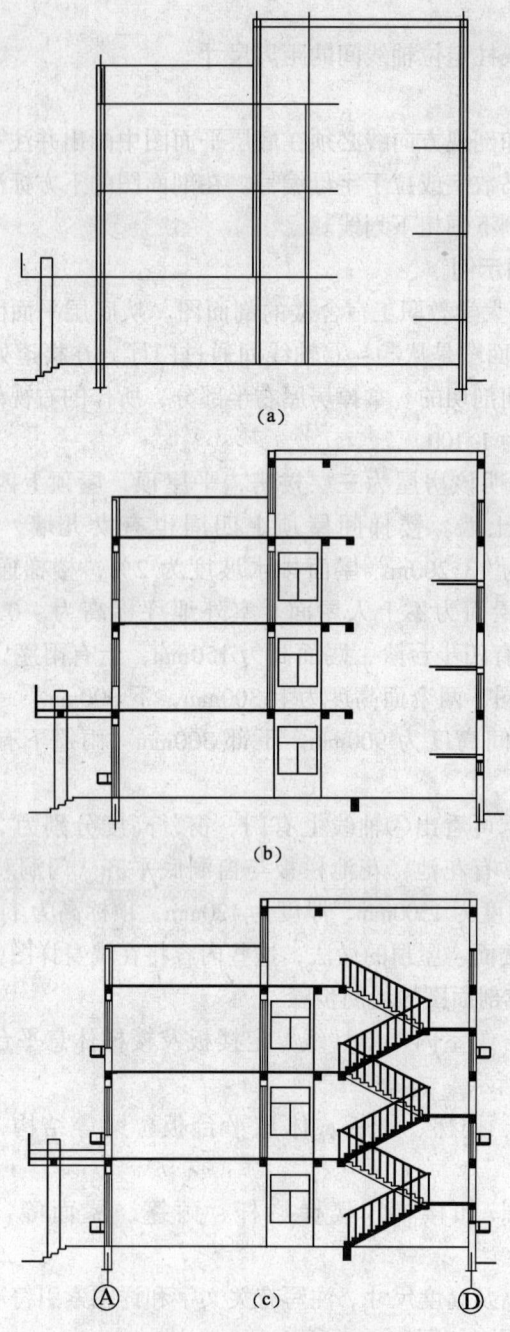

图 12-18 剖面图的绘制步骤
(a) 画轴线、墙身、定层高；(b) 画门窗、楼板、梁等；
(c) 画楼梯、细部等

12.6 建筑详图

12.6.1 概述

建筑平、立、剖面图一般以小比例绘制,许多细部难以表达清楚,因此在建筑图中常用较大比例绘制若干局部性的图样,以便施工。这种图样称为建筑详图(大样图)。详图的特点是比例大、图示清楚、尺寸标注齐全、文字说明详尽。

建筑详图包括建筑构件、配件详图和剖面节点详图。对于采用标准图或通用详图的建筑构、配件和剖面节点,只要注明所采用的图集名称、编号或页次即可,可不画详图。

详图所用比例视图形本身复杂程度而定,一般采用 1:5、1:10、1:20 等。详图常用比例,建筑物或构筑物的局部放大图为 1:10、1:20、1:25、1:30、1:50;配件及构造详图为 1:1、1:2、1:5、1:10、1:15、1:20、1:25、1:30、1:50 等。

详图的数量视需要而定,如墙身详图只需一个剖面图;楼梯详图需要平面图、剖面图、踏步、栏杆(栏板)等详图;门窗详图需要立面图、节点图、断面图和门窗扇立面图等。详图的剖面区域上应画出材料图例。本节仅介绍墙身详图和楼梯详图。

12.6.2 墙身详图

1. 墙身详图的形成及作用

外墙身详图是假想用一剖切平面在窗洞口处将墙身完全剖开,并用大比例画出的墙身剖面图。也可在建筑剖面图外墙上各点处标注索引符号,分别画出放大图,整齐排列在一起,构成外墙身详图。

外墙身详图详尽地表示出外墙身从基础以上到屋顶各节点,如防潮层、勒脚、散水、窗台、门窗过梁、地面、各层楼面、屋面、檐口、外墙内外墙面装修等的尺寸、材料和构造做法,是施工的重要依据。

2. 图示内容

墙身剖面详图主要用以详细表达地面、楼面、屋面和檐口等处的构造,楼板与墙体的连接形式以及门窗洞口、窗台、勒脚、防潮层、散水和雨水管等的细部做法。同时,在被剖到的部分内,根据所用材料画上相应的材料图例,并注写多层构造说明。如图 12-19 所示。

3. 规定画法

由于墙身较高且绘图比例较大,画图时,常在窗洞口处将其折断成几个节点。若多层房屋的各层构造相同时,则可只画底层、中间屋、顶层的构造节点。但要在中间层楼面和墙洞上下皮的标高处用括号加注省略层的标高。墙身详图常用 1:20 比例绘制。有时,房屋的檐口、屋面、楼面、窗台、散水等配件节点详图可直接在建筑标准图集中选用,但需在建筑平面图、立面图或剖面图中的相应部位标出索引符号,并注明标准图集的名称、编号和详图号。

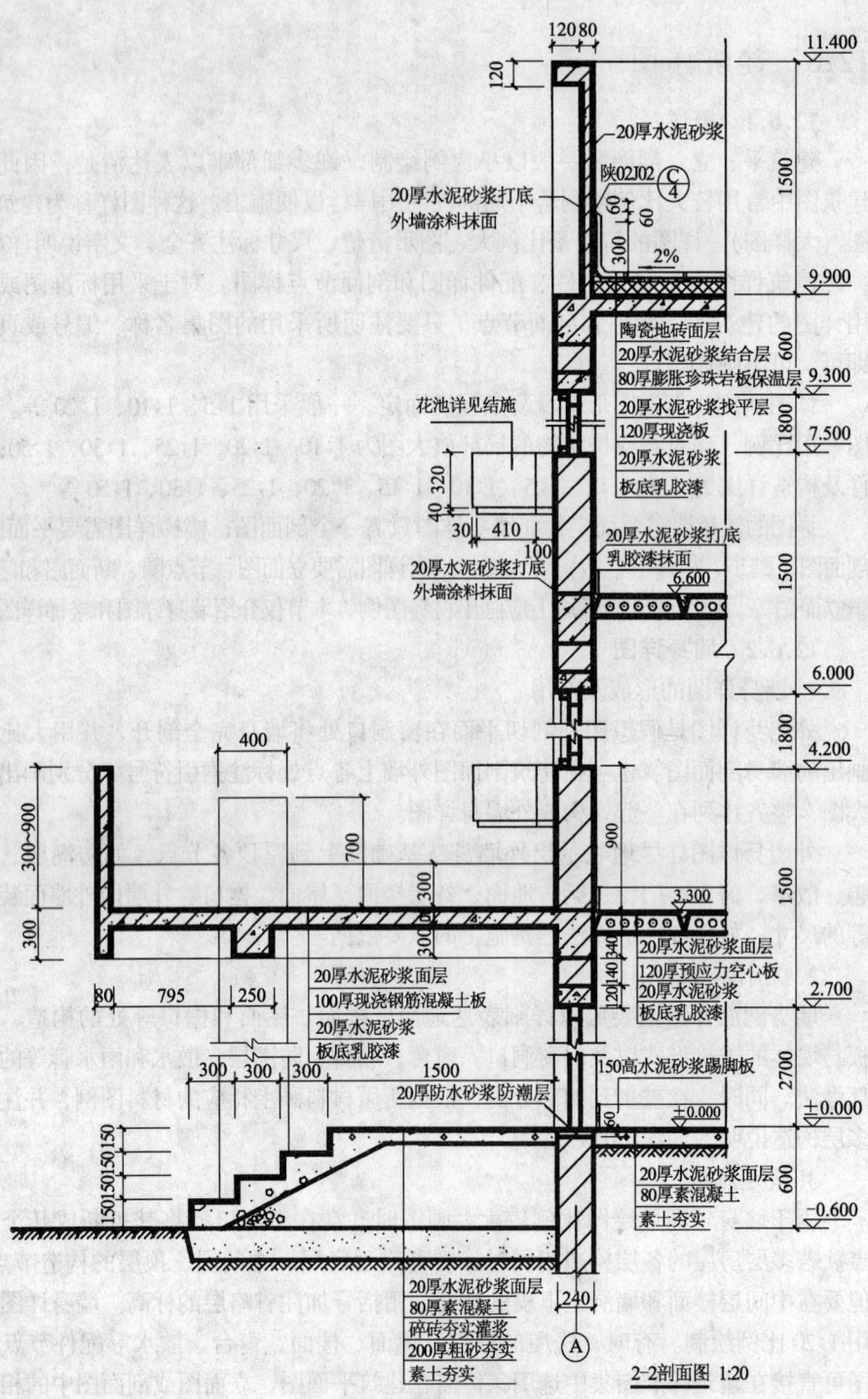

图 12-19 外墙身详图

4. 尺寸标注

在墙身剖面详图的外侧，应标注垂直分段尺寸和室外地面、窗口上下皮、外墙顶部等处的标高，墙的内侧应标注室内地面、楼面和顶棚的标高。这些高度尺寸和标高应与剖面图中所标尺寸一致。

墙身剖面详图中的门窗过梁、楼板和屋面板等构件，其详细尺寸均可省略不注，施工时，可在相应的结构施工图中查到。

5. 墙身详图看图示例

现以图12-19为例，从下往上说明该详图的内容及其阅读方法。

(1) 图名、比例

根据图名结合底层平面图可知，该详图是对Ⓐ轴线上外墙进行垂直剖切、从右向左进行投影得到的剖视图，比例为1:20。因各层与墙连接处构造不同，所以每一层构造均画出。

(2) 细部构造

墙身在室内地面下60mm处设有20厚水泥砂浆防潮层，防止地下水对墙身的侵蚀。墙内表面做150高水泥砂浆踢脚板，窗框和窗扇的断面和尺寸，因采用标准图，此处未详细画出。窗洞上部有过梁，与楼板相接的墙处有圈梁，过梁、圈梁均为钢筋混凝土制作。墙外侧设有台阶、雨篷、花池。台阶为素混凝土制作，雨篷为钢筋混凝土制作，花池在结构施工图中另有详图表示。

地面、楼面、屋面为多层次构造，分别采用分层注解的方法表示。屋面排水坡度为2%，采用材料找坡，在屋面与女儿墙连接处设有泛水。外墙内表面采用水泥砂浆打底，乳胶漆抹面。外墙外表面采用水泥砂浆打底，外墙涂料抹面。

(3) 尺寸标注

外墙详图尺寸标注方法与剖面图相同。图中标有室内外地面、防潮层、各层楼面、屋面、女儿墙顶面、各层门窗上下口的标高。墙厚、散水、台阶、雨篷、花台等处的尺寸。

(4) 轴线编号

外墙身详图应标注轴线编号，以表明是哪一根轴线上的墙。

12.6.3 楼梯详图

楼梯是多层房屋垂直交通的重要设施，楼梯有单跑楼梯、双跑楼梯、三跑楼梯和螺旋型楼梯几种形式。楼梯由楼梯段、平台和栏板（栏杆）组成。楼梯段简称梯段，包括楼梯横梁、楼梯斜梁和踏步。踏步的水平面称踏面，垂直面称踢面。平台包括平台板和平台梁。

楼梯详图包括楼梯平面图、楼梯剖面图、踏步和栏板（栏杆）节点详图。楼梯详图应尽可能画在同一张图纸上。平面图、剖面图比例应一致，一般为

1:50;踏步、栏板（栏杆）节点详图比例要大一些，可采用1:5、1:10、1:20等。

楼梯详图一般分为建筑详图和结构详图，分别绘制并编入建施图和结施图中。但对于较简单的楼梯，两图可合并绘制，编入结施图中。

1. 楼梯平面图

（1）平面图的形成及作用

假想用一水平剖切平面，沿每层上行第一个梯段（即楼层窗洞）将楼梯水平切开，向水平面做的水平剖视图称为楼梯平面图。楼梯平面图的作用在于表明各层梯段和楼梯平面的布置以及梯段的长度、宽度和各级踏步的宽度。

（2）楼梯平面图命名

按剖切位置不同分为底层平面图、二层平面图……顶层平面图。一般每层都应画出平面图，但三层以上的房屋，若中间多层的楼梯形式、构造完全相同，则只需画出底层、一个中间层（标准层）和顶层三个平面图。但应在标准层的平台面、楼面以括号形式加注省略层的标高。如图12-20所示。

（3）规定画法

楼梯平面图的图线同房屋平面图。楼梯平面图应根据楼梯间的开间、进深和墙厚，画出墙、窗、平台、栏板（栏杆），各梯段踏步的投影。梯段最高一级的踏面数总比步级数少1。底层平面图中应标注楼梯间剖面图的剖切位置线。

楼梯平面图中应画出梯段折断线。折断线若反映真实投影应为一条水平线，为避免与踢面投影线混淆，规定在梯段上部平台位置处画与踏面线成30°角的折断线。为了表示各个楼层的楼梯的上下关系，可在梯段上用指示线和箭头表示，并以各自楼层的楼（地）面为准，在指示线端部注写"上"和"下"。因顶部楼梯平面图中没有向上的楼梯，故只有"下"。

（4）尺寸标注

楼梯间要用定位轴线及编号表明位置。在各层平面图中要标注楼梯间的开间和进深尺寸、梯段的长度和宽度、踏面数和宽度、休息平台宽度、楼梯井宽等其他细部尺寸等。梯段的长度要标注水平投影的长度，通常用踏面数乘以踏面宽度表示。如底层平面图中的 $10 \times 300 = 3000$。另外还要注出各层楼（地）面、休息平台的标高。

（5）看图示例

以图12-20为例说明楼梯平面图表达的内容。从定位轴线编号上可看出该楼梯位于⑦⑧轴线与ⓒⓓ轴线之间，开间为3600，进深为6000，墙厚均为240，梯段宽1600，梯段长3000，踏步为22级，梯井宽160，平台宽1800，二、三层平面图括号内的标高4.950，6.600为三层平面的标高。顶层平面图外有一落水管，详细图样应参见标准图集陕02J的14页第3个图。

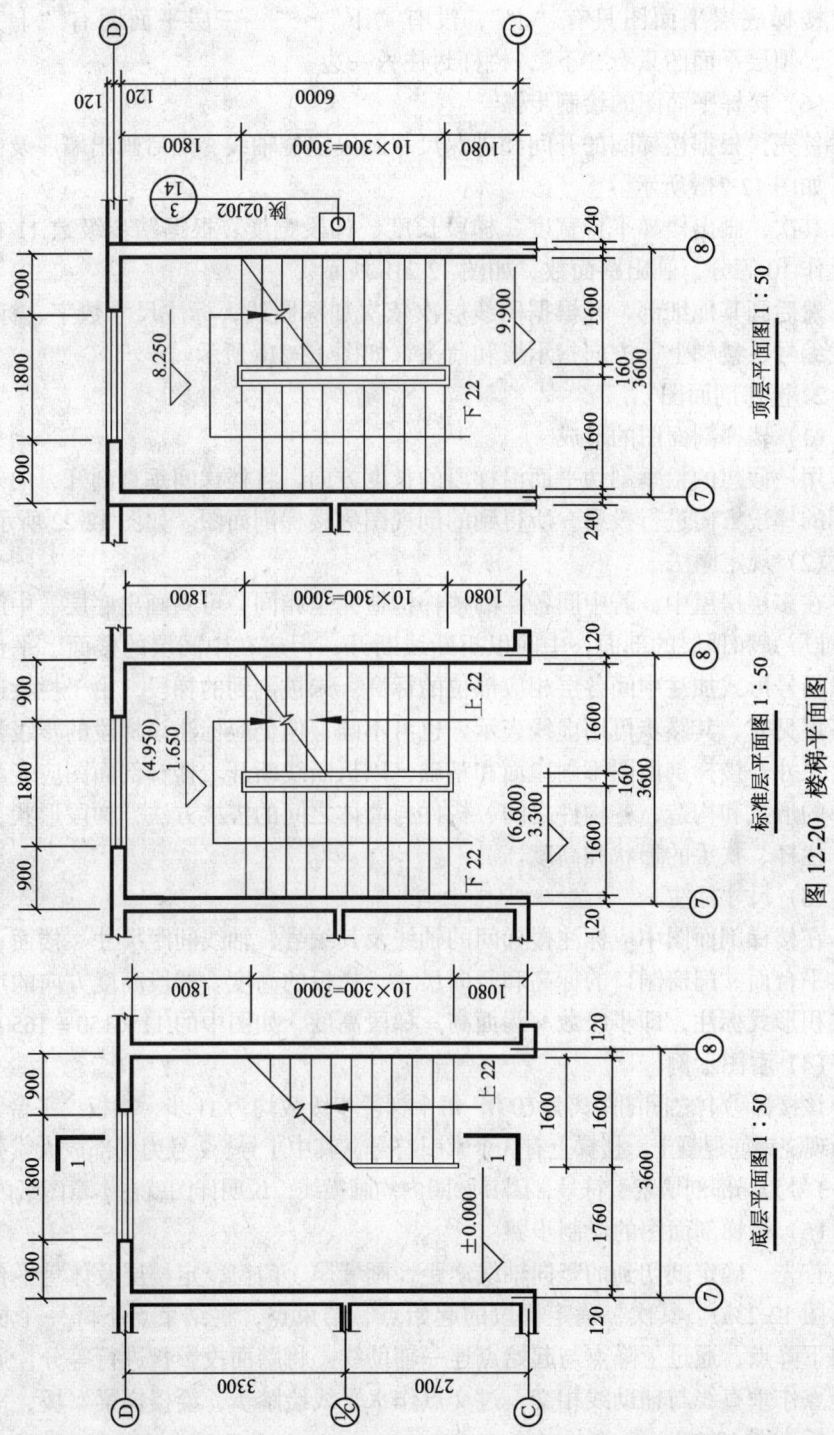

图 12-20 楼梯平面图

楼梯底层平面图只有"上",没有"下",二、三层平面图有"上"有"下",顶层平面图只有"下",栏杆封住另一边。

(6) 楼梯平面图的绘制步骤

首先,根据楼梯间的开间和进深尺寸画出定位轴线,然后画出墙厚及门窗洞,如图 12-21a 所示。

其次,画出楼梯平台宽度、梯段长度、梯段宽度。根据踏步级数 11 在楼梯上作 10 等分,画出踏面数,如图 12-21b 所示。

然后画其他细部,并根据图线层次依次加深图线,标注尺寸数字、标高、轴线编号、楼梯上下方向指示线和箭头,如图 12-21c 所示。

2. 楼梯剖面图

(1) 楼梯剖面图的形成

用一假想的铅垂剖切平面沿梯段的长度方向,将楼梯间垂直剖开,向未被剖到的梯段方向进行投射,所得到的剖视图称楼梯剖面图。如图 12-22 所示。

(2) 规定画法

在多层房屋中,若中间各层的楼梯构造完全相同,可只画出底层、中间层(标准层)和顶层的剖面,中间以折断线断开,但应在中间层的楼面、平台面处以括号形式加注中间各层相应部位的标高。未被剖到的梯段,由于栏板遮挡而不可见时,其踏步可用虚线表示,也可不画,但仍应标注该梯段的步级数和高度尺寸。楼梯剖面图不画屋面和基础,以折断线断开。楼梯剖面图应表示出楼梯的形式和构造,各构件之间、构件与墙体之间的搭接方法,梯段形状,踏步、栏杆、扶手的形状和高度。

(3) 尺寸标注

在楼梯剖面图中应标注楼梯间的轴线及其编号、轴线间距尺寸、楼面、地面、平台面、门窗洞口的标高和竖向尺寸、栏板的高度。梯段高度方向的尺寸以乘积形式标注,即步级数×踢面高=梯段高度,如图中的 $11 \times 150 = 1650$。

(4) 看图示例

该楼梯Ⓒ Ⓓ之间的距离为 6000,每个梯段步级数均为 11 步,梯板、平台、梯梁为现浇钢筋混凝土。楼梯上有 3 个索引符号,其中 1 号、2 号为局部放大索引符号,3 号为局部剖切索引符号,因其圆圈内均画横线,说明详图就在本章图纸内。

(5) 楼梯剖面图的绘制步骤

首先,确定剖切到的竖向轴线之距,画墙厚、门窗,定楼层及休息平台高度(图 12-23a)。其次,确定梯段的起始点、结束点,将结束点下降一个梯面高得下降点,通过下降点与起始点连一辅助线。将踏面投影长进行等分,通过等分点作垂直线与辅助线相交,过交点作水平线绘踏步,绘楼梯梁、板,平台梁、板(图 12-23b)。

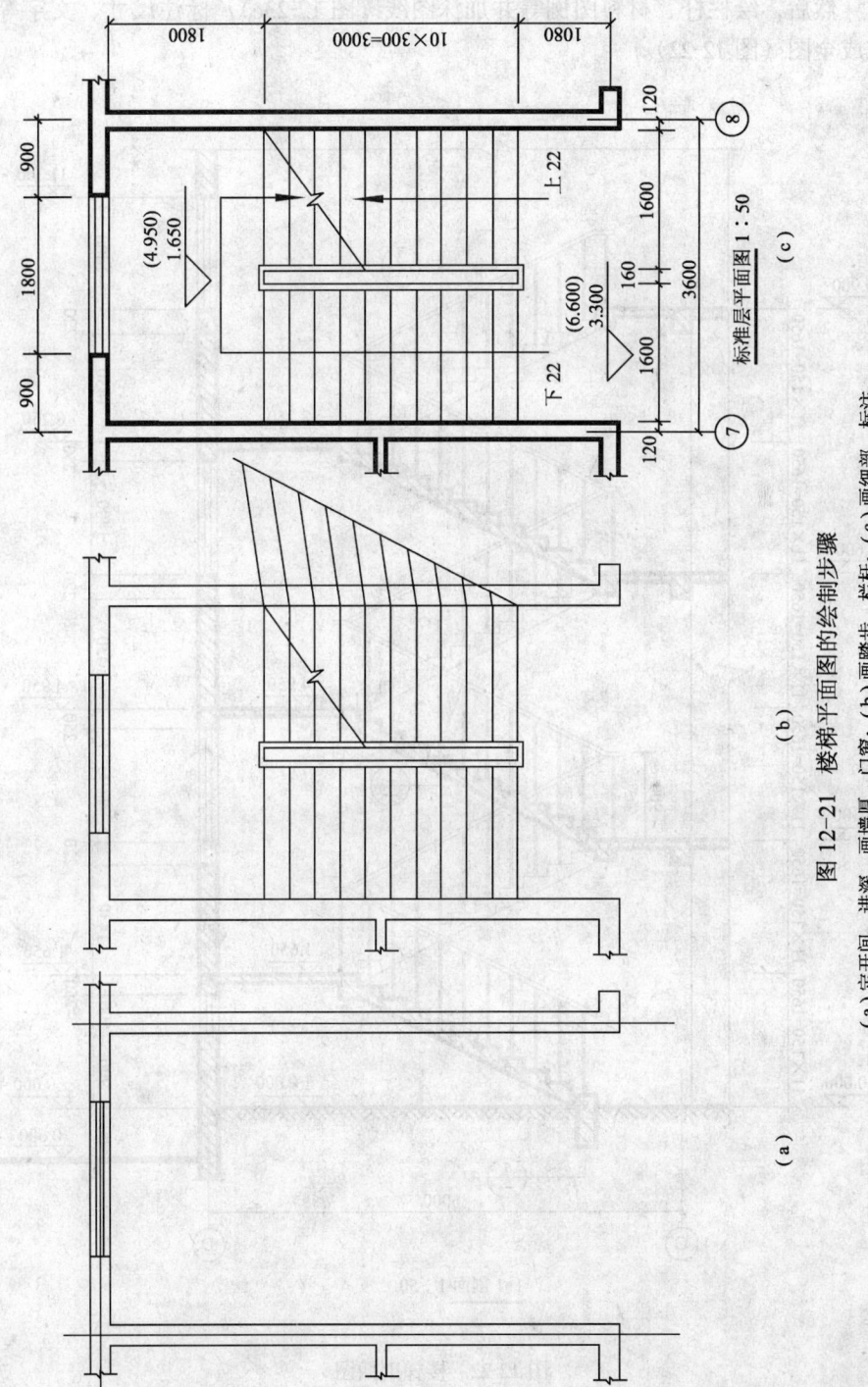

图 12-21 楼梯平面图的绘制步骤
(a) 定开间、进深、画墙厚、门窗；(b) 画踏步、栏杆；(c) 画细部、标注

然后，绘栏杆、材料图例等并加深图线（图12-23c），标注尺寸、文字等，完成全图（图12-22）。

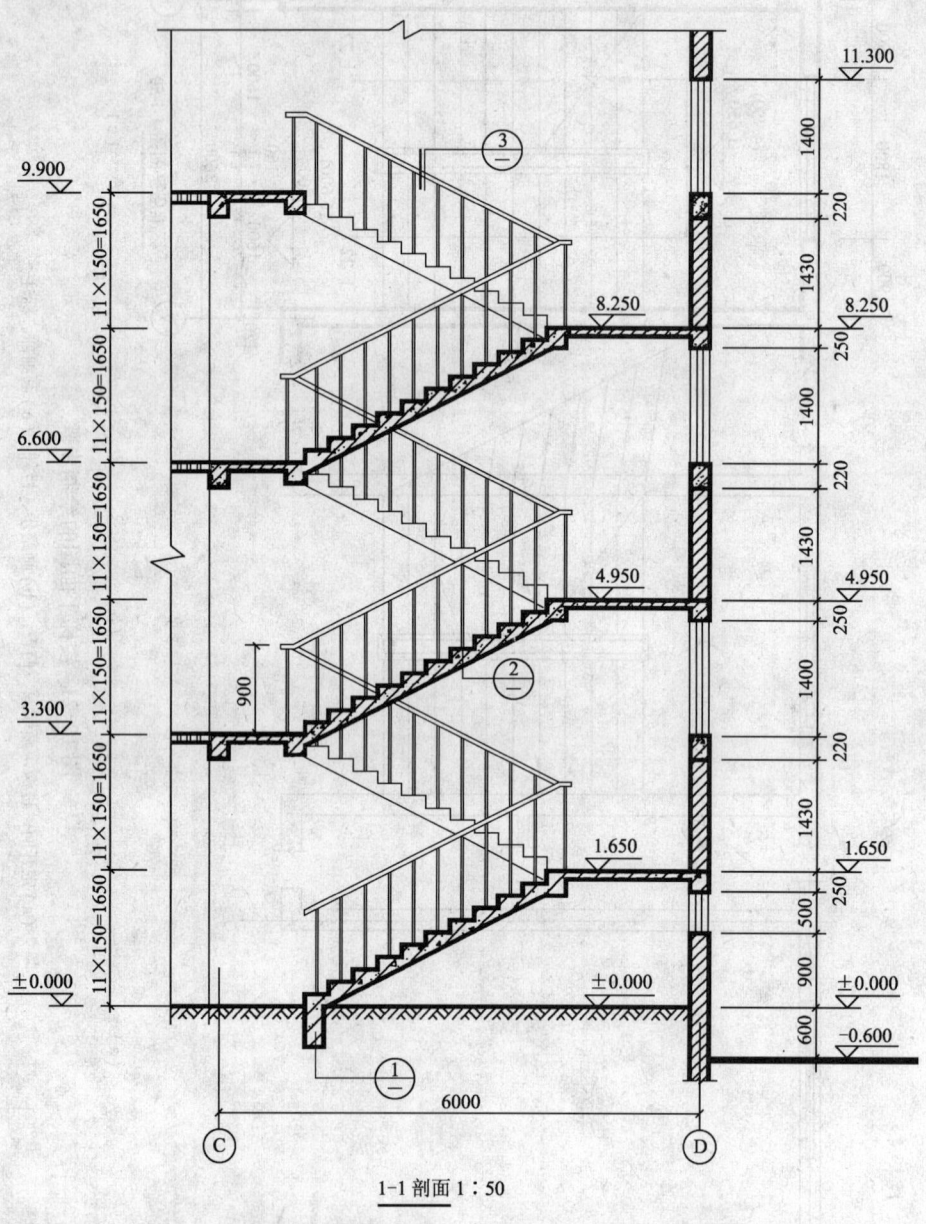

图12-22 楼梯剖面图

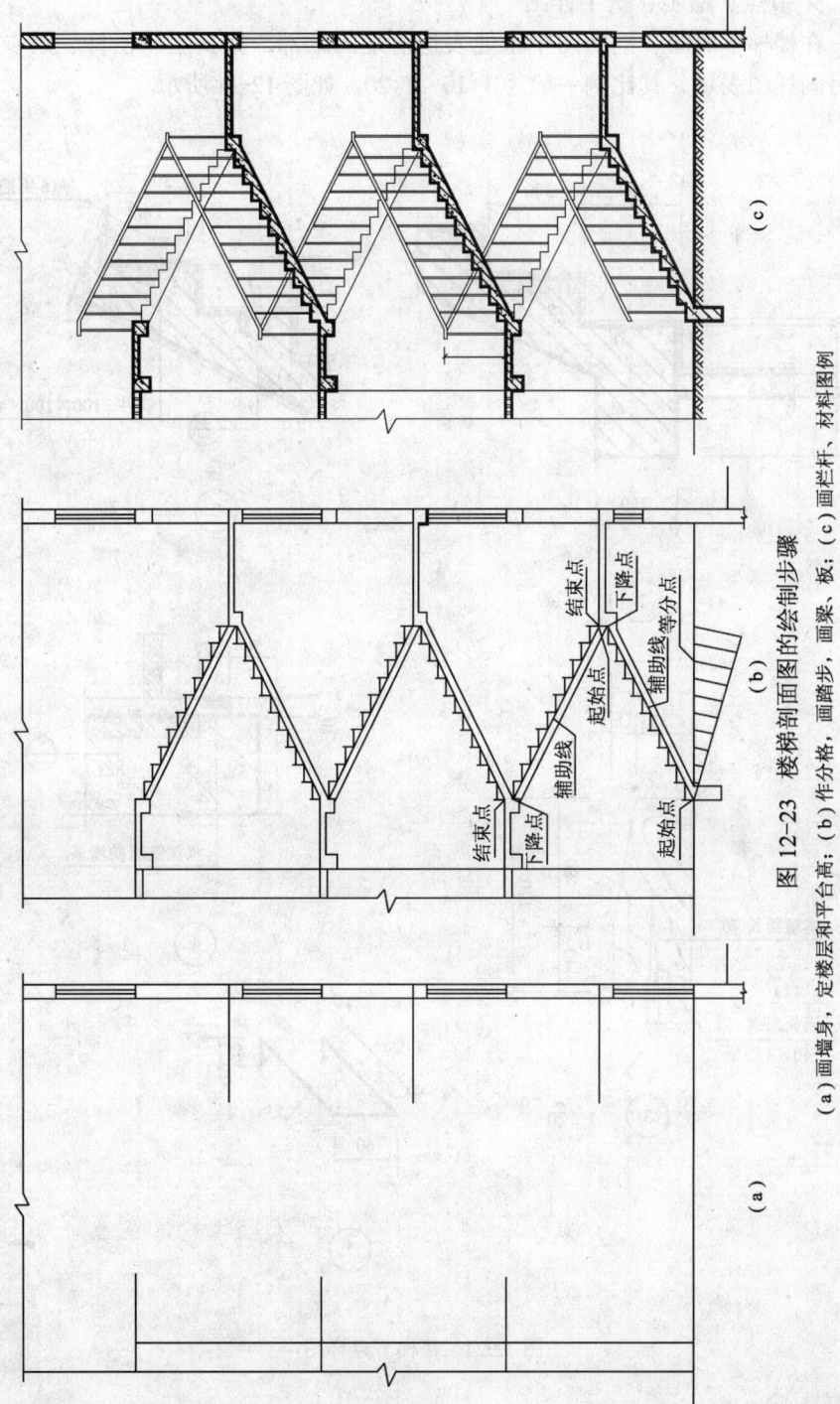

图 12-23 楼梯剖面图的绘制步骤
(a) 画墙身,定楼层和平台面高; (b) 作分格,画踏步,画梁、板; (c) 画栏杆、材料图例

3. 节点、踏步、扶手详图

在楼梯平面图、剖面图中未能表达清楚的细部，如扶手、栏杆、踏步等，应另画详图表示，其比例一般为1:10~1:20。如图12-24所示。

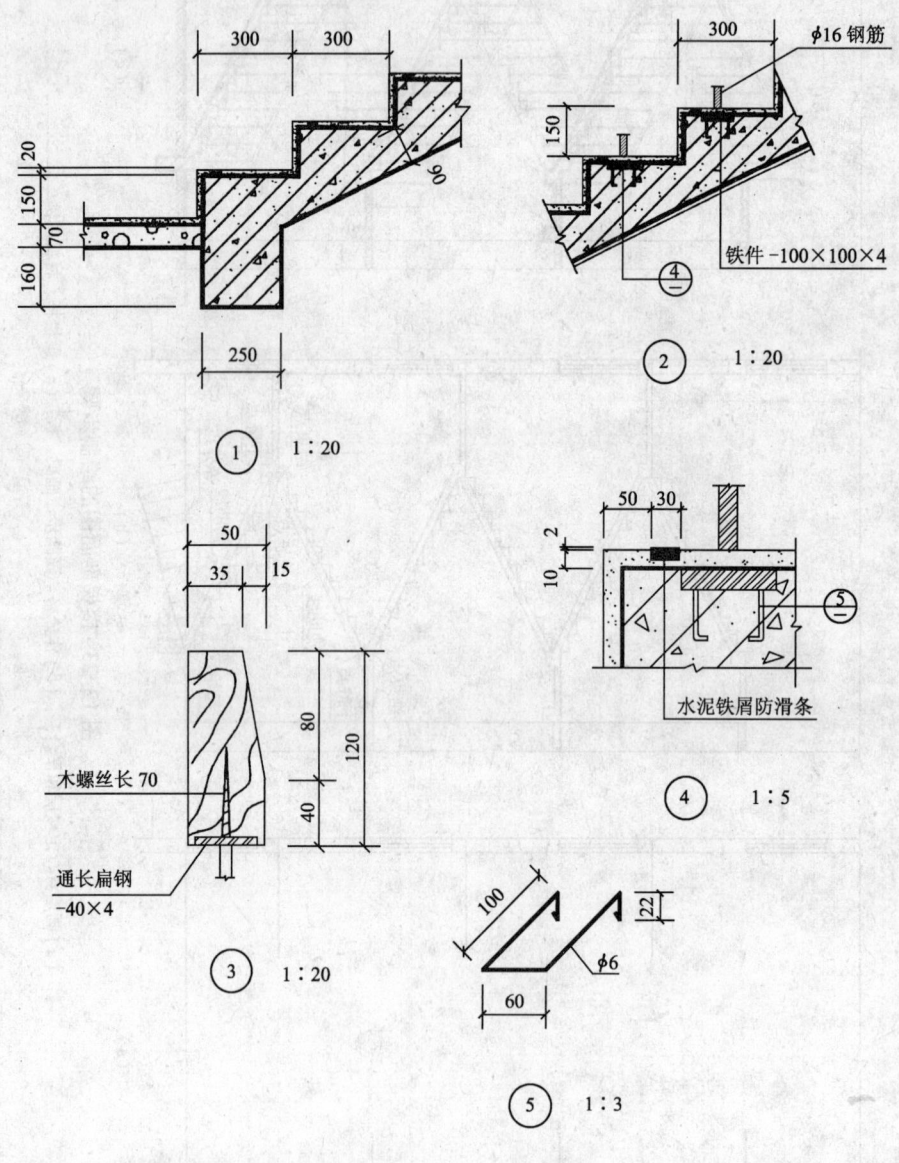

图12-24 楼梯节点详图

①号详图表明梯段、梯段梁与楼地面的连接构造及每一部位的详细尺寸。

②④⑤号详图表明踏步的形状、尺寸、防滑条的位置、材料及面层做法。一般只画出几级即可,其余以折断线断开。图中预埋件因比例小,不够详细,所以又用更大比例画出其详图。

③号详图表明扶手的截面形状、尺寸、材料及连接情况。

第13章 结构施工图

房屋施工图包括建筑施工图、结构施工图和设备施工图。其中结构施工图主要表达结构构件的平面布置、构件大小及所用材料与配筋情况,是进行构件制作与安装、编制施工图预算、编制施工进度的重要依据。结构施工图质量的好坏,直接影响房屋的安全性。本章主要介绍结构施工图的形成、图示特点、图示内容及结构施工图的阅读。

13.1 概 述

建筑物是由结构构件(如墙、梁、板、柱、基础等)和建筑配件(如门、窗、阳台等)所组成。结构构件在建筑物中主要起承重作用,它们互相支承,联成整体,构成建筑物的承重结构体系,称为"建筑结构"。

在房屋设计中,除了进行建筑设计,画出建筑施工图外,还要根据建筑各方面的要求,进行结构选型和构件布置。经过变形、强度等方面的结构计算,确定建筑物各承重构件的用材、形状、大小以及内部构造等,并将设计结果绘制成图样,用以指导施工,这种图样称为结构施工图,简称"结施"。

13.1.1 结构施工图的基本内容

房屋按主要承重构件所采用的材料不同,分为木结构、砖木结构、砖混结构、混合结构、钢筋混凝土结构、钢结构等类型。结构类型不同,结构施工图的具体内容及编排方式也各有不同,但一般都包括如下三部分:

1. 结构设计说明

结构设计说明主要包括三个方面,即工程概述、地基及基础说明和其他说明。结构设计说明以文字说明为主,必要时附一辅助图样,其内容是全局性的。如果工程较小,结构不太复杂,可在基础平面图中加上结构设计说明,不再另写。

2. 结构布置平面图

结构布置平面图主要包括基础平面布置图、楼层结构平面图、屋面结构平面图、圈梁布置平面图等。

3. 构件详图

构件详图主要包括梁、板、柱等构件详图和楼梯、雨篷、阳台、屋架等结构节点详图。

13.1.2 钢筋混凝土结构简介

混凝土是将水泥、砂子、石子和水，按一定比例配合，浇注入模，经养护硬化后得到的一种与天然石料有相同性质的材料，俗称人造石材。混凝土的抗压强度很高，而抗拉强度却很低。如果用混凝土制作可以承受拉力的构件，其承载力很低。图 13-1a 表示素混凝土梁（全部由混凝土制成）在荷载 P 的作用下成为一受弯构件，即表现为下部受拉，上部受压。当外部荷载 P 还不太大时，梁的下部就被拉裂，从而导致梁体折断。钢筋的抗压和抗拉强度都很高，在构件受拉区配置适量的钢筋（图 13-1b），可以提高构件承载力。像这样把混凝土和钢筋两种材料组合成一体，使混凝土主要承受压力，钢筋主要承受拉力，就形成钢筋混凝土构件。

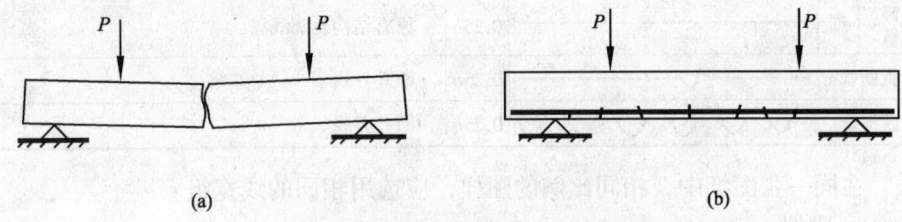

图 13-1 梁的受力情况示意图
(a) 素混凝土梁；(b) 钢筋混凝土梁

民用建筑中各种结构构件所受的外力多为竖向力，如构件自重、雨雪重量、固定设备重量和人的重量等等。这些重量由上向下逐层传递，即由板传递给墙，墙传递给基础，基础传递给地基（土壤），从而完成了整个传递过程。

13.1.3 结构施工图的图示特点

建筑结构专业制图除应符合《建筑结构制图标准》(GB/T 50105—2001) 外，还应符合《房屋建筑制图统一标准》(GB/T 50001—2001)，以及国家现行的有关强制性标准的规定。

1. 图线

结构施工图的图线宽度及线型应按表 13-1 的规定选用。据图样复杂程度与比例大小，先选用适当基本线宽 b，再选用相应的线宽组。

表 13-1 图 线

名称		线 型	线宽	一 般 用 途
实线	粗	——————	b	螺栓、主钢筋线、结构平面图的单线结构构件、钢木支撑及系杆线，图名下横线、剖切线
	中	——————	$0.5b$	结构平面图及详图中剖到或可见的墙身轮廓线、基础轮廓线、钢、木结构轮廓线、箍筋、板筋线
	细	——————	$0.25b$	可见的钢筋混凝土构件的轮廓线、尺寸线、标注引出线，标高符号、索引符号

续表

名称		线型	线宽	一般用途
虚线	粗	————	b	不可见的钢筋、螺栓线，结构平面图中的不可见的单线结构构件线及钢、木支撑线
	中	————	$0.5b$	结构平面图中的不可见构件、墙身轮廓线及钢、木构件轮廓线
	细	————	$0.25b$	基础平面图中的管沟轮廓线、不可见的钢筋混凝土构件轮廓线
单点长画线	粗	————	b	柱间支撑、垂直支撑、设备基础轴线图中的中心线
	细	————	$0.25b$	定位轴线、对称线、中心线
双点长画线	粗	————	b	预应力钢筋线
	细	————	$0.25b$	原有结构轮廓线
折断线		～	$0.25b$	断开界线
波浪线		～～～	$0.25b$	断开界线

在同一张图纸中，相同比例的图样，应选用相同的线宽组。

2. 比例

结构施工图根据图样的用途、被绘物体的复杂程度，应选用表 13-2 的常用比例，特殊情况下也可选用可用比例。

表 13-2 比 例

图 名	常 用 比 例	可 用 比 例
结构平面图、基础平面图	1:50，1:100，1:150，1:200	1:60
圈梁平面图、总图中管沟、地下设施等	1:200，1:500	1:300
详 图	1:10，1:20	1:5，1:25，1:4

当构件的纵、横向断面尺寸相差悬殊时，可在同一详图中选用不同的比例绘制。

3. 构件代号

结构构件的种类繁多，内容复杂，为了便于绘图和读图，在结构施工图中常用代号来表示构件的名称。构件代号一般为构件名称的大写汉语拼音第一个字母。常用构件代号见表 13-3。

4. 剖面图、断面详图编号顺序的编排

结构平面图中的剖面图、断面详图编号顺序宜按下列规定编排：

（1）外墙按顺时针方向从左下角开始编号。

（2）内横墙从左至右，从上至下编号。

（3）内纵墙从上至下、从左至右编号，如图 13-2 所示。

表 13-3 常用构件代号

序号	名称	代号	序号	名称	代号
1	板	B	19	基础梁	JL
2	屋面板	WB	20	楼梯梁	TL
3	空心板	KB	21	檩条	LT
4	槽形板	CB	22	屋架	WJ
5	折板	ZB	23	托架	TJ
6	密肋板	MB	24	天窗架	CJ
7	楼梯板	TB	25	刚架	GJ
8	盖板或沟盖板	GB	26	框架	KJ
9	檐口板	YB	27	支架	ZJ
10	吊车安全走道板	DB	28	柱	Z
11	墙板	QB	29	基础	J
12	天沟板	TGB	30	设备基础	SJ
13	梁	L	31	桩	Z
14	屋面梁	WL	32	柱间支撑	ZC
15	吊车梁	DL	33	雨篷	YP
16	圈梁	QL	34	阳台	YT
17	过梁	GL	35	梁垫	LD
18	联系梁	LL	36	预埋件	M

注：预应力钢筋混凝土代号，应在构件前加"Y—"，如"Y—KB"表示预应力空心板。当采用标准、通用图集中的构件时，应用该图集中的规定代号或型号注写。

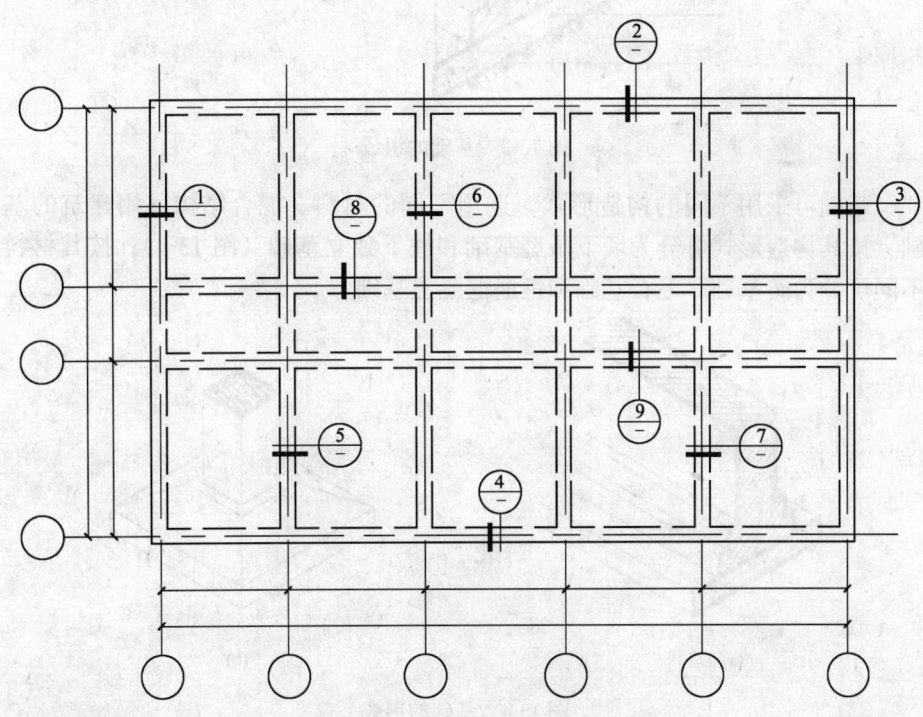

图 13-2 结构平面图中断面编号顺序表示法

13.2 基础图

基础是建筑物地面以下承受建筑物全部荷载的构件。基础下面的地层称为地基。基础的组成如图 13-3 所示。为进行基础施工而开挖的土坑称为基坑。埋入地下的墙称为基础墙。基础墙下加宽放大的砌体称为大放脚。大放脚下最宽部分的一层称为垫层。室内地面下一皮砖处墙体上的防潮材料称为防潮层（此处若有地圈梁则不做防潮层，因地圈梁已起到防潮作用），它能阻止地下水因毛细作用而侵蚀地面以上的砌体。

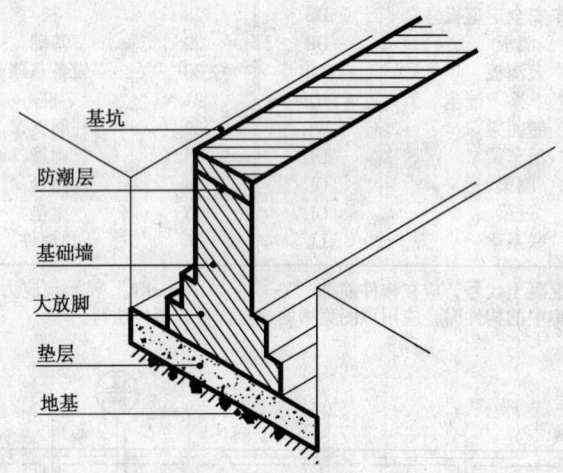

图 13-3 基础的组成

基础可采用不同的构造形式，选用不同的材料。混合结构民用建筑的基础，按其构造形式可分为墙下条型基础和柱下独立基础（图 13-4）；按其材料不同可分为砖基础、毛石基础和钢筋混凝土基础。

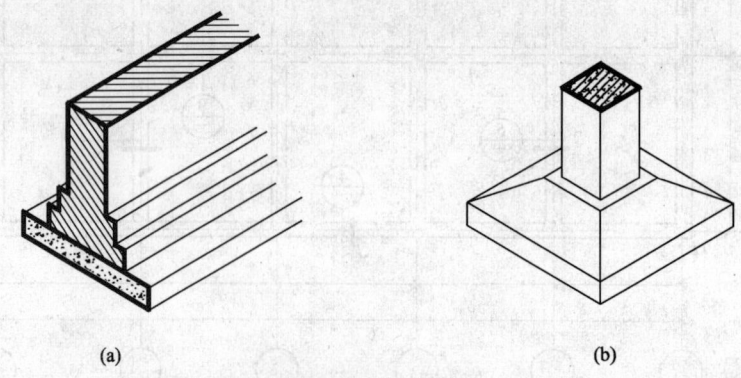

图 13-4 基础的形式
(a) 条型基础；(b) 独立基础

基础图一般包括基础平面图、基础断面图和说明三部分。基础图是施工放线、开挖基槽、砌筑基础等的依据。现以墙下条型基础为例，说明基础图的内容和特点。

13.2.1 基础平面图

1. 形成

假想用一水平剖切平面，沿建筑物底层室内设计地面（即±0.000）把整幢建筑物切开，移去上面部分，对下面部分作基槽未回填土时的投影图，所得的水平剖视图称为基础平面图。如图 13-5 所示。

2. 基本内容

（1）比例

为了便于施工对照，基础平面图的比例、定位轴线编号必须与建筑施工图的底层平面图完全相同。如图 13-5 所示，采用与建筑平面图完全相同的比例 1:100。

（2）剖切位置及编号

各种墙承受外力的大小不同，其下所设基础的大小也不尽相同，应采用不同的编号加以区分，并画出详图的剖切位置及其编号。若为柱下独立基础，则应注写其编号。图 13-5 给出了三种剖切位置，并标注独立基础 J-1。基础平面图中还应给出地沟、过墙洞的设置情况。因设过墙洞而引起的基底下降可用移出断面表示。

（3）基础平面图的线型

基础平面图是一个剖视图，因此它的线型与剖视图画法相同，即被剖切到的墙、柱轮廓线用粗实线绘制，基础底面轮廓线用细实线绘制（不画基础台阶或大放脚的轮廓线）。

（4）尺寸标注

基础平面图主要标注轴线之间的距离；轴线到垫层边、墙边的距离；垫层宽度和墙厚等尺寸。另外还要注写必要的文字说明，如混凝土强度等级，砖、砂浆的标号等。

（5）图名

基础平面布置图完成后，应书写图名、比例，并在其下画一粗实线。

3. 看图示例

从图 13-5 可以看出，整幢房屋的墙下都是条型基础，柱下为独立基础。以①轴线的基础为例，轴线两侧的中实线为基础墙的边线，墙厚 240，细线是条型基础宽度线，宽为 1200。J-1 为方型独立基础，长宽均为 1100，条型基础有 1-1、2-2、3-3 三种断面，其中 3-3 断面处基础是地面加厚所形成，为不可见构件，用中虚线表示。

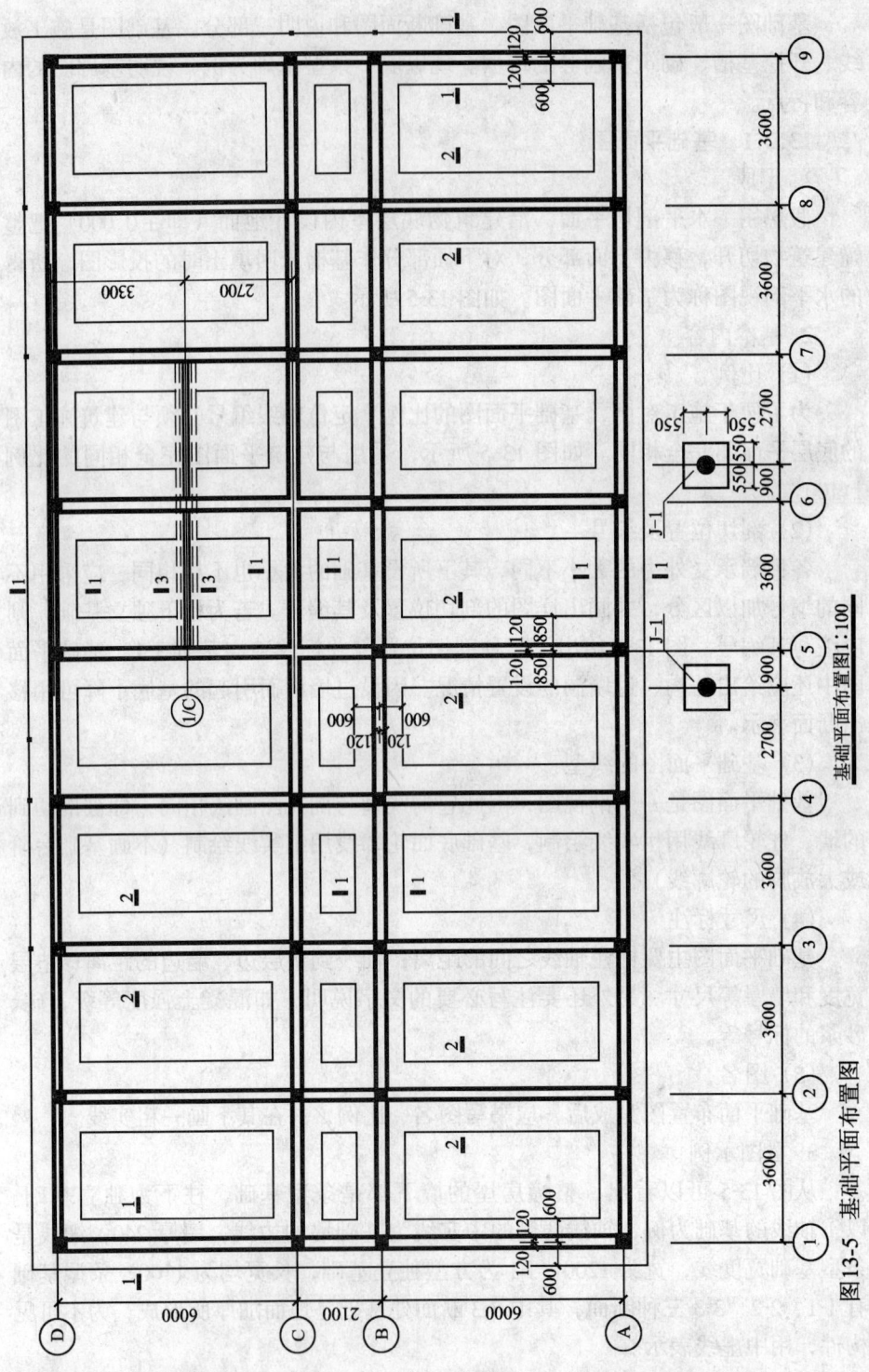

图13-5 基础平面布置图

13.2.2 基础断面图

基础断面图主要表达基础的截面形状、尺寸、材料和做法。

1. 形成

假想用一铅垂剖切平面，在指定部位垂直剖切基础所得的断面图，称为基础断面图。基础断面图比例可以放大，图13-6是一条型基础断面图，图13-7是独立基础图。

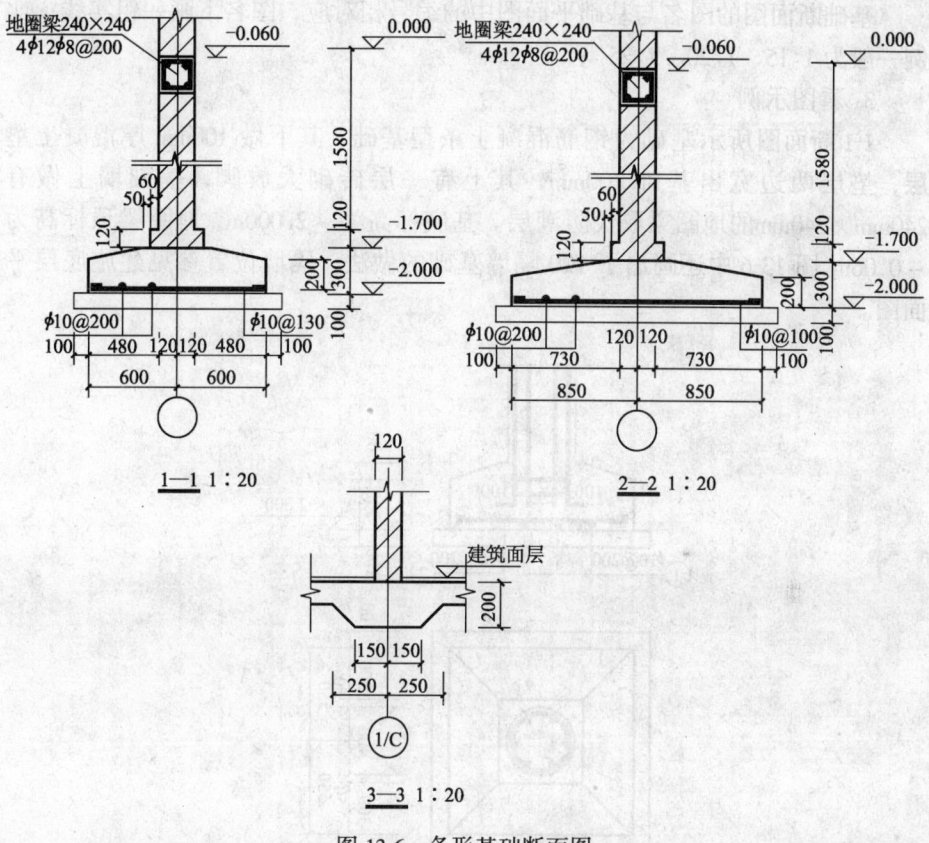

图13-6 条形基础断面图

2. 基本内容

（1）线型

与剖切平面相交上的线画粗实线，材料图例符号画细实线。

（2）尺寸标注

基础断面图应标注详细尺寸，如垫层高度，大放脚尺寸，地圈梁顶标高，垫层底标高等。

（3）轴线编号

基础断面图是基础施工的依据，表达了基础断面所在轴线位置及其编号。如果是通用断面图，在轴线圆圈内不加编号（如 1-1、2-2 断面图）；如果是特定断面图，则应注明轴线编号（如 3-3 断面图）。基础断面图详细地表明了基础断面形状、大小及所用材料；地圈梁的位置和做法；基础埋置深度；施工所需尺寸。

（4）图名、比例

基础断面图的图名与基础平面图中的编号相对应，图名下画一粗实线；比例一般为 1:15、1:20、1:25 等。

3. 看图示例

1-1 断面图所示基础为钢筋混凝土条型基础，其下做 100mm 厚混凝土垫层，垫层两边宽出基础 100mm，其上有一层砖砌大放脚，基础墙上做有 240mm×240mm 的地圈梁取代防潮层。基底标高为 -2.000m，地圈梁顶标高为 -0.06m。图 13-6 中还画出了 120 隔墙基础的做法，隔墙位置参见建施底层平面图。

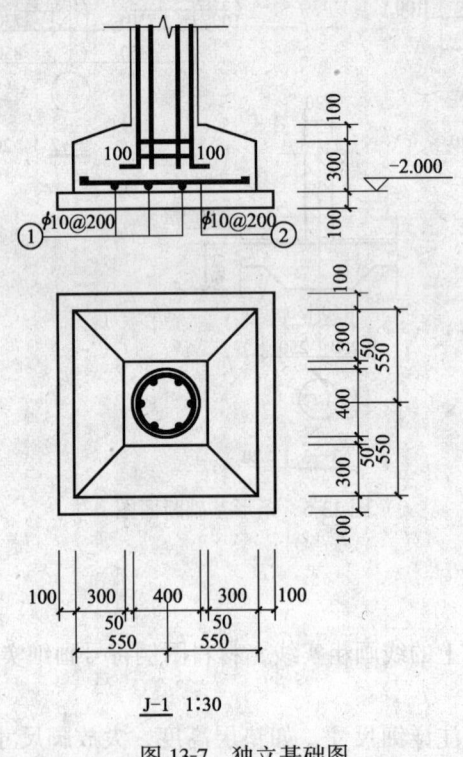

图 13-7 独立基础图

图 13-7 是钢筋混凝土独立基础图，该基础为四棱台。其下设有 100mm 厚

垫层，垫层四周宽出基础100mm，基底纵横向配筋。

13.3 楼层结构施工图

混合结构民用建筑楼层的材料一般都是钢筋混凝土，因此下面重点介绍钢筋混凝土结构施工图的特点和要求。

13.3.1 钢筋混凝土结构

钢筋混凝土构件的生产方式有两种，一种是在施工现场支模板、绑钢筋、浇灌混凝土而形成的构件称现浇钢筋混凝土构件；另一种是在构件厂加工，运至施工现场安装而成的构件称预制钢筋混凝土构件。

在构件制作时，通过预先张拉钢筋，对混凝土施加预压力，这样的构件称为预应力钢筋混凝土构件。预应力钢筋混凝土构件抗拉抗压强度都很高，从而扩大了钢筋混凝土结构的应用范围。

1. 钢筋品种和混凝土强度等级

钢筋混凝土构件所使用的钢筋品种繁多，根据其强度不同，分为下列等级。不同种类和级别的钢筋，在结构施工图中用不同的代号表示，常用钢筋品种及代号见表13-4。

表13-4 钢筋品种及代号

	钢　筋　品　种	代　号
热轧钢筋	HPB 235（Q235）	Φ
	HRB 335（20MnSi）	Φ
	HRB 400（20MnSiV，20MnSiNb，20MnTi） RRB 400（20MnSi）	Φ

与钢筋代号写在一起的还有该号钢筋的直径，根数或间距，如②3Φ20表示：②号钢筋是三根直径为20mm的HRB335钢筋；又如④Φ6@200表示：④号钢筋是HPB235钢筋，直径为6mm，每200mm放置一根。@为等间距符号。混凝土根据其抗压强度不同，分成不同等级，用代号表示为C10，C15，C20，C25，C30，C35，C40，C45，C50，C55，C60等几种。

2. 钢筋的名称及作用

钢筋混凝土构件中的钢筋，有的是由于受力需要配制的，有的则是由于构造要求安放的，这些钢筋在构件中的作用不同，可分为以下几种。如图13-8所示。

（1）受力钢筋：构件中承受拉压应力的钢筋为受力筋，梁、板中的受力筋根据其形状分为直筋和弯筋。

（2）架立筋：固定梁内受力筋和箍筋位置，构成梁内骨架的钢筋。

(3) 箍筋：承受剪力或扭力的钢筋，并固定受力筋和架立筋位置，用于梁或柱内。

(4) 分布筋：指板内固定受力筋位置的钢筋，与受力筋方向垂直，可抵抗热胀冷缩引起的温度变形。

(5) 其他钢筋：指因构造要求或施工安装需要而配置的构造筋，如腰筋，预埋锚固筋，吊环等。

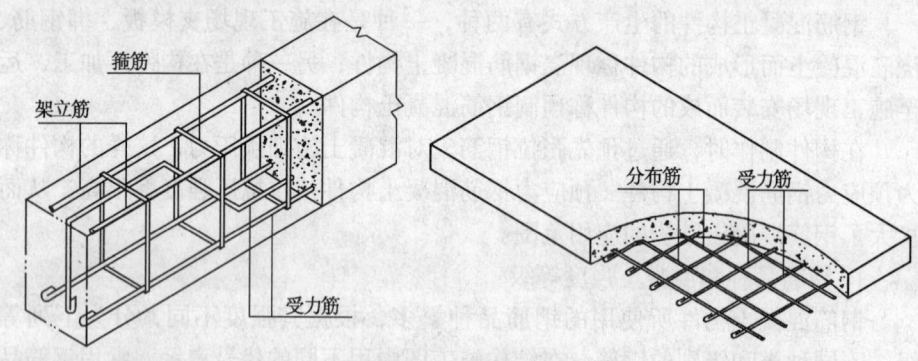

图 13-8　钢筋种类

3. 钢筋的保护层

为了防止钢筋锈蚀，钢筋在构件中不能裸露，要有一定厚度的混凝土作为保护层。保护层厚度指钢筋外边缘距构件外表面的距离。它可起到防火及增加混凝土与钢筋黏结力的作用，钢筋混凝土结构设计规范规定，各种构件混凝土保护层的厚度如表 13-5 所示。

表 13-5　钢筋混凝土保护层

钢筋名称	构　件　名　称		保护层厚度/mm
受力筋	墙和板	截面厚度≤100	10
		截面厚度>100	15
	梁或柱		25
	基础	有垫层	35
		无垫层	70
箍筋	梁或柱		15
分布筋	墙和板		10

4. 钢筋的弯钩

如果受力筋为光圆钢筋，为了增强钢筋与混凝土之间的黏结力，避免钢筋在受力时滑动，应将钢筋两端做成弯钩。表面带纹钢筋与混凝土之间的黏结力强，两端不必做成弯钩。钢筋端部弯钩的形式一般有两种：半圆弯钩和直角弯钩,如图 13-9 所示。

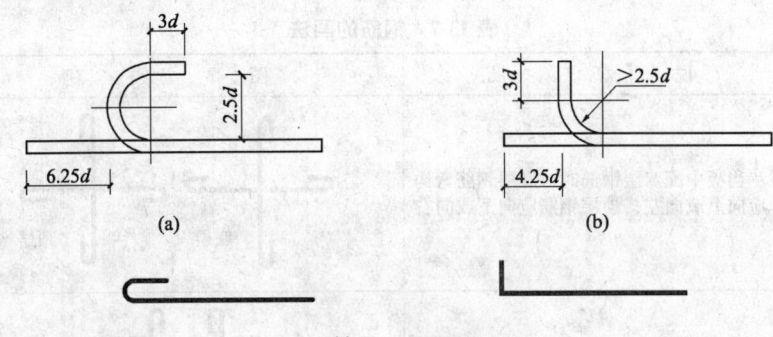

图 13-9 钢筋的弯钩
(a) 半圆弯钩;(b) 直角弯钩;(c) 弯钩简化画法

箍筋弯钩一般也有两种形式,如图 13-10 所示。

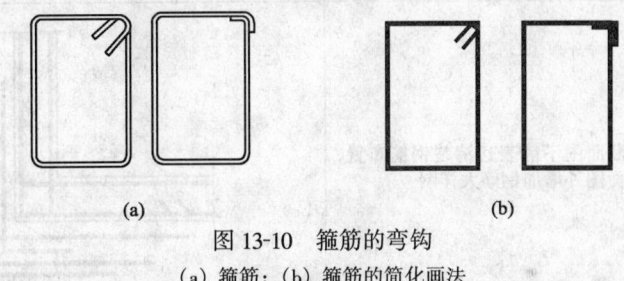

图 13-10 箍筋的弯钩
(a) 箍筋;(b) 箍筋的简化画法

5. 钢筋的图例

构件中的钢筋,有直的、弯的、带钩的、不带钩的等,这些都需要在图中表达清楚。表 13-6 列出了钢筋的常用图例。

表 13-6 钢筋的常用图例

序号	名称	图例	说明
1	钢筋横断面	·	
2	无弯钩的钢筋端部		长短钢筋投影重叠时在短钢筋端部画斜线
3	带半圆弯钩的钢筋端部		
4	带直弯钩的钢筋端部		
5	无弯钩钢筋的搭接		
6	带半圆弯钩钢筋的搭接		

6. 钢筋的表示方法

在结构施工图中，钢筋的表示方法要符合表 13-7 的规定。

表 13-7 钢筋的画法

序号	说明	图例
1	当板中配双层钢筋时，底层钢筋弯钩应向上或向左；顶层钢筋应向下或向右	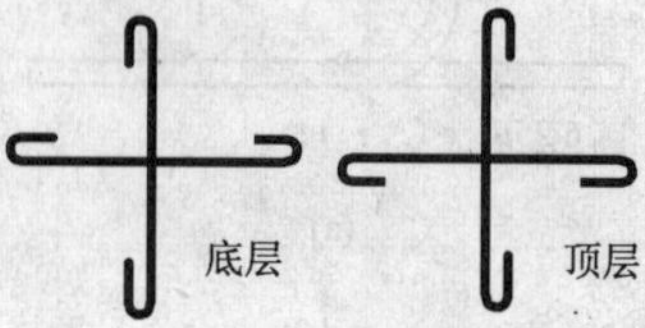 底层　顶层
2	当墙体配双层钢筋时，在配筋立面图中，远面钢筋弯钩应向上或向左；近面钢筋应向下或向右（JM：近面；YM：远面）	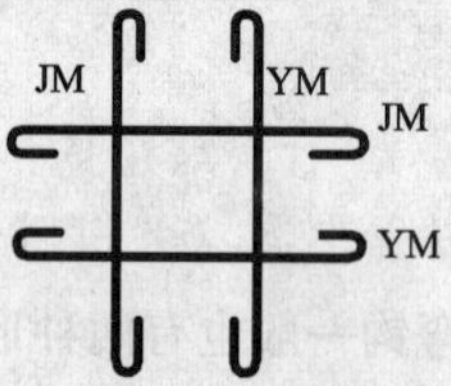 JM　YM　JM　YM
3	如果断面图不能表达清楚钢筋布置，应在断面图外增加钢筋大样图	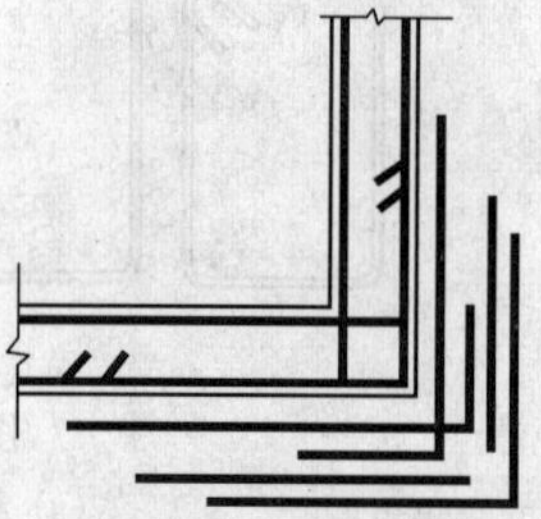
4	如果箍筋布置复杂，应加画钢筋大样及说明	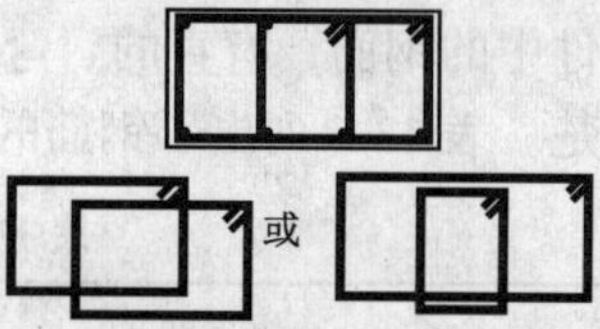 或

7. 钢筋在平面、立面、剖面图中的表示方法应符合下列规定：

（1）当构件布置较简单时，结构平面布置图可与板配筋平面图合并绘制。平面图中的配筋比较复杂时，可按表 13-7 中序号 4 的方式绘制，如图 13-11 所示。

（2）钢筋在立面、断面图中的配置，应按图 13-12 所示的方法表示。

8. 配筋图的简化画法

（1）当构件对称时，钢筋网片可用一半或 1/4 表示，如图 13-13 所示。

（2）当构件中的钢筋配置较简单时，可采用局部剖切的方式，在其模板图的一角或一局部用波浪线隔开，在内表明钢筋的布置，并标注钢筋的直径、间距等，如图 13-14 所示。

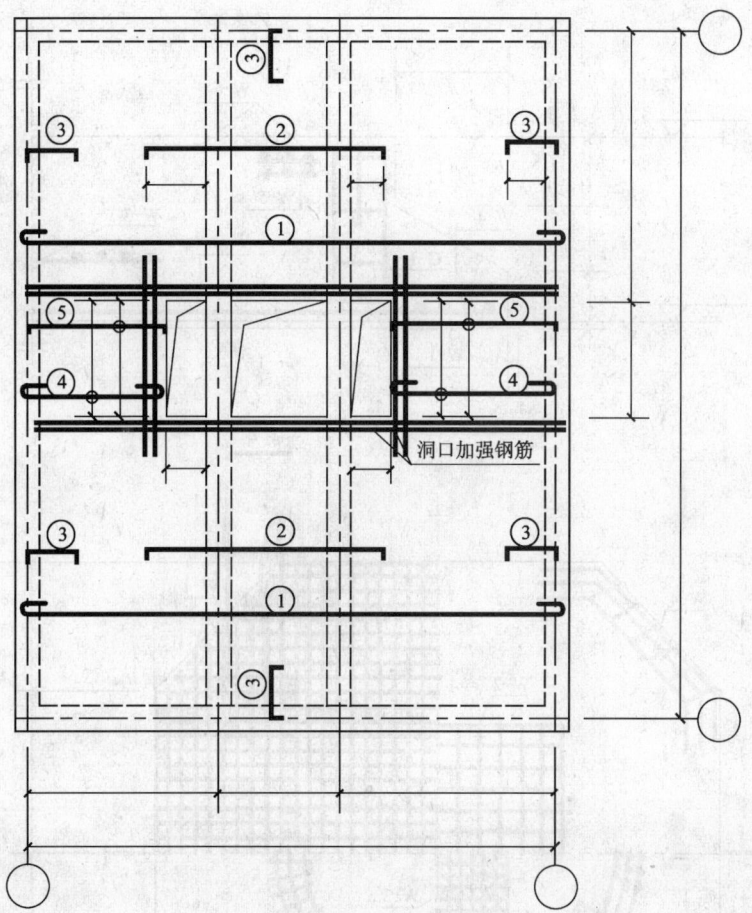

图 13-11 比较复杂的配筋结构平面图画法

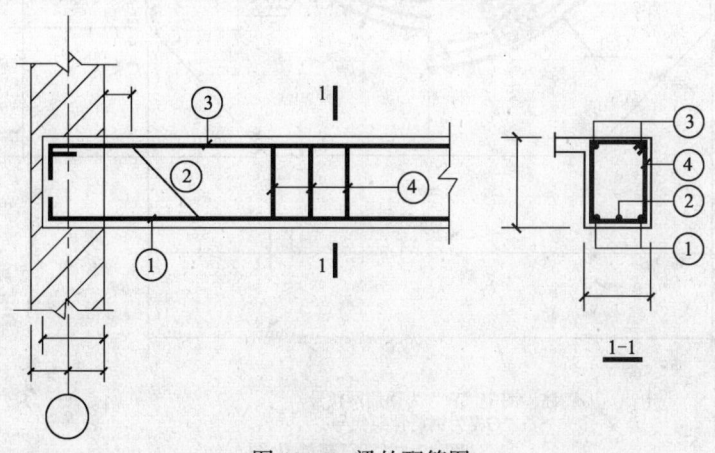

图 13-12 梁的配筋图

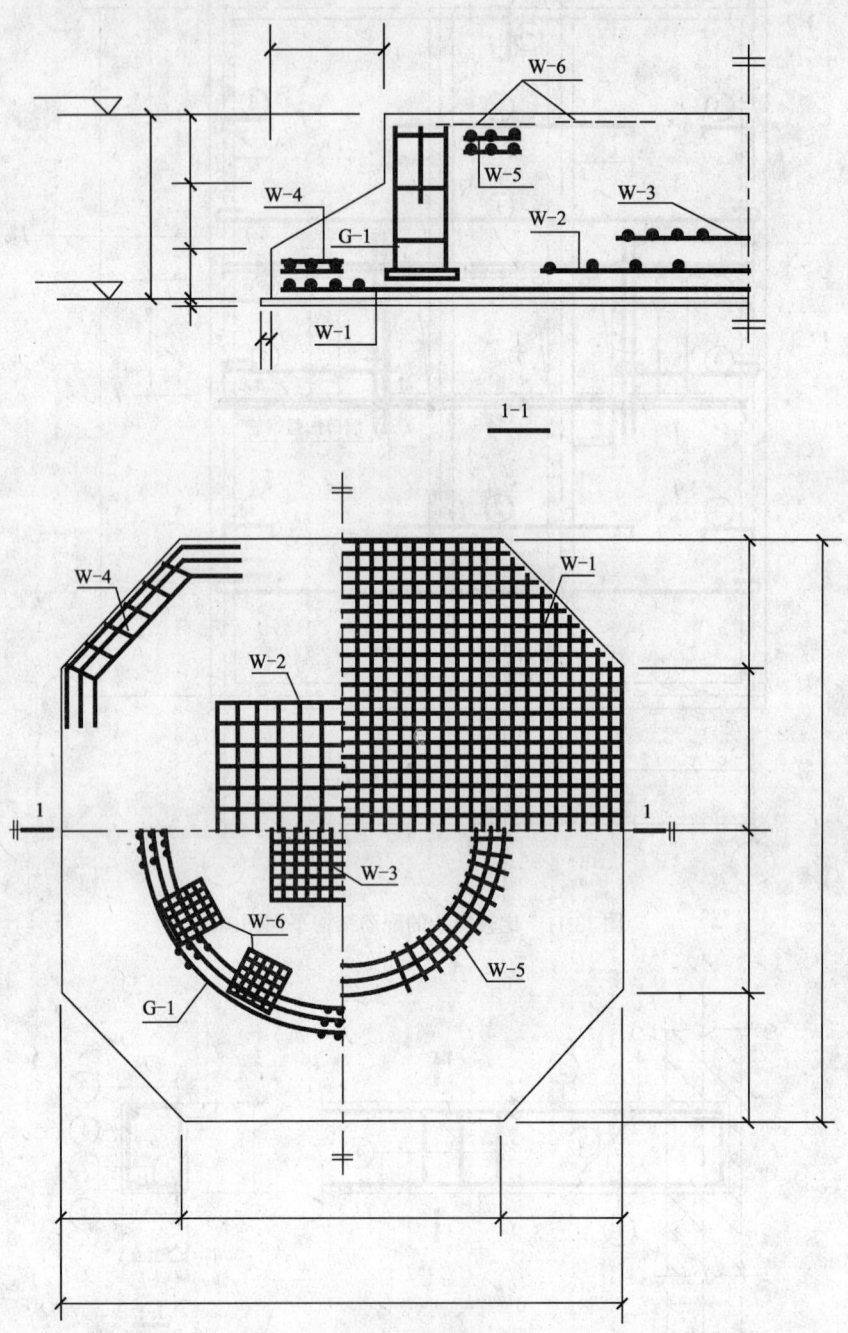

注：图中"W"为钢筋网代号
"G"为钢筋骨架代号
图 13-13 配筋简化图

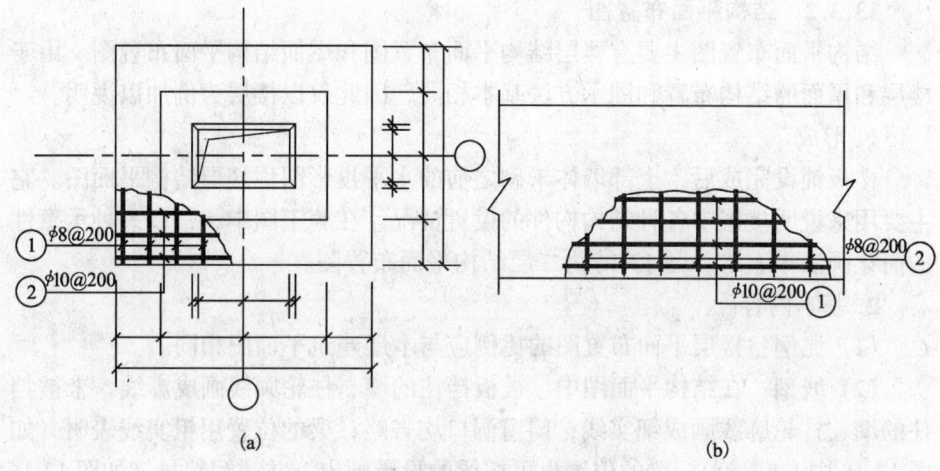

图 13-14 配筋简化图

(3) 对称的钢筋混凝土构件,可在同一图样中一半表示模板,另一半表示配筋,如图 13-15 所示。

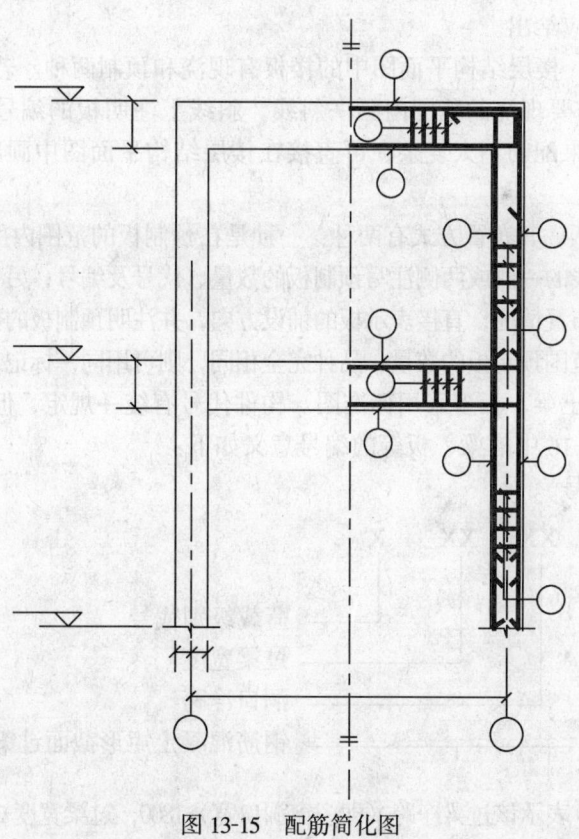

图 13-15 配筋简化图

273

13.3.2 结构平面布置图

结构平面布置图主要有楼层结构平面布置图和屋面结构平面布置图。由于楼层和屋面的结构布置和图示方法基本相同,因此仅以楼层为例加以说明。

1. 形成

楼板铺设完成后,上部墙体未砌之前的水平投影图称楼层结构平面图。它主要用来说明楼层中各种结构构件的设置情况。在施工图中,常以一种示意性的简化画法来表示。图 13-16 为二层结构平面布置图。

2. 基本内容

(1) 比例:楼层平面布置图的比例应与本层建筑平面图相同。

(2) 线型:在结构平面图中,被板挡住的墙、柱轮廓线画成虚线,未被挡住的墙、柱轮廓线画成细实线;门窗洞口均省略;梁的位置用粗实线表明(如图 13-15 中 L—3 等);梁的位置也可按梁的投影画出,并注写编号(如图 13-16 中 L—4,L—5 等)。

(3) 尺寸标注:楼层结构平面图应画出与建筑平面图完全相同的轴线网,标注轴线编号和轴线尺寸,以便确定梁、板及其他构件的位置。一些次要构件的定位尺寸也应给出。

(4) 楼板:楼层结构平面图中的楼板有现浇和预制两种。若为现浇板(如 XJB—1),在需要现浇的范围内画一斜线,斜线上注明板的编号,斜线下注明板的厚度。如果配筋不太复杂,可直接在楼层结构平面图中画出;如果复杂,另画详图表示。

若为预制板,其布置方式有两种:一种是在预制板的范围内用细实线画一对角线,在对角线的一侧或两侧注写预制板的数量、代号及编号;另一种是以细实线画出板的实际布置情况,直接表示板的铺设方向,并注明预制板的数量、代号及编号。如果某些范围预制板的数量、品种完全相同,则可用同一标记,如甲、乙等。

钢筋混凝土梁、板多采用标准图。构件代号有统一规定,但编号各地区有所不同。图 13-16 中的梁、板等的编号意义如下:

过梁的代号

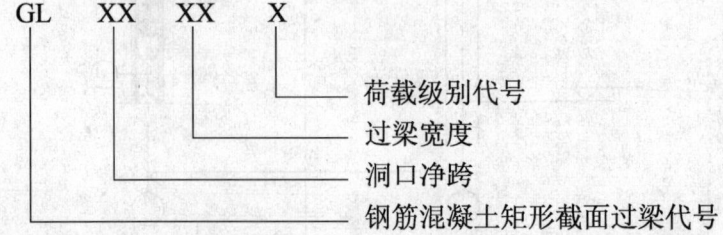

如 GL18240 表示该过梁净跨(即门窗洞口宽)1800,过梁宽度 240,1 级荷载。

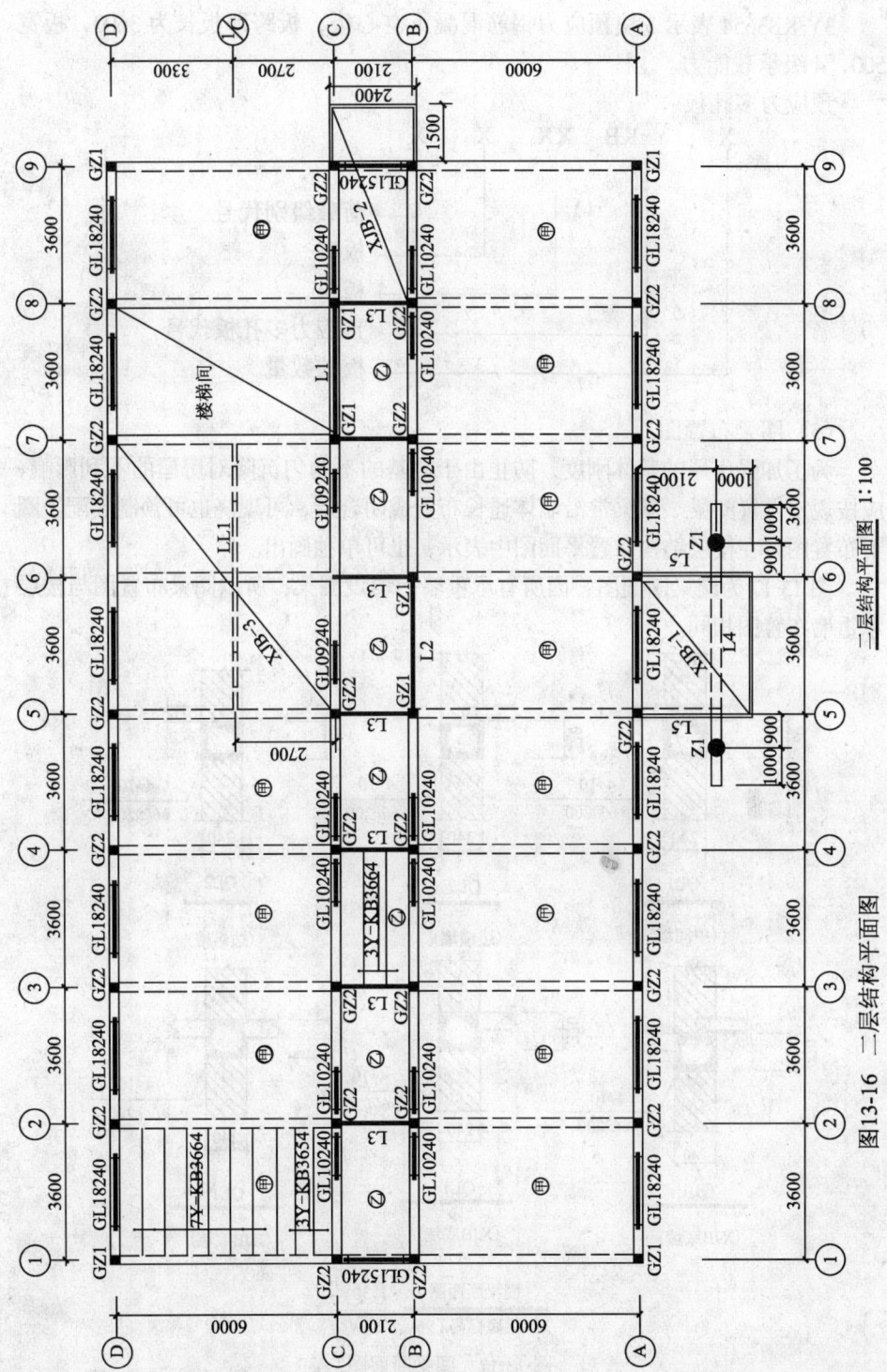

图13-16 二层结构平面图

3Y-KB3654 表示 3 块预应力钢筋混凝土空心板，板跨即板长为 3600，板宽 500，4 级承载能力。

预应力多孔板

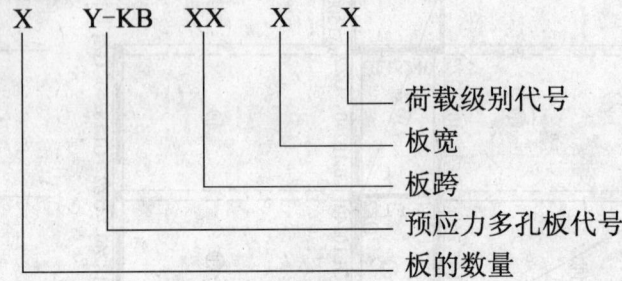

(5) 圈梁布置图

为了加强房屋的整体刚度，防止由于地基的不均匀沉降对房屋的不利影响，应按规定设置圈梁。圈梁常沿墙体通长布置成闭合形，可现浇也可预制装配。圈梁布置图可在楼层结构布置平面图中表示，也可单独画出。

图 13-17 为圈梁断面图，因所有承重墙上均设圈梁，所以圈梁布置图与楼层承重墙布置图相同。

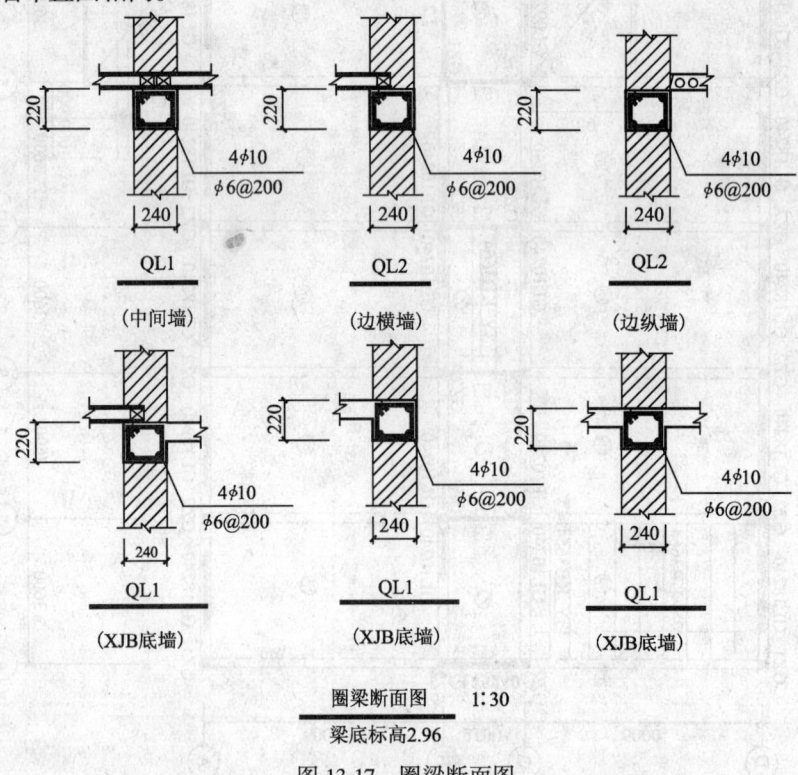

图 13-17 圈梁断面图

(6) 构造柱布置图

为了加强房屋的整体性，提高房屋的抗震能力，应按规定设置构造柱。图 13-16 中所有纵横墙相交处均设构造柱。构造柱断面如图 13-18 所示。

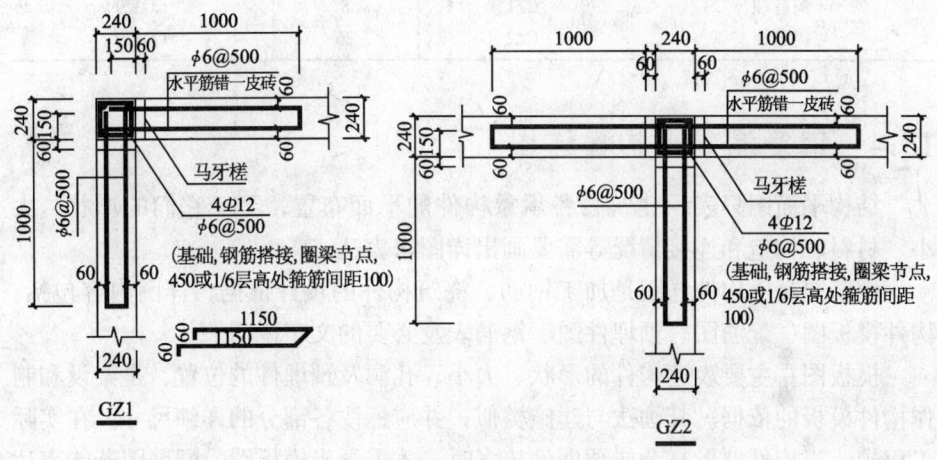

图 13-18 构造柱断面图

(7) 构件索引表

为便于制作、安装和编制工程预算，设计师要对各楼层内的结构构件进行统计，以表格的形式表明结构构件的名称、数量及所在图纸编号等内容。二层楼面结构构件统计资料如表 13-8 所示。

表 13-8 二层构件索引表

构 件 名 称	构 件 代 号	数 量	所在图(册)号
预应力空心板	Y-KB3654	39	陕 96G42
预应力空心板	Y-KB3654	112	陕 96G42
现浇板	XJB-1	1	结施 2
现浇板	XJB-2	1	结施 2
现浇板	XJB-3	1	结施 2
梁	L1	1	结施 2
梁	L2	1	结施 2
梁	L3	7	结施 2
梁	L4	1	结施 2
梁	L5	2	结施 2
联系梁	LL1	1	结施 2
过梁	GL18240	16	CG329
过梁	GL15240	2	CG329
过梁	GL10240	12	CG329
过梁	GL09240	1	CG329

续表

构件名称	构件代号	数量	所在图（册）号
柱	Z1	2	结施5
构造柱	GZ1	8	CG329
构造柱	GZ2	26	CG329

13.4 钢筋混凝土构件详图

结构平面图只表示建筑物各承重构件的平面布置，至于它们的形状、大小、材料、构造和连接情况等需要画出详图来表达。

钢筋混凝土构件详图是加工钢筋、浇筑构件的设计依据，详图内容包括：构件模板图、配筋图、预埋件图、钢筋表及必要的文字说明。

模板图：主要表达构件的形状、大小、孔洞及预埋件的位置，是架设和制作构件模板的依据。其画法与建施类似，并应标注各部分的详细尺寸。在实际工程中，当构件外形复杂或预埋件较多时，才需画出模板图。配筋图若能表达清楚外形，则不必画模板图。模板图包括模板立面图和断面图。

配筋图：主要用来说明构件内部钢筋的设置情况，如钢筋的形状、数量、材质、排放位置、粗细等情况，是钢筋下料、成形的依据。配筋图包括配筋立面图、断面图和钢筋详图。钢筋详图是将配筋立面图中的钢筋"抽"出来，用与立面图大小相同的比例画在其下方，并标上每种钢筋的编号、根数、直径以及各段的长度，这样的图俗称"抽筋图"。当构件配筋及钢筋形状复杂时，才画钢筋详图。

预埋件图：基于构件连接、吊装等的需要，在构件制作时，需要将一些铁件预先固定在钢筋骨架上，浇筑混凝土后，使其一部分表面露在构件外面，这叫预埋件。通常要在模板图或配筋图中标明预埋件的位置，预埋件的形状、大小等还需另画详图。

钢筋表：为了备料、看图之便，在构件图中常常配合绘制一张钢筋明细表，简称钢筋表。钢筋表是加工钢筋、编制预算的依据。

13.4.1 钢筋混凝土梁详图

图13-19是一钢筋混凝土梁详图，由于其外形简单，故只画出配筋图和钢筋表。配筋图包括配筋立面图、断面图和钢筋详图。

1. 形成

假设钢筋混凝土梁为一透明体，内部钢筋可以看见，将此梁向投影面作投射，所得到的投影图称为配筋立面图。

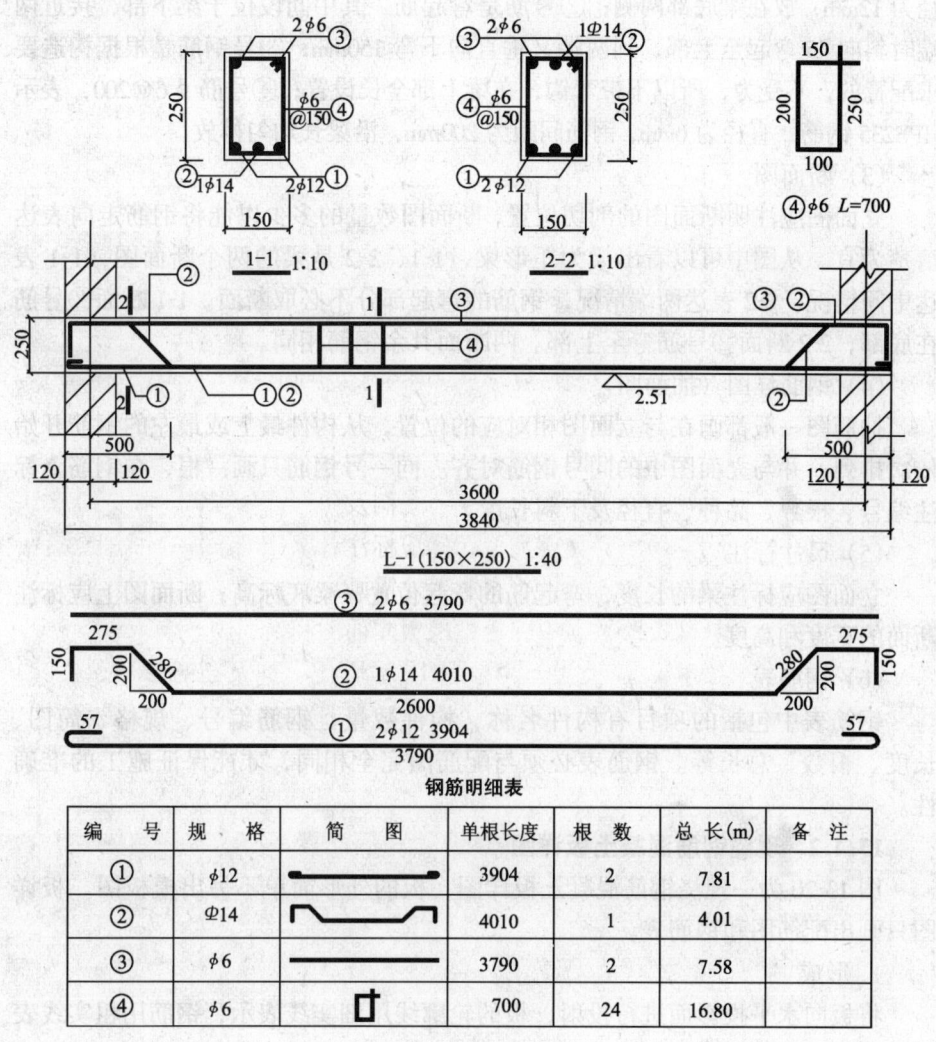

图 13-19 梁详图

2. 基本内容

（1）图名、比例、图线

L-1 为构件的名称代号及编号。由于梁的长度远大于其断面高度和宽度，故立面图与断面图采用不同比例绘制。梁的可见轮廓用细实线表示，不可见轮廓用虚线表示，断面图不画材料符号。

（2）钢筋图示方法及标注

钢筋的立面图用粗实线表示，钢筋的断面图用小黑点表示。所有钢筋都应编号，并注写根数、等级、直径和间距。如①号筋 2φ12 表示 2 根 HPB235 钢筋，直径为12mm，放在梁底部两侧；②号筋是弯起筋，其中间段位于梁下部，接近两端时斜向45°弯起至上部，到两端又垂直向下弯150mm；③号钢筋是根据构造要求配置的，不受力，所以不带弯钩，在梁上部全长设置；④号筋$\phi 6@200$，表示HPB235钢筋，直径为6mm，钢筋间距为200mm，沿梁长均匀排放。

(3) 断面图

立面图应注明断面图的剖切位置，断面图数量的多少以能将钢筋走向表达清楚为宜。从图中可以看出梁为矩形梁，1-1、2-2是梁的两个断面图，1-1表达中间情况，2-2表达两端情况，钢筋的弯起部分不必取断面。1-1断面②号筋在底部，2-2断面②号筋弯至上部。两断面其余钢筋相同。

(4) 钢筋详图（抽筋图）

抽筋图一般都画在与立面图相对应的位置，从构件最上或最左的钢筋开始依次排列，并与立面图中的同号钢筋对齐。同一号钢筋只画一根，在钢筋上标注编号、根数、品种、直径及下料长度。

(5) 尺寸标注

立面图应标注梁的长度，弯起筋的弯起位置，梁底标高；断面图上应标注断面的宽度和高度。

(6) 钢筋表

钢筋表中包括的项目有构件名称、构件数量、钢筋编号、规格、简图、长度、根数、总长等。钢筋表必须与配筋图完全相同，才能保证施工的准确性。

13.4.2 现浇钢筋混凝土板详图

图13-20为一现浇钢筋混凝土板详图，板的外形简单不另出模板图。板详图只画出配筋图和钢筋表。

1. 形成

将板向水平投影面进行投射，板的轮廓线用细实线表示，钢筋用粗实线表示，被板挡住的轮廓线用虚线表示。钢筋以立面图形式画在平面图中，就形成了配筋平面图，如图13-20所示。

2. 基本内容

(1) 钢筋形状

图13-20中钢筋有两种不同的形式，一种为①、②号筋，是配置在板下部的钢筋，主要承受板下部拉力；另一种为③、④号筋，是配置在板上部的钢筋，主要承受支座处板面的拉力，这种钢筋称负向钢筋。

(2) 钢筋编号及标注

不同钢筋应采用不同的编号，可直接在钢筋上画圆圈（圆圈直径为6mm）标注，并注明钢筋的直径、等级及间距；相同编号的钢筋，可只在一处注明。

图 13-20 板中受力筋、分布筋、负向钢筋都画了一根，其数量可由构件长度及钢筋间隔距离算出。

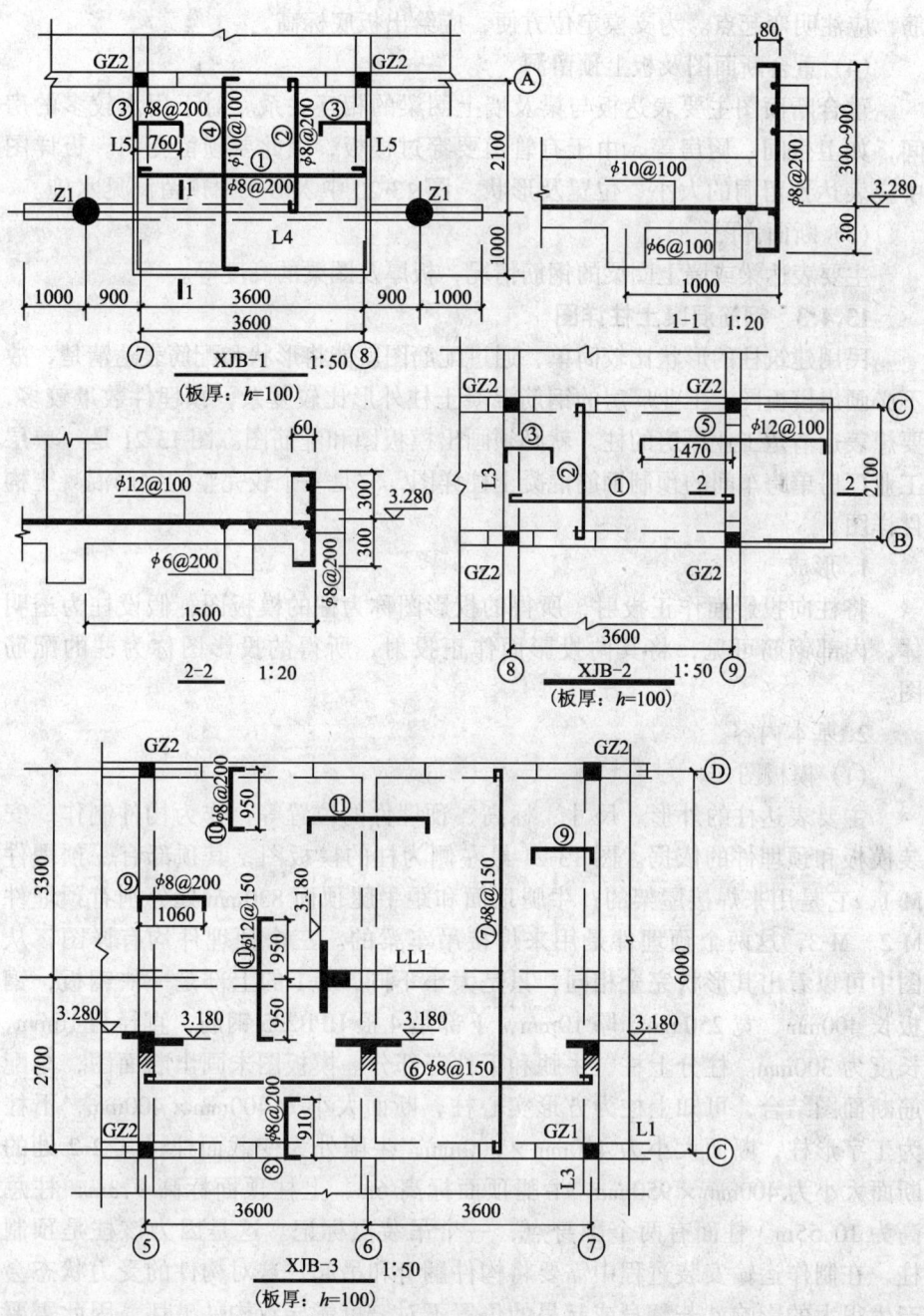

图 13-20 现浇板配筋图

(3) 尺寸标注

板应注明轴线、板长、板宽等尺寸；负向钢筋应注明其长度，若有弯起钢筋，应注明弯起点。为支模定位方便，应给出板底标高。

(4) 重合断面图及板上预留洞

重合断面图主要表达板与梁及墙上圈梁的相互关系。对于用水较多的房间，如卫生间、厨房等，由于有管道要穿过楼板，因此要预留孔洞。板详图中应表达预留洞的大小、位置及形状。图 13-20 中 XJB-3 中预留洞见水施。

(5) 断面详图

主要表达梁或墙上圈梁的钢筋情况，板厚及圈梁的高度等。

13.4.3 钢筋混凝土柱详图

民用建筑柱的形状比较简单，通过配筋图就能将形状和配筋表达清楚，故不必画出模板图。工业厂房的钢筋混凝土柱外形比较复杂，预埋件数量较多，要想表达清楚工业厂房的柱，就必须画出模板图和配筋图。图 13-21 是一单层工业厂房单跨车间的预制钢筋混凝土柱详图，它是一个较完整的钢筋混凝土构件详图。

1. 形成

将柱向投影面作正投射，所得的投影图称为柱的模板图；假设柱为透明体，内部钢筋可见，将其向投影面作正投射，所得的投影图称为柱的配筋图。

2. 基本内容

(1) 模板图

主要表达柱的外形、尺寸、标高、预埋件的位置等，作为构件制作、安装模板和预埋件的依据。图 13-21 最左侧为柱的模板图，其顶部有一预埋件 M-1，它是用来焊接屋架的；牛腿顶面和距牛腿顶面 830mm 处分别有预埋件 M-2、M-3，这两个预埋件是用来焊接吊车梁的。三个预埋件均有详图，从图中可以看出其形状完全相同，只是大小不同，M-1 的上部是一块钢板，钢板长 400mm、宽 250mm、厚 10mm，下部是 4 根 HPB235 钢筋，直径为 16mm，长度为 300mm。柱分上柱、牛腿和下柱三部分。模板图未画出断面图，与配筋断面图结合，可知上柱为方形实心柱，断面大小为 400mm×400mm，下柱为工字形柱，断面大小为 400mm×600mm，牛腿处为变截面柱，其 2-2 处的断面大小为 400mm×950mm，牛腿顶面标高 6m，上柱顶面标高 9.3m，柱总高为 10.55m。柱面有两个翻身点，一个吊装点标记。这是因为该柱是预制柱，在制作运输安装过程中需要将构件翻身和吊起，这对构件的受力状态会产生很大的影响。若翻身或起吊的位置不对，可能导致构件破坏，因此需要根据力学分析找出起吊与翻身的合理位置，并做标记。

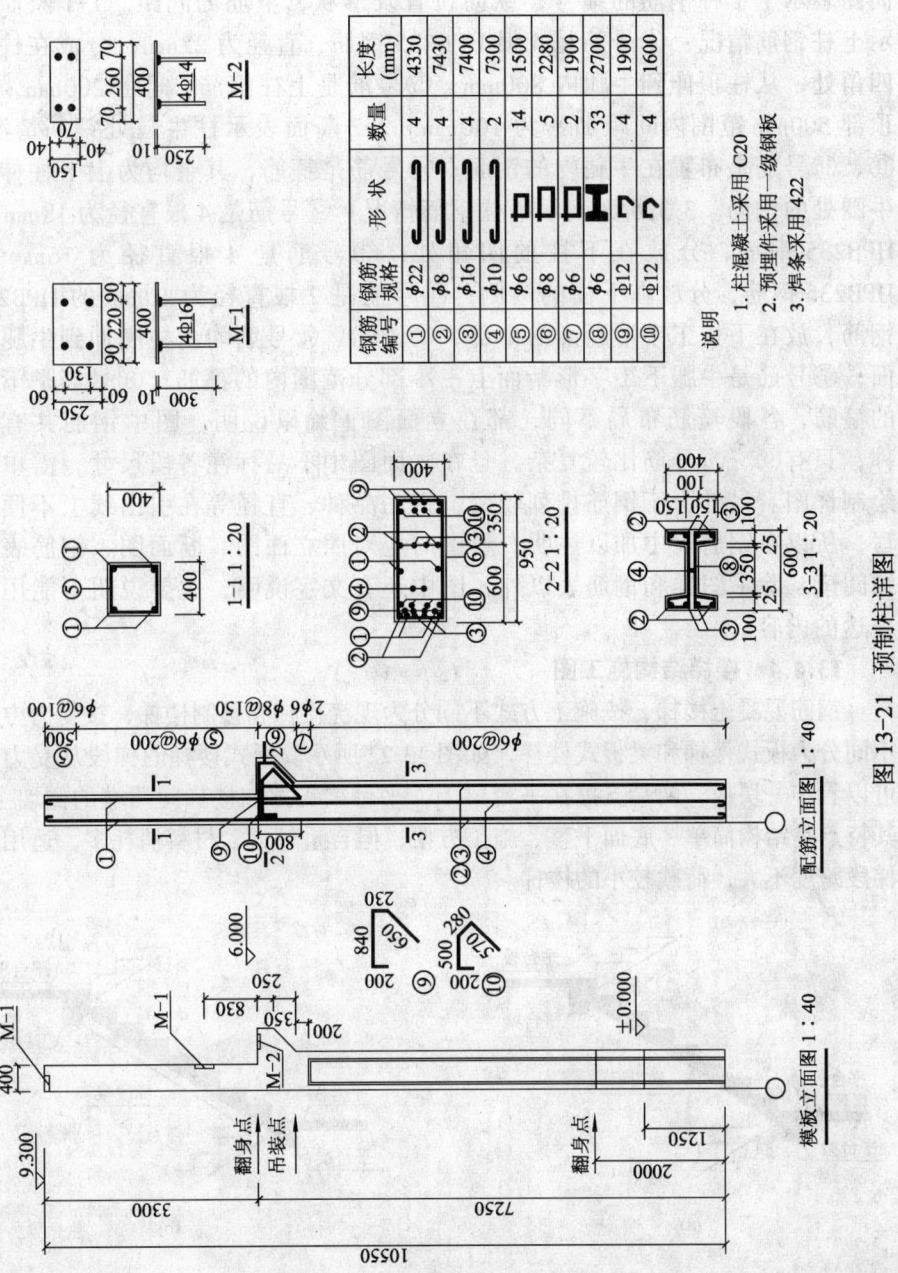

图 13-21 预制柱详图

(2) 配筋图

柱配筋图用一个立面图、三个断面图和钢筋表三部分来表达。其中立面图表示了十种钢筋的编号，纵向位置及形状，箍筋的间距。1-1 断面表示上柱钢筋情况：①号筋是 4 根 HPB235 钢筋，直径为 22mm，分放在柱的四角处，从柱顶伸到牛腿内 800mm；⑤号筋是上柱箍筋，间距 200mm，在顶部 500mm 范围内间距加密为 100mm。2-2 断面表示柱牛腿处钢筋情况：⑨、⑩号筋是布置在牛腿内的钢筋；⑥号筋是箍筋，其余均为上下柱伸入牛腿处的钢筋。3-3 断面表示下柱钢筋情况：②号筋是 4 根直径为 18mm 的 HPB235 钢筋，分放在下柱的四角处；③号筋是 4 根直径为 16mm 的 HPB235 钢筋，分放在下柱的两侧；④号筋是 2 根直径为 10mm 的 HPB235 钢筋，放在下柱工字形断面的中部，②、③、④号筋均由柱底伸到牛腿顶面；⑦号筋是牛腿下工字形断面上一小部分范围内的箍筋；⑧号筋是下柱的箍筋，各段箍筋布局不同，都在立面图上给以说明。图中钢筋共有十种，只有⑨、⑩号筋比较复杂，且在立面图中不易标注各段尺寸，需单独绘制详图。另外由于钢筋排列较密，钢筋品种、直径等在引出线上不便注写，所以在钢筋表中加以注明，看图时应对照立面图、断面图、钢筋表仔细阅读。除了图样和钢筋表以外，图中还有文字说明，主要说明不能用图表达的内容。

13.4.4 楼梯结构施工图

钢筋混凝土楼梯，按施工方式不同分为现浇楼梯和预制楼梯，按受力方式不同分为板式楼梯和梁板式楼梯，如图 13-22 所示。板式楼梯的梯段从受力上可以看作一块板，两端支撑在平台梁上，平台梁支撑在楼梯间两端的侧墙上。其特点是结构简单、底面平整、施工方便，但自重较大、材料消耗多，适用于梯段跨度不大，荷载较小的楼梯。

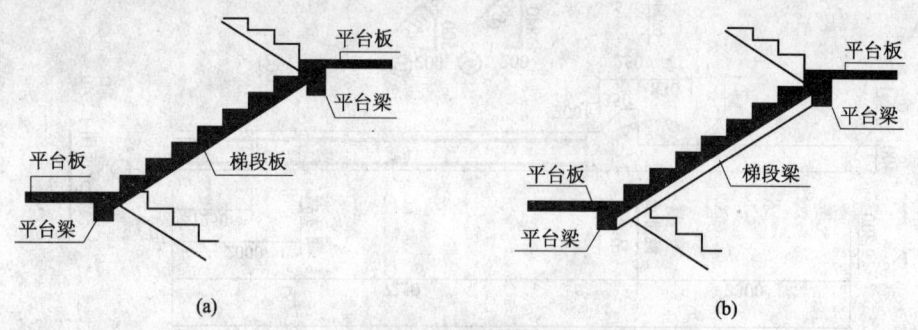

图 13-22 现浇钢筋混凝土楼梯
(a) 板式楼梯；(b) 梁板式楼梯

梁板式楼梯的梯段两侧有斜梁，斜梁的两端支撑在平台梁上，梯段承受的荷载通过斜梁传给平台梁，平台梁与平台板一起支撑在楼梯间两端的侧墙上。斜梁可设在踏步的下面、上面或侧面。

楼梯结构施工图包括平面布置图、剖面图和构件详图。为了便于阅读，常将该部分内容编排在一张图纸上。现以现浇板式楼梯为例说明楼梯平面布置图的表达方式。

1. 楼梯平面布置图

（1）形成

从本层往上走的第一个梯段将楼梯水平切开，移去上部将下部向水平面做正投射，所得的投影图称为楼梯平面布置图。

（2）基本内容

它主要反映梯板、平台梁、平台板的平面位置，用细实线画出楼梯间墙体及各构件的平面轮廓线，注明墙体轴线号及各构件的代号，并标出楼梯开间、进深、梯段长度、平台宽度等主要尺寸。如图 13-23 所示，从二层平面图可以看出该楼梯的上下平台梁编号为 TL-1，梯段板编号为 TB-2、TB-3，平台板编号为 PTB，平台板配筋较简单，故直接在平面图中表示，不需另画大样。

2. 剖面图和构件详图

（1）形成

剖面图形成与建施中所述方法相同，如图 13-24 所示。

构件详图是局部放大图或局部放大剖面图，放大比例是以将钢筋表达清楚为宜。

（2）基本内容

楼梯剖面图主要表示梯梁、梯板、平台的位置及编号。构件详图主要表达构件中所配钢筋的情况。如图 13-25 的 TB-1 所示，①号筋是板底受力筋，其上有分布筋②，③④号筋是板面受力筋，其下有分布筋。板厚为 120mm，梯板支撑在两端平台梁上，平台板厚 100mm，由于梯梁的配筋较简单，所以仅用一个配筋截面图来表示钢筋布置情况。如 TL-1 中梁宽为 250mm，梁高为 400mm，梁长为 3840mm，①号筋为受力钢筋，②号筋为架立钢筋，③号筋为箍筋，沿梁全长设置。

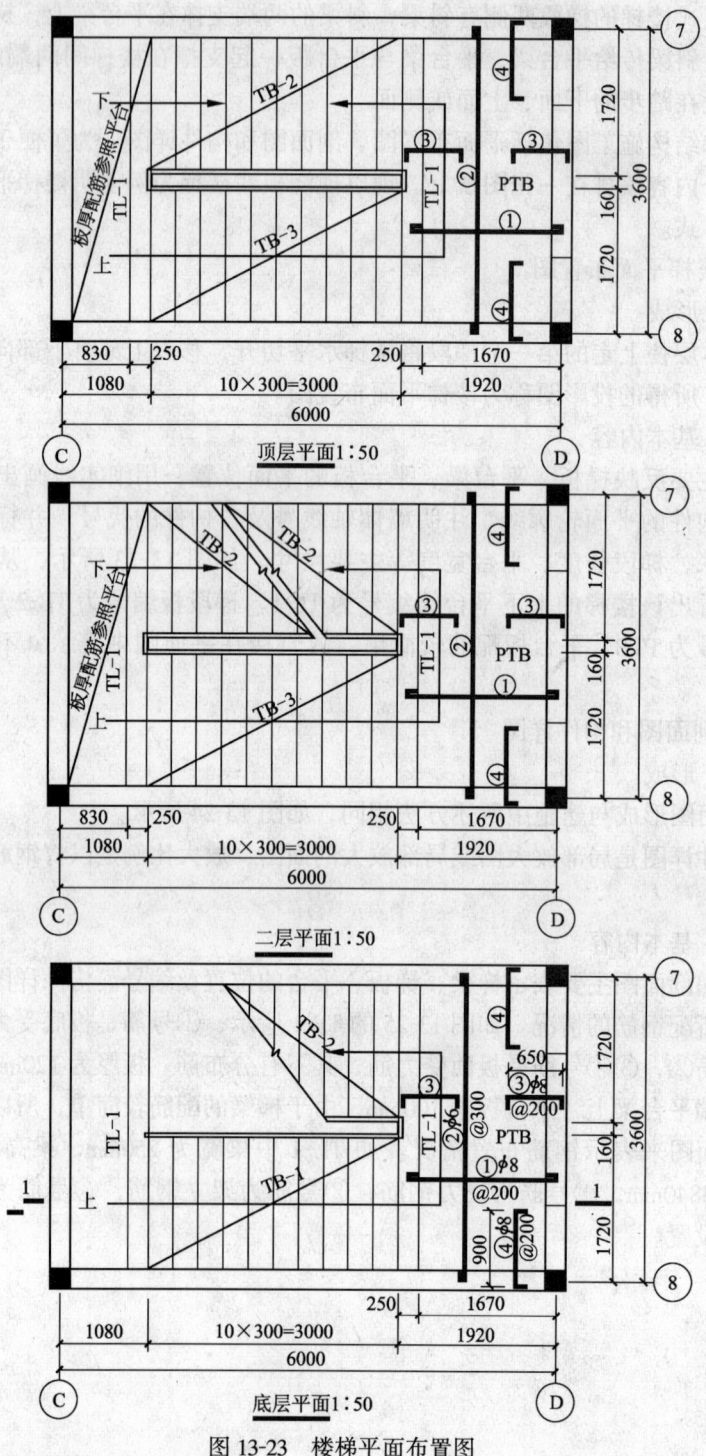

图 13-23 楼梯平面布置图

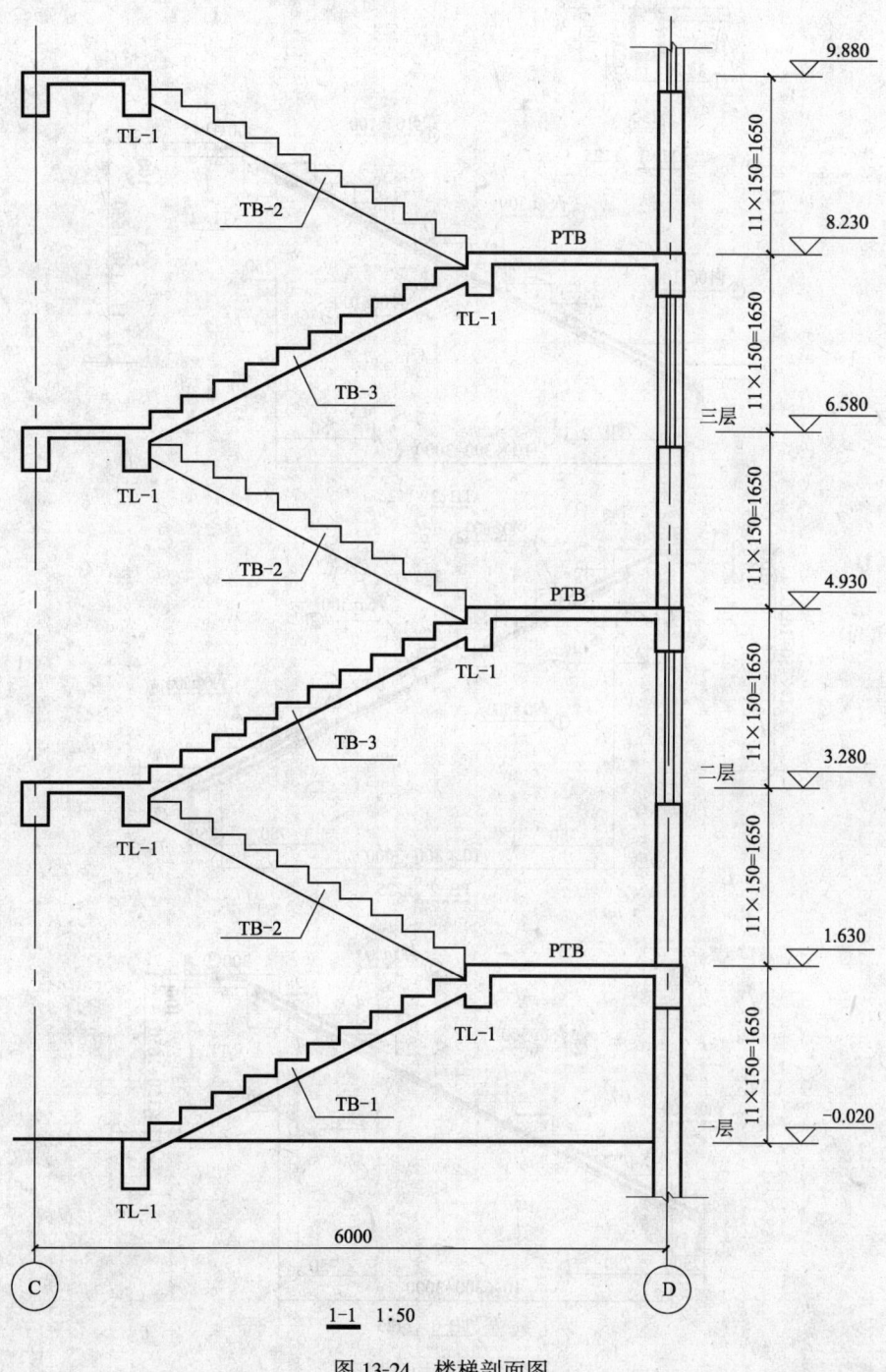

图 13-24 楼梯剖面图

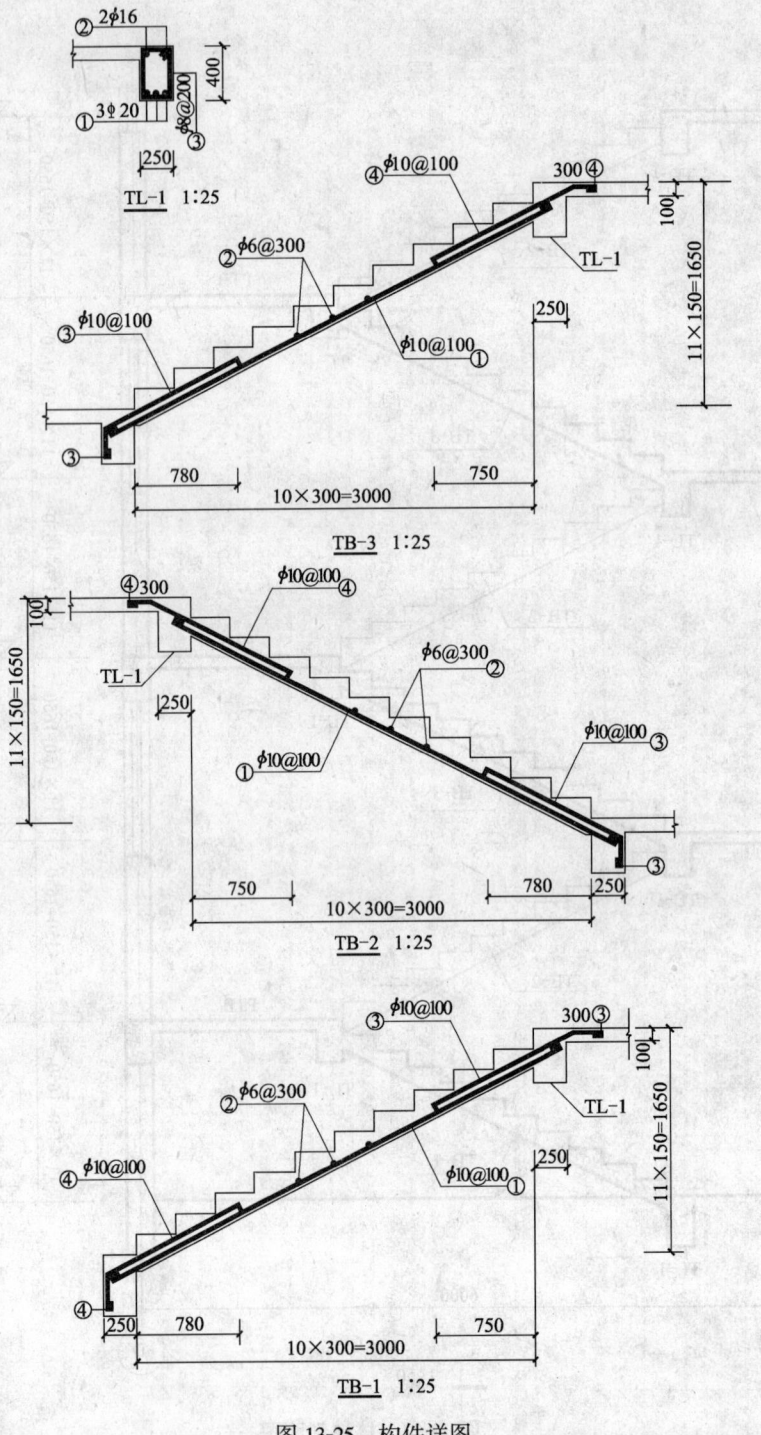

图 13-25 构件详图

第14章 室内给排水工程图

14.1 概　　述

建筑工程图除了包括建筑施工图、结构施工图之外，还包括设备施工图。给水排水工程图就属于设备施工图的一部分，它是给水排水工程施工的技术依据。

14.1.1 给水排水工程和给水排水工程图

给水排水工程包括给水工程和排水工程两部分。给水工程是指从水源取水，再经水质净化，净水输送，最后到达各个用户使用的工程。排水工程是指生活污水和生产废水排除后，通过管道汇流，污水处理，处理后再循环利用或排入江河的工程。因此，给水排水工程均包括室内工程、室外工程两部分，可表示如下：

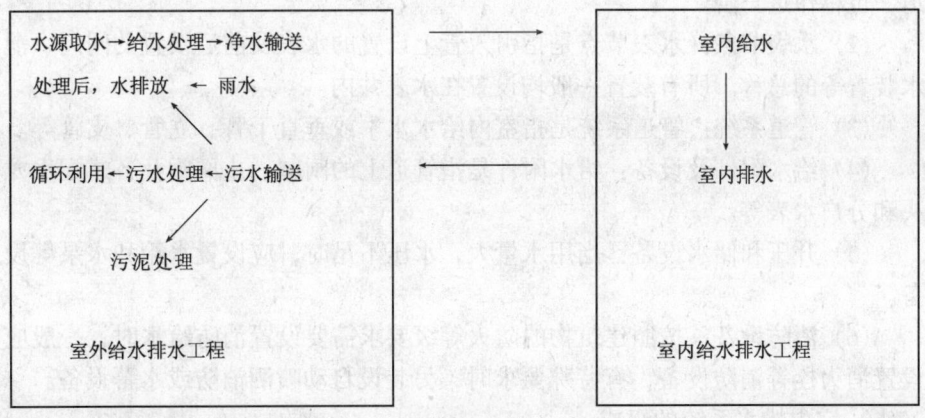

给水排水工程图是表达给水、排水及室内给水排水工程设施的结构形状、大小、位置、材料以及有关技术要求等的图样，以供技术交流和施工人员按图施工。给水排水工程图，按其作用和内容大致可分为：

1. 室内给水排水工程图

一幢建筑物的室内给水、排水工程图，是用来表示卫生器具、管道及附件的类型、大小及其在建筑物中的位置、安装方法等的图样。即：从室外给水管网到建筑物内的给水管道，建筑物内部的给水及排水管道，自建筑物内排水到检查井之间的排水管道,以及相应的卫生器具和管道附件。其主要包括室内给水排水平面图、给水排水系统图、设备详图和施工说明等。

2. 室外给水排水工程图

表示一个区域的给水和排水系统。由室外的给水排水平面图、管道纵断面图及附属设备（如泵站、检查井、闸门）等工程图组成。

3. 水处理设备构筑物工艺图

主要表示水厂、污水处理厂等各种水处理设备构筑物（如澄清池、曝气池、过滤池等）的全套施工图。其包括平面布置图、流程图、工艺设计图和详图等。

在这里，我们仅仅介绍室内给水排水工程图。为了读图和画图方便，室内给水平面图和排水平面图一般合并画在同一张图纸上，统称"室内给水排水平面图"。

14.1.2 室内给水排水系统图组成

1. 室内给水系统的组成

室内给水系统是从室外给水管网，引水到建筑物内部各种配水龙头、生产机组和消防设备等各用水点的给水管道系统。按用途可分为：生活给水系统、生产给水系统和消防给水系统三部分，各系统一般均由下列部分组成（图14-1）：

(1) 引入管：引入管是由室外给水系统引入室内给水系统的一段水平管道，也称作进户管。

(2) 水表节点：水表节点是指引入管上设置的水表及前后设置的闸门、泄水装置等的总称。所有装置一般均设置在水表井内。

(3) 管道系统：管道系统是指室内给水水平或垂直干管、立管、支管等。

(4) 给水附件及设备：给水附件是指管道上的闸阀、止回阀及各式配水龙头和分户水表等。

(5) 升压和储水设备：当用水量大，水压不足时，应设置水箱和水泵等设备。

(6) 消防设备：按照建筑物的防火等级要求需要设置消防给水时，一般应设置消火栓等消防设备，有特殊要求时，另装设自动喷洒消防或水幕设备。

2. 室内排水系统的组成

室内排水系统是把室内各用水点的污水（废水）和屋面雨水排出到建筑物外部的排水管道系统。民用建筑室内排水系统通常指排除生活污水。排除雨水的管道应单独设置，不与生活污水合流（图14-2）。

室内排水系统的组成如下：

(1) 卫生器具或生产设备受水器。

(2) 排水横管：排水横管是指连接各卫生器具的水平管道，应有一定的坡度指向排水立管。当卫生器具较多时，应设置清扫口。

（3）排水立管：排水立管是指连接排水横管和排出管之间的竖向管道。立管在底层和顶层应设置检查口，多层房屋应每隔一层设置一个检查口，检查口距楼、地面高1m。

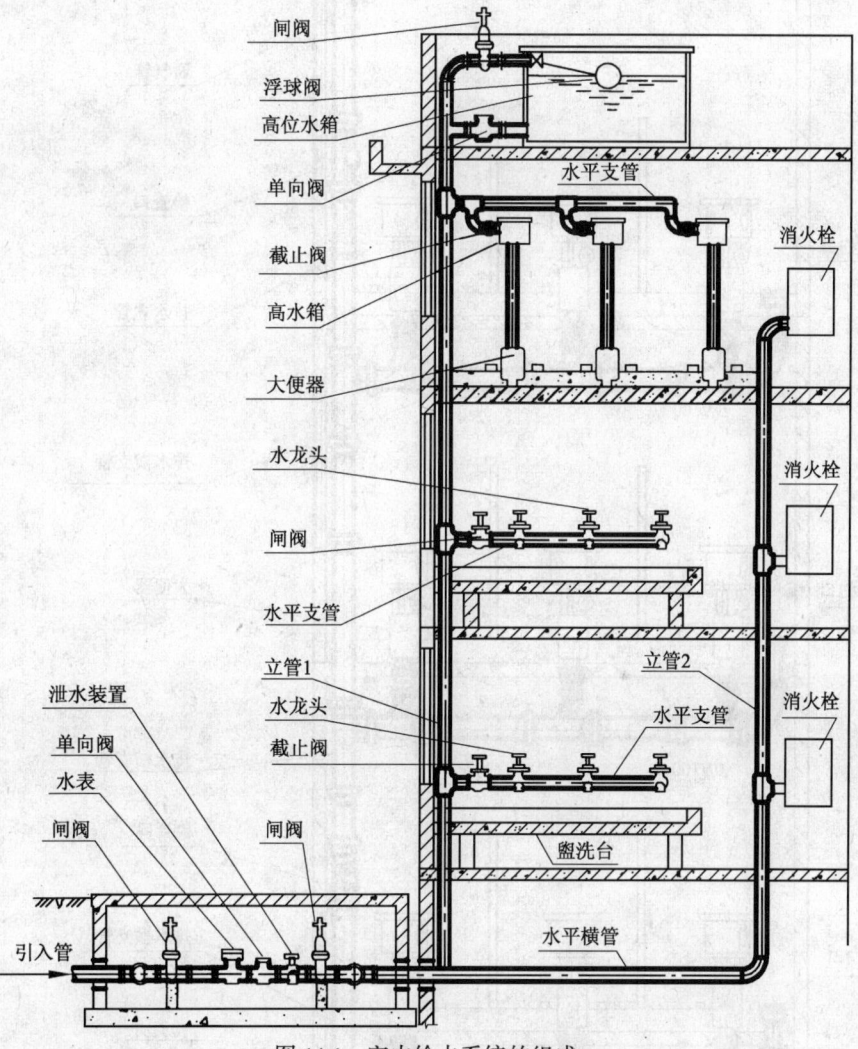

图14-1 室内给水系统的组成

（4）排出管：排出管是指连接排水立管将污水排出室外检查井的水平管道。排出管向检查井方向应有一定坡度。

（5）通气管：通气管是设置在顶层检查口以上的一段立管，用来排出臭气，平衡气压，防止卫生器具水封破坏，使室内排水管道中散发的臭气和有害气体排到大气中去。通气管应高出屋面0.3m以上，并大于积雪厚度，通气管

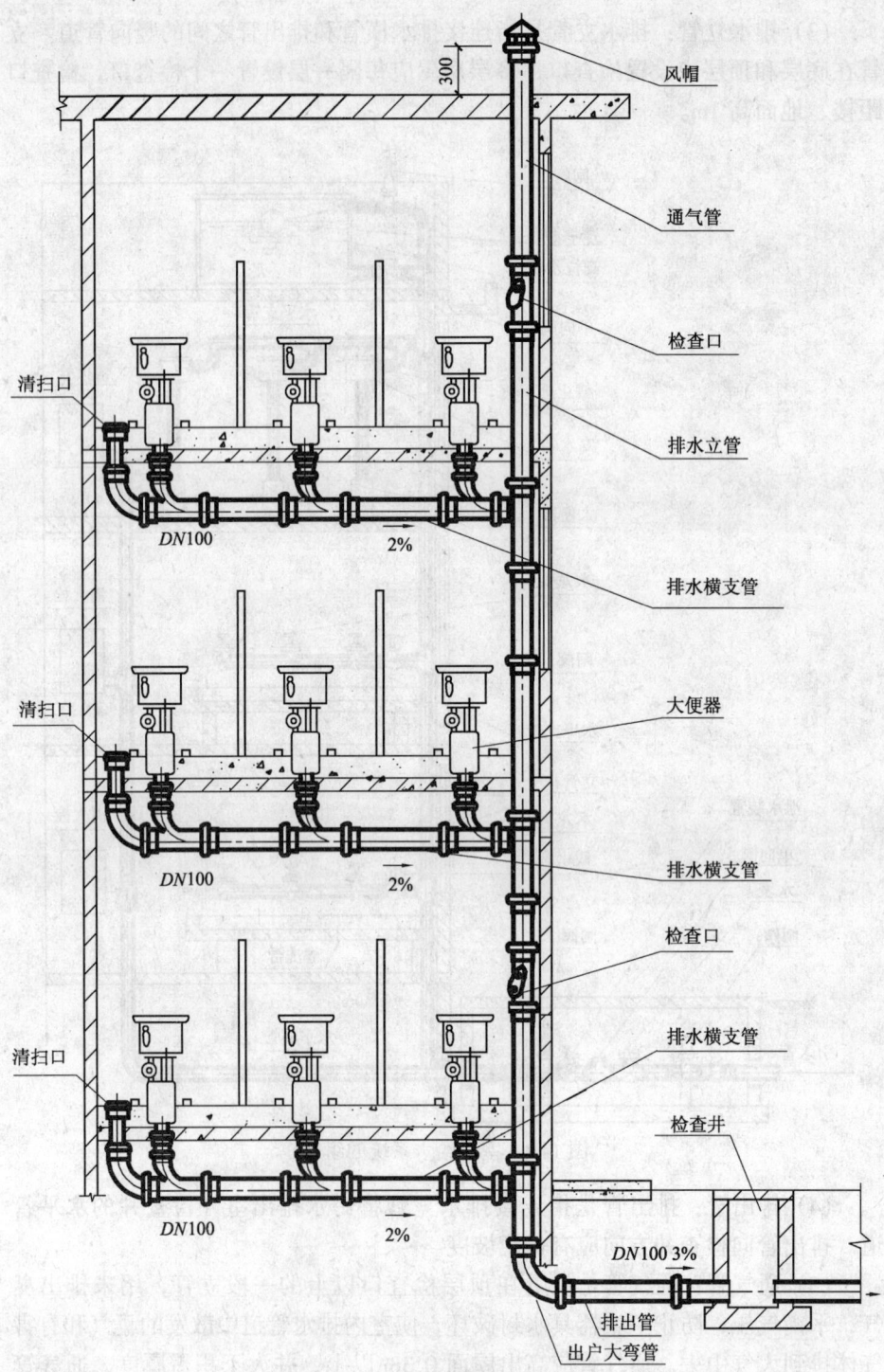

图 14-2 室内排水系统的组成

顶端应装置通气帽。

（6）检查井或化粪池：生活污水由排出管引向室外排水系统之前，应设置检查井或化粪池，以便将污水进行初步处理。

14.1.3 室内给水排水工程图的图示特点

给水排水工程图的主要表达对象是管道，而管道因截面的形状变化小，一般细而长，分布范围广，纵横交叉，管道附件众多，所以有它特殊的图示特点。给水排水专业制图除应遵照《给水排水制图标准》（GB/T 50106—2001）外，还要符合《房屋建筑制图统一标准》（GB/T 50001—2001），以及国家现行的有关强制性标准的规定。有下列图示特点：

1. 给水排水专业制图，常用的各种线型应符合表 14-1 的规定。图线的宽度 b，应根据图纸类别、比例和复杂程度，按《房屋建筑制图统一标准》中的规定选用。线宽 b 宜为 0.7mm 或 1.0mm。

表 14-1 线 型

名 称	线 型	线宽	用 途
粗实线	————————	b	新设计的各种排水和其他重力流管线
粗虚线	— — — — —	b	新设计的各种排水和其他重力流管线的不可见轮廓线
中粗实线	————————	$0.75b$	新设计的各种给水和其他压力流管线；原有的各种排水和其他重力流管线
中粗虚线	— — — — —	$0.75b$	新设计的各种给水和其他压力流管线及原有的各种排水和其他重力流管线的不可见轮廓线
中实线	————————	$0.5b$	给水排水设备、零（附）件的可见轮廓线；总图中新建的建筑物和构筑物的可见轮廓线；原有的各种给水和其他压力流管线
中虚线	- - - - - -	$0.5b$	给水排水设备、零（附）件的不可见轮廓线；总图中新建的建筑物和构筑物的不可见轮廓线；原有的各种给水和其他压力流管线的不可见轮廓线
细实线	————————	$0.25b$	建筑的可见轮廓线；总图中原有的建筑物和构筑物的可见轮廓线；制图中的各种标注线
细虚线	- - - - - -	$0.25b$	建筑的不可见轮廓线；总图中原有的建筑物和构筑物的不可见轮廓线
单点长画线	—·—·—·—	$0.25b$	中心线、定位轴线
折断线	——/\——	$0.25b$	断开界线
波浪线	～～～～	$0.25b$	平面图中水面线；局部构造层次范围线；保温范围示意线等

2. 给水排水专业制图，常用的比例宜符合表 14-2 的规定，在建筑给水排水轴测图中，如局部表达有困难时，该处可不按比例绘制。水处理流程图、水处理高程图和建筑给排水原理图均不按比例绘制。

表 14-2 常用比例

名 称	比 例	备 注
区域规划图 区域位置图	1:50000、1:25000、1:10000、 1:5000、1:2000	宜与总图专业一致
总平面图	1:1000、1:500、1:300	宜与总图专业一致
管道纵断面图	纵向：1:200、1:100、1:50 横向：1:1000、1:500、1:300	
水处理构筑物、设备间、卫生间、泵房平、剖面图	1:500、1:200、1:100	
建筑给排水平面图	1:200、1:150、1:100	宜与建筑专业一致
建筑给排水轴测图	1:150、1:100、1:50	宜与相应图纸一致
详 图	1:50、1:30、1:20、1:10、1:5、 1:2、1:1、2:1	

3. 标高符号及一般标注方法应符合《房屋建筑制图统一标准》中的有关规定。室内工程应标注相对标高；室外工程宜标注绝对标高，当无绝对标高资料时，可标注相对标高，但应与总图专业一致。平面图中，管道标高应按图 14-3 的方式标注。轴测图中，管道标高应按图 14-4 的方式标注。

图 14-3 平面图中管道标高标注

在建筑工程中，管道也可标注相对本层建筑地面的标高，标注方法为 $h + x.xxx$，h 表示本层建筑地面标高（如 $h + 0.250$）。

4. 管径应以 mm 为单位，表达方式应符合下列规定：

（1）水煤气输送钢管（镀锌或非镀锌）、铸铁管等管材，管径宜以公称直径 DN 表示（如 $DN15$、$DN50$）。

（2）无缝钢管、焊接钢管、铜管、不锈钢管等管材，管径宜以外径 $D \times$ 壁厚表示（如 $D108 \times 4$、$D159 \times 4.5$）。

(3)钢筋混凝土(或混凝土)管、陶土管、耐酸陶土管等,管径宜以内径 d 表示(如 $d230$, $d380$ 等)。

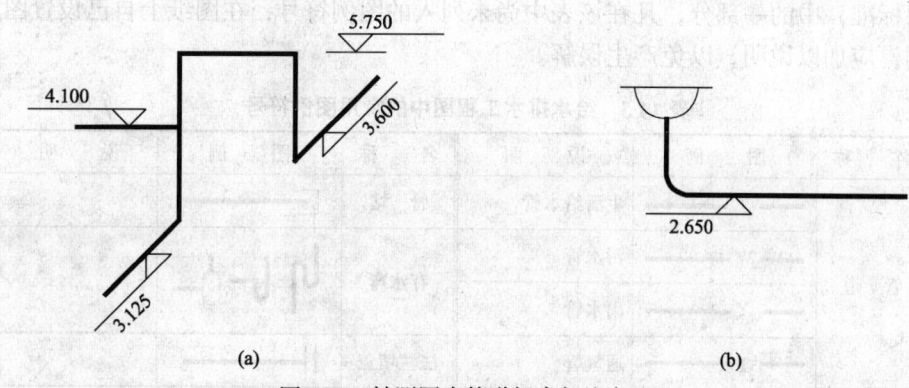

图 14-4　轴测图中管道标高标注方法

单根管道时,管径应按图 14-5 的方式标注,多根管道时管径应按图 14-6 的方式标注。

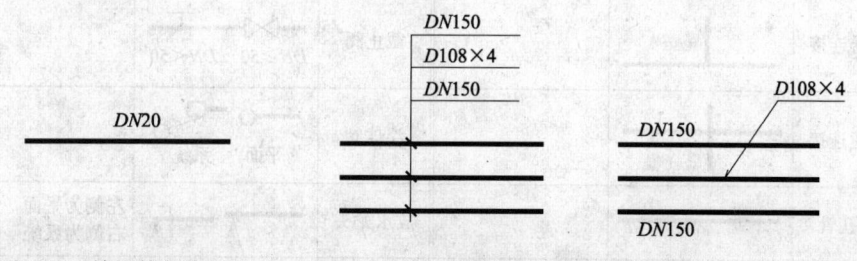

图 14-5　单根管径表示法　　　　图 14-6　多根管径表示法

5. 当建筑物的给水引入管或排水排出管的数量超过一根时,宜进行编号,编号宜按图 14-7 的方法表示。建筑物内穿越楼层的立管,其数量超过一根时,宜进行编号,编号宜按图 14-8 的方法表示。

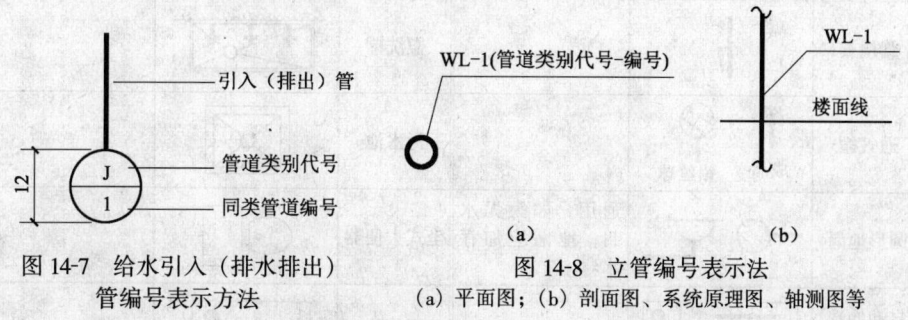

图 14-7　给水引入(排水排出)　　图 14-8　立管编号表示法
　　　　　管编号表示方法　　　　　(a)平面图;(b)剖面图、系统原理图、轴测图等

6. 管道类别应以汉语拼音字母表示,用 J 作为给水管的代号,用 W 作为

污水管的代号。给水排水工程图的管道、附件、卫生器具等，采用统一的图例符号来表示，不画出其真实的投影图。见表14-3，表中图例摘自《给水排水制图标准》中的一部分，凡在该表中尚未列入的图例符号，在图纸上自己设置图例，应加以说明，以免产生误解。

表14-3 给水排水工程图中的常用图例符号

名称	图例	说明	名称	图例	说明
管道	 —J—	生活给水管	管堵		
	 —W—	污水管	存水弯	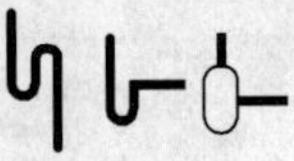	
	 —Y—	雨水管			
	 —T—	通气管	法兰堵盖		
减压阀		左侧为高压端管	球阀		
交叉管	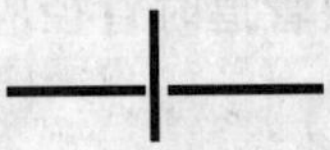	在下方和后面的管道应断开	闸阀		
三通连接			截止阀	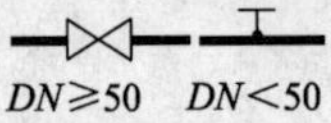 DN≥50 DN<50	
四通连接	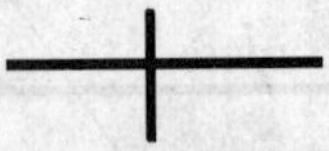		浮球阀	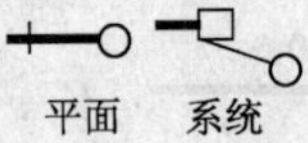 平面 系统	
多孔管			放水龙头	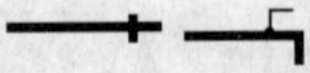	左侧为平面右侧为系统
管道立管	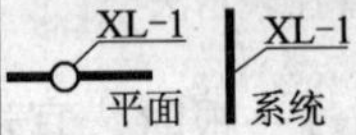 XL-1 平面 XL-1 系统	X：管道类别 L：立管 1：编号	洗脸盆		
清扫口	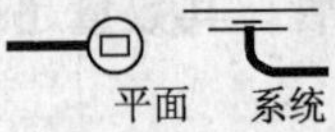 平面 系统		浴盆		
立管检查口	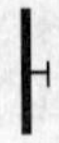		盥洗槽	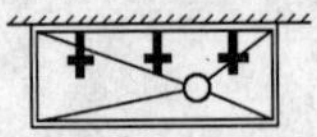	
通气帽	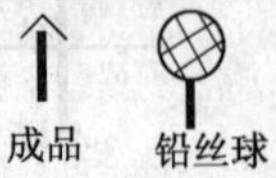 成品 铅丝球		污水池	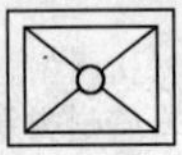	
圆形地漏		通用。如为无水封，地漏应加存水弯	坐式大便器	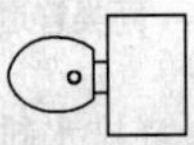	
自动冲洗水箱			小便槽	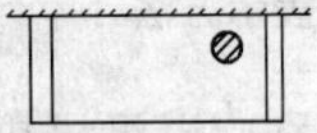	

续表

名 称	图 例	说 明	名 称	图 例	说 明
法兰连接			蹲式大便器	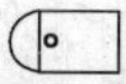	
承插连接			化粪池	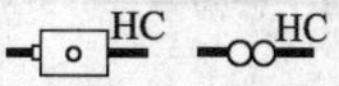 HC HC	HC为化粪池代号
弯折管		表示管道向后及向下弯转90	阀门井检查井		
活接头			水表井		
室外消火栓			室内消火栓（单口）	 平面 系统	白色为开启面
淋浴喷头	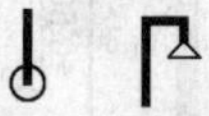		室内消火栓（双口）	 平面 系统	

7. 由于给水排水管道在平面图上很难区分空间走向，所以一般都用轴测图（正面斜等测轴测图），直观地画出给水排水管道系统图，阅读时，应将平面图与系统图对照查阅。

14.2 室内给排水平面图

室内给水排水平面图主要表示给水管（包括引入管、给水干管、支管等）、排水管（包括排水横管、排水立管、排出管等）、卫生器具、管道附件、地漏等的平面布置图，如图14-9所示。

在建筑物内，凡需用水的房间，均需配以卫生器具、管道和附件等，并反映卫生器具、管道及附件等在房屋中的平面位置，绘制不同层的给水排水平面图。给水平面图和排水平面图既可合并画出，也可分别表示。

14.2.1 室内给水、排水平面图的图示特点

1. 比例

《给水排水制图标准》中规定，室内给水排水平面图选用的比例，一般应与建筑平面图中的比例相同。如图14-9所示，采用与建筑平面图相同的比例1∶100绘制。

2. 图中画出了建筑平面图的内容

由于给水、排水平面图主要反映管道系统各组成部分的平面位置，因此建筑物的轮廓线、轴线号、房间名称、绘图比例等均应与建筑施工图一致，用细实线绘制。

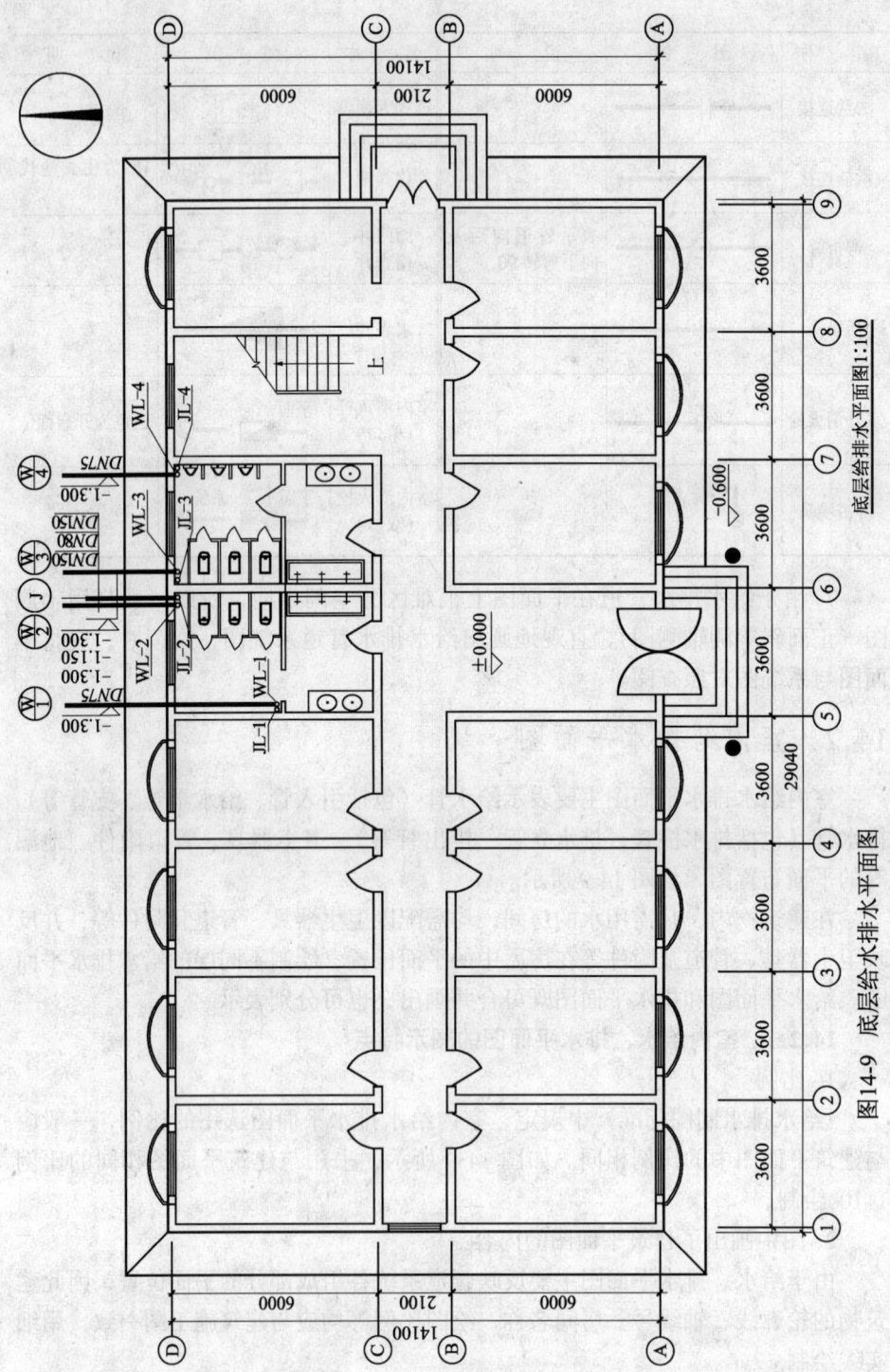

图14-9 底层给水排水平面图

建筑平面图的内容一般只抄绘墙身、柱、门、窗洞、楼梯等主要构配件，对于房屋的细部、门窗代号等均可略去，如图14-9所示。另外，底层平面图中的室内管道需与户外管道相连，所以，必须单独画出一个完整的底层平面图；其他楼层平面图只需抄绘与卫生设备和管道布置有关的平面图，不必画出整个楼层的平面图；但需注明定位轴线的编号及轴间尺寸等，如图14-10所示。

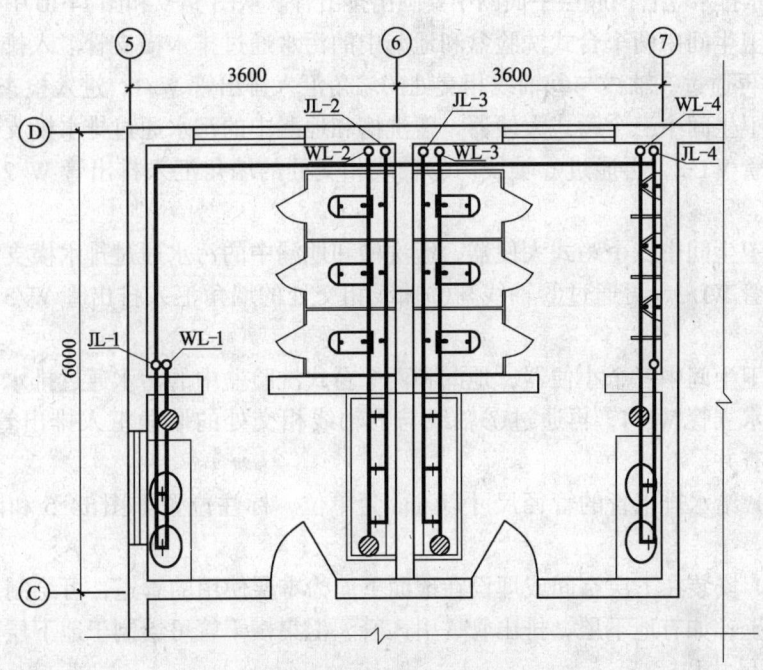

图 14-10　公共卫生间给水排水平面大样图

3. 卫生设备和器具

对于洗脸盆、大便器、小便器、地漏等卫生设备和器具均按表14-3所列的图例绘制；线型按表14-1的规定执行。

4. 给水排水管道的平面位置

在给水排水平面图中，要注出各管道的管径，底层给水排水平面图中要画出给水引入管、污水排出管的位置和管径。立管应按管道类别和代号自左至右分别进行编号，且各楼层相一致；消火栓可按需要分层按顺序编号。±0.000标高层平面图应在右上方绘制指北针。

(1) 对于给水管道，以中粗实线表示水平管（包括引入管和水平横管），以小圆圈表示立管。底层平面图中要画出引入管。从图14-9和图14-10中可知，室外引入管J通过⑥与①轴线相交处的墙角进入室内，通过水平横管分四路送水：第一路通过立管 JL-1 和支管送入女卫生间中两个台式洗脸盆；第二路通过立管 JL-2 和支管送入女卫生间的三个蹲式大便器和盥洗槽；第三路通过立管 JL-3 和支管送入男卫生间的三个蹲式大便器和盥洗槽；第四路则通过另一立管 JL-4 和支管送入男卫生间的三个小便池和两个台式洗脸盆。

(2) 对于排水管道以粗实线表示水平管道（包括排水横管和排出管），以小圆圈表示排水立管，底层平面图中要画出排出管。从图 14-9 和图 14-10 中可知：

女卫生间中两个台式洗脸盆和地漏中的污水通过排水横支管汇入排水立管 WL-1，再通过⑤轴线与Ⓓ轴线相交处的墙角汇入排出管 W/1，进入检查井。

女卫生间中三个蹲式大便器，盥洗槽和地漏中的污水通过排水横支管汇入排水立管 WL-2，再通过⑥轴线与Ⓓ轴线相交处的墙角汇入排出管 W/2，进入检查井。

男卫生间中三个蹲式大便器，盥洗槽和地漏中的污水通过排水横支管汇入排水立管 WL-3，再通过⑥轴线与Ⓓ轴线相交处的墙角汇入排出管 W/3，进入检查井。

男卫生间中三个小便器，地漏和两个台式洗脸盆中的污水通过排水横支管汇入排水立管 WL-4，再通过⑦轴线与Ⓓ轴线相交处的墙角汇入排出管 W/4，进入检查井。

(3) 给水排水管的管径尺寸以 mm 为单位，标注位置如图 14-5 和图 14-6 所示。

(4) 安装在下层空间或埋设在地面下而为本层使用的管道，可绘制于本层平面图上；如有地下层，排出管、引入管、汇集横干管可绘制于地下层内。

5. 尺寸和标高

房屋的水平方向尺寸，一般在底层管道平面图中只需注出其轴线间尺寸，标高只需标注室外地面的整平标高和各层的地面标高。

卫生器具和管道一般都是沿墙柱设置的，不必标注定位尺寸，卫生器具的规格可用文字标注在引出线上，或在施工说明中写明。

管道的长度在备料时只需从图中近似地量出，在安装时则以实际尺寸为依据，所以图中均不标注管道长度。因管道平面图不能充分反应管道在空间的具体布置，管路的连接情况等，所以平面图中一般不标注管道的坡度、管径和标高，而在管道系统图中予以标注。

6. 图例和施工说明

为了施工人员便于施工，无论是否采用标准图例，图中最好均绘出各种管道及卫生设备等的图例，并用文字说明对施工的要求等。通常图例和施工说明，均列在底层给水排水平面图后方。现摘录某学校教工住宅楼，在给水排水工程图中所附的图例说明及施工说明如下：

说 明

1. 室内地坪为±0.000,除标高以米计外,其余以毫米计。
2. 给水管采用镀锌钢管,丝扣连接;明装镀锌钢管,应刷银粉漆两道。
3. 排水采用排水铸铁管,石棉水泥接口;排水管应除锈,明装时,刷樟丹油两道,再刷银粉漆两道;暗装时,刷热沥青两道。
4. 给水管标高,指管中心标高,排水管标高,指管内底标高。
5. 其施工,安装验收按《采暖与卫生工程施工及验收规范》GBJ 242—82进行。

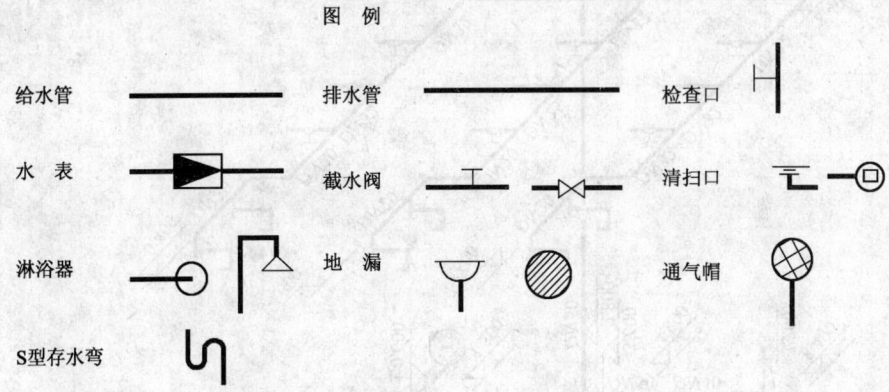

14.2.2 给排水平面图的画图步骤

以底层给排水平面图为例,室内给水排水平面图的画图步骤一般如下:

1. 首先抄绘建筑施工图中的底层平面图。
2. 在底层平面图中,画出管道布置平面图,并按规定的线型进行加深。
3. 标注有关尺寸、标高、文字等。

绘建筑平面图的步骤为:先画轴线,再画墙身和门窗洞,最后画其他构配件及卫生器具平面图。

画管道布置平面图时,先画立管,再画出引入管和排出管,最后按水流方向画出支管和附件。给水管一般画至设备的放水龙头或冲洗水箱的支管接口;排水管一般画至各设备的污水排泄口。

14.3 室内给水排水系统图

管道平面图主要显示室内给水排水设备的水平布置,而连接各管道的管道系统因其在空间转折较多,上下交叉重叠,往往平面图中无法完整且清楚的表达,因此,需要有一个同时能反映空间三个方向的图来表达,这种图就称为管道系统图。管道系统图既反映各管道系统的空间走向,也能反映各管道附件在管道上的位置,如图14-11、图14-12所示。

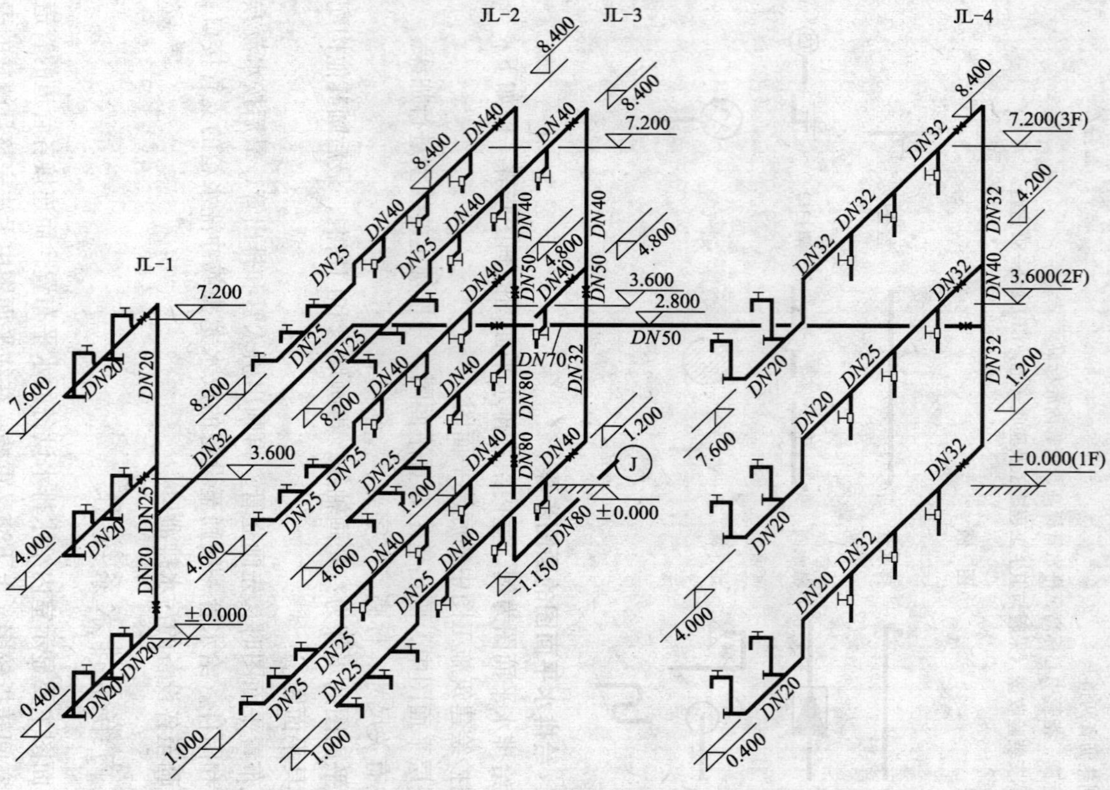

图 14-11 给水系统图

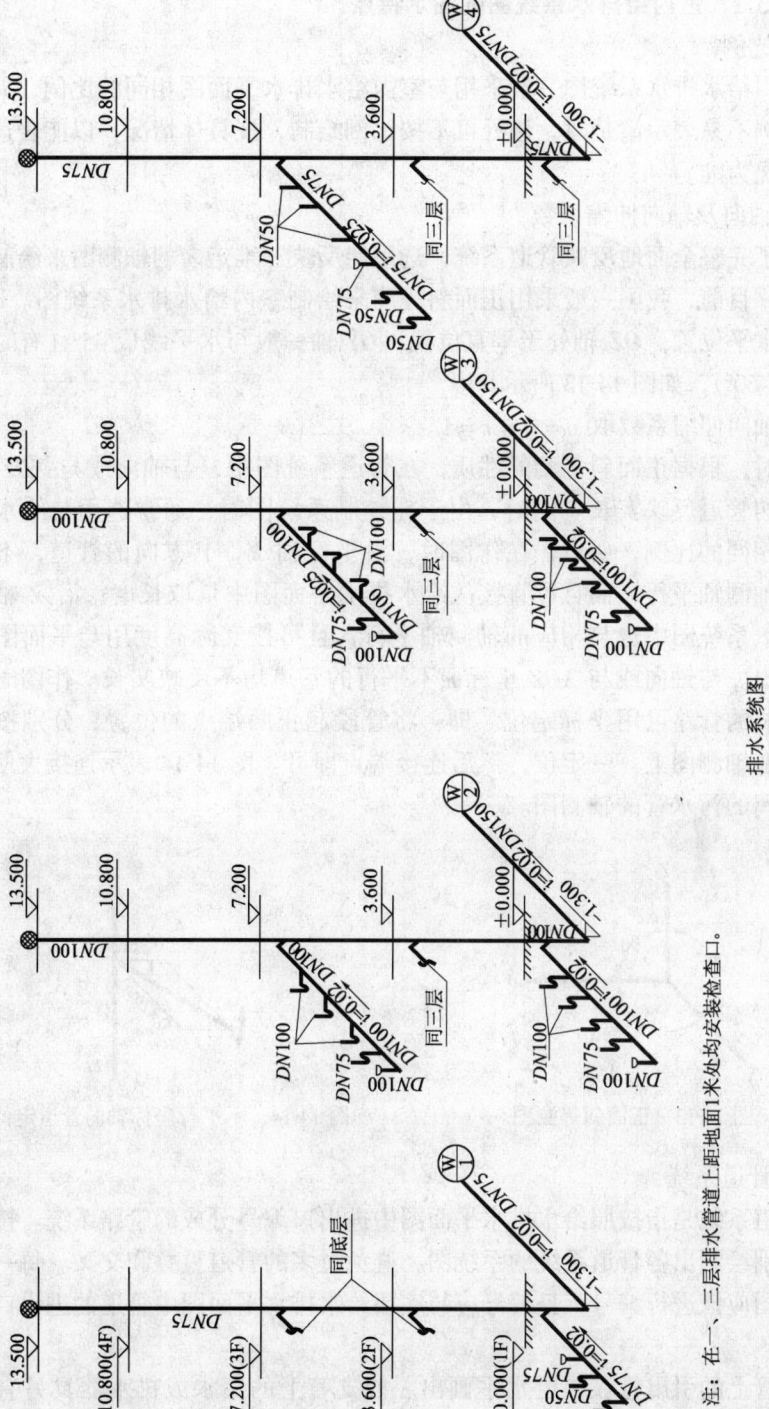

图14-12 排水系统图

注：在一、三层排水管道上距地面1米处均安装检查口。

303

14.3.1 室内给排水系统图的图示特点

1. 比例

室内给水排水系统图一般采用与室内给水排水平面图相同的比例，局部管道按比例不易表示清楚时，该处可不按比例绘制，视具体情况，以能表达清楚管路情况为准。

2. 轴向及轴向伸缩系数

为了完整全面地反映管道系统，选用能反映三维走向的轴测图来绘制管道系统图。目前，我国一般采用正面斜等测来绘制室内给水排水系统图。即 OX 轴处于水平位置，OZ 轴处于垂直位置，OY 轴一般与水平线成 45°（有时也可成 30°或 60°），如图 14-13 所示。

三轴向伸缩系数取 $p = q = r = 1$。

同时，根据正面斜等测的性质，在管道系统图中，与轴向或与 XOZ 坐标面平行的管道反映实长。同时，由于在绘制系统图时，通常选用与给水排水平面图相同的比例，所以，在作图时，沿坐标轴 X，Y 方向的管道，不仅与相应的轴测轴平行，而且可直接从给水排水平面图中量取长度；沿 Z 轴方向的管道，系统图中也与相应的轴测轴平行，且可按实际高度用与平面图相同比例做出。与轴向或与 XOZ 坐标面不平行的管道均不反映实长。作图时，不反映实长的管路可用坐标定位。即：将管段起止两端点的位置，分别按其空间坐标在轴测图上一一定位，然后连接端点即可。图 14-14 表示连接大便器与立管之间的污水管的轴测图。

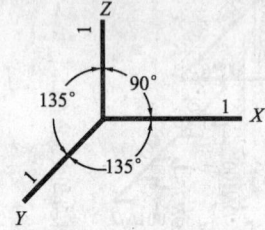
图 14-13 正面斜等测图

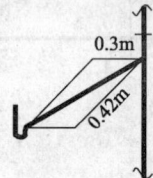
图 14-14 不平行坐标轴的管道定位

3. 管道系统

管道系统是指按照给水排水平面图中进出口编号分成的管路系统。按管道类别分别绘制出各管道系统的系统图，避免过多的管道重叠和交叉。每一管道的系统图应该进行编号，且编号应与底层给水排水平面图中管道的进出口编号一致。

立管上的引出管在该层水平画出。如支管上的用水或排水器具另有详图时，其支管可在分户水表后断掉，并注明详见图号。楼地面线在层高相同时，应等距离绘制,夹层、跃层、同层升降部分应以楼层线反映,在图纸的左端注明楼层数和建筑标高。立管、横管均应标注管径,排水立管上的检查口及通气帽注明楼地面或屋面高度,如图 14-11、图 14-12 所示。

4. 线型、图例及省略画法

给水排水系统图中的管道均应按照表 14-1 的规定,选用线型和线宽,即:用中粗实线绘制给水系统图,用粗实线绘制排水系统图。

管道系统中的配水器具、卫生器具、管道附件等,选用中线线型,用图例画出,但不必每层都完整画出各种图例;相同布置的各层,可只将其中一层完整画出,其他各层则在立管分支处用折断线表示。如图 14-12 所示的排水系统图中,仅将顶层和底层完整画出,第二层的布置因为与顶层完全相同,采用省略画法。

5. 房屋构件的位置

为了反映管道与房屋的联系,在管道系统图中还要画出被管道穿过的墙面、梁、地面、楼面和屋面的位置,其表示方法如图 14-15 所示,这些构件的图线均用细线画出,剖面线的方向按剖面轴测图的剖面线方向绘制。系统的引入管、排出管绘出穿墙轴线号。

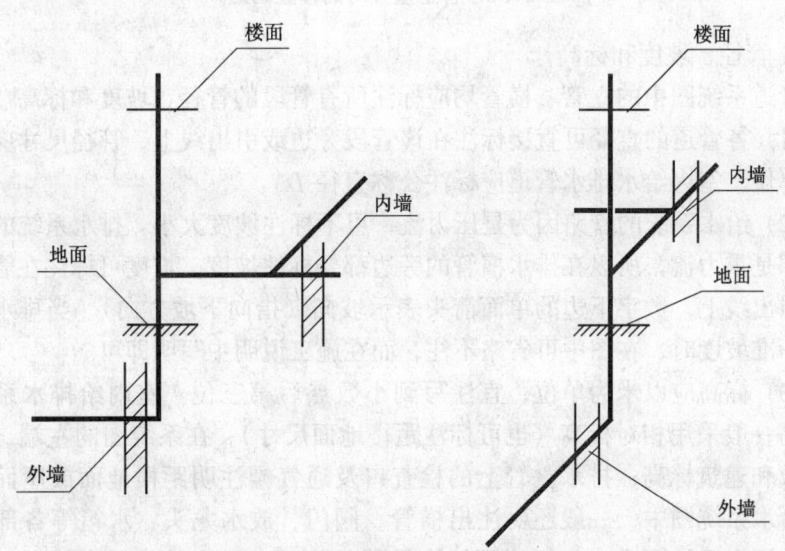

图 14-15 管道系统图中房屋构件的画法

6. 系统图中管道交叉、重叠时的图示方法

当管道在系统图中交叉时,可见的管道应画成连续的,而不可见的管道则应画成断开的。当在同一系统中的管道因互相重叠和交叉而影响系统图的清晰时,可将一部分管道平移至空白的位置画出,称为移置画法,如图 14-16 所

示，断开处应画上断裂符号，并注明连接处的相应连接符号"A"，以便对照读图。

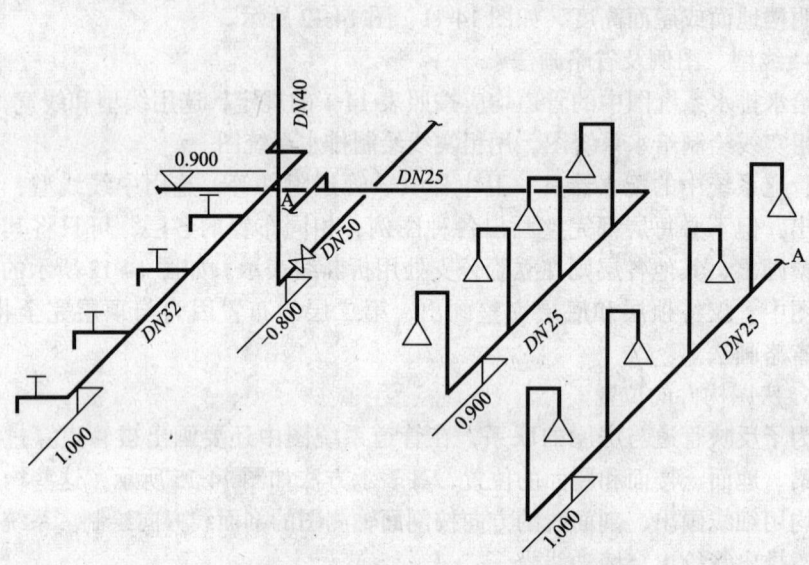

图 14-16 管道重叠时的移置画法

7. 管径、坡度和标高

管道系统图中的立管、横管均应标注所有管段的管径、坡度和标高。

(1) 各管道的直径可直接标注在该管段旁边或引出线上，管径尺寸应以毫米为单位，室内给水排水管道应标注公称直径 DN。

(2) 给水系统的管路因为是压力流，可不标注坡度大小。排水系统的管路一般都是重力流，所以在排水横管的旁边都要标注坡度，坡度可标注在管段旁边或引出线上，数字下边的单面箭头表示坡向（指向下坡方向）。当排水横管采用标准坡度时，在图中可省略不注，而在施工说明中写明即可。

(3) 标高应以米为单位，宜注写到小数点后第三位。室内给排水系统图中标高一般采用相对标高（也可标注距楼地面尺寸）。在系统图的左端，注明楼层数和建筑标高；排水立管上的检查口及通气帽注明距楼地面或屋面的高度。给水系统图中，一般还要注出横管、阀门、放水龙头、水箱等各部位的标高。污水系统图中，一般还要标注立管的管顶、排出管的起点标高，室外地面的标高。其他横管的标高由卫生器具的安装高度和管件的尺寸来决定，不必标注。

14.3.2 室内给排水系统图的画图步骤

为了便于读图，可把各系统的立管所穿过的地面画在同一水平线上；但当某些系统图不便按此要求布置时，也不必勉强。管道系统图中管段的长度尺寸可由平面图中量取，高度应根据房屋的层高、门窗的高度、梁的位置和卫生器具的安装高度等进行设计定线。

室内给排水系统图的作图步骤：

（1）先画出各系统的立管。

（2）画出各层的楼地面及屋面线。

（3）在立管上引出各横向的连接管段。对于给水系统，先画出进户管（引入管），再画从立管上引出的横支管，从各支管画到放水龙头、洗脸盆、大便器的冲洗水箱的进水口等；对于排水系统，先画出排出管，再画出与排出管相连的排水横管，与排水支管相连的卫生器具的存水弯、立管上的检查口、通气管上的网罩等。

（4）画出穿墙的位置。

（5）注写各管段的公称直径、坡度、标高等数据及说明。

第3篇　计算机绘图基础

第15章　计算机绘图

随着计算机应用技术的不断发展和普及，计算机辅助设计与绘图在工程技术领域占有愈来愈大的比例。一些技术先进的国家，90%以上的设计绘图工作使用计算机进行。在我国，用计算机全面替代手工绘图也将成为必然的趋势。

作为计算机辅助设计与绘图的重要图形支持手段，美国 Autodesk 公司设计开发的工程设计与绘图系统 AutoCAD 是目前国际上最为流行，应用最为广泛的工程绘图软件。本章着重介绍 AutoCAD2004 的二维绘图的有关内容。

15.1　AutoCAD 的基础知识

15.1.1　AutoCAD 的工作界面

AutoCAD 的工作界面有两种：文本屏幕与图形屏幕。使用 F2 键可以实现图形屏幕与文本屏幕的切换。

AutoCAD 的图形屏幕（图 15-1）包括标题栏、菜单条、绘图区、工具条、状态栏、命令行等区域。

1. 标题栏

标题栏位于图形屏幕的顶部。左端显示该软件的名称、图标及当前的图形文件名。单击软件图标后可以弹出窗口控制菜单，用于改变窗口的大小和关闭系统。标题栏的右端是窗口控制按钮，即最小化、最大化／还原、关闭按钮，也用于改变窗口的大小和关闭系统。

2. 菜单条

菜单条位于标题栏的下方，它提供了 AutoCAD 的一系列命令，其内容如图 15-2 所示。当光标（箭头状）移至菜单条的某个菜单项并单击鼠标左键时，则弹出相应的下拉菜单。在下拉菜单区内上下移动光标会使欲选菜单项变亮，选定某菜单项后，单击鼠标左键便可打开该菜单命令。

3. 绘图区

AutoCAD 的屏幕界面的中心是绘图区。它是用于绘制、编辑图形并显示当前所绘图形的区域。其左下角有坐标系图标显示。移动鼠标到图形区，光标变为十字，它可用于指定坐标位置、选择实体等。

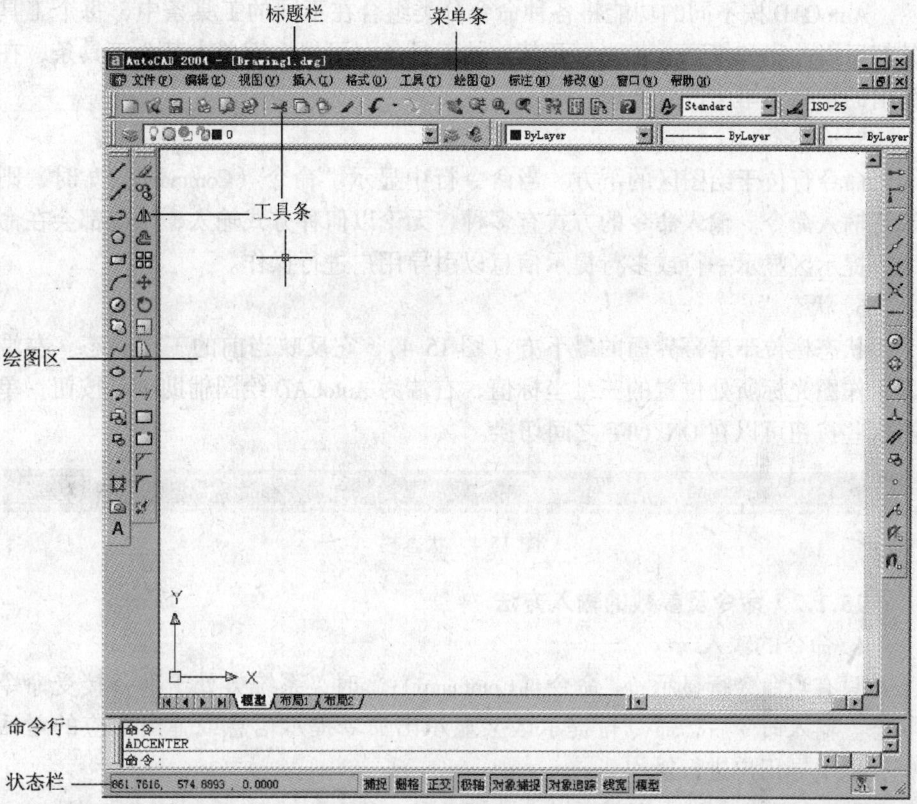

图 15-1 AutoCAD 的图形屏幕

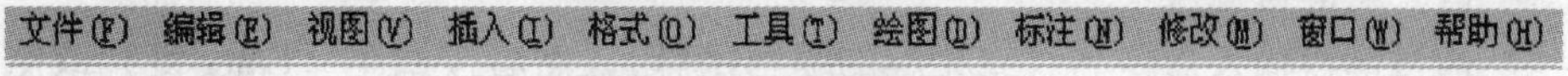

图 15-2 菜单条

4. 工具条

工具条是由一系列按钮构成的，每一个按钮即为形象化的某一条 AutoCAD 命令。图 15-3 是标准工具条，常位于在菜单条的下方。工具条是浮动的，将光标移至工具条的灰色区域按住鼠标左键拖动，可以将工具条移至屏幕上的其他位置。

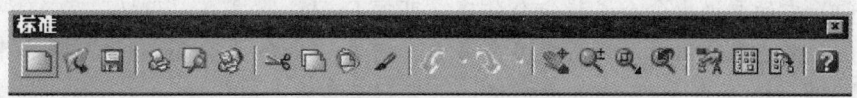

图 15-3 标准工具条

将光标移至某一个工具按钮上，稍等片刻，该按钮的名称就将显示在光标附近。点取某个按钮就可执行相应的命令，同时命令行会显示出该命令及其提示信息。

AutoCAD按不同的功能将各种命令分类组合在不同的工具条中，每个工具条都可以关闭和打开。若要打开其他的工具条，可以右键单击某个工具条，在弹出的快捷菜单中进行选择。

5. 命令行

命令行位于绘图区的下方。当命令行中显示"命令（Command）："时，则等待输入命令。输入命令的方式有多种，无论以何种方式输入，系统都会在命令行提示区显示一行或多行提示信息以引导用户进行操作。

6. 状态栏

状态栏位于屏幕界面的最下方（图15-4），它反映当前的工作状态。左端显示作图光标所处位置的三维坐标值，右端为AutoCAD绘图辅助工具按钮，单击这些按钮可以在ON/OFF之间切换。

| 62.2754, -5.3545, 0.0000 | 捕捉 | 栅格 | 正交 | 极轴 | 对象捕捉 | 对象追踪 | 线宽 | 模型 |

图15-4 状态栏

15.1.2 命令及参数的输入方法

1. 命令的输入

只有当命令行显示："命令（Command）："时，系统方处于准备接受命令状态。输入命令后，命令行提示区会显示出命令提示信息或弹出相应的对话框，以引导用户进行操作。

AutoCAD命令输入方式有以下几种：

（1）从键盘输入

通过键盘输入命令名（或相应的缩写字母），然后按回车（Enter键）或空格键。

（2）从菜单条输入

将光标移至菜单条，在下拉菜单区内选择有关的命令菜单项，然后拾取即可。

（3）从工具条输入

将光标移至相应的工具条，单击有关命令按钮即可。

注意：

（1）中途要退出命令或使命令作废，可按Esc键。

（2）若要取消以前的一条或多条命令，可在"命令（Command）："状态下键入"U"（Undo命令），可多次回退，一直到满意为止。

（3）无论采用哪种输入命令的方法，都可以在"命令（Command）："提示后用空格键或回车键响应，重复执行前一条命令。

2. 数据的输入

在绘图过程中，命令输入后，命令区常会提示要求输入某些信息与参数，如点的坐标、线段的角度、长度等。只有正确输入相应的数据，命令才可执行。

(1) 二维点的输入

①用绝对坐标输入

输入格式为"X，Y"，表示输入点相对于原点的位置。

绝对坐标是以坐标原点为基准点。如输入一点的坐标为"120，60"，则表示该点的 X 坐标值为 120，Y 坐标值为 60。

②用相对坐标输入

输入格式为"@Δx，Δy"。表示输入点相对于前一点的位置。

相对坐标是以前一点为基准。如前一点的绝对坐标为（100，80），输入点的相对坐标为"@40，-20"，则该点的绝对坐标为（140，60）。

③用极坐标输入

输入格式为"@距离<角度"，表示输入点相对于前一点的距离和角度。

极坐标是以前一点为基准，且用该点与输入点间的距离值及两点连线与 X 轴正向的角度来表示。在缺省状态下角度以 X 轴正向为度量基准，逆时针为正，顺时针为负。

例如：输入"@50<30"说明该点相对于前一点的距离为 50，由前一点到该点构成的向量与 X 轴正向之间的夹角为 30°。

若只输入"@"，则相当于输入了一个相对坐标"@0，0"。例如：若上一个点的坐标值为"20，20"，新点只输入"@"，则表明新点的坐标值仍为"20，20"。

④用定点设备输入点

在绘图区域内移动鼠标，使十字光标到达所指定的位置后，单击左键就输入了一个点。

⑤使用点过滤功能

点过滤就是通过已知的两个点分别过滤出 X、Y 坐标值，作为新点的坐标。

(2) 数值的输入

数值的输入应按提示符类型给出相应的数值。有时所需的数值也可以通过两点来确定。在数值提示符后输入第一点的坐标，然后屏幕会提示"第二点:"，给出第二点后，系统自动算出两点的距离作为数值给定。

有时当在数值提示符下给定一个点的位置后，系统也会自动计算出该点与前一点的距离。例如画圆时，当输入圆心后，提示输入半径，若给定一个点，系统自动将该点与圆心的距离作为半径，并画出该圆。

(3) 角度的输入

角度可以通过输入角度值或由两个点的位置来确定。

角度的单位为度。在缺省状态下其度量范围是指起点到终点方向与 X 轴正向的夹角，顺时针方向度量为负值，逆时针方向度量为正值。

用两点确定的角度与输入点的顺序有关，一般规定第一点为起点，第二点为终点，角度值是指从起点到终点的连线与以起点为原点的 X 轴正方向所夹的角度。例如起点为 (0，0)，终点为 (0，10)，连线的角度是 90°。起点为 (0，10)，终点为 (0，0)，连线的角度是 270°或 –90°，如图 15-5 所示。

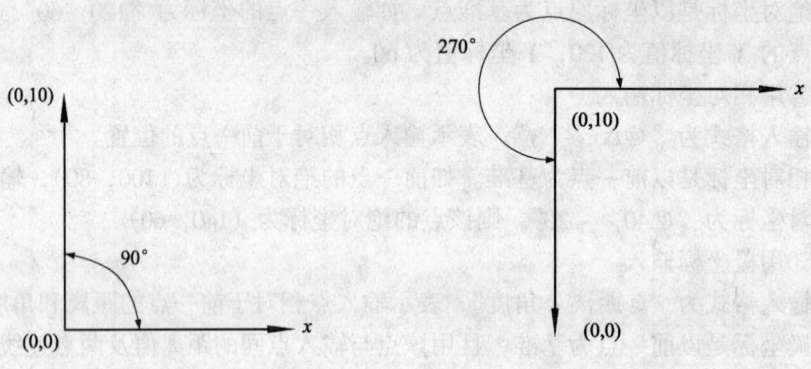

图 15-5　角度的方向

15.1.3　绘图辅助工具

AutoCAD 提供了许多辅助绘图工具，便于快捷、方便、直观、准确地绘制图形。

1. AutoCAD 的功能键

AutoCAD 在键盘上定义了一些功能键，在操作时非常方便，也很有用。

F1——帮助开关。

F2——文本屏幕与图形屏幕转换开关。

F3——对象捕捉（Osnap）开关。

F4——数字化仪模式开关。

F5——等轴测平面模式转换开关。

F6——坐标动态显示开关。

F7——栅格显示开关。

F8——正交模式开关。

F9——捕捉栅格模式开关。

F10——极轴模式开关。

F11——对象追踪开关。

2. 显示栅格（Grid）

Grid 命令用于显示和设置带有一定间距的栅格。栅格仅用于视觉参考，不作为图形的一部分。

用"草图设置（Drafting Settings）"对话框中的"捕捉和栅格（Snap and Grid）"选项卡（图 15-6）可以对栅格的间距进行设置。

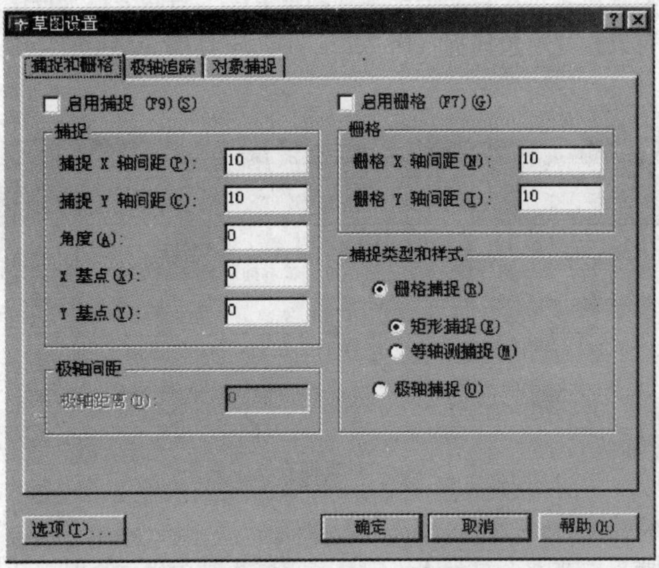

图 15-6 "草图设置"对话框中的"捕捉和栅格"选项卡

打开"草图设置（Drafting Settings）"对话框的方法如下：
（1）下拉菜单：工具／草图设置。
（2）右击状态行上的相关按钮，在弹出的快捷菜单中选"设置"即可。
按功能键 F7 或单击状态行"栅格（Grid）"可以打开或关闭栅格。

3．光标捕捉（Snap）

Snap 用于设置光标移动的距离，形成不可见的捕捉栅格。绘图时，常将 Snap 与 Grid 配合使用，两种栅格的间距设置为相同或相关的值，Snap 可以捕捉 Grid 栅格。

用"草图设置"对话框中的"捕捉和栅格"选项卡（图 15-6）可以对捕捉栅格的间距及方向进行设置。

按功能键 F8 或单击状态行"捕捉（Snap）"按钮，可以打开或关闭捕捉功能。

4．正交模式（Ortho）

Ortho 约束光标在水平或垂直方向上移动，并且受当前栅格的旋转角影响。
按功能键 F9 或单击状态行"正交（Ortho）"按钮，可以打开或关闭正交功能。

5．对象捕捉（Osnap）

Osnap 可以捕捉已画实体的特征点，如圆弧的圆心；线段的端点、中点；

两线段的交点等。Osnap 功能有一次性捕捉和连续捕捉两种模式。

(1) 一次性捕捉

一次性捕捉模式每次只能指定一种捕捉方式。当命令提示行请求输入一个坐标点时，可以在"对象捕捉（Object Snap）"工具条（图15-7）中进行捕捉方式的选择。

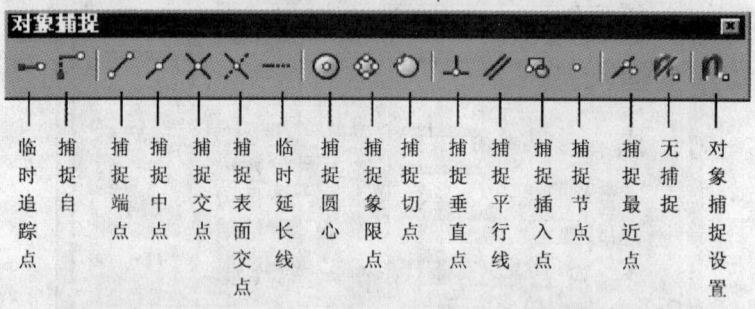

图15-7 "对象捕捉"工具条

(2) 连续捕捉

在连续捕捉模式下，每当 AutoCAD 请求输入一个坐标点时，相应的捕捉标记将自动出现在十字光标线的中心位置。连续捕捉模式可以通过"草图设置"对话框中的"对象捕捉（Osnap Setting）"选项卡（图15-8）进行设置。一旦某种捕捉方式被指定就将持续有效，直至取消该方式为止。

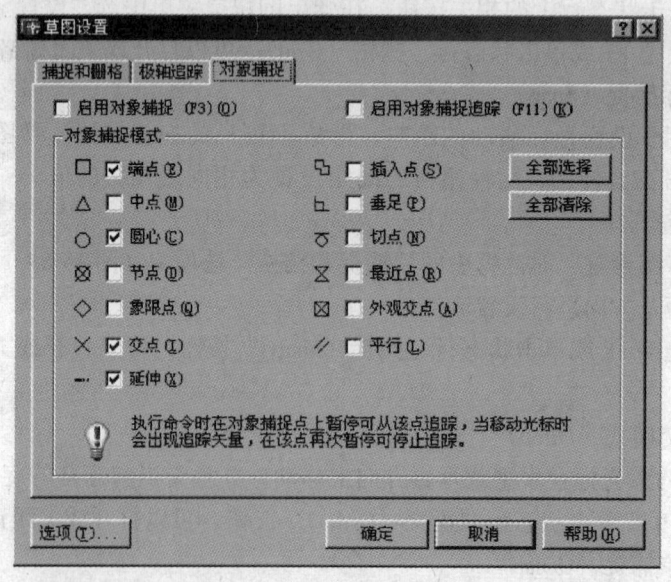

图15-8 "草图设置"对话框中的"对象捕捉"选项卡

6. 自动追踪

"自动追踪"可以用指定的角度或与其他对象的相对关系来确定点的位置。自动追踪有两种追踪方式：

（1）对象捕捉追踪：通过与其他对象的相对关系来追踪点。对象捕捉追踪应与对象捕捉配合使用。

（2）极轴追踪（Polar Tracking）：通过设角度来追踪点。

用"草图设置"对话框中的"极轴追踪（Polar Tracking）"选项卡（图15-9）可以对极轴追踪的角度和捕捉方式进行设置。

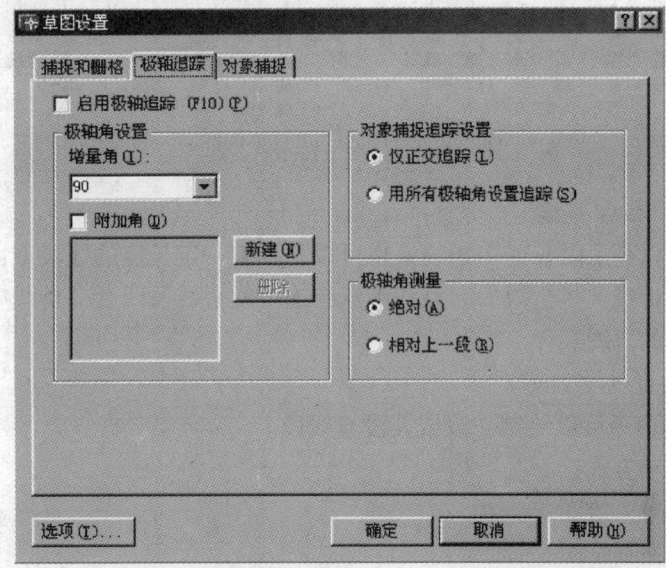

图15-9 "草图设置"对话框中的"极轴追踪"选项卡

按功能键F9或单击状态行"极轴（Polar）"按钮，可以打开或关闭极轴追踪功能。

图15-10中用自动追踪得到直线 BC 为60°，且点 C 与点 A 同高。

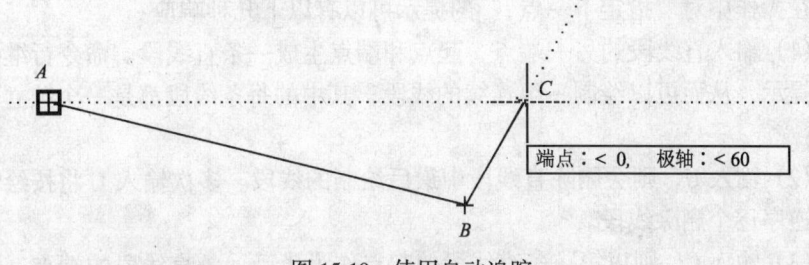

图15-10 使用自动追踪

15.2 常用绘图命令

图形是由一些基本实体组成的,实体是系统定义的基本图形元素,例如点、直线、圆、椭圆等。AutoCAD 的绘图(Draw)工具条如图 15-11 所示。

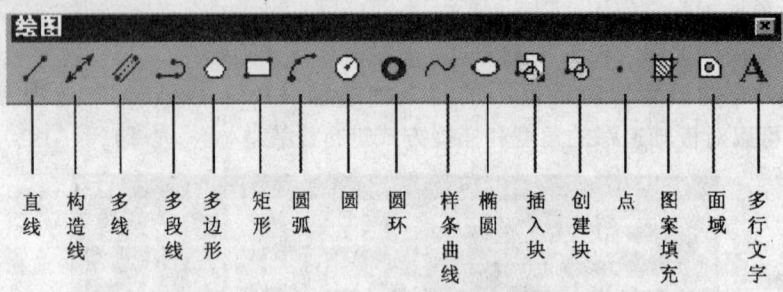

图 15-11 绘图(Draw)工具条

15.2.1 绘制直线

直线可以是无限长的一条线,也可以是具有一定长度的线段或由若干条直线段相连的折线。将折线的起点和端点相连可使折线段闭合。折线中的每条线段都是独立的直线实体。

1. 绘制直线段 Line

用 Line 命令可以绘制一段或几段直线段。

命令启动方式:

下拉菜单:绘图 / 直线

工具按钮:绘图 /

命令:line

命令启动后,命令行提示:

指定第一点:

指定下一点或 [/ 放弃(U)]:

指定下一点或 [闭合(C)/ 放弃(U)]:

在操作中对"指定下一点:"的提示可以有以下几种响应:

(1) 输入直线段的另一端点,起点和端点生成一条直线段。命令行继续显示该提示,从而可以绘制一组连续的线段,其中的每条线段都是一个独立的实体。

(2) 输入 U,则会删除直线段中最后绘制的线段。多次输入 U 将按绘制次序的逆序逐个删除线段。

(3) 输入 C,则以第一条直线段的起点作为最后一条直线段的端点,形成一个闭合的线段环。只有在绘制了两条以上线段之后,才能使用"C"选项。

(4) 按 Enter 键，可结束该命令。

【例 15-1】 绘制图 15-12 所示的图形。

命令：line

指定第一点： （在屏幕上指定 P1 点）

指定下一点或 [/ 放弃 (U)]： @100, 0（用相对坐标指定 P2 点）

指定下一点或 [闭合 (C) / 放弃 (U)]:@80<60（用极坐标指定 P3 点）

指定下一点或 [闭合 (C) / 放弃 (U)]:@－100,0（用相对坐标指定 P4 点）

指定下一点或 [闭合 (C) / 放弃 (U)]:C （闭合）

2. 绘制射线 Ray

Ray 可以绘制单向无限长直线，称为射线。射线具有一个确定的起点并单向无限延伸。它通常作为辅助作图线使用。

命令启动方式：

下拉菜单：绘图 / 射线

命令：Ray

命令启动后，命令行提示：

指定第一点：

指定通过点：

起点和通过点定义了射线延伸的方向，图 15-13 表示了射线的绘制。给定起点 P1 后，再给定通过点 P2、P3、P4，可以连续绘制出从 P1 到各通过点的多条射线。

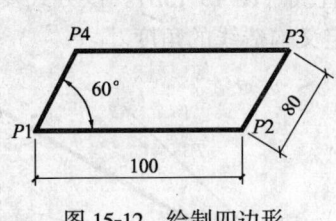
图 15-12 绘制四边形

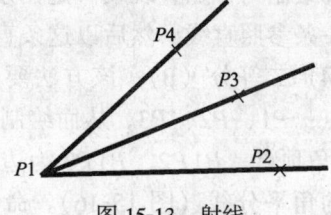
图 15-13 射线

3. 绘制构造线 Xline

Xline 可以绘制双向无限长的直线。称为构造线。这类直线通常也用于辅助作图线。

命令启动方式：

下拉菜单：绘图 / 构造线

工具按钮：绘图 /

命令：Xline

命令启动后，命令行提示：

指定点或 [水平 (H) / 垂直 (V) / 角度 (A) / 二等分 (B) / 偏移 (O)]：
若给定一点 P1，则继续提示：
指定通过点：

给定通过点 P2 后，绘制出经过 P1、P2 两点的无限长直线。可以连续画出多条过 P1 的无限长直线（图 15-14）。

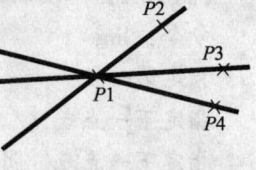

图 15-14 构造线

其他选项说明：

(1) 水平 (H)：用于绘制通过选定点的水平无限长直线。

(2) 垂直 (V)：用于绘制通过选定点的垂直无限长直线。

(3) 角度 (A)：以指定的角度绘制无限长直线。有两种方法：

①绘制与 X 轴正向具有一定角度的倾斜的无限长直线（图 15-15a）。该方式要求先给定一个角度，然后指定构造线要经过的点。

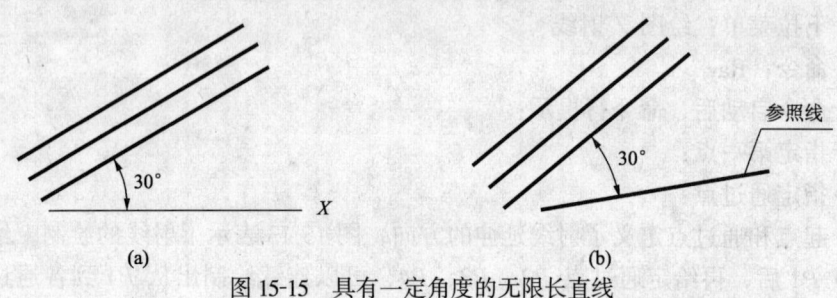

图 15-15 具有一定角度的无限长直线
(a) 与 X 轴成一定的角度；(b) 与参照线成一定的角度

②绘制与参照直线成一定角度的无限长直线（图 15-15b）。该方式要求先选择一条参照直线，然后以这条直线为基准定义构造线的角度。

(4) 二等分 (B)：该方法要求输入三个点：P1、P2、P3，从而绘制一条由 P1 为角顶点，P1P2、P1P3 为边所确定夹角的角平分线（图 15-16）。命令执行后，仅绘出角平分线。

(5) 偏移 (O)：使用偏移方法可以绘制平行于指定基线的构造线。操作时，需要指定偏移距离和基线，然后指明构造线位于基线的哪一侧。

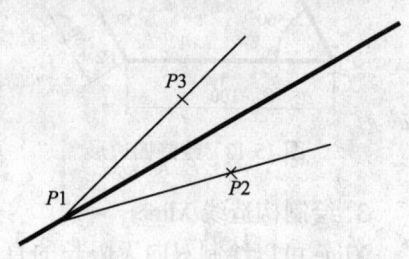

图 15-16 绘制角平分线

15.2.2 绘制多边形

1. 绘制矩形 Rectangle

Rectangle 命令用于绘制矩形，矩形的位置和大小由两个对角点决定。矩形的边平行于当前用户坐标系的 X 轴和 Y 轴。

命令启动方式：

下拉菜单：绘图／矩形

工具按钮：绘图／

命令：Rectangle

命令启动后，命令行提示：

指定第一个角点或［倒角（C）／标高（E）／圆角（F）／厚度（T）／宽度（W）］：

若直接输入一个角点 $P1$，命令行继续提示：

指定另一角点：

用 $P2$ 响应后，由 $P1$ 和 $P2$ 两点确定的矩形便可绘出（图15-17）。

其他选项说明：

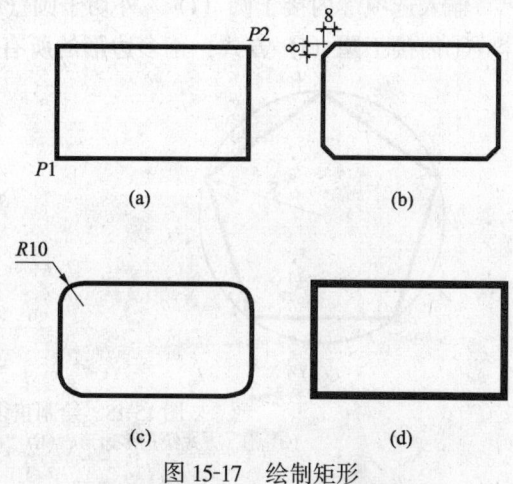

图 15-17　绘制矩形
(a) 绘矩形；(b) 绘带倒角的矩形；
(c) 绘带圆角的矩形；(d) 绘具有线宽的矩形

(1) 倒角（C）：用于设置矩形的倒角距离，从而绘制带有倒角的矩形（图 15-17b）。以后执行 Rectangle 命令时将使用此值作为当前倒角距离。

(2) 标高（E）：用于设定矩形的基面标高，使绘制的矩形位于该基面。

(3) 圆角（F）：用于设置矩形的圆角半径，从而绘制带有圆角的矩形（图 15-17c）。

(4) 厚度（T）：用于指定矩形的厚度，从而可拉伸出长方体。

(5) 宽度（W）：用于设置绘制矩形的线宽（图 15-17d）。

若以上各选项进行了设置，以后执行 Rectangle 命令时将使用这些值为当前缺省值。

2. 绘制正多边形 Polygon

Polygon 命令用来绘制具有 3 到 1024 条边的正多边形。

命令启动方式：

下拉菜单：绘图／矩形

工具按钮：绘图／

命令：Polygon

命令启动后，命令行提示：

输入边的数目〈4〉：

指定正多边形的中心或［边（E）］：

绘制正多边形有以下几种方法：

(1) 内接于圆（I）或外切于圆（C）的方法绘制正多边形。

当选择正多边形的中心后,命令行提示:
输入选项[内接于圆(I)/外切于圆(C)]〈当前选项〉:
①内接于圆(I)方式:正多边形的所有顶点都在圆周上(图15-18a)。

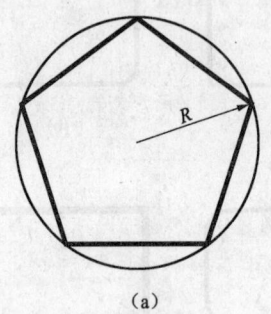
(a)

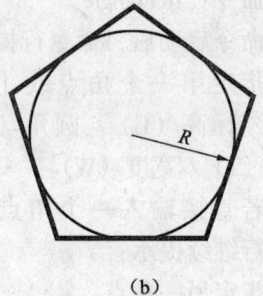
(b)

图 15-18 绘制正多边形
(a)"I"方式绘正多边形;(b)"C"方式绘正多边形

如果能指定正多边形中心到每个顶点的距离,就可使用该方式绘制正多边形。这个距离就是外接于正多边形的圆半径。

②外切于圆(C)方式:正多边形与圆周外切(图15-18b)。

如果能指定正多边形中心点到各边中点的距离,可使用该方式绘制正多边形。这个距离就是内切于正多边形的圆半径。

(2)通过指定边长方式来定义正多边形。

在"指定正多边形的中心或[边(E)]:"提示下,选择"E"后,命令行提示:

指定边的一个端点:

指定边的另一个端点:

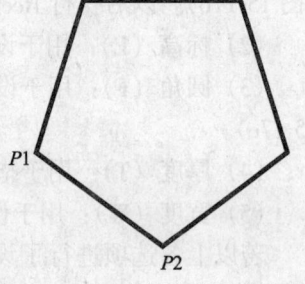

图 15-19 用边长定义正多边形

若给定 P1 和 P2 两点,则绘制出由点 P1、P2 确定边长的正多边形。点 P1、点 P2 的位置影响正多边形的位置。正多边形将按从点 P1 到点 P2 的顺序逆时针构成(图15-19)。

15.2.3 绘制规则曲线

1. 绘制圆 Circle

Circle 命令用于绘制圆。绘制圆有多种方法可供选择,如指定圆心和直径、用两点定义直径、用三点定义圆周均可以画圆。缺省方法是指定圆心和半径。另外,还可以绘制与三个已有的实体相切的圆,或指定半径绘制与两个实体相切的圆。图15-20给出了画圆的菜单。

图 15-20 绘制圆菜单

命令启动方式：

下拉菜单：绘图／圆

工具按钮：绘图／⊙

命令：Circle

命令启动后，命令行提示：

指定圆的圆心或 [三点 (3P) ／两点 (2P) ／相切、相切、半径 (T)]:

绘制圆的方法如下：

(1) 通过指定圆心和直径（或半径）绘制圆。

(2) 两点 (2P)：基于圆直径上的两个端点绘制圆（图 15-21a）。

(3) 三点 (3P)：基于圆周上的三点绘制圆（图 15-21b）。

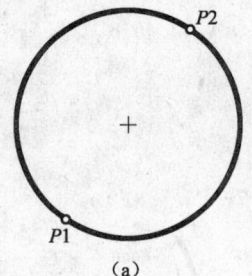 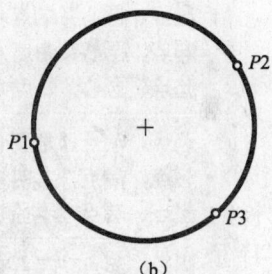

图 15-21 两点和三点绘圆
(a) 两点绘圆；(b) 三点绘圆

(4) TTR：绘制指定半径且与两个实体相切的圆（图 15-22a）。

(5) TTT：绘制和三个实体相切的圆（图 15-22b）。

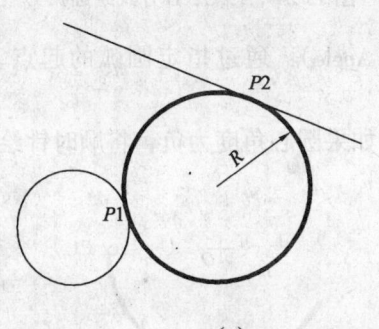 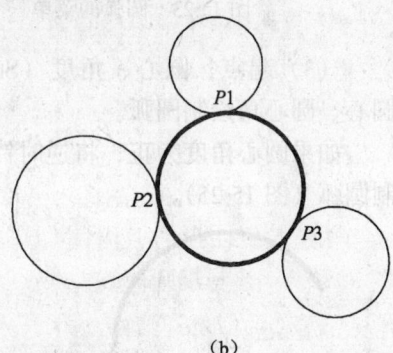

图 15-22 绘制与实体相切的圆
(a) TTR 方式绘圆；(b) TTT 方式绘圆

2. 绘制圆弧 Arc

Arc 命令用于创建圆弧。绘制圆弧有多种方法可供选择，图 15-23 给出了画圆弧的菜单。

命令启动方式：

下拉菜单：绘图／圆弧
工具按钮：绘图／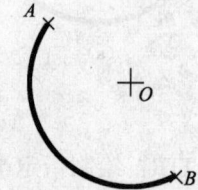
命令：Arc

绘制圆弧的方法如下：

（1）3点（3 Points）：指定圆弧上的三点绘制圆弧。

（2）起点、圆心、端点（Start、Center、End）：通过指定圆弧的起点、圆心、端点绘制圆弧。可得到一条使用圆心 O，从起点 A 向端点 B 逆时针绘制的圆弧（图 15-24）。

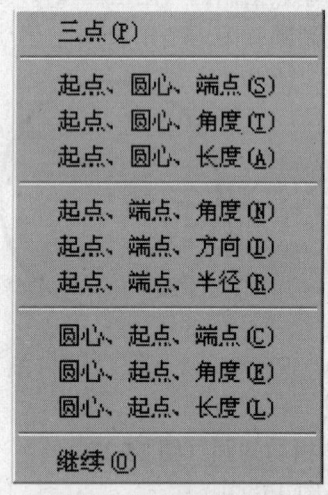

图 15-23　圆弧的菜单　　　　图 15-24　S、C、E 方式绘圆弧

（3）起点、圆心、角度（Start、Center、Angle）：通过指定圆弧的起点、圆心、圆心角绘制圆弧。

如果圆心角度为正，将逆时针绘制圆弧。如果圆心角度为负，将顺时针绘制圆弧（图 15-25）。

图 15-25　S、C、A 方式绘圆弧

（4）起点、圆心、弦长（Start、Center、Length）：通过指定圆弧的起点、圆心、弦长绘制圆弧。

如果弦长为正，AutoCAD 将使用圆心和弦长计算端点角度，并从起点起逆时针绘制的一条劣弧。如果弦长为负，AutoCAD 将逆时针绘制一条优弧（图15-26）。

注意：输入的弦长不能大于圆弧半径的两倍，否则将判输入无效。

图 15-26　S、C、L 方式绘圆弧

（5）起点、端点、角度（Start、End、Angle）：通过指定圆弧的起点、端点、圆心角度绘制圆弧。

（6）起点、端点、方向（Start、End、Direction）：通过指定圆弧的起点、端点、起点处切线方向绘制圆弧（图 15-27）。

（7）起点、端点、半径（Start、End、Radius）：通过指定圆弧的起点、端点、半径绘制圆弧。

指定一个半径正值后，就得到从起点向端点逆时针绘制一条劣弧。如果半径为负，将绘制一条优弧。

（8）圆心、起点、端点（Center、Start、End）：通过指定圆弧的圆心、起点、端点绘制圆弧。

（9）圆心、起点、角度（Center、Start、Angle）：通过指定圆弧的圆心、起点、圆心角度绘制圆弧。

（10）圆心、起点、弦长（Center、Start、Length）：通过指定圆弧的圆心、起点、弦长绘制圆弧。

（11）继续（Continue）：绘制一条与前一条线段相切的圆弧。该圆弧的起点是前一条线段的端点（图 15-28）。

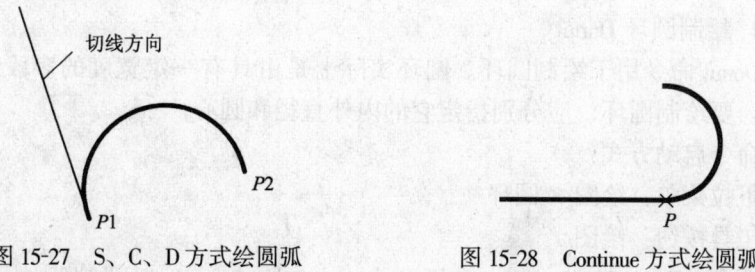

图 15-27　S、C、D 方式绘圆弧　　图 15-28　Continue 方式绘圆弧

3. 绘制椭圆 Ellipse

Ellipse 可以创建完整的椭圆或椭圆弧。在椭圆中，较长的轴称为长轴，较短的轴称为短轴。长轴和短轴与定义轴的次序无关。

命令启动方式：

下拉菜单：绘图／椭圆

工具按钮：绘图／

命令：Ellipse

绘制椭圆的方法有以下几种：

(1) 通过设定长短轴的大小绘制椭圆（图15-29）。

首先根据两个端点 A 和 B 定义了椭圆的第一条轴的大小和位置。第一条轴既可定义为长轴也可定义短轴。然后从椭圆弧中心点（即第一条轴的中点）到指定点 C 定义第二条半轴的长度。

(2) 通过设定椭圆的长轴及旋转角度绘制椭圆（图15-30）。

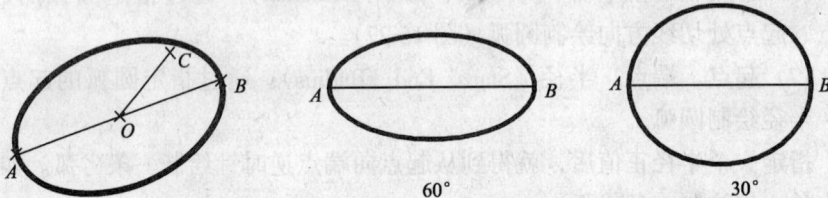

图15-29 按椭圆的长短轴绘椭圆　　图15-30 按椭圆的长轴及旋转角度绘椭圆

根据两个端点 A 和 B 定义了椭圆的长轴。将这个长轴可以看成是一个圆的直径。这个圆绕长轴旋转一定角度后再投影到平面上形成椭圆，也就定义了椭圆短轴的大小。角度越大，短轴越短。规定旋转角度为 0°～89.4°。若取 0°则得到一个圆。

(3) 通过设定椭圆的圆心及两个半轴长度绘制椭圆。

(4) 通过设定椭圆的圆心、长半轴长度和旋转角度绘制椭圆。

(5) 绘制椭圆弧。椭圆弧需要定义长短轴的大小，还需要定义弧线的端点或圆心角（包角）。作图方法可参考椭圆的绘制。

4. 绘制圆环 Donut

Donut 命令用于绘制圆环。圆环实际上是由具有一定宽度的多段线封闭形成的。要绘制圆环，应分别指定它的内外直径和圆心。

命令启动方式：

下拉菜单：绘图／圆环

工具按钮：绘图／

命令：Donut

绘制圆环是创建填充圆环或实体填充圆的一个便捷的途径。如果指定内径为零，则圆环成为填充圆。圆环内的填充取决于 Fill 命令的设置（图 15-31）。Fill 模式为 ON，则填充，为 OFF 不填充。

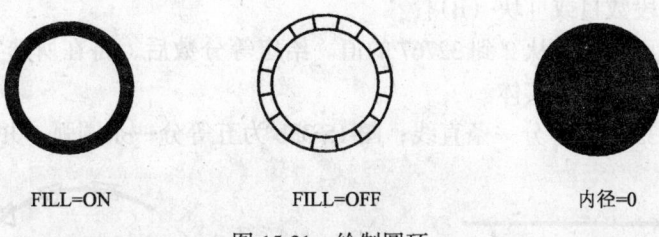

FILL=ON　　　　FILL=OFF　　　　内径=0

图 15-31　绘制圆环

15.2.4　绘制点实体

1. 绘点 Point

用 Point 命令可以在图中指定的位置画点。点实体常用于作图的辅助点。命令启动方式：

下拉菜单：绘图／点

工具按钮：绘图／·

命令：Point

2. 设置点的样式及大小

点实体的样式及大小可以通过"点样式 Point Style"对话框来设置（图15-32）。

命令启动方法：

下拉菜单：格式／点样式

命令：Ddptype

给出命令后，屏幕显示"点样式 (Point Style)"对话框。该对话框列出了系统提供的各种点样式的图标。通过选择图标来设置点的样式。点的大小可以相对于屏幕设置，也可以用绝对单位设置。

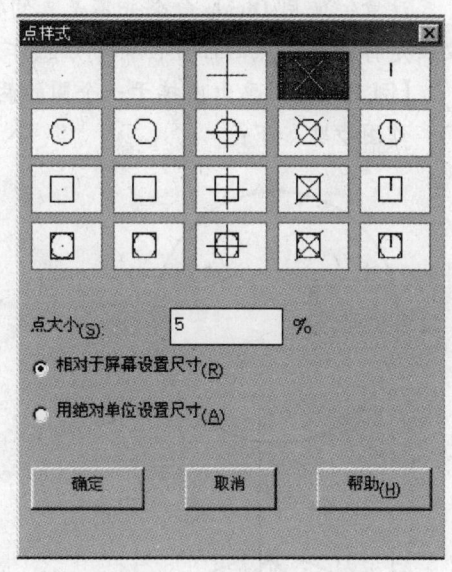

图 15-32　"点样式"对话框

3. 绘制等分点 Divide

Divide 将选定的实体（指直线、圆弧、圆、多义线、圆环、椭圆等）进行等分，并在等分点处画出点实体或插入块。

命令启动方式：

下拉菜单：绘图／点／定数等分

命令：divide

给出命令后，命令行提示：

选择要定数等分的对象：

输入线段数目或 [块（B）]：

等分数可以输入从 2 到 32767 的值。给定等分数后，将在所选实体的每个等分点处放置一个点实体。

图 15-33a 为五等分一条直线；图 15-33b 为五等分一条圆弧，并插入块。

图 15-33　定数等分
(a) 等分点处插入点；(b) 等分点处插入块

注意：使用 Divide 命令并不是真的将所选实体对象等分成若干个实体，它仅仅是标明等分点的位置，将等分点作为几何参照点。

【例 15-2】　画出内接于一个圆的两个正方形（图 15-34）。

作图步骤如下：

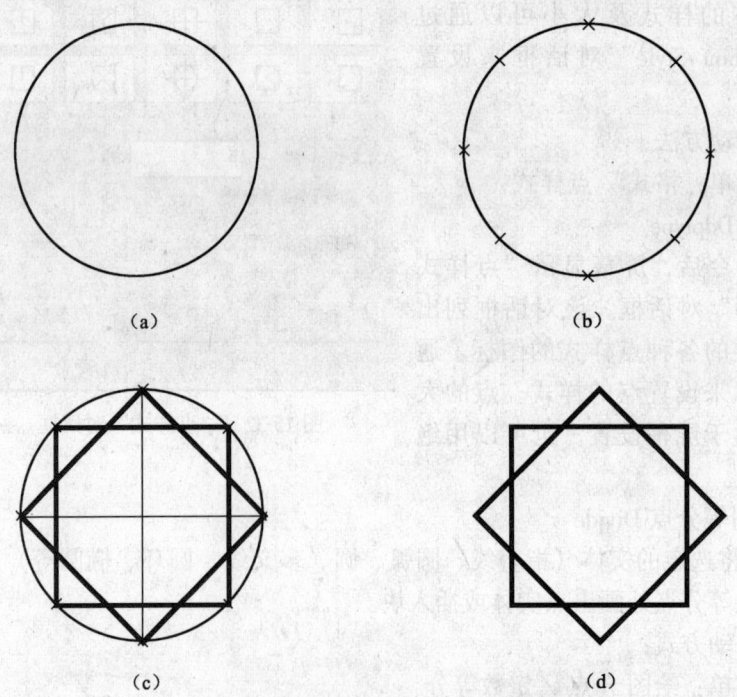

图 15-34　利用 Divide 命令作图举例

(1) 用 Circle 命令画一个圆（图 15-34a）。

(2) 用 Divide 命令将圆八等分（图 15-34b）。

(3) 用 Line 命令画两个正方形，利用目标捕捉方式获取直线端点（图 15-34c）。

(4) 用删除命令 Erase 擦除等分点和圆即可（图 15-34d）。

4. 绘制测量点 Measure

Measure 命令将沿着选定的实体（指直线、圆弧、圆、多义线等）按照指定的测量长度画出点实体或插入块。

命令启动方法：

下拉菜单：绘图／点／定距测量

命令：Measure

给出命令后屏幕提示：

选择要定距等分的对象：

指定线段长度或［块（B）］：

注意：测量线段的起点为实体上靠近选择点最近的端点。测量闭合的多段线要从它们的初始顶点（绘制的第一个点）处开始。测量圆要从设置为当前捕捉旋转角的角度开始测量。如果捕捉旋转角为零，那么从圆心右侧的圆周点开始测量圆。图 15-35 的测量长度设为 50。

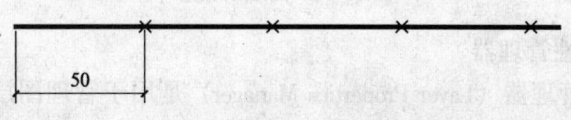

图 15-35　用 Measure 命令测量

15.3　实体特性和图形显示

15.3.1　实体特性

在绘制一幅图时，除了要确定图形的几何数据外，还要确定图形的非几何特性，如图层、线型、颜色、线宽等。

1. 图层概述

为了方便图形的组织和管理，AutoCAD 引入了图层的概念。图层可以想象成透明的薄片（图 15-36），所有图层的图面尺寸、坐标系统、缩放系数均相同，且层与层之间完全对齐。在一幅图形中，可以定义任意多的图层。不同的图层用图层名加以区分。例如在建筑工程图中，把墙线放在命名为"WALL"的图层上，给该图层设置一定的颜色、线型和线宽，这样，就可以通过图层的控制管理所有墙线特性。将图形中的不同实体放在不同的图层上，各图层叠合在一起，就组成一幅完整的图形。

当然，也可使某一图层上的实体具有与该图层不同的特性。每个图形实体除可以直接使用所在图层定义的特性外，也可以专门给各个图形实体指定特性。

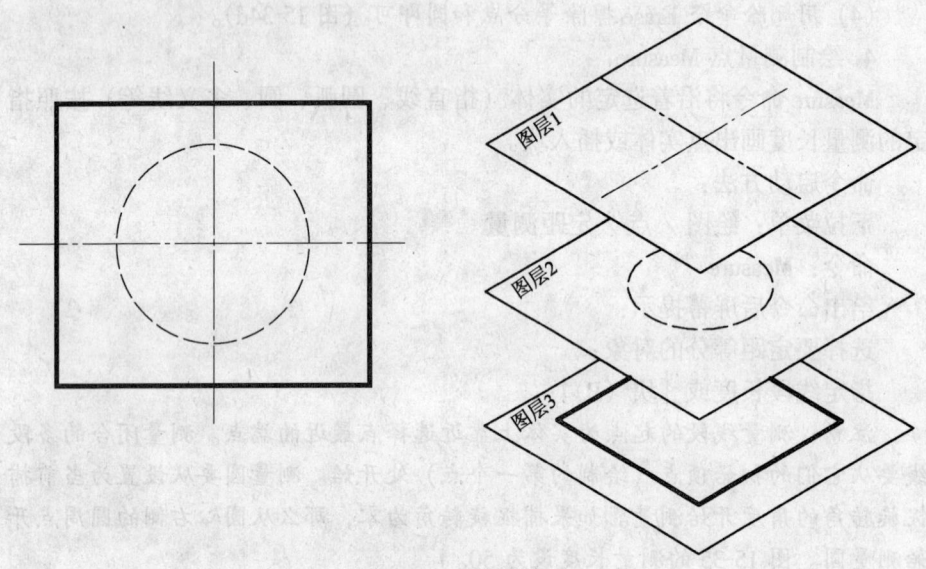

图 15-36　图层的概念

2. 图层特性管理器

图层特性管理器（Layer Properties Manager）是用于管理图层的工具。它可以设置当前图层、重命名现有图层、设置图层特性、控制图层状态及图层的打印样式等。

"图层特性管理器"启动方式：

下拉菜单：格式／图层

工具按钮：对象特性／

命令：Layer

命令启动后，屏幕弹出"图层特性管理器"对话框（图 15-37）。其功能如下：

（1）创建新图层

单击"新建（N）"按钮。新图层将以临时名称"图层1"显示在图层列表中，可以重新输入新的名称。若要创建多个图层，再次选择"新建"，输入新的图层名，最后单击"确定"按钮即可。

（2）设置当前图层

在图层列表中选择要成为当前层的图层，使之高亮度显示，然后单击"当前（C）"按钮即可。也可以双击该图层名，使其成为当前层。

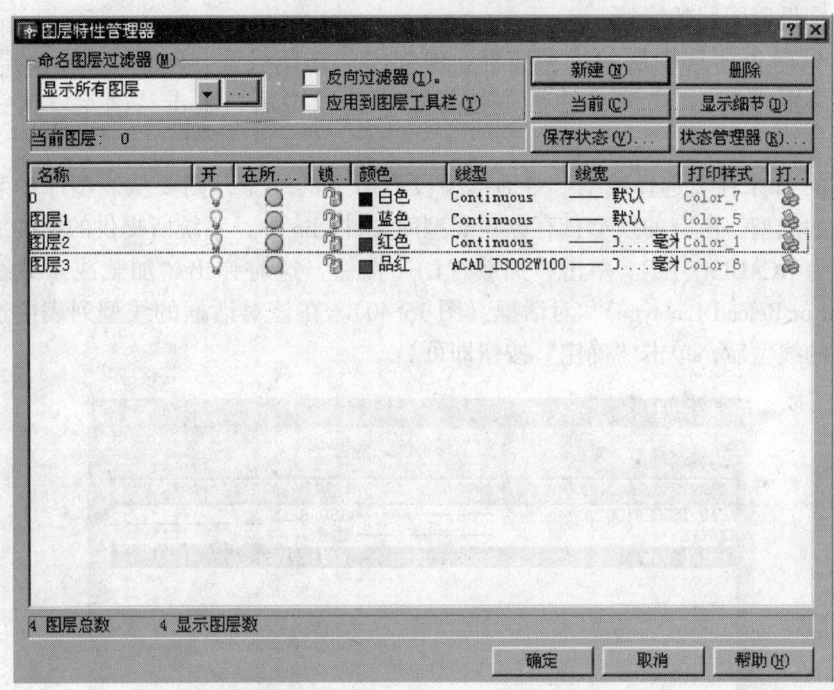

图15-37 "图层特性管理器"对话框

（3）图层的重命名与删除

图层建立后，可以修改它的名称。对于不包含对象的图层可以删除它。

①图层重命名

选择要改名的图层，单击它的名称，输入新的名称即可。

②删除图层

选择要删除的图层，单击"删除"按钮即可。当前层、0层、由外部引用引入的图层不能被删除。

（4）设置图层的颜色、线型和线宽。

①设置图层的颜色

单击所选图层的颜色图标（该图标为一个方块），便弹出的"选择颜色（Select Color）"调色板（图15-38），从中选择一种颜

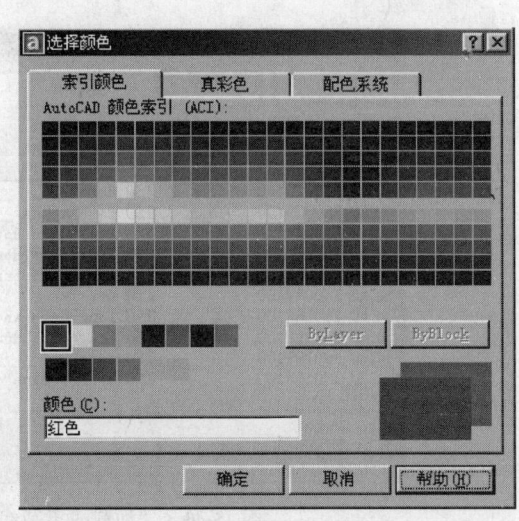

图15-38 "选择颜色"调色板

色后,单击"确定"按钮即可。

②设置图层的线型

A. 单击所选图层的线型图标,便弹出"选择线型(Select Linetype)"对话框(图15-39)。在该对话框中选择需要的线型后,单击"确定"按钮即可。

B. 如果在"选择线型"对话框中没有所需的线型,则要从线型库中装载所需的线型。所有的线型都存储在线型库文件 .lin 中,系统所提供的标准线型库名为 ACADISO.LIN。单击"加载(L)"按钮,这时弹出"加载或重载线型(Load or Reload Linetype)"对话框(图 15-40)。在该对话框的线型列表中选择所需的线型后,单击"确定"按钮即可。

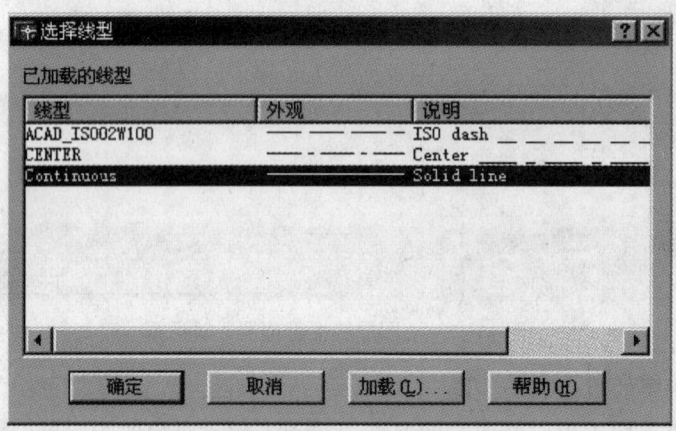

图 15-39 "选择线型"对话框

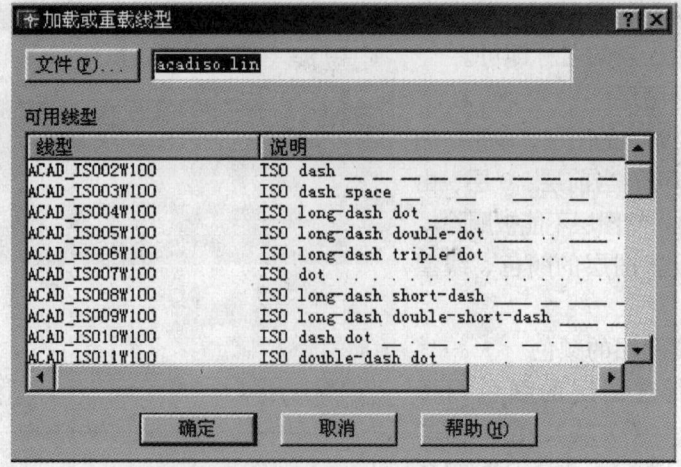

图 15-40 "加载或重载线型"对话框

③设置图层的线宽

单击所选图层的线宽图标,便弹出"线宽(Lineweight)"对话框(图15-41)。在该对话框中选择需要的线宽后,单击"确定"按钮即可。

(5) 设置图层状态

图层的状态包括图层的可见性与图层的可操作性。

①图层的可见性

图层的可见性是指图层上的对象是否显示在屏幕上。只有可见图层上的对象才能在屏幕上显示出来。图层可见性有两种操作:

A. 关闭(Off)和打开(On)图层,图标是一个灯泡。

B. 冻结(Freeze)和解冻(Thaw)图层,图标是一个太阳。

②图层的可操作性

图层的可操作性是指图层上的对象是否可被编辑。图层的可操作性由图层的锁定(Lock)/解锁(Unlock)来控制,图标是一把锁。

被锁定的图层在屏幕上仍可见,只是不能被编辑。用户可以在这个锁定的层上绘制新的图形,不过这些新的图形同样不能被编辑操作。

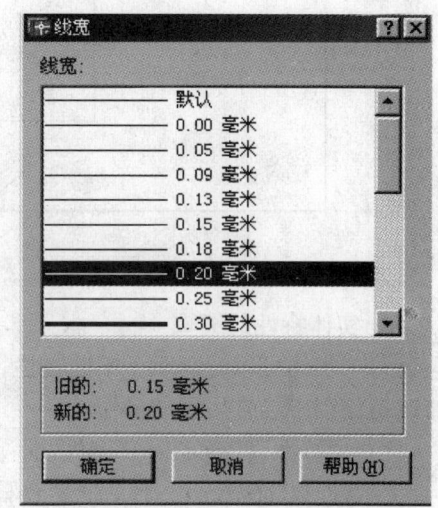

图 15-41 "线宽"对话框

3. "图层"和"对象特性"工具条的使用

"图层"和"对象特性"工具条可以快速、方便地查看或管理实体的图层,并可以为新对象设置不依赖于图层的颜色、线型、线宽等。图15-42、图15-43分别表示出两个工具条中各部分的功能。

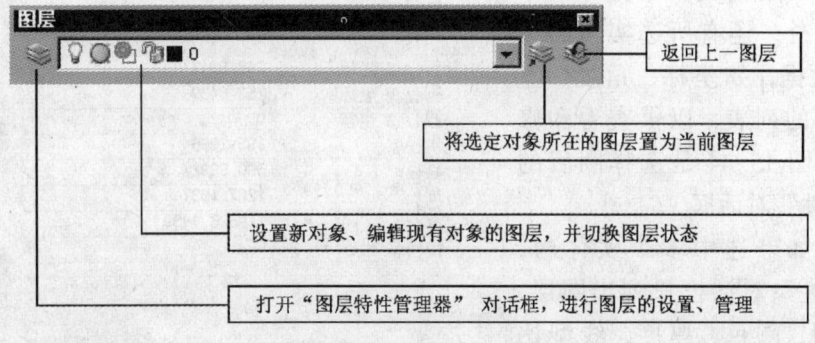

图 15-42 "图层"工具条

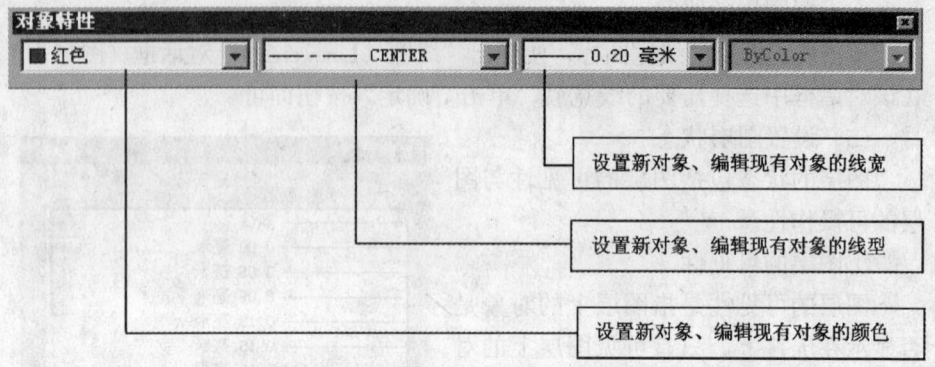

图 15-43 "对象特性"工具条

4．实体特性的编辑

每个实体可以分别赋予不同特性，每个特性都可以进行修改。实体特性的修改是绘图中经常用到的操作。

(1)"特性（Properties）"对话框

"特性（Properties）"对话框是查看并修改所选实体的特性及参数的主要方式。

命令启动方式：

下拉菜单：修改／对象特性

工具按钮：标准／

命令：Properties

如果选择单个实体，则可根据所选实体的不同弹出内容不同的对话框。它们除具有图层、线型、颜色、厚度、线型比例、线宽等基本特性外，还有所选实体的特征数据，如坐标、角度、直径等的列表，以供查看和修改。图 15-44 是选择圆后的"特性"对话框。

如果选中多个实体时，"特性"对话框只列出图层、线型、颜色、厚度、线型比例、线宽等基本特性。

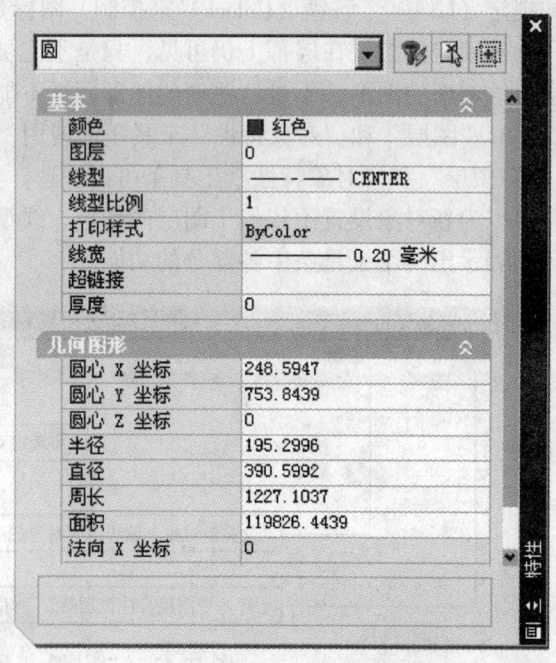

图 15-44 圆的"特性"对话框

(2) 实体特性匹配 Matchprop

Matchprop 命令可以用来把某一个实体的特性复制给其他对象。

命令启动方式：

下拉菜单：修改／特性匹配

工具按钮：标准／

命令：Matchprop

命令启动后，先选择源对象，然后选择目标对象，则源对象的特性被复制到目标对象。

也可以有选择的把源对象的某些特性复制到目标对象。通过"特性设置 Property Settings"对话框（图 15-45）可以选择要复制的特性。

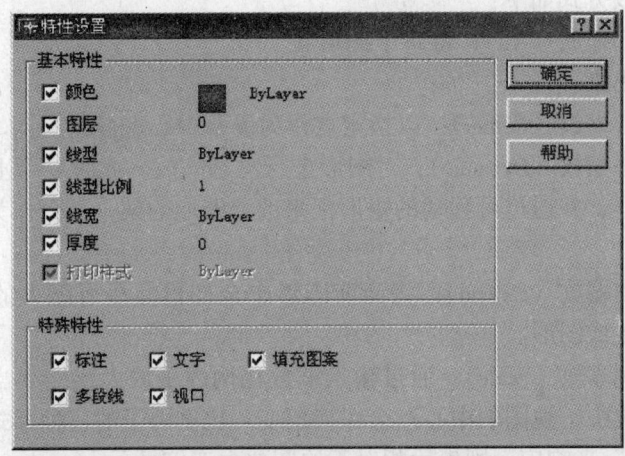

图 15-45 "特性设置"对话框

15.3.2 图形显示控制

为了便于绘图，AutoCAD 提供了有关的图形显示控制命令。

1. 图形重画

(1) 重画 Redrawall

Redrawall 命令可用来刷新屏幕，并清除存在的光标点。

命令启动方式：

下拉菜单：视图／重画

命令：Redrawall

(2) 重生成 Regen

Regen 命令可以用来刷新屏幕，并可以重新生成图形。

命令启动方式：

下拉菜单：视图／重生成

命令：Regen

Regen 命令在重新生成图形时，会把图形文件的原始数据重新核算，因而花去的时间比较长。使用时不如 Redrawall 命令刷新显示速度快。

2. 显示缩放 Zoom

Zoom 命令可以实现图形的缩放显示，但对图形对象的实际尺寸并无影响。图 15-46 为"缩放（Zoom）"工具条。可以用不同的方式将图形放大或缩小显示。

命令启动方式：

下拉菜单：视图／缩放

命令：Zoom

各种缩放方式如下：

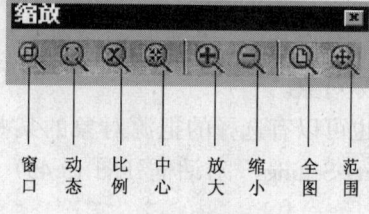

图 15-46 "缩放"工具条

（1）全部缩放（All）：将整个图形在屏幕上显示出来。

（2）中心缩放（Center）：以指定点作为屏幕中心进行缩放。

（3）动态缩放（Dynamic）：对图形进行动态缩放。此时屏幕上显示几个不同颜色的方框，并通过可移动的矩形框来选择图形的某一部分作为下一屏幕的视图。

（4）范围缩放（Extend）：将当前图形中全部目标尽可能大的显示在屏幕上，并重新生成图形。

（5）比例缩放（Scale）：通过输入缩放比例因子放大或缩小当前视图，在视图缩放过程中，视图的中心点会保持不变。比例因子的三种形式，例如：

①以"3"来响应，则表示相对于原图放大三倍显示。

②以"3x"来响应，则表示将当前图形放大三倍显示。

③以"3xp"来响应，则表示将模型空间的图形以三倍的比例显示在图纸空间。

（6）窗口缩放（Windows）：用矩形窗口的大小选择缩放区域，窗口内的图形被放大为全屏幕显示。

（7）实时缩放（Real time）：选择该选项后，显示放大镜图标，按住鼠标左键并拖动鼠标，使放大镜在屏幕上移动，即进行图形缩放。实时缩放（Real time）按钮 位于标准工具条的右侧。

（8）前一个（Preview）：恢复前一次的缩放显示。该按钮 位于标准工具条的右侧。

几个常用的显示图标位于标准工具条中的右侧（图 15-47）。

图 15-47 标准工具条中几个常用的显示图标

3. 图形平移 Pan

Pan 命令可以在显示窗口不动的情况下，拖动图形在窗口内作上下、左右移动，以显示图形不同的部分。

命令启动方式：

下拉菜单操作：视图／平移

工具按钮：标准／

命令：Pan

启动命令后，屏幕上会出现一个手形状的图标，按住鼠标左键并拖动鼠标，即可动态拖动图形进行平移。

在实时缩放或平移状态下，单击鼠标右键，会弹出如图 15-48 快捷菜单。选择"退出（Exit）"，可结束操作。

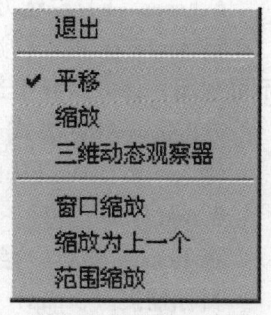

图 15-48　快捷菜单

15.4　图形编辑

AutoCAD 提供了丰富的编辑命令，使得绘制一幅图形更加简便和准确。熟练地掌握图形编辑的方法，并将绘图命令与编辑命令有效地结合起来，是提高绘图效率的重要手段。

15.4.1　目标选择

在进行编辑操作时，常出现"选择对象（Select object）："的提示，要求用户选择被编辑的目标。只有选定目标之后，才会进行相应的编辑操作。Auto-CAD 提供了多种选择方式，常用的有以下几种：

1. 直接点取

移动光标对准目标实体，单击鼠标左键，被选的目标实体变虚或增亮显示，表示目标被选中。

2. Last 最后方式

键入"L"，最后画出的实体被选择。

3. All 方式

键入"All"，全部实体被选择。

4. 矩形窗口方式

直接在屏幕上输入两个对角点建立矩形窗口。若第二角点位于第一角点的右侧，其方框为实线（Windows 窗口），完全位于窗口内的目标被选中。若第二角点位于第一角点的左侧，其方框为虚线（Crossing 窗口），与窗口相交的目标及窗口内的目标被选中。

5. Wpolygon（Wp）／Cpolygon（Cp）多边形窗口方式

键入"Wp"或"Cp",可以建立任意形状的多边形窗口。只有在"Wp"多边形窗口内的实体才被选入;而与"Cp"窗口相交的目标及窗口内所有目标可被选中。

6. Fence(F)栏选方式

键入"F",可以构造任意折线。凡经折线穿过的实体均被选入。栏选线不可封闭,该方式对于选择长串目标很有用。

7. Remove 扣除方式

键入"R",可以从已选择的目标中移去(扣除)任一或多个目标。

8. Add 添加方式

在 Remove 执行后键入"A",可加入新的选择目标。

目标捕捉(Osnap)与目标选择都是绘制与编辑图形的重要工具,目标选择用于对图形中与目标有关的实体进行选定,而目标捕捉用于锁定物体特征点。

15.4.2 图形编辑

利用 AutoCAD 的修改(Modify)工具条(图 15-49),可以实现图形的各种编辑操作。

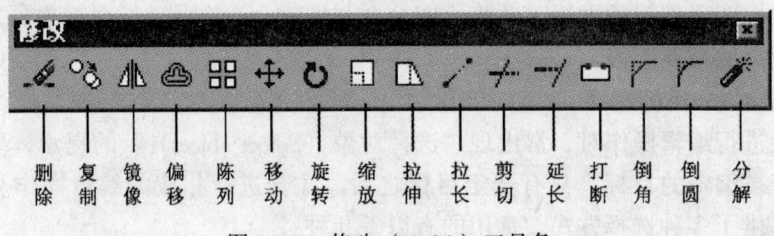

图 15-49 修改(Modify)工具条

1. 图形的删除与恢复

(1) 删除实体 Erase

Erase 命令可以从图形中删除已绘制的实体。

命令启动方式:

下拉菜单:修改/删除

工具按钮:修改/

命令:Erase

(2) 恢复实体 Oops

Oops 命令可以恢复最近使用 Erase 命令删除的所有实体。

(3) 取消命令 Undo

Undo 命令可以取消一个或多个命令的执行。

(4) 重做 Redo

Redo 是 Undo 的逆操作。用 Undo 取消的操作，可在未插入其他操作的情况下，立即键入 Redo 命令来恢复。

2．图形的复制

（1）复制图形 Copy

Copy 命令把选定的图形作一次或多次拷贝，并保留原图。

命令启动方式：

下拉菜单：修改／复制

工具按钮：修改／

命令：Copy

命令启动后，命令行提示：

选择对象：

选择好对象后，命令行继续提示：

指定基点或位移，或者［重复（M）］：

给定基点后，可以一次复制图形。若选择"Multiple"选项可以多次复制图形。

（2）镜像图形 Mirror

Mirror 命令可以建立所选图形的镜像图形。Mirror 适合于画对称图形，先画一半，再复制另一半。

命令启动方式：

下拉菜单：修改／镜像

工具按钮：修改／

命令：Mirror

命令启动后，命令行提示：

选择对象：

指定镜像线的第一点：

指定镜像线的第二点：

是否删除源对象？

选择对象后，指定由两点确定一条镜像线。选定的对象将相对于这条直线做镜像（图 15-50）。

用 Mirrtext 系统变量可以控制文字对象的镜像特性。Mirrtext 缺省设置为 1，这将导致文字对象同其他对象一样作镜像处理。当 Mirrtext 设置为 0 时，文字对象不作镜像处理。

（3）绘制等距线 Offset

Offset 命令创建与选定对象平行的新对象。对于直线，可以建立给定距离的平行线。对于曲线，可以建立同心圆或平行曲线（图 15-51）。

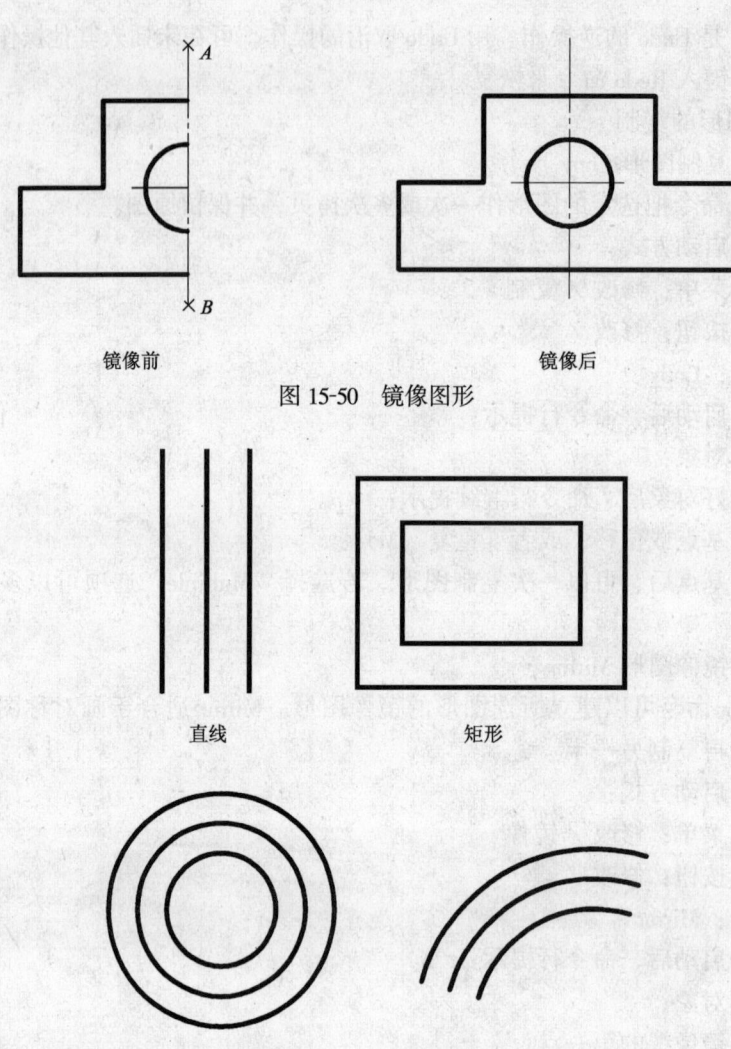

镜像前　　　　　　　　　　　镜像后

图 15-50　镜像图形

直线　　　　　　　矩形

圆　　　　　　　圆弧

图 15-51　绘等距线

命令启动方式：

下拉菜单：修改／偏移

工具按钮：修改／

命令：Offset

命令启动后，命令行提示：

选择对象：

指定偏移距离或［通过（T）］：

设定偏移位置的方式有两种：

①给定偏移距离

给定距离后,接着提示:

选择要偏移的对象:

指定点以确定偏移所在一侧:

对上述各项给出响应后,所选的对象被复制到了指定的一侧。

②指定新对象将通过的点。

选"T"后,提示为:

选择要偏移的对象:

指定通过点:

对上述各项给出响应后,所选的对象被复制到通过指定的点。

(4) 阵列图形 Array

Array 命令可以按指定的排列方式复制图形。排列方式有矩形阵列方式和环形阵列。对于矩形阵列,可以控制行和列的数目以及它们之间的距离。对于环形阵列,可以控制复制图形的数目和决定是否旋转对象。

命令启动方法:

下拉菜单:修改/阵列

工具按钮:修改/

命令行:Array

命令启动后,弹出"阵列"对话框(图 15-52),可对阵列类型进行设置。

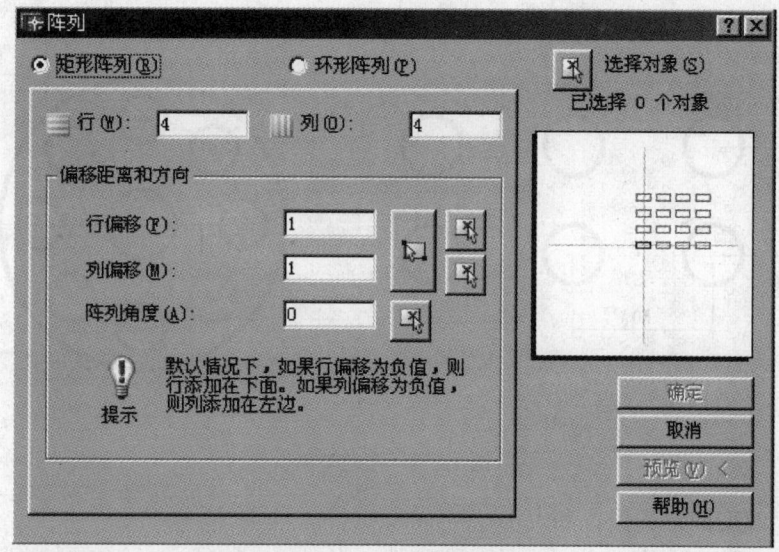

图 15-52 矩形阵列的设置

阵列的类型有两种:

①矩形阵列（Rectangular）：通过指定行数、列数及行间距、列间距复制所选的图形。矩形阵列的设置如图 15-52 所示。

②环形阵列（Polar array）：通过指定中心点、阵列数目和阵列角度复制所选的图形。环形阵列的设置如图 15-53 所示。

图 15-54 为图形阵列举例。

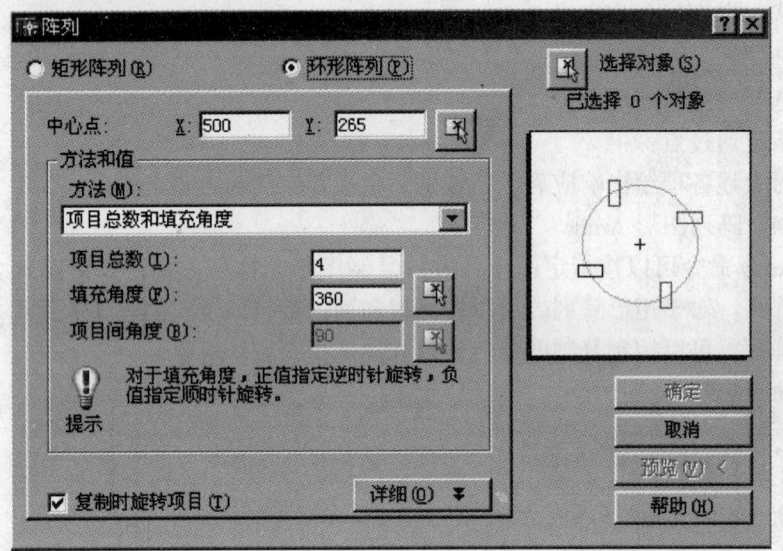

图 15-53 环形阵列的设置

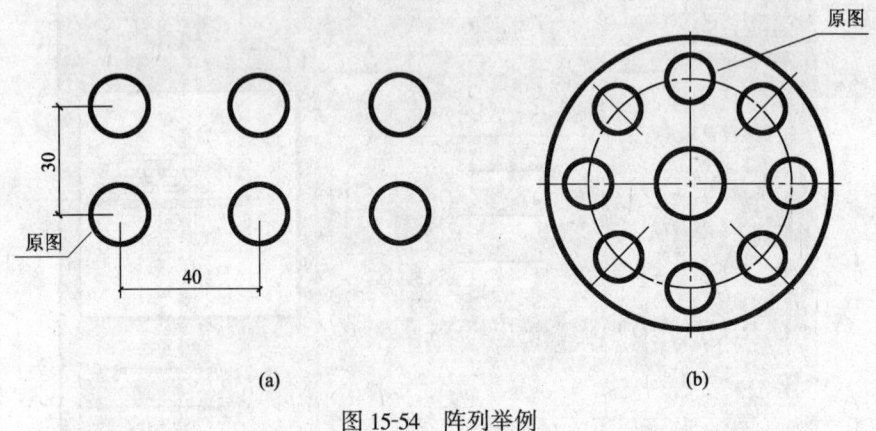

图 15-54 阵列举例

3．改变图形的位置和大小

（1）移动图形 Move

Move 命令可以将选定的图形平移到新位置。命令启动方式：

下拉菜单：修改／移动

工具按钮：修改／✣

命令：Move

命令启动后，命令行提示：

选择对象：

指定基点：

指定位移的第二点：

指定的两个点定义了一个位移矢量，它确定了被选定目标的移动距离和移动方向。图 15-55 表示选定的对象从第一点 A 平移到第二点 B。

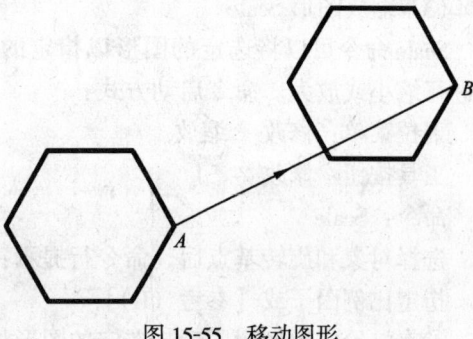

图 15-55　移动图形

(2) 旋转图形 Rotate

Rotate 命令用来将选定的图形绕基点旋转给定的角度。命令启动方式：

下拉菜单：修改／旋转

工具按钮：修改／↻

命令：Rotate

选择对象和旋转基点后，命令行提示：

指定旋转角度或 [参考 (R)]：

①指定一个旋转角度 A，将选定的目标绕基点旋转 A 角度（图 15-56a）。

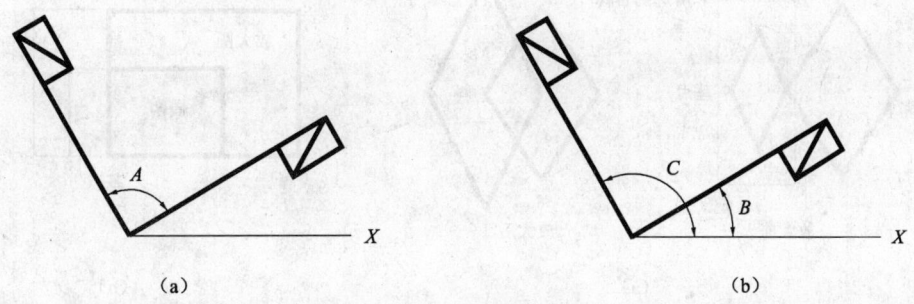

图 15-56　旋转图形
(a) 直接指定转角 A；(b) 用参考方式指定转角

②参考 (R)：通过指定当前参考角度和所需的新角度确定一个相对旋转角度，将选定的目标以相对角度绕基点旋转。输入"R"选项后，屏幕显示：

指定参考角度：（输入角度 B）

指定新角度：（输入角度 C）

这时的旋转角度为新角度 C 与参考角度 B 的差（图 15-56b）。给定参考角度的方式有两种：直接给出角度的值，或者给出两点定角度值。

（3）缩放图形 Scale

Scale 命令可以将选定的图形以指定的基点为中心，以给定的缩放比例因子进行缩小或放大。命令启动方式：

下拉菜单：修改／缩放

工具按钮：修改／□

命令：Scale

选择对象和旋转基点后，命令行提示：

指定比例因子或［参考（R）］：

①直接给定比例因子后，选定的图形将按指定的比例缩放。比例因子大于 1，图形放大（图 15-57a）；比例因子介于 0 和 1 之间，图形缩小。

②参考（R）：按新长度与参考长度的比值作为比例因子缩放所选对象。输入"R"选项后，接着提示：

指定参考长度：

指定新长度：

若给定参考长度为 $L1$；新长度为 $L2$，则比例因子为 $L2/L1$。如果新长度大于参照长度，对象将放大（图 15-57b）。给定参考长度的方式有两种：直接给出长度的值，或者给出两点定长度值。

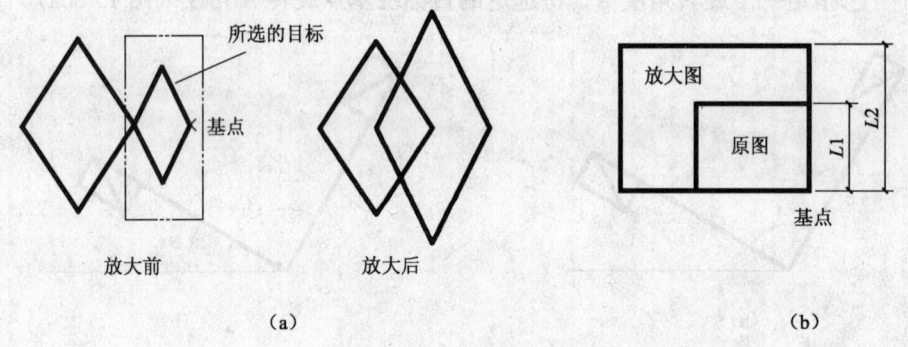

图 15-57 缩放图形
(a) 直接指定比例因子；(b) 用参考方式确定比例因子

（4）改变线段的长度 Lengthen

Lengthen 命令用来改变非闭合线段（如直线段、圆弧）的长度。对于直线段，可以改变其长度。对于圆弧，可以通过改变其圆心角来改变长度。

选择目标后，靠近拾取点的端点将改变，另一端不变。

命令启动方式：

下拉菜单：修改／拉长

工具按钮：修改／✐

命令：Lengthen

命令启动后，命令行提示：

选择对象或［增量（DE）／百分数（P）／全部（T）／动态（DY）］：

选项说明：

①选择对象：选择线段后，显示该线段的长度或圆弧线段的圆心角。

②增量（DE）：通过指定线段长度的增量或圆弧线段圆心角的增量来改变线段的长度。如果增量是正值，线段的长度增加；如果增量是负值，线段的长度减小。

③百分数（P）：通过指定一个百分比数来改变线段的长度。

④全部（T）：通过指定线段的总长度或总角度来改变线段的长度，使选定的线段变为指定的总长。

⑤动态（DY）：打开动态拖动模式。根据被拖动端点的位置改变选定线段的长度。

4．改变图形的形状

（1）修剪图线 Trim

Trim 命令可以用选定的剪切边修剪图线。

命令启动方式：

下拉菜单：修改／剪切

工具按钮：修改／✐

命令：Trim

命令启动后，命令行提示：

选择剪切边…

选择对象：

剪切边可以用任何方式选取，选择好剪切边后，按"Enter"键结束选择。命令行继续提示：

选择要修剪的对象或［投影（P）／边（E）／放弃（U）］：

该提示要求选择被修剪的对象或输入一个选项。

当选择了要修剪的图线后，该图线从剪切边被切除。剪切边也可以是正在被修剪的对象。例如图 15-58 中，圆是直线的剪切边，同时它也以直线为剪切边而被修剪。(图中"△"所指为剪切边，"×"所指为被剪切目标)。

其他选项的功能如下：

①投影（P）：指定修剪三维对象时，使用的投影模式。

②边（E）：控制是否修剪隐含相交的图线。隐含交点是两条图线延伸相交的点。选择"E"后，接着提示：

输入隐含边延伸模式［延伸（E）／不延伸（N）］〈当前模式〉：

延伸（E）：如果修剪边延长后与被修剪的对象有交点（隐含相交），则进行修剪（图15-59）。

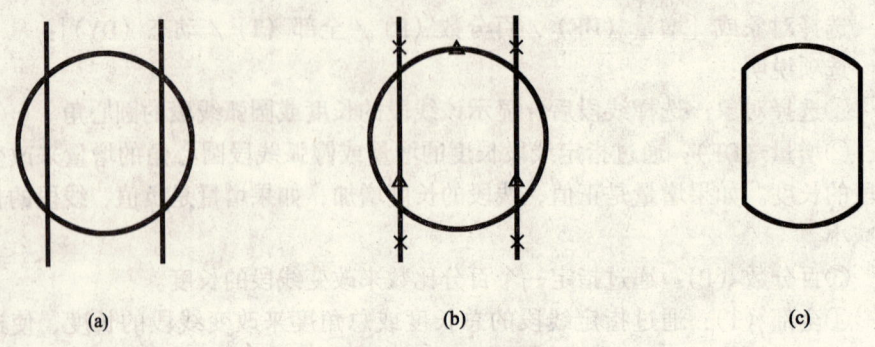

图 15-58 修剪图形
(a) 原图；(b) 选剪切边和被剪目标；(c) 结果

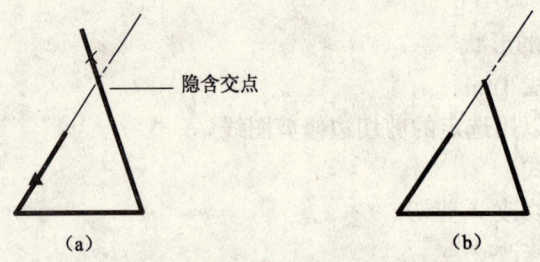

图 15-59 用 Edge 选项修剪隐含相交的目标
(a) 修剪前；(b) 修剪后

不延伸（N）：不考虑隐含交点。只有当修剪边与被修剪的对象有实际交点时，才进行修剪。

③放弃（U）：取消所作的最近一次修改。

修剪复杂图形时，使用不同的选择方法有助于选择正确的剪切边和修剪对象。Trim 命令与某些命令配合使用，会提高作图效率。

(2) 延长图线 Extend

Extend 命令可以将所选图线延伸到其他实体定义的边界，也可以将图线延伸到将要相交的某个隐含边界。

命令启动方式：

下拉菜单：修改／延伸

工具按钮：修改／

Command：Extend

命令启动后提示：

选择边界的边 ...
选择对象：
选择好延伸边界后，按"Enter"键结束选择。命令行继续提示：
选择要延伸的对象或 [投影（P）/边（E）/放弃（U）]：
该提示要求选择要延伸的图线或输入一个选项。当直接选择要延伸的图线后，该图线将延伸到指定的边界（图15-60）。

图 15-60　延伸图形
(a) 延伸前；(b) 延伸后

"边（E）"选项的功能：控制是否延伸隐含相交的图线。图 15-61 中，将三条水平直线延伸到一条隐含边界。

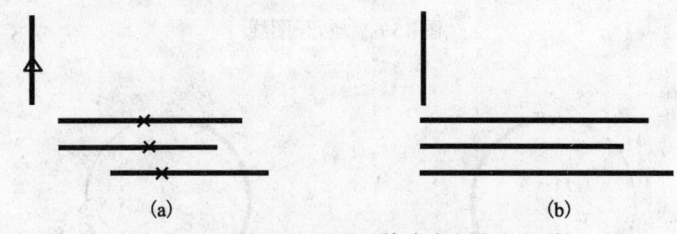

图 15-61　用 Edge 选项延伸隐含相交的图线
(a) 延伸前；(b) 延伸后

(3) 断开图线 Break

Break 命令可以部分删除图线或把图线分为两部分。可以断开的图线有直线、圆、圆弧、椭圆等。

命令启动方式：

下拉菜单：修改／打断

工具按钮：修改／ ⌐

命令：Break

命令启动后，命令行提示：

选择对象：

指定第二个断点（或第一点F）：

若将选择对象的拾取点作为第一断点，在第二行提示下指定第二断点即可。

如果不把拾取点当作第一断点，要选择另外的点作为第一个断点，则在第二行提示下，输入"F"，然后按提示分别输入第一、第二断点。

根据断点的位置不同，可以实现以下几种断开：

①断掉图线在指定两点之间的部分（图15-62a）。

②断掉图线的一端（图15-62b），可以将第二点指定在要断掉部分的端点之外。

③只将图线断开，而不删除其中的任何部分（图15-62c）。可以使第一断点和第二断点重合（指定第二断点时输入@即可）。

若断开的对象是圆或圆弧，将按逆时针方向删除圆上第一断点到第二断点之间的部分（图15-63）。

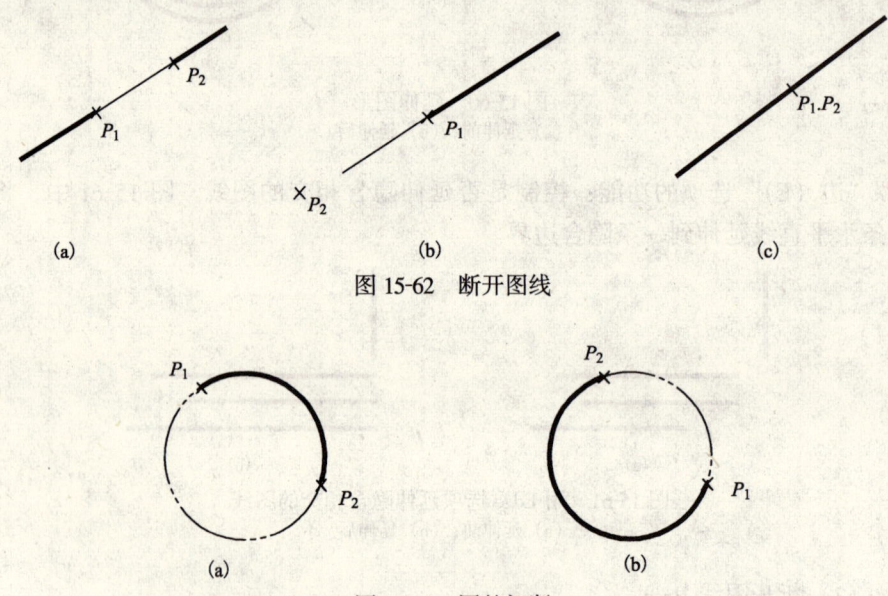

图15-62 断开图线

图15-63 圆的切断

(4) 移动并拉伸图形 Stretch

Stretch命令用来移动指定的一部分图形，移动时，与这部分图形连接的实体将受到拉伸和压缩。

命令启动方式：

下拉菜单：修改／拉伸

工具按钮：修改／

命令：Stretch

命令启动后提示：

选择对象：

选择对象必须使用交叉窗口方式。接着提示：

指定位移的基点：

指定位移的第二点：

图 15-64 利用拉伸将门从墙壁的某个位置（$P1$）移到另一个位置（$P2$）。打开正交模式可水平移动目标。

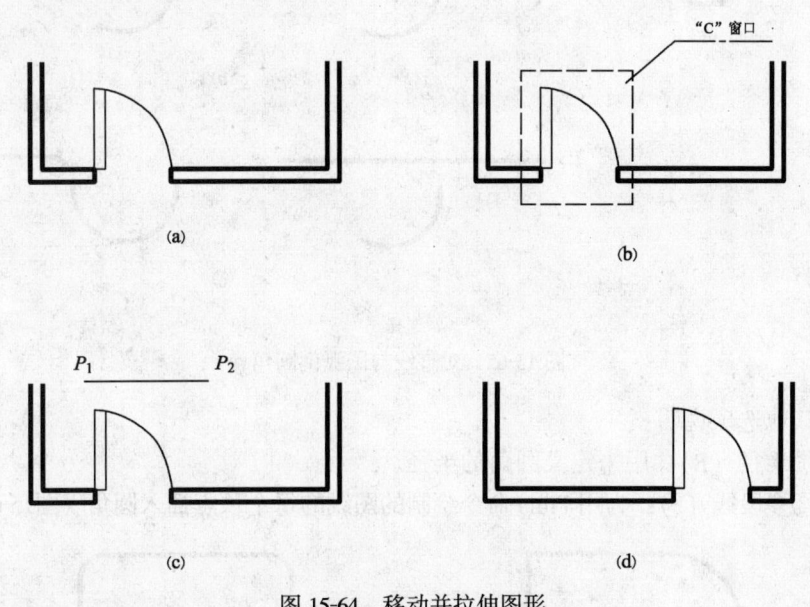

图 15-64　移动并拉伸图形
(a) 原图；(b) 选择目标；(c) 确定位移量；(d) 结果

(5) 倒圆角 Fillet

Fillet 命令用一个指定半径的圆弧光滑地连接两条图线。倒圆角的操作分两步：第一步用 Fillet 命令设定圆角半径；第二步重复 Fillet 命令选择实体进行倒圆。

命令启动方式：

下拉菜单：修改／倒圆

工具按钮：修改／

Command：Fillet

命令启动后提示：

选择第一个对象或［多段线（P）／半径（R）／修剪（T）］：

直接选择第一条图线后，继续提示：

选择第二个对象：

第二条图线选定后，系统便会用给定的半径连接它们。当选择目标拾取点的位置不同，圆角的位置也不同（图 15-65）。

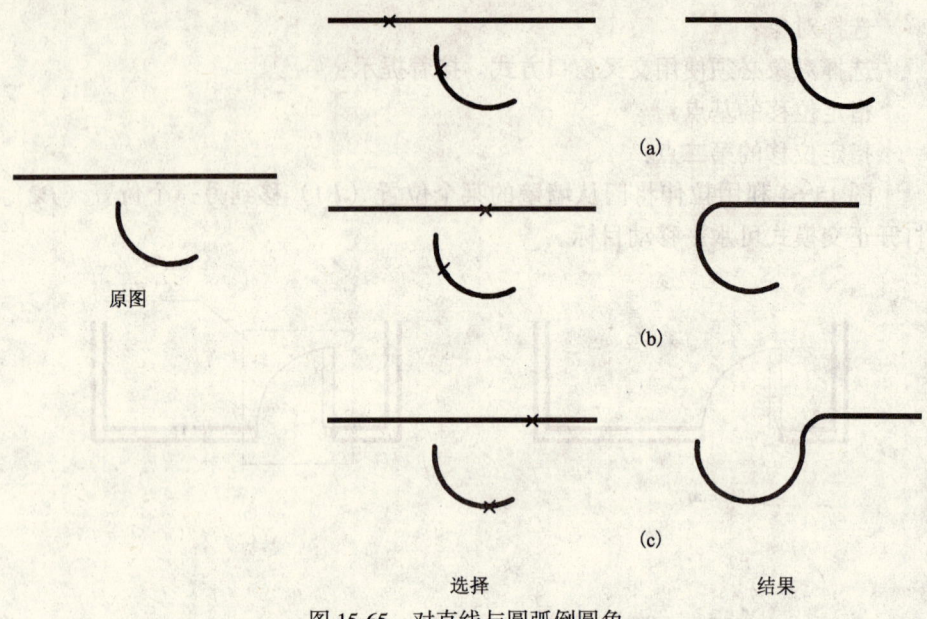

图 15-65　对直线与圆弧倒圆角

其他选项说明：
①半径（R）：用来定义圆角的半径。
②多段线（P）：为用 Pline 命令绘制的图线的每个顶点插入圆角（图15-66）。

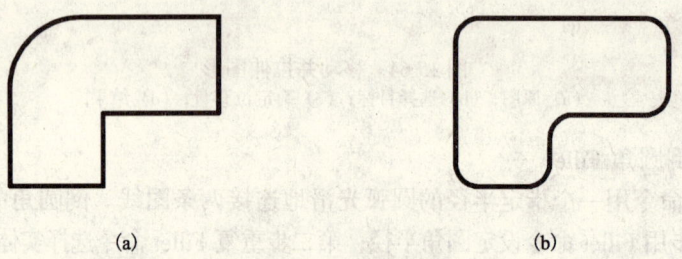

图 15-66　对 Pline 倒圆角

为整个多段线倒圆时，AutoCAD 只对那些长度足够适合倒圆半径的线段进行倒圆。若某些多段线的线段太短，则不能进行倒圆。
③修剪（T）：控制倒圆后是否修剪选定的边（图 15-67）。
在实际绘图中，Fillet 命令还可以把圆角半径设置为 0，用来处理没有相交的线段和出头的线段（图 15-68）。

（6）倒斜角 Chamfer
Chamfer 命令可以用斜线连接两条图线，称为倒角。倒角的操作分两步：第一步用Chamfer命令设定倒角距离；第二步重复Chamfer命令选择实体进行倒角。

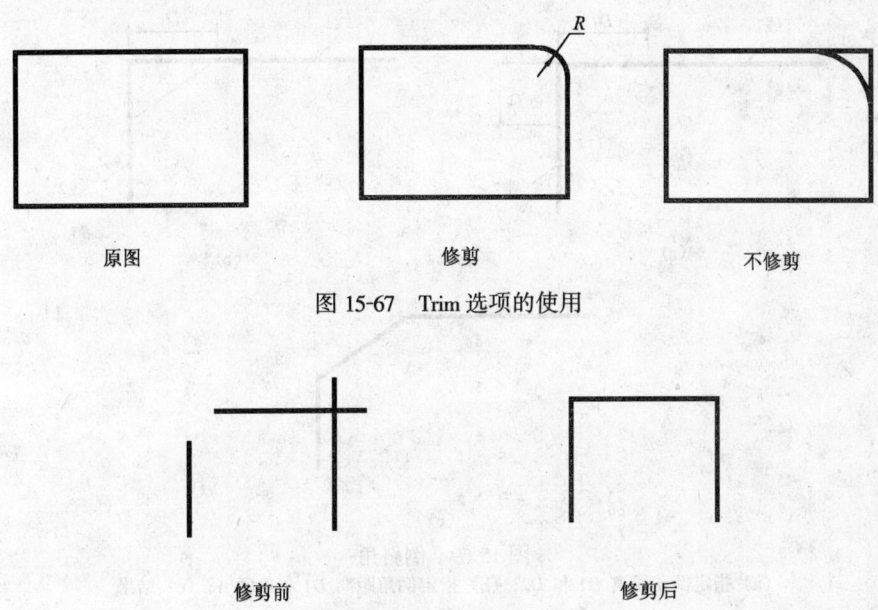

原图　　　　　　　　　修剪　　　　　　　　　不修剪

图15-67　Trim选项的使用

修剪前　　　　　　　　　　　　　　修剪后

图15-68　用倒圆角修剪接头

命令启动方式：

下拉菜单：修改／倒角

工具按钮：修改／

Command：Chamfer

命令启动后提示：

选择第一个对象或［多段线（P）／距离（D）／角度（A）／修剪（T）／方法（M）］：

若对缺省项"选择第一个对象："给出响应，选择第一条直线后，命令行继续提示：

选择第二个对象：

第二条图线选定后，系统便会将所选的两条图线用一条斜线连接起来。

其他选项说明：

①距离（D）：设置倒角的两个距离 $D1$、$D2$（图15-69a）。

第一距离的缺省设置是上一次指定的距离。因为对称距离较为常用，所以，第二距离的缺省设置是第一距离。当然，可以重设第二倒角距离。

如果两个倒角距离都为零，则倒角操作将修剪或延伸这两个对象直至它们相接，但不绘制倒角线。

②角度（A）：设定角度法的倒角参数，即设置第一条线的倒角距离和第

一条线的倒角角度（图 15-69b）。

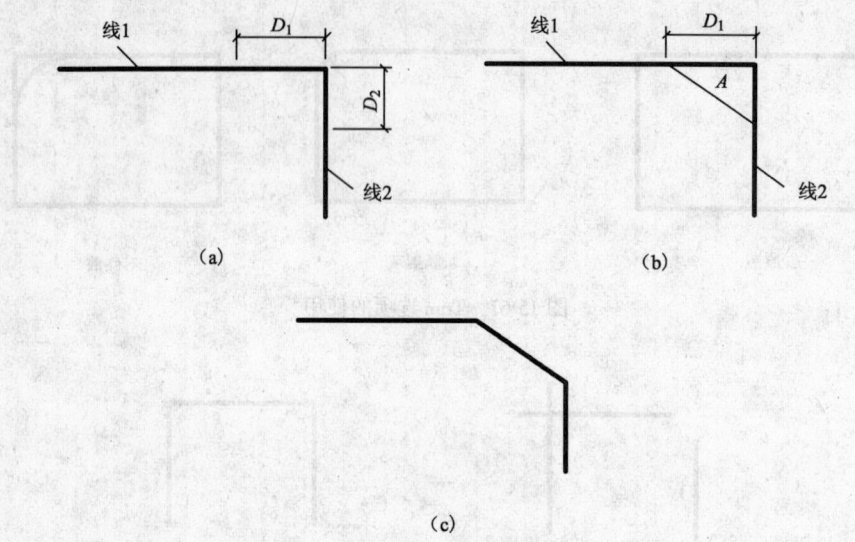

图 15-69 倒斜角
(a) 指定倒角距离 $D1$ 和 $D2$；(b) 指定倒角距离 $D1$ 和角度 A；(c) 结果

③多段线（P）：为用 Pline 命令绘制的图线的每个顶点进行倒角。
④修剪（T）：该选项控制是否修剪选定的边。
⑤方法（M）：设置是使用距离法还是角度法来创建倒角。

15.4.3 夹点编辑

夹点（Grips）功能可帮助用户使用 Stretch（拉伸）、Move（移动）、Rotate（旋转）、Scale（缩放）、Mirror（镜像）等命令快速地编辑图形。

1. 夹点

夹点是指选定实体上的特征点，如直线上的端点和中点、圆的圆心和象限点、块的插入点等。

不调用任何命令，在"命令（Command）："提示下选择实体，该实体上将显示夹点（小方框标记），如图 15-70 所示。建立夹点后，可连按两次 Esc 键，取消夹点。

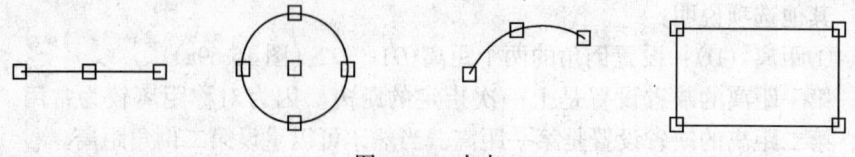

图 15-70 夹点

2. 夹点编辑

一旦在实体上建立起夹点，命令行将等待用户输入命令。此时将光标对准某一个夹点再点取它,夹点颜色改变(缺省为红色),这个夹点称为基点(Base Point)。如果要选择多个基点,在单击夹点的同时按下 Shift 键。这时,命令行给出命令并提示:

＊＊拉伸＊＊

指定拉伸点或〔基点(B)／复制(C)／放弃(U)／退出(X)〕:

当看到这一行提示时,就表示可以使用夹点编辑方式。

夹点编辑有五种命令:Stretch(拉伸)、Move(移动)、Rotate(旋转)、Scale(缩放)、Mirror(镜像)。键入 Enter 键或空格键,可在这五种命令之间循环,同时命令行给出相应的提示。图 15-71 为夹点拉伸。

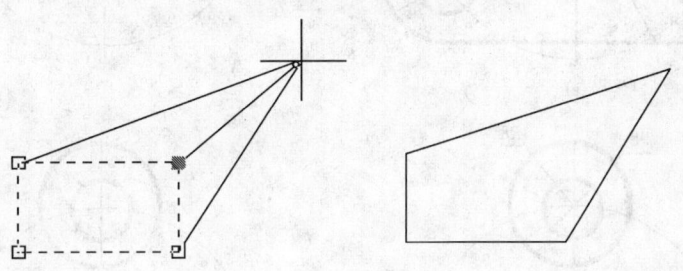

图 15-71 夹点拉伸

按下鼠标器右键,屏幕上则出现如图 15-72 所示快捷菜单,也可选择这五种命令进行操作。

15.4.4 平面图形绘图举例

绘平面图形时,将绘图命令与编辑命令结合起来使用,可以使绘图简捷、准确、快速。

【例 15-3】 绘图15-73a所示图形。

作图步骤:

(1) 设图层。由于图中有三种线型,可设三个图层,且分别取名为:实线、虚线、点画线。

(2) 分别在不同的图层中画中心线、$\phi 45$、$\phi 22$、$\phi 18$ 的圆,圆心可用对象捕捉(Osnap)的"交点方式"捕捉中心线的交点(图 15-73b)。

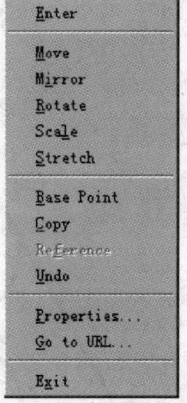

图 15-72 夹点编辑快捷菜单

(3) 在"实线"层画 $\phi 9$、$R9$ 的两个圆,圆心也用"交点方式"捕捉(图 15-73c)。

(4) 用"阵列(Array)"命令的"环形阵列"复制 $\phi 9$、$R9$ 两个圆(图 15-73d)。

(5) 用"直线(line)"命令分别画 $R9$ 的公切线(图15-73e),使用对象捕捉(Osnap)的"切点方式"自动捕捉圆上的切点作为公切线的两个端点。

(6) 用"修剪（Trim）"命令剪切 R9 的圆，完成作图（图 15-73f）。

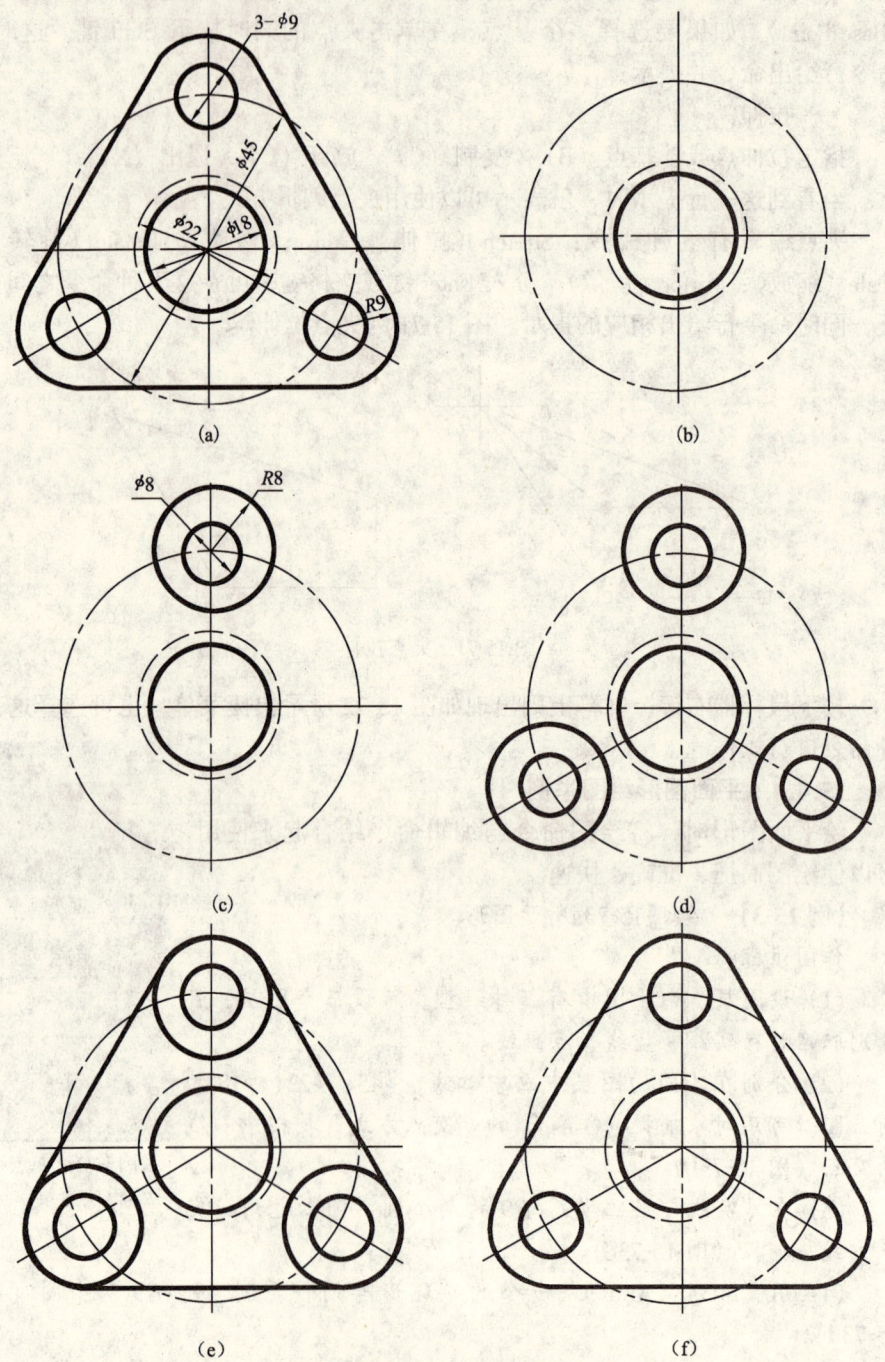

图 15-73 绘平面图形（一）

【例 15-4】 绘图15-74a所示图形。

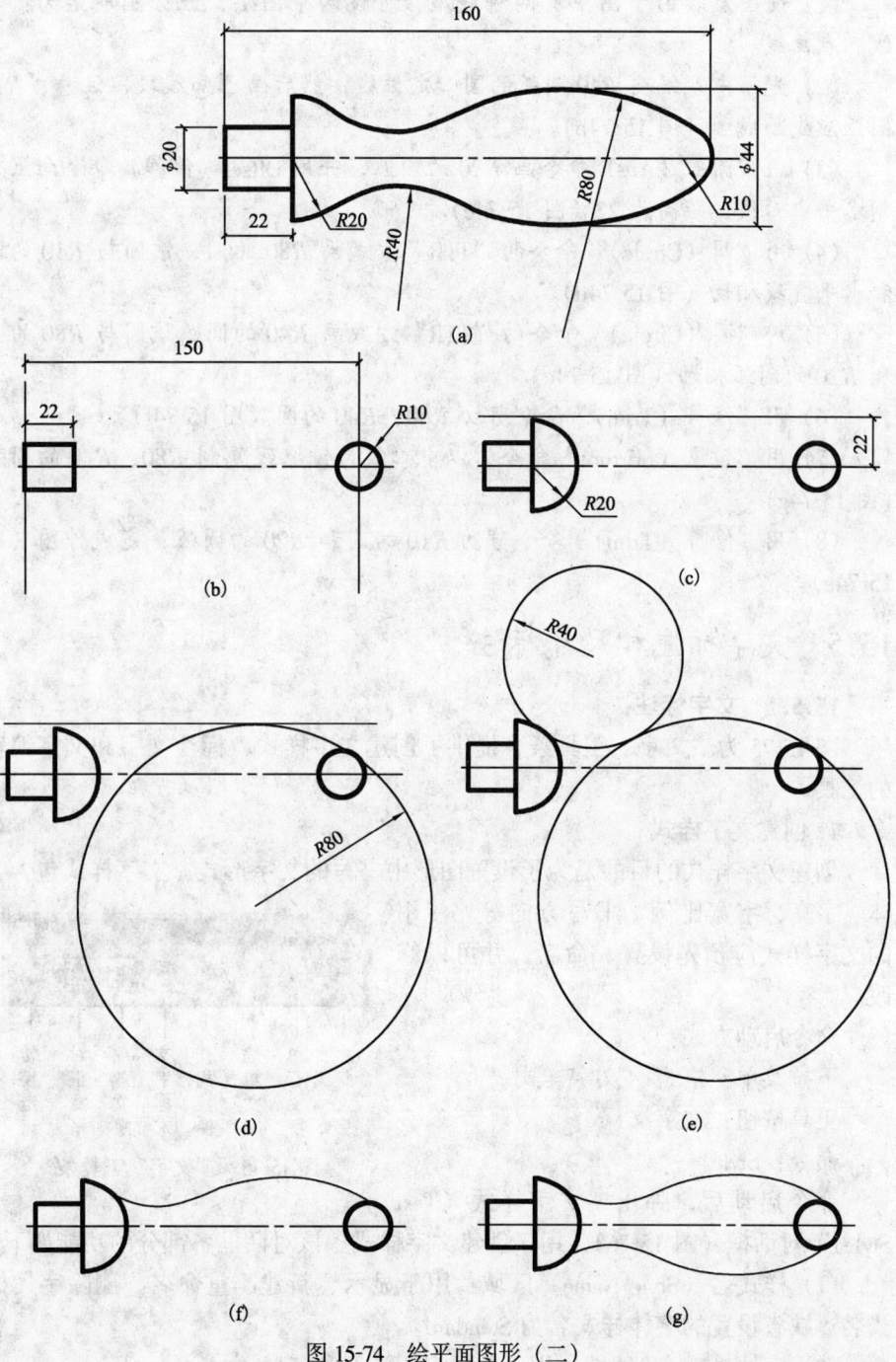

图 15-74 绘平面图形（二）

作图步骤：

(1) 设图层。由于图中有两种线型，可设两个图层，且分别取名为：实线、点画线。

(2) 先画中心线及 $R10$ 圆弧的圆心定位线，然后画已知线段，注意，$R10$ 圆弧应先画成圆（图 15-74b）。

(3) 用"圆弧（Arc）命令画 $R20$ 的圆弧，并用 Offset（偏移）命令向上复制水平中心线，距离为 22（图 15-74c）。

(4) 用"圆（Circle）"命令的"TTR"方式画 $R80$ 的圆，该圆与 $R10$ 的圆和水平直线相切（图 15-74d）。

(5) 用"圆（Circle）"命令的"TTR"方式画 $R40$ 的圆，该圆与 $R80$ 的圆和 $R20$ 的圆弧相切（图 15-74e）。

(6) 用"修剪（Trim）"命令剪切 $R80$、$R40$ 的圆（图 15-74f）。

(7) 用"镜像（Mirror）"命令，以中心线为镜像线复制 $R80$、$R40$ 的圆弧（图 15-74g）。

(8) 用"修剪（Trim）"命令剪切 $R10$ 的圆和 $R20$ 的圆弧，完成作图（图 15-74a）。

15.5 文字标注和尺寸标注

15.5.1 文字标注

图 15-75 为"文字"工具条，提供了创建文字样式、标注文字和文字编辑的工具。

1. 创建文字样式

创建文字样式的目的是为了设置图形中书写的文字形式。文字样式包含字体、字高、字宽比例、书写方向等。使用的文字样式应预先设置、命名，并可以修改。

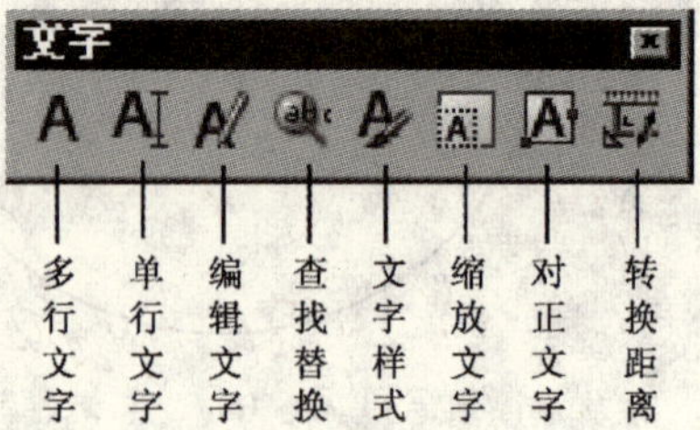

命令启动方式：

下拉菜单：格式／文字样式

工具按钮：文字／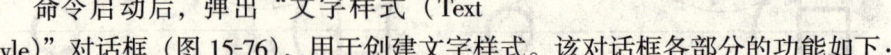

命令：Style

图 15-75 "文字"工具条

命令启动后，弹出"文字样式（Text Style）"对话框（图 15-76），用于创建文字样式。该对话框各部分的功能如下：

(1) 样式名（Style Name）区域：用于显示、新建、重命名、删除字体样式名。缺省设置的字体样式名为 Standard。

(2) 字体（Font）区域：用于选择字体类型和字高。

(3) 效果 (Effects) 区域：用于设置字体的书写方向。
(4) 预览 (Preview) 区域：用来显示所设置的字体样式的效果。

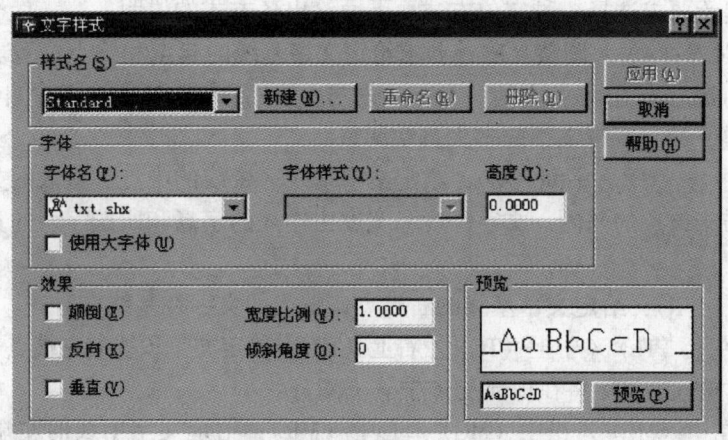

图 15-76 "文字样式"对话框

2. 文字标注
(1) 单行文字标注 (Dtext)
命令启动方式：
下拉菜单：绘图 / 文字 / 单行文字
工具按钮：文字 / A
命令：Dtext 或 Text
命令启动后提示：
指定文字的起点或 [对正 (J) / 样式 (S)]：
选项说明：
①指定文字的起点：要求用户给出文字左下角（基线左端点）的位置。
②对正 (J)：要求选择文字的对齐方式和排列方向。AutoCAD 标注文本时，采用四条定位线确定文本位置。这四条线的名称和位置如图 15-77 所示。

图 15-77 文字标注位置

选择"J"后，又出现下列提示：
选择一个操作 [对齐 (A) / 调整 (F) / 中心 (C) / 中间 (M) / 右

355

(R) / 左上 (TL) / 中上 (TC) / 右上 (TR) / 左中 (ML) / 正中 (MC) / 右中 (MR) / 左下 (BL) / 中下 (BC) / 右下 (BR)]:

该提示要求选择一种定位方式。下面给出各方式的说明:

A. 对齐 (A) / 调整 (F): 要求给定文字基线的起点和终点位置。输入的文字均匀地分布在两点之间。Align (对齐) 的字高视文字的多少自动调整; Fit (调整) 的字宽视文字的多少自动调整。

B. 中心 (C) / 中间 (M): 给定文字基线 / 中线的中点。输入的文本将均匀地分布于该点的两侧,文字高度和宽度由输入的字高和所选字型的宽度系数决定。

C. 右 (R): 给定文字基线的右端点,输入的文字在基线右对齐。

D. 左上 (TL) / 中上 (TC) / 右上 (TR): 给定文字顶线的左端点 / 中点 / 右端点,输入的文字将在顶部左 / 中 / 右对齐。

E. 左中 (ML) / 正中 (MC) / 右中 (MR): 给定文字中线的左端点 / 中点 / 右端点,输入的文字将在中线左 / 中 / 右对齐。

F. 左下 (BL) / 中下 (BC) / 右下 (BR): 给定文字底线的左端点 / 中点 / 右端点,输入的文字将在底线左 / 中 / 右对齐。

③样式 (S): 用来选择书写文字时的文字样式,该项只能从已定义的文字样式中进行选择。

(2) 多行文字标注 Mtext

Mtext 命令可以在多行文字编辑器中 (图 15-78) 创建一个或多个多行文字段落。还可以从以 ASCII 或 RTF 格式保存的文件中插入文字。

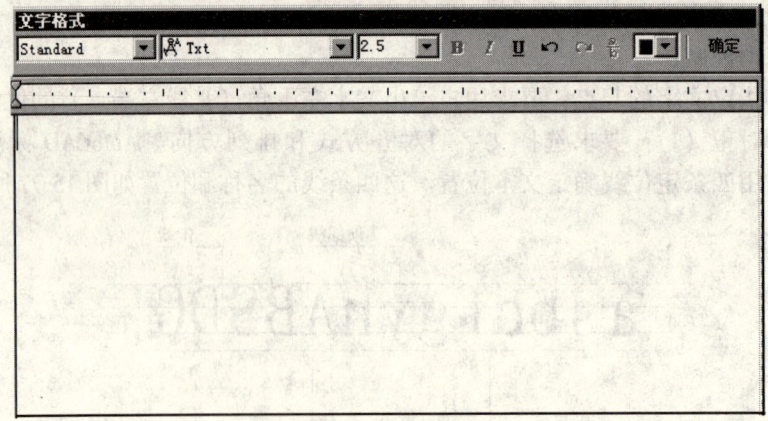

图 15-78　多行文字编辑器

命令启动方式:

下拉菜单: 绘图 / 文字 / 多行文字

工具按钮：绘图（或文字）/ A

命令：Mtext

命令启动后，命令行提示：

指定第一角点：

指定对角点或［高度（H）/ 对正（J）/ 行距（L）/ 旋转（R）/ 样式（S）/ 宽度（W）］：

输入两个对角点形成一个矩形区域，该区域用于定义多行文字对象中段落的宽度。接着弹出多行文字编辑器。

多行文字编辑器由"文字格式"工具栏和一个顶部带标尺的文字输入框组成。"文字格式"工具栏控制多行文字对象的文字样式和选定文字的字符格式，文字输入框用于创建或修改多行文字对象，以及从其他文件输入或粘贴文字。

在多行文字编辑器中单击右键以显示快捷菜单（图15-79），提供标准编辑选项和多行文字特有的选项。

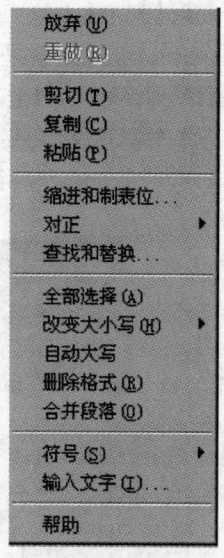

图 15-79 多行文字编辑器快捷菜单

3．特殊符号的输入

在实际绘图中，经常会用到一些特殊字符，这些字符不能直接由键盘输入，AutoCAD 为这些特殊字符提供了简洁的控制码，通过在键盘上直接输入这些控制码，即可实现对特殊字符的输入。控制码与其对应的特殊字符如下表：

特 殊 字 符	控 制 码	备　　注
±	%%p	标注正负号公差
φ	%%c	直径符号
°	%%d	"度"
%	%%%	百分比符号
—	%%o	打开或关闭文字上划线功能
– –	%%u	打开或关闭文字下划线功能

4．文字标注的编辑

在绘图中，经常需要对已标注的文字进行修改，AutoCAD 提供了以下两种文字的编辑方法。

（1）编辑文字 Ddedit

命令启动方式：

下拉菜单：修改 / 对象 / 文字 / 编辑

工具按钮：文字／A

命令：Ddedit

①若所选文字是用 Dtext 命令标注的，屏幕上会弹出"编辑文字（Edit Text）"对话框（图 15-80），以便对文字进行修改。

②若所选文字是用 Mtext 命令标注的，则通过"多行文字编辑器"对所选文字的字型、内容进行修改。

图 15-80　"编辑文字"对话框

（2）特性编辑 Properties

使用 Properties 命令可通过"特性"对话框对文字的所有特性进行编辑操作。

给出命令、选择文字后，屏幕弹出"特性"对话框（图 15-81），该对话框既可实现对文字字符的修改，也可实现对文字样式及属性的修改。

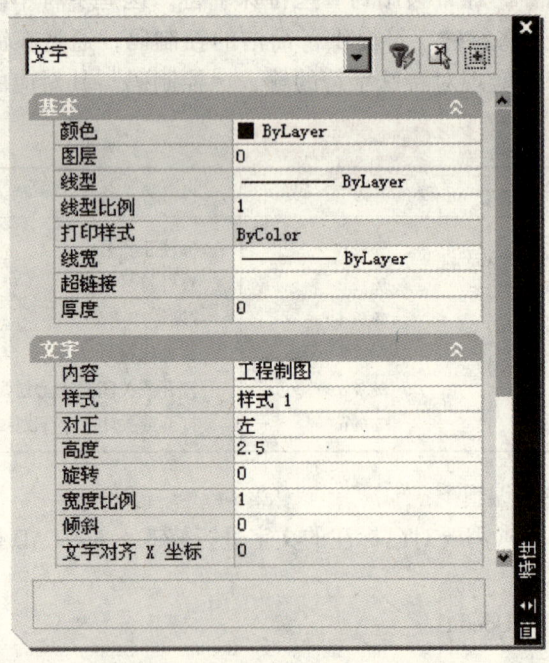

图 15-81　"文字特性"对话框

15.5.2 尺寸标注

工程图样中的图形只能表达物体的结构和形状，物体的大小及相对位置必须通过尺寸来表达。AutoCAD 提供了设置尺寸样式、尺寸标注、尺寸编辑的方法。图 15-82 是尺寸标注工具条。

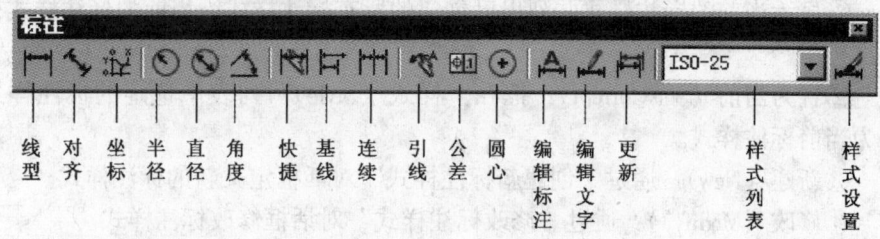

图 15-82 "尺寸标注"工具条

1．设置尺寸标注样式

尺寸标注样式用来决定所标注尺寸的外观，如尺寸数字的大小和位置、尺寸箭头的形式和大小、尺寸线和尺寸界线的绘制方式等。尺寸标注样式由尺寸变量来控制，可以通过"标注样式管理器"对话框（图 15-83）进行设置。

标注尺寸时必须先选择某种尺寸样式为当前标注样式。每一幅图形中可以设置多种不同的尺寸样式，以供选用。所有的尺寸都是在当前尺寸样式下建立的。

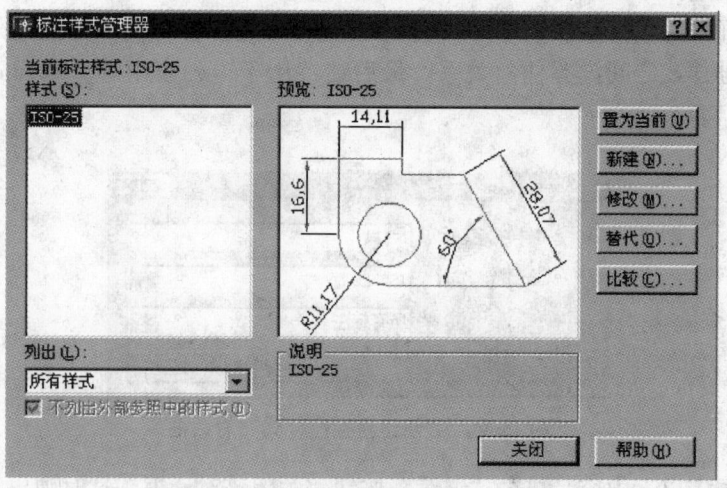

图 15-83 "标注样式管理器"对话框

打开"标注样式管理器"对话框的方法：
下拉菜单：格式／标注样式或标注／样式
工具按钮：标注／

命令：Dim style

"标注样式管理器（Dimension Style Manager）"对话框可以创建新的标柱样式，也可修改原有样式。

(1)"标注样式管理器"的主要内容

①显示当前的标注样式并列出已创建的所有标注样式，当前的标注样式被突出显示。

②置为当前（Set Current）：把在"样式（Style）"列表中选定的标注样式置为当前标注样式。

③新建（New）：通过"创建新标注样式"对话框定义新的标注样式。

④修改（Modify））：通过"修改标注样式"对话框修改标注样式。

⑤替代（Override）：通过"替代当前样式"对话框设置标注样式的临时替代值。

⑥比较（Compare）：显示"比较标注样式"对话框，在此可以比较两种标注样式的特性或浏览一种标注样式的全部特性。

(2)创建新标注样式

选择"新建（N）"按钮，弹出"创建新标注样式"对话框（图 15-84）。在该对话框中，首先在"新样式名"列表中输入新标注样式名称。然后在"基础样式"列表中选择创建新样式的基础样式。AutoCAD 提供的 ISO—25 样式为公制绘图单位，用户可以用该样式为基础样式建立新样式。用基础样式创建新样式时只需修改其中一部分特性，从而节省了时间。除此之外，新样式和基础样式之间没有任何关系。最后在"用于"列表中选择新样式适用的标注类型。

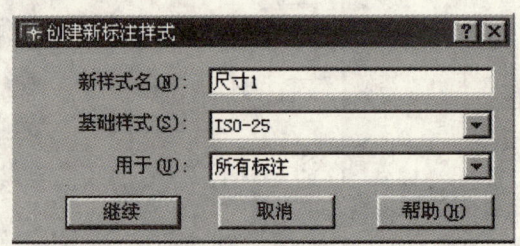

图 15-84 "创建新标注样式"对话框

设置完以上内容，单击"继续"按钮，关闭该对话框。这时弹出"新建标注样式"对话框。该对话框有 6 个选项卡，在土木工程图中，主要使用前四个选项卡，它们的功能如下：

①"直线和箭头"选项卡：设置尺寸线、尺寸界线、尺寸箭头、中心符号的特性及外观（图 15-85）。

② "文字"选项卡：设置尺寸文本的颜色、字样、大小和书写方式（图15-86）。

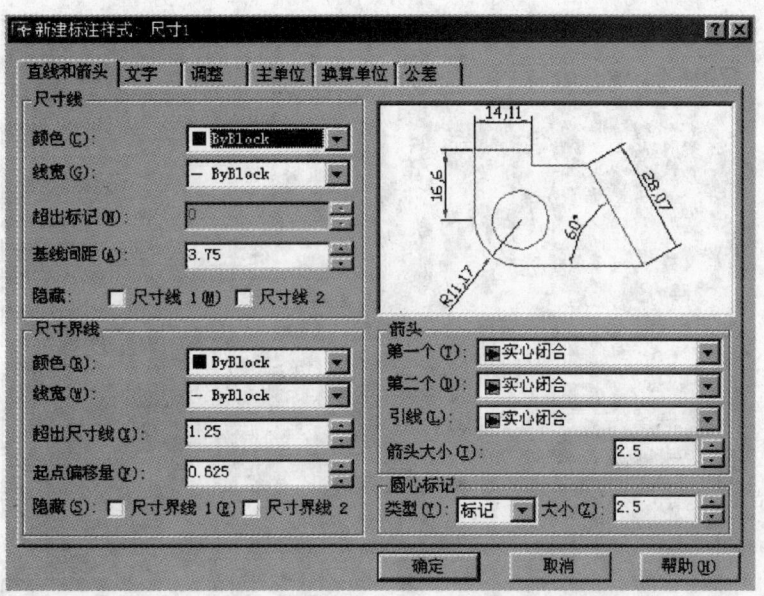

图 15-85 "新建标注样式"对话框"直线和箭头"选项卡

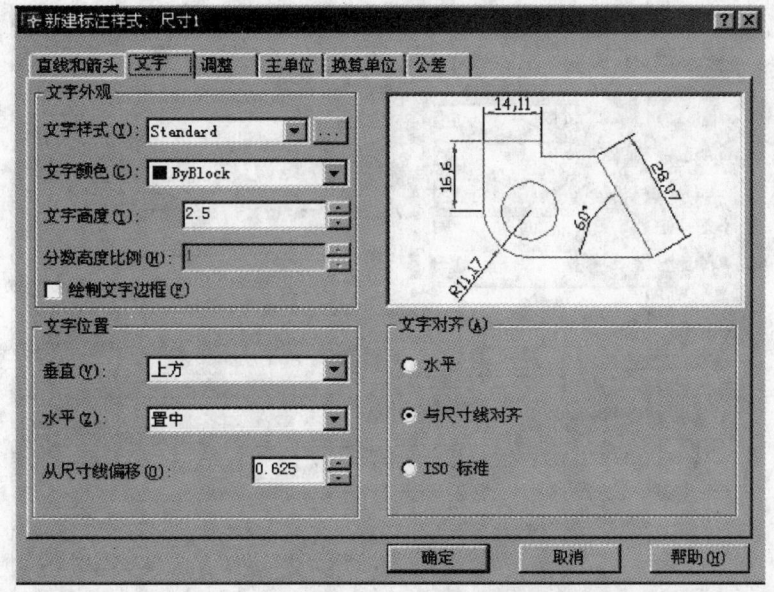

图 15-86 "新建标注样式"对话框"文字"选项卡

③ "调整"选项卡：控制尺寸文本、尺寸箭头与尺寸界线的相对位置（图

15-87)。

④ "主单位"选项卡：设置尺寸的单位、格式和精度等（图15-88）。

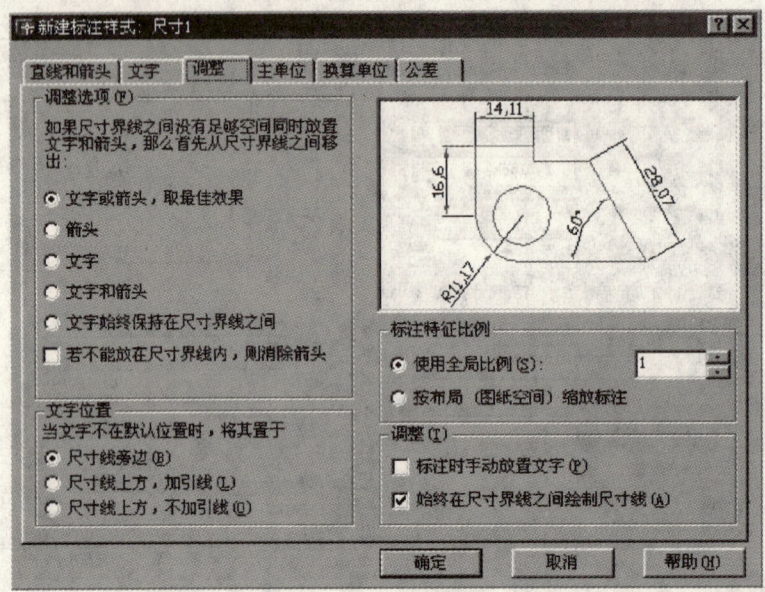

图15-87 "新建标注样式"对话框"调整"选项卡

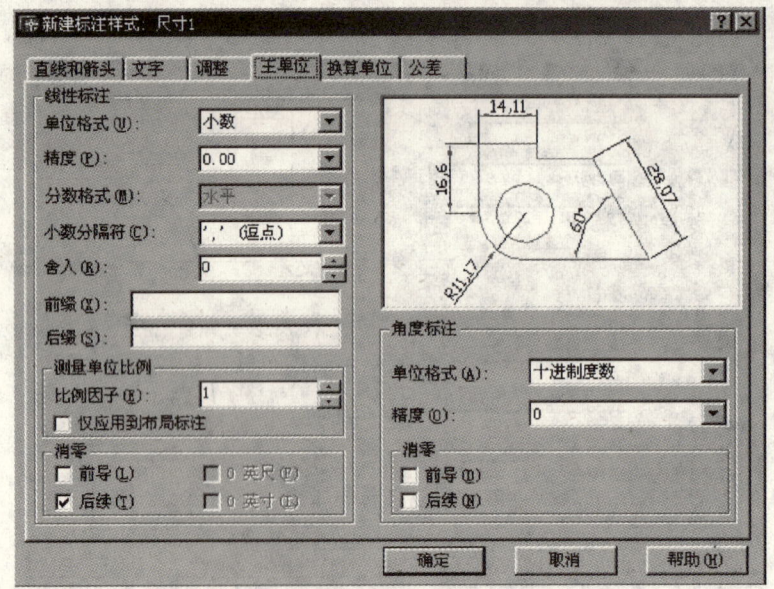

图15-88 "新建标注样式"对话框"主单位"选项卡

"修改标注样式"、"替代标注样式"对话框与"新建标注样式"对话框的内容是一样的，故不详述。

(3) 标注样式中的尺寸类型

AutoCAD 提供了六种尺寸标注类型：直线型、半径型、直径型、角度型、坐标型、引线型。不同的尺寸标注类型要设置不同的标注样式。例如，在建筑工程图中线型尺寸的起止符号是斜短线，而直径和半径尺寸的起止符号是箭头，需要设置不同的标注样式。

为了减少同一图形中标注样式的数量。AutoCAD 提供了标注族的概念，标注族可以看成一个单位，由上级和下级组成。上级为尺寸标注的总样式；下级为尺寸标注的子样式。子样式是在总样式的基础上建立的。六种尺寸类型均可作为子样式建立。

例如建立半径型的标注子样式可如下操作：

①先建立一个尺寸标注样式"尺寸1"，使用类型为"所有"（总样式）。可按线型尺寸的要求设置。

②重新打开"创建新标注样式"对话框，在"用于"列表中选"半径标注"（图 15-89）。

图 15-89 半径型的标注子样式的设置

③单击"继续"按钮，在弹出"新建标注样式"对话框按半径尺寸标注的要求进行参数设置。

这样就建立了"尺寸1"的半径型子样式。当在图中标注尺寸时，该子样式仅对半径尺寸标注有效。一个总样式下可以有若干个子样式，其他标注类型的尺寸标注样式均可如此设置。尺寸标注类型的应用，为尺寸标注样式的管理提供了一种有效的方法。

2. 尺寸注法

(1) 直线型（Linear）尺寸标注

直线型尺寸是工程图中最常用的尺寸，AutoCAD 提供了以下几种标注方式：

①标注基本尺寸 Dimlinear

Dimlinear 命令可以标注水平方向、垂直方向或具有一定角度方向的尺寸。

命令启动方式：

下拉菜单：标注／线性

工具条：标注／

命令：Dimlinear

命令启动后，命令行提示：

指定第一条尺寸界线起点或〈选择对象〉：

该行提示要求输入第一条尺寸界线的起始点或按 ENTER 键选择对象。这是标注线性尺寸的两种方法：

A. 通过指定尺寸界线的两个起点进行标注。操作步骤为：

指定第一条尺寸界线起点后，命令行提示：

指定第二条尺寸界线起点：

指定了第二条尺寸界线起点后，又提示：

指定尺寸线位置或［多行文字（M）／文字（T）／角度（A）／水平（H）／垂直（V）／旋转（R）］：

若给定尺寸线的位置后，便标注出尺寸，如图 15-90 中的尺寸 100 和 50。

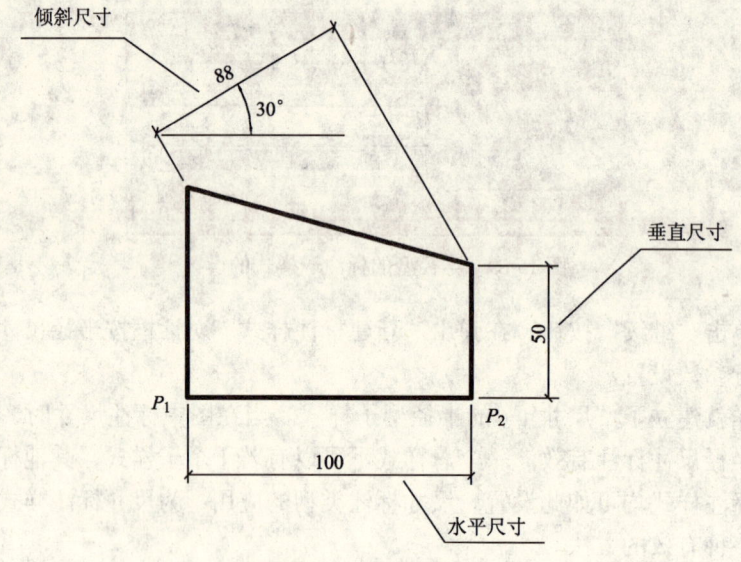

图 15-90　基本尺寸的标注

其他选项说明如下：

多行文字（M）／文字（T）：用于修改系统测定的尺寸数字。

角度（A）：指定尺寸文本的旋转角度。

水平（H）：指定水平方向标注尺寸。

垂直（V）：指定垂直方向标注尺寸。

旋转（R）：指定倾斜方向标注尺寸。如图 15-90 中的尺寸 88。

B. 选择对象进行标注。操作步骤如下：

按 Enter 键后，出现提示：

选择标注对象：

选择要标注的对象后，又提示：

指定尺寸线位置或［多行文字（M）／ 文字（T）／ 角度（A）／ 水平（H）／ 垂直（V）／ 旋转（R）］：

操作方法同 A.，不再重复。

②标注平齐尺寸 Dimaligned

Dimaligned 命令使尺寸线始终与标注的对象保持平行。若是圆弧则尺寸线与圆弧的两个端点所产生的弦保持平行（图 15-91）。

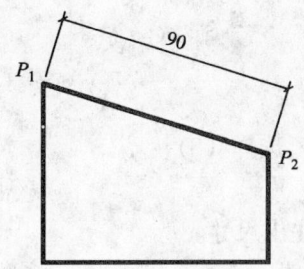
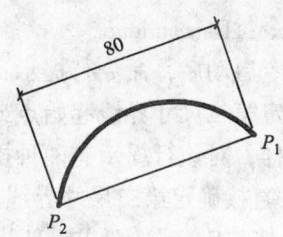

图 15-91 平齐尺寸的标注

命令启动方式：

下拉菜单：标注 / 对齐

工具按钮：标注 /

命令：Dimaligned

命令启动后，命令行提示及操作方法同 Dimlinear。

③标注基线尺寸 Dimbaseline

Dimbaseline 命令用于标注具有与上一个尺寸同一条尺寸界线，且方向相同的尺寸（图 15-92）。

命令启动方式：

下拉菜单：标注 / 基线

工具按钮：标注 /

命令：Dimbaseline

命令启动后，命令行提示：

指定第二条尺寸界线起点或［放弃（U）／ 选择（S）］〈选择〉：

该提示要求输入第二条尺寸界线的起始

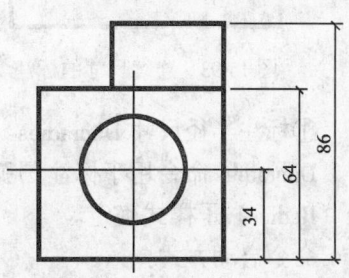

图 15-92 基线尺寸的标注

点或选择基线,对该行提示有两种操作:

A. 直接给定第二尺寸界线起始点,即可标注出尺寸。

B. 按"Enter"键,可重新指定标注基线。

注意:使用该命令时,事先要标出一个尺寸。每个新的尺寸线会于前一条尺寸线偏离一段距离,以避免重合。尺寸线间的距离由当前尺寸样式中的"基线间距"的值确定。

④标注连续尺寸 Dimcontinue

Dimcontinue 命令用来标注连续尺寸,即将上一尺寸的第二尺寸界线作为该尺寸的第一尺寸界线(图 15-93)。

命令启动方式:

下拉菜单:标注 / 连续

工具按钮:标注 / ⊢⊢⊣

命令:Dimcontinue

命令启动后,命令行提示:

指定第二尺寸界线起始点或[放弃(U)/选择(S)]:

同样,对该行提示有两种操作:

A. 直接确定第二尺寸界线起点,即可标注出尺寸。

B. 按"Enter",要求重新指定第一尺寸界线。

使用该命令时,也需要事先标出一个尺寸。

(2) 径向型尺寸标注

径向型尺寸包括半径尺寸和直径尺寸两种(图 15-94)。

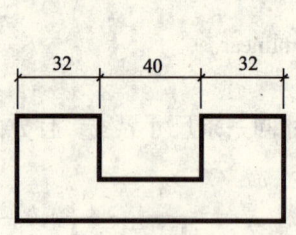

图 15-93　连续尺寸的标注

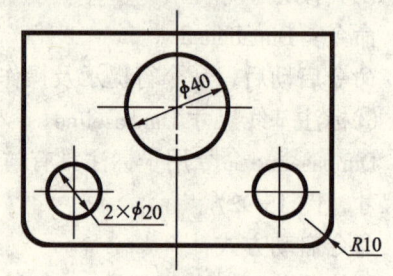

图 15-94　径向尺寸的标注

①标注半径尺寸 Dimradius

Dimradius 命令用于标注圆弧的半径尺寸。标注形式由当前尺寸样式的半径(Radius)子样式确定。

命令启动方式:

下拉菜单:标注 / 半径

工具按钮：标注 /
命令：Dimradius
命令启动后提示：
选择圆弧或圆：
指定尺寸线位置或 [多行文字（M）/文字（T）/角度（A）]：
② 标注直径尺寸 Dimdiameter
Dimdiameter 命令用来标注圆弧或圆的直径。标注形式由当前尺寸样式的直径（Diameter）子样式确定。
命令启动方式：
下拉菜单：标注 / 直径
工具按钮：标注 /
命令：Dimdiameter
命令启动后，命令行的提示及操作同 Dimradius。
(3) 角度型尺寸标注 Dimangular
标注角度尺寸使用 Dimangular 命令。标注形式由当前尺寸样式的角度（Angular）子样式确定（图 15-95）。

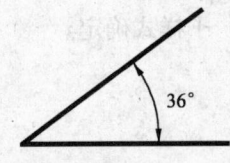
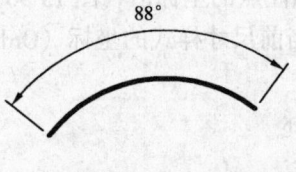
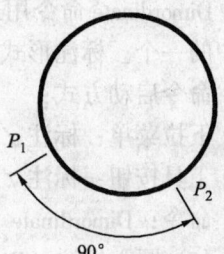

图 15-95　角度尺寸的标注

命令启动方式：
下拉菜单：标注 / 角度
工具按钮：标注 /
命令：Dimangular
命令启动后，命令行提示：
选择圆弧、圆、直线或顶点：
选择不同的对象，可以由以下几种标注：
① 标注两相交直线间的角度
若选择直线（line），继续提示：
选择第二条线：
指定尺寸线位置或 [多行文字（M）/文字（T）/角度（A）]：

操作完毕后，标注出指定的角度。

②标注圆弧

若选择一段圆弧，则该弧的两端点为角度尺寸的两尺寸界线上的起始点，接着提示同上。操作完毕后，标注出圆弧的圆心角。

③标注圆上某段弧

若选择圆，则该选择点为角度尺寸的第一尺寸界线起始点，继续提示：

输入角的第二端点：

接着提示同上。操作完毕后，逆时针标注出圆上起始点到端点的圆弧圆心角。

④标注三点间的角度

若按"Enter"键，则标注指定三点连线间的角度。提示：

指定角顶点：

指定角的第一端点：

指定角的第二端点：

接着提示同上。

(4) 坐标型尺寸标注 Dimordinate

Dimordinate 命令用来标注点的坐标值（图 15-96）。每次只能标注 X 或 Y 坐标中的一个。标注形式由当前尺寸样式的坐标（Ordinate）子样式确定。

命令启动方式：

下拉菜单：标注／坐标

工具按钮：标注／

命令：Dimordinate

(5) 圆心标注（Dimcenter）

Dimcenter 命令的功能是标注圆心或圆弧的中心线（图 15-97）。标注形式由当前尺寸样式的圆心（Center）子样式确定。

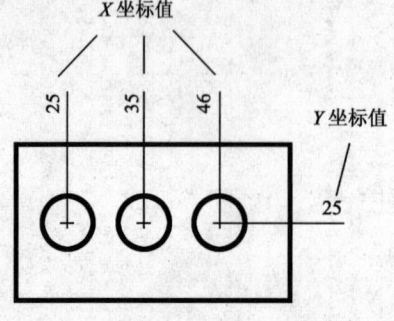

图 15-96　坐标的标注

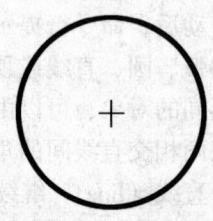

图 15-97　圆心的标注

命令启动方式：

下拉菜单：标注／圆心

工具按钮：标注／⊙

命令：Dimcenter

(6) 引线标注 Leader

引线标注可用 Leader 命令来完成。标注形式由当前尺寸样式的引线（Leader）子样式确定。引线标注由指引线和文本组成。指引线可以是折线或样条曲线，可以带箭头或不带箭头。

命令启动方式：

下拉菜单：标注／引线

工具按钮：标注／

命令：Dimleader

3. 尺寸标注的编辑

(1) 编辑尺寸文本 Dimedit

Dimedit 命令可以编辑尺寸文本的内容及位置。

命令启动方式：

工具按钮：标注／

命令：Dimedit

启动命令后，命令行提示：

输入标注编辑类型［缺省（H）／新建（N）／旋转（R）／倾斜（O）］：

选项说明：

①缺省（H）：将尺寸文本恢复到当前尺寸样式的位置。

②新建（N）：修改尺寸文本的值。

③旋转（R）：将所选择的尺寸文本旋转一个角度。

④倾斜（O）：将直线型尺寸的尺寸界线倾斜给定的角度。

(2) 更改尺寸文本的位置 Dimtedit

Dimtedit 命令可以改变标注尺寸的位置。

命令启动方式：

下拉菜单：标注／对齐文字

工具按钮：标注／

命令：Dimtedit

(3) 更新尺寸标注 Update

Update 命令可以用当前尺寸标注样式更换旧尺寸标注样式。

命令启动方式：

下拉菜单：标注／更新

369

工具按钮：标注／▥

命令：update

(4) 全局编辑尺寸 Properties

通过"特性（Properties）"对话框可以对尺寸进行全局编辑，如编辑尺寸文本的值、尺寸位置、尺寸样式及尺寸的特性等。

15.6 复杂对象的绘制和编辑

为了方便绘图，AutoCAD 为一些复杂对象提供了专门的绘制和编辑命令，如多段线、复合线、剖面线等。本节将介绍它们的绘制和编辑方法。

15.6.1 多段线的绘制和编辑

1. 绘制多段线 Pline

Pline 命令可以用来绘制多段线（Polyline）。多段线是由不同宽度的若干直线段或圆弧线段组成的整体，AutoCAD 把它作为单一实体处理。图 15-98 为一些多段线的实例。

图 15-98　多段线的实例

命令启动方法：

下拉菜单：绘图／多段线

工具按钮：绘图／↩

命令：Pline

命令启动后，命令行提示：

指定起点：

当前的线宽为 0.0000

指定起点后，命令行继续提示：

指定下一点 [圆弧（A）／闭合（C）／半宽（H）／长度（L）／放弃（U）／宽度（W）]：

(1) 直线方式

对"指定下一点 [圆弧（A）／闭合（C）／半宽（H）／长度（L）／放弃

(U)／宽度（W）]："的提示，若给定一点，便绘制一条直线段。上述提示反复出现，可连续绘制若干线段。按"Enter"键，结束该命令。

其他各选项说明如下：

①闭合（C）：在当前位置到多段线起点之间绘制一条直线段以闭合多段线。

②宽度（W）／半宽（H）：设置下一条直线段的宽度／半宽度。线段的终点宽度与起点宽度可以不一样，终点宽度将作为后续线段的统一宽度。直到重新设置宽度为止。

③长度（L）：按指定长度沿前一线段相同的方向绘制下一条直线段。如果前一线段为圆弧，将绘制与弧线段相切的一条直线段。

④圆弧（A）：转为绘制圆弧线段方式。

(2) 圆弧方式

当选取"圆弧（A）"项后，由直线方式转为圆弧方式。圆弧线段的起点是前一个线段的终点。绘制圆弧线段时，可以指定圆弧的角度、圆心、方向或半径等，来确定圆弧的位置和大小。

指定弧的端点或［角度（A）／圆心（CE）／闭合（CL）／方向（D）／半宽（H）／直线（L）／半径（R）／第二点（S）／放弃（U）／宽度（W）]：

各选项含义如下：

①指定弧的端点：缺省项。要求输入圆弧终点。给出该点后，便绘制一条与上一线段相切的圆弧。上述提示反复出现，可连续绘制若干圆弧。按"Enter"键，结束该命令。

②角度（A）：通过指定圆弧线段的圆心角画弧。

③圆心（CE）：通过指定圆弧线段的圆心画弧。

④闭合（CL）：使圆弧线段闭合。

⑤方向（D）：设置圆弧线段起点的切线方向。

⑥半径（R）：通过指定圆弧线段的半径画弧。

⑦第二点（S）：通过指定三点圆弧的第二点和终点来画弧。

⑧半宽度（H）／宽度（W）：设置下一条圆弧线段的半宽度／宽度。

⑨直线（L）：由圆弧方式转入直线方式。

2. 编辑多段线 Pedit

多段线除了可以用 15.4 所述的编辑命令进行编辑外，还可以用 Pedit 命令对多段线本身的特性进行编辑。如可以闭合和打开多段线、通过编辑顶点来改变多段线、为整个多段线设置统一的宽度、将直线多段线进行曲线拟合，将曲线段多段线改变为直线段多段线等。Pedit 命令仅用于编辑多段线，不可以编辑其他线段。

命令启动方式：

下拉菜单：修改／对象／多段线

工具按钮：修改Ⅱ／

Command：Pedit

命令启动后，命令行提示：

选择多段线：

如果选定的实体不是 Pline，而是 line 或 Arc，则会提示：

选定的对象不是多段线

是否将其转换为多段线？〈Y〉：

输入 Y，则所选的实体被转换为可编辑的多段线。注意，Circle 实体不能被转换。

选定多段线后，命令行继续提示：

输入选项 [闭合（C）／合并（J）／宽度（W）／编辑顶点（E）／拟合（F）／样条曲线（S）／非曲线化（D）／线型生成（L）／放弃（U）]：

如果选择的是闭合多段线，"打开（P）"则会替代提示中的"闭合（C）"选项。

各选项说明：

(1) 闭合（C）／打开（P）：闭合或打开多段线。

"闭合（C）"连接第一条与最后一条线段从而创建闭合的多段线。"打开（P）"打开闭合的多段线。

(2) 合并（J）：将其他线段或多段线合并到当前编辑的开式多段线中，使其成为一个整体。要合并的线段必须首尾端点重合才可以连接上。

(3) 宽度（W）：改变整条多段线的线宽。

(4) 编辑顶点（E）：编辑多段线的顶点。

(5) 拟合（F）：用双弧曲线拟合直线多段线。

Fit 曲线通过多段线（图 15-99a）的所有顶点并使用指定的切线方向，每两个顶点之间用两段圆弧组成（图 15-99b）。

(6) 样条曲线（S）：用 Spline 样条曲线拟合直线多段线。

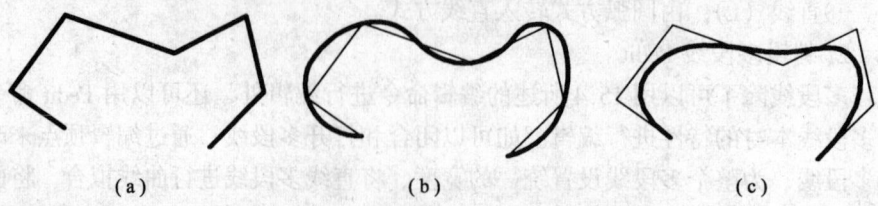

(a)   (b)   (c)

图 15-99 曲线拟合直线多段线
(a) 原图；(b) 双弧曲线拟合；(c) 样条曲线拟合

用多段线的顶点作为 Spline 样条曲线的控制点。样条曲线将通过第一个和最后一个控制点（图 15-99c）。

(7) 非曲线化（D）：将 Fit 曲线和 Spline 曲线拉直成直线多段线，保留多段线顶点的切线信息。在随后的曲线拟合中使用这些信息。

(8) 线型生成（L）：指定非连续线型的多段线在定点处的画线方式。

(9) 放弃（U）：放弃上一次操作。可一直返回到 Pedit 的开始状态。

15.6.2 多线的绘制和编辑

多线是一组相互平行的直线。每根直线称为一个元素。元素的数目在 1～16 之间。每条元素可以有自己的颜色和线型。平行线间的距离可以设定。

1. 设置多线样式 Mlstyle

Mlstyle 命令可以设置多线的样式。多线样式用于控制元素的数目、间距、每个元素的特性、背景颜色和每条多线的端点封口等。

命令启动方式：

下拉菜单：格式 / 多线样式

命令：Mlstyle

命令启动后，屏幕显示"多线样式（Multiline Styles）"对话框（图15-100）。该对话框的各部分功能如下：

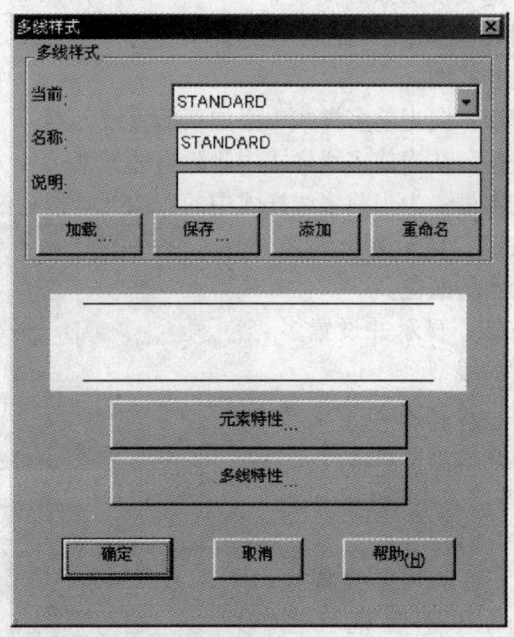

图 15-100 "多线样式"对话框

(1) 多线样式（Multiline Style）区域

"多线样式"区域主要用来显示多线样式的名称、建立当前样式、从文件中加载样式以及保存、添加或重命名样式等。

(2) 元素特性(Element Properties)按钮

单击该按钮，弹出"元素特性(Element Properties)"对话框(图 15-101)。用于设置多线元素的特性，例如元素的数目、偏移量、颜色和线型等。

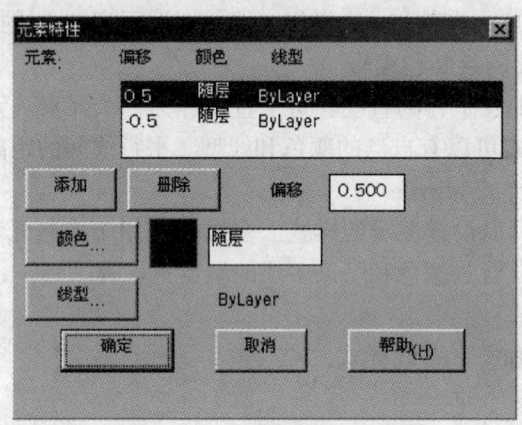

图 15-101 "元素特性"对话框

该对话框的各选项说明如下：

① "元素"列表框：显示当前多线样式中的每一条直线元素相对于多线原点的偏移量、颜色和线型。

② "添加"按钮：向当前多样式中添加新的直线元素。

③ "删除"按钮：从当前多线样式中删除直线元素。

④ "偏移"文本框：为当前多线样式中的直线元素指定偏移量。

⑤ "颜色"按钮：显示并设置多线样式中的直线元素的颜色。

⑥ "线型"按钮：显示并设置多样式中的直线元素的线型。

注意：要编辑一个现有的多线样式，必须在该样式被使用之前进行。

(3) 多线特性(Multiline Properties)按钮

单击该按钮，弹出"多线特性(Multiline Propertie)"对话框(图 15-102)。用于设置多线的特性，例如线段连接的显示、起点和端点的封口

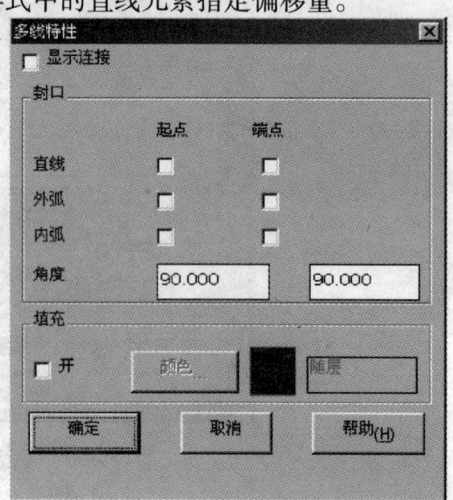

图 15-102 "多线特性"对话框

及角度、背景颜色等。

该对话框的各选项说明如下：

①"显示连接"复选框：控制多线线段连接处的显示。

②"封口"区域：控制复合线起点和端点的封口形式。

③"填充"区域：控制复合线的背景是否填充，并设置填充颜色。

连接点显示与端点形式如图 15-103 所示。

图 15-103　连接点显示与端点形式

2. 绘制多线 Mline

Mline 命令用来绘制多线。

命令启动方式：

下拉菜单：绘图／多线

工具按钮：绘图／

命令：Mline

命令启动后，命令行显示当前设置，然后提示：

指定起点或［对正（J）／比例（S）／样式（ST）］：

给定起点后，继续提示：

指定下一点：

指定下一点或［放弃（U）］：

指定下一点或［闭合（C）／放弃（U）］：

上述提示反复出现，可连续绘制若干段多线，它们是一个整体。按"Enter"键，结束该命令。

其他选项说明：

（1）对正（J）：确定输入点与多线之间的关系。选择该项后又提示：

输入对正类型［上（T）／无（Z）／下（B）］：

其中：

Top（上）：从左向右画线时，输入点位于多线最上边的元素上，即多线画在光标点的下方（图 15-104a）。

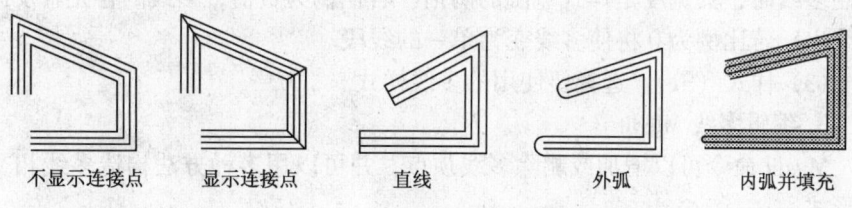

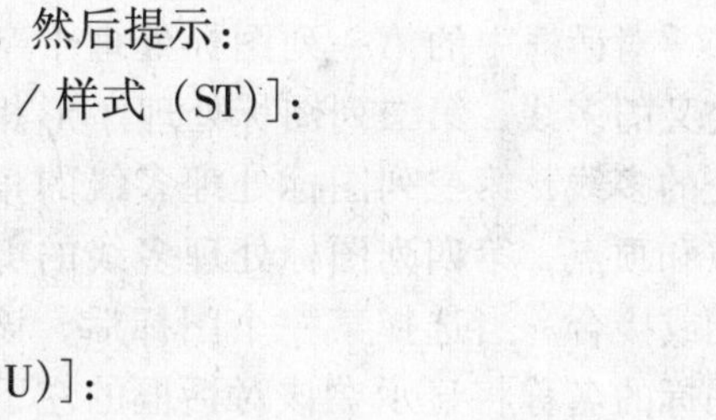

图 15-104　输入点与多线之间的关系

Zero（无）：从左向右画线时，输入点位于多线偏移量为0的元素上（图15-104b）。

Bottom（下）：从左向右画线时，输入点位于多线最下边的元素上，即多线画在光标点的上方（图15-104c）。

(2) 比例（S）：设置多线宽度比例。这个比例是指实际绘图宽度与多线样式定义的宽度（元素间的距离）之比。它不影响线型的宽度。若比例为2，则绘制多线时，其宽度是样式宽度的两倍。若比例为负值，多线的各元素反向偏移绘出。若比例为0将使多线变为单一的线段。

(3) 样式（ST）：选择要使用的多线样式。

3. 编辑多线 Mledit

Mledit命令可以增加或删除多线顶点，并可以用多种方法构造多线相交处的形式。

命令启动方式：

下拉菜单：修改／多线

工具按钮：修改Ⅱ／

命令：Mledit

命令启动后，弹出"多线编辑工具（Multiline Edit Tools）"对话框（图15-105）。该对话窗中有12个图标，分别为12个编辑工具。

对话框中的第一列图标处理十字交叉的多线，第二列图标处理T形相交的多线，第三列图标处理多线的角点和顶点，第四列图标处理多线的剪切或接合。当选择某一个图标后，该图标的名称将显示在该对话框的左下角。选择"确定"按钮后，相应的对话提示序列将显示在命令行提示区。

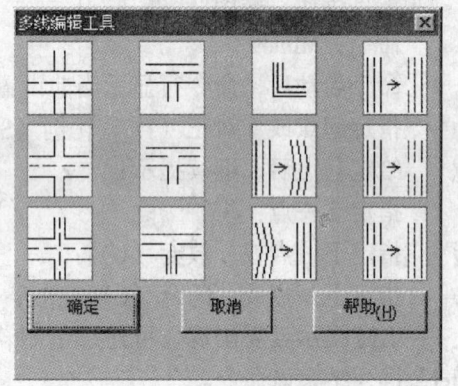

图15-105 "多线编辑工具"对话框

第一列和第二列处理多线的形式各有三种：Closed Cross（封闭）、Open Cross（打开）、Merged Cross（合并）。它们的操作提示如下：

选择第一条多线：

选择第二条多线：

给定选择后，将完成编辑。上述提示还会重复，按Enter键结束。

注意：选择多线的次序决定多线被编辑的形状（图15-106）。

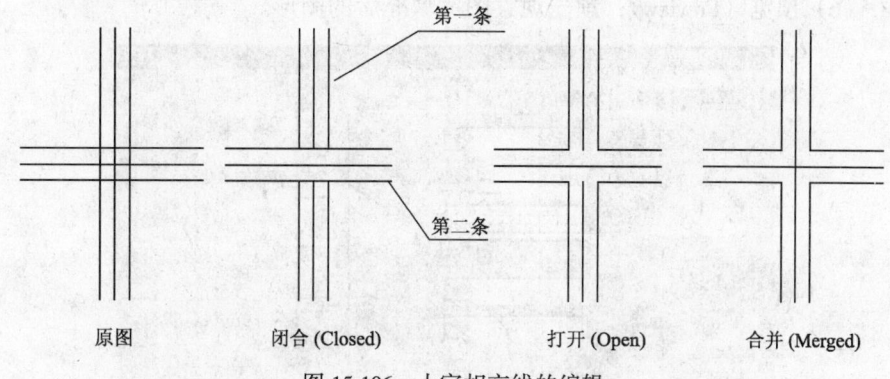

图 15-106 十字相交线的编辑

15.6.3 图案填充

图案填充功能可以将特定的图案填充进一个封闭的图形区域中。在工程制图中,主要用于在剖面区域进行剖面符号或材料图例符号的绘制。

1. 图案填充 Bhatch

Bhatch 命令可以用来定义要填充区域的边界,然后使用所选的图案填充边界所围的区域。

命令启动方式:

下拉菜单:绘图／Bhatch

工具按钮:绘图／▨

命令:Bhatch

命令启动后,弹出"边界图案填充(Boundary Hatch)"对话框(图15-107)。该对话框的右边用于选择要填充的边界,填充边界必须是封闭的。边界可以由直线、圆、圆弧线、多段线等对象组成。

各按钮的说明:

(1) 拾取点(Pick Points):通过指定一点来定义填充区域。

(2) 选择对象(Select Objects):通过选择对象定义填充边界。

(3) 删除孤岛(Remove Islands):扣除大封闭区域内的小封闭区域。

一般将大封闭区域内的小封闭区域称为孤岛。当选择扣除孤岛后,将只对大区域进行填充,而忽略孤岛的存在(图15-108)。

(4) 继承特性(Inherit Properties):从图形中选择已填充图案成为当前图案。

(5) 组合(Composition):控制图案填充是否关联。若选"关联(Associative)",当填充区域边界发生移动或改变时,该区域的填充图案将自动更新,重新填充新的边界。若选"不关联(Nonassociative)",图案与其边界无关。

(6) 预览 (Preview): 预先观察图案填充后的图形。

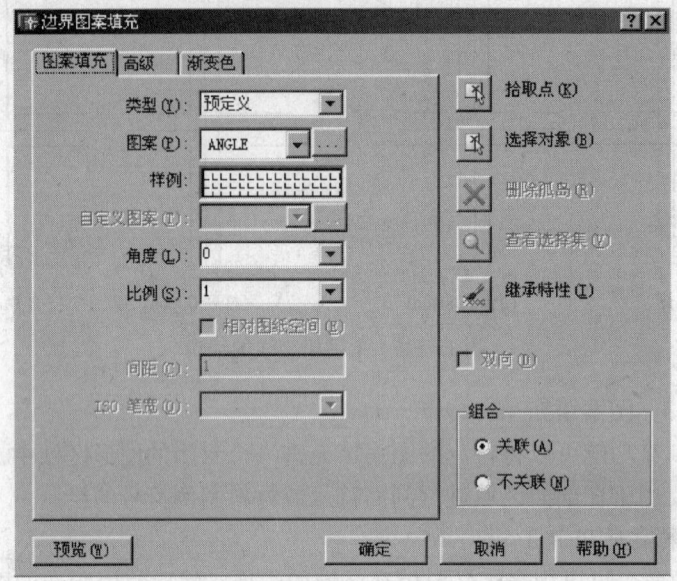

图 15-107 "边界图案填充" 对话框

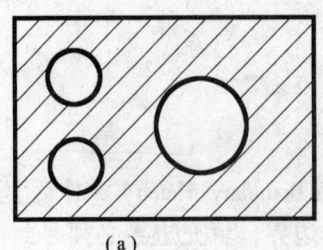 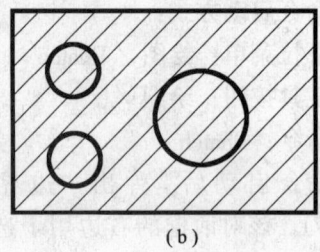

图 15-108 使用 "删除孤岛"
(a) 没排除孤岛；(b) 排除孤岛

该对话框右边有三个选项卡，分别是：
① "图案填充" 选项卡
该选项卡用于选择要填充的图案。AutoCAD 提供了预定义图案，存储在 acad.pat 和 acadiso.pat 文件中。选择 "图案（Pattern）" 按钮后，屏幕显示 "填充图案选项板（Hatch Pattern Palette）" 对话框（图 15-109）。该对话框列出各种预定义图案的图标，以供查看或选择。
② "高级" 选项卡
高级（Advanced）选项卡（图 15-110）用来定义填充边界的创建方式。
③ "渐变色" 选项卡
"渐变色" 选项卡（图 15-111）用于定义渐变填充的图案、颜色、样式等。

2. 图案填充的编辑 Hatchedit

Hatchedit 命令可以改变图案填充的图案样式、比例、角度以及填充方式等。

命令启动方式：

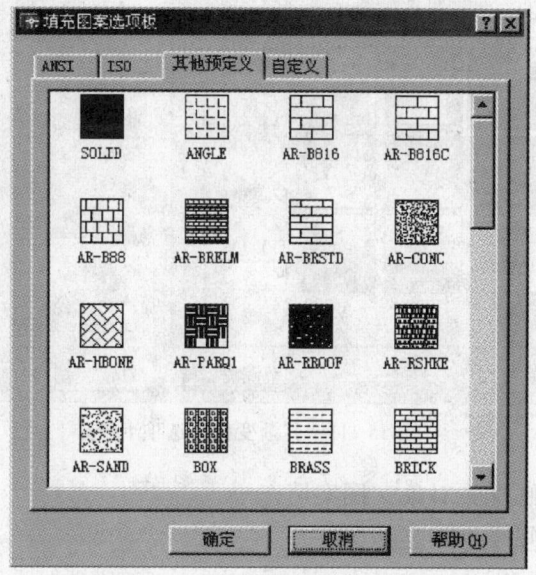

图 15-109　"填充图案选项板"对话框

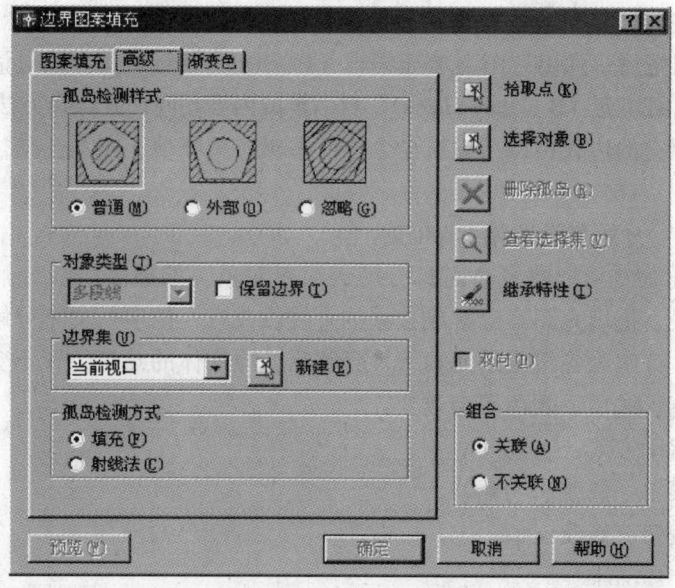

图 15-110　"高级"选项卡

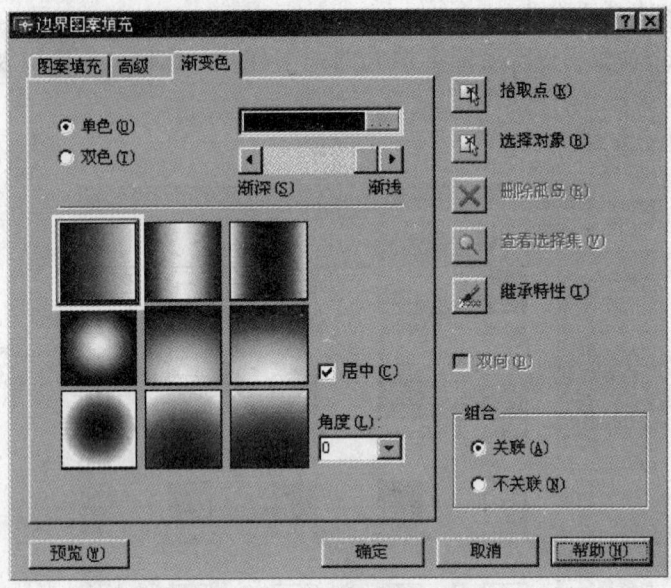

图 15-111 "渐变色"选项卡

下拉菜单：修改／对象／图案填充

工具按钮：修改Ⅱ／

命令：Hatchedit

命令启动后提示：

选择关联填充图案：

选择图案后，弹出"图案填充编辑（Hatchedit）"对话框。该对话框的内容与"边界图案填充（Boundary Hatch）"对话框的内容相同，其操作方法也相同。

图案填充的边界可以用编辑命令进行编辑，关联填充图案会随边界的改变而更新。

15.6.4 分解复杂实体 Explode

Explode 命令可以将复杂对象分解成简单对象。如把多段线分解成直线段或圆弧线段、把填充图案分解成独立的直线段或点、把多行文字分解为单行文字、把尺寸分解为各组成的元素等。分解后，原实体的几何位置不变，但有些特性如线宽、线型、颜色等会改变。

命令启动方式：

下拉菜单：修改／分解

工具按钮：修改／

命令：Explode

命令启动后提示：

选择对象：

该提示重复显示，可选择多个实体。按 Enter 键结束该命令，所选实体被分解。

15.7 图块与属性

15.7.1 图块操作

图块（Block）是由单个或多个图形实体组合起来经定义后形成的一种新的实体。图块可以作为独立的实体插入到图形的任何位置。在插入过程中可以进行缩放和旋转。

在工程制图中，使用块技术可以提高绘图的效率。例如可以将建筑图中的门、窗等以及常用符号创建为图块，绘图时根据需要随时进行调用。

1. 定义图块

图块必须经定义并赋予块名后才可使用。AutoCAD 可以在当前图形中创建块，也可以将块保存为独立的图形文件。

(1) 定义内部块 Block

Block 命令可以通过"块定义（Block Definition）"对话框（图 15-112）定义内部块。在当前图形中创建的块，称为内部块。它只能在当前图形中调用。

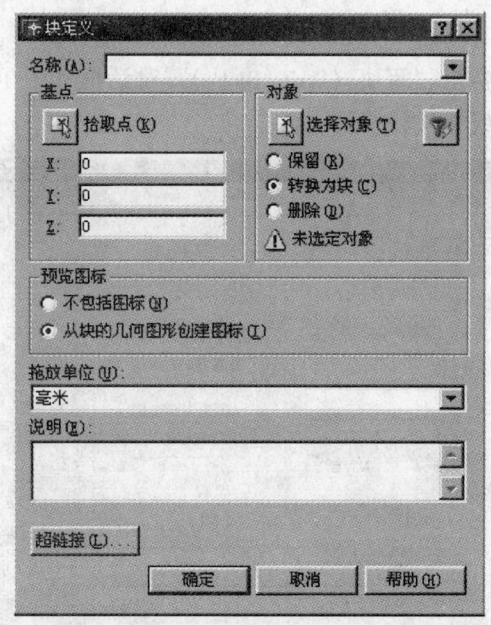

图 15-112 "块定义"对话框

命令启动方式：

381

下拉菜单：绘图／块／创建

工具按钮：绘图／

命令：Block

①"名称"文本框：用于输入图块名称。

②"基点"区域：用于指定块的插入基点。块在插入过程中还可以围绕基点进行缩放和旋转。

选择基点的两种方式：

A. 在屏幕上的当前图形中指定块的插入基点。

B. 直接在 X、Y、Z 文本框中输入插入基点的坐标值。

③"对象"区域：指定新块中要包含的对象，并选择创建块以后是否保留或删除选定的对象、是否将它们转换成块的引用等。

④"预览图标"区域：确定是否随块定义一起保存预览图标并指定图标源文件。

⑤"插入单位"列表框：指定把块从 AutoCAD 设计中心拖到图形中时，对块进行缩放所使用的单位。

(2) 定义外部块 Wblock

Wblock 命令可以将图块实体写入新图形文件。

命令启动方式：

命令：Wblock

启动命令后，弹出"写块（Write Bloke）"对话框（图 15-113），可将选择的对象保存到文件或将块转换到文件。

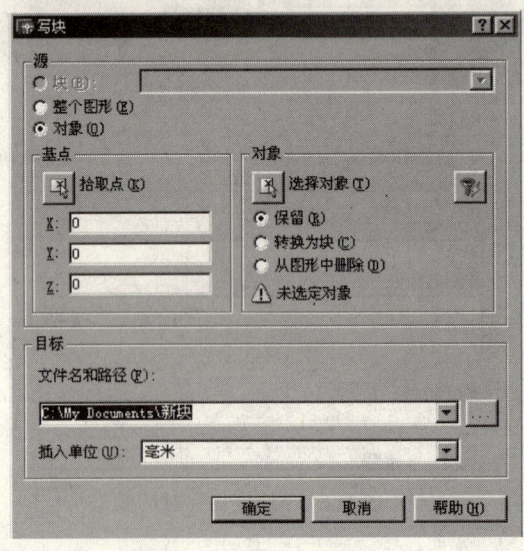

图 15-113　"写块"对话框

该对话框主要有两个区：源（Source）区和目标（Destination）区。

①源（Source）区：用于选择构成块文件的对象，并为生成的块文件指定插入点。构成块文件的对象可以是一个现有的图块、一个完整的图形文件或指定的图形实体。

②目标（Destination）区：用于指定块文件的名称、存放位置和插入单位。

2. 插入图块 Insert

Insert 命令用来将已定义的块或块文件插入到图形中。在每次插入块时，需指定插入块的位置、缩放比例和旋转角。

命令启动方式：

下拉菜单：插入／块

工具按钮：绘图／

Command：Insert

命令启动后，将弹出"插入 Insert"对话框（图 15-114）。用于指定要插入的块和定义插入块的位置。

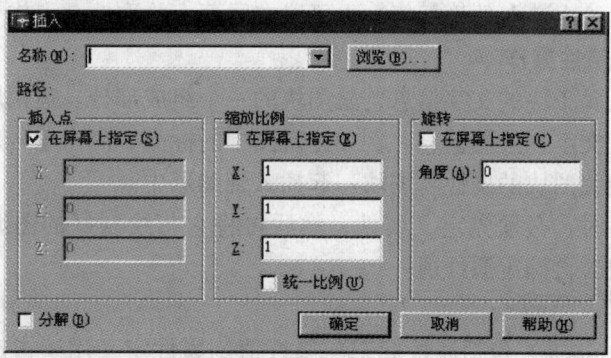

图 15-114 "插入"对话框

对话框中选项说明：

(1)"名称"文本框：指定要插入的块名，或指定要作为块插入的文件名。

(2)"插入点"区域：用于指定块的插入点、

(3)"缩放比例"区域：指定插入块的比例。如果指定负的 X、Y 和 Z 比例因子，则插入块的镜像图像。

(4)"旋转"区域：指定插入块的旋转角度。

(5)"分解"复选框：控制是否分解插入的块。

"分解"关闭时，插入后的图块将作为一个整体。"分解"打开时，插入后的图块将分解为各单独的图形实体，块定义不添加到图形中。

插入块与图层、颜色和线型的关系：

在 AutoCAD 中组成一个块的图形可以分属于不同的图层，也可以有各自不同的颜色、线型和线宽。这些特性信息将保存在定义的块中。

在插入块后，关于图层、线型、颜色和线宽的信息会随图块插入到当前图形中，成为当前图形的内容。在0层上绘制的图形，插入后将使用当前层的线型、颜色和线宽。在其他图层上绘制的图形，作为块插入后仍使用各自的颜色、线型和线宽，并在原始层上绘出。

3. 指定插入基点 Base

如果打算插入一个图形文件，那么在插入该图形文件前，可以使用 Base 命令指定该图形文件的插入基点。否则系统将以 UCS 坐标系的原点作为插入基点。

命令启动方式：

下拉菜单：绘图／块／基点

命令：Base

命令启动后，命令行提示：

输入基点〈当前值〉：

用户可以给出基点的坐标值，也可以在屏幕上拾取一个点作为基点。

15.7.2 属性操作

属性是从属于块的文字信息，是图块的一个组成部分。运用属性技术，可以给图块加上文字和数据信息。例如建筑图中的标高、门窗编号、轴线编号等都可以作为相关图块的属性随图块一起插入到图形中。

使用属性时，必须先定义属性，然后再将它与绘制好的图形一起定义为块。在插入块时再确定属性值。

1. 属性定义 Attdef

属性（Attribute）包括属性标记与属性值。属性定义用于指定属性的模式及插入块时显示的属性提示等信息。

命令启动方式：

下拉菜单：绘图／块／定义属性

命令：attdef

启动命令后，弹出"属性定义（Attribute Definition）"对话框（图15-115）。该对话框用于确定属性标签、属性提示、属性值、插入点以及属性的文字选项。

对话框中选项说明：

(1) "模式"区域：用于控制属性的模式。其中：

① "不可见"复选框：控制插入属性块后属性值是否可见。打开为不可见。

② "固定"复选框：控制插入属性块后属性值是否固定。打开为固定，即

插入块后属性值使用该编辑框中的值,不可改变。

③"验证"复选框:控制在插入属性块时是否提示验证属性值。打开为验证。

④"预置"复选框:控制在插入属性块时是否是用预置的属性值。打开为预置。

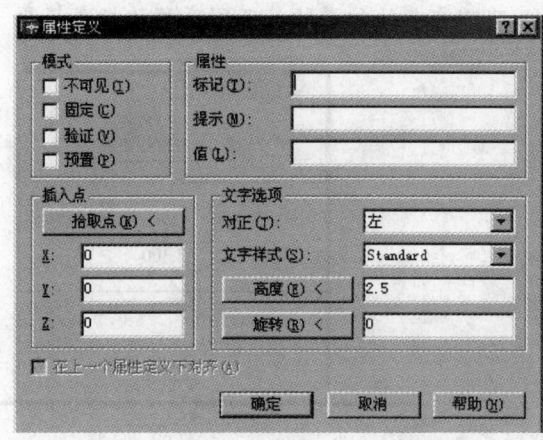

图 15-115 "属性定义"对话框

(2)"属性"区域:用于设置属性。

①"标记"编辑框:设置属性标记。

属性标记用于在图形中识别属性,可含有除空格或惊叹号(!)以外的任意字符。AutoCAD 将小写字母变为大写字母。

②"提示"编辑框:设置插入属性块时命令行的属性提示。如果 Prompt 编辑框为空,插入属性块时属性标记将作为属性提示。

③"值"编辑框:设置属性固定值。

如果在"模式"区域中选择了"固定"模式,该值为属性的常量值,否则为属性的缺省值。

(3)"插入点"区域:用于指定属性位置。

通过输入坐标值或使用定点设备选择"拾取点"来指定属性的位置。

(4)"文字选择"区域:设置属性文字的对齐方式、样式、高度和旋转角度。

"属性定义"对话框关闭后,指定的属性标记将显示在图形中。

2.属性块使用举例

【例 15-5】 建立标高符号属性块,并插入图形中。

操作步骤如下:

(1)绘制好标高符号(图 15-116a)。

(2) 用 Attdef 命令定义属性，取属性标记为：标高值。

(3) 用 Block 命令将图形与属性一起定义为块，即为属性块，块名取"图块1"。插入点选 A 点（图 15-116b）。

(4) 用 Insert 命令将"图块1"插入进当前图形中，在插入过程中输入属性值（标高值），如 3.300。

(5) 同步骤4，可以在其他位置插入不同高程的标高符号（图 15-116c）。

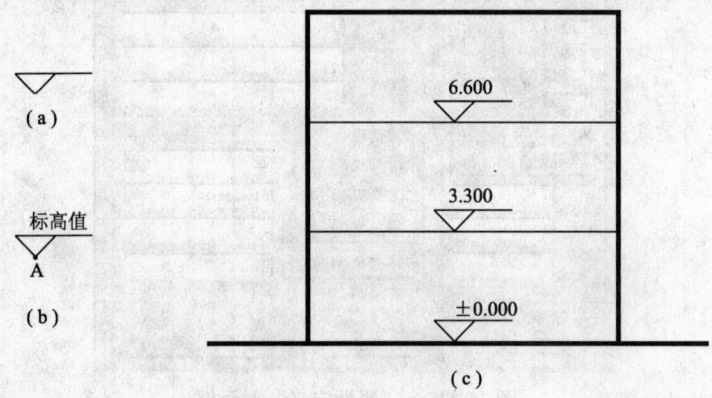

图 15-116 属性块的使用

3. 属性编辑

(1) 改变属性的定义 Ddedit

建立属性块之前，使用 Ddedit 命令编辑属性定义。

命令启动方式：

下拉菜单：修改 / Dedit

命令：Ddedit

选择要编辑的属性定义后，屏幕显示"编辑属性定义（Edit Attribute Definition）"对话框（图 15-117）。修改属性标记、属性提示和属性缺省值。

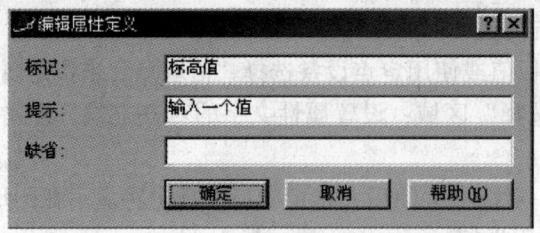

图 15-117 "编辑属性定义"对话框

(2) 编辑属性 Attedit

插入属性块后，可以用 Attedit 命令局部或全局地编辑属性值和属性特性。

①改变属性值

使用下列方式可以编辑插入块后的属性值，命令启动方式：

下拉菜单：修改／属性／单个

工具按钮：修改Ⅱ／

命令：Attedit

命令启动后提示：

选择块参照：

选择属性块后，屏幕显示"编辑属性（Edit Attributes）"对话框（图15-118）。在该对话框中，显示插入的属性块中包含的前八个属性值并可编辑属性值。如果块还包含其他属性值，可以使用"上一步"和"下一步"来浏览属性值列表。不能编辑锁定块中的属性值。

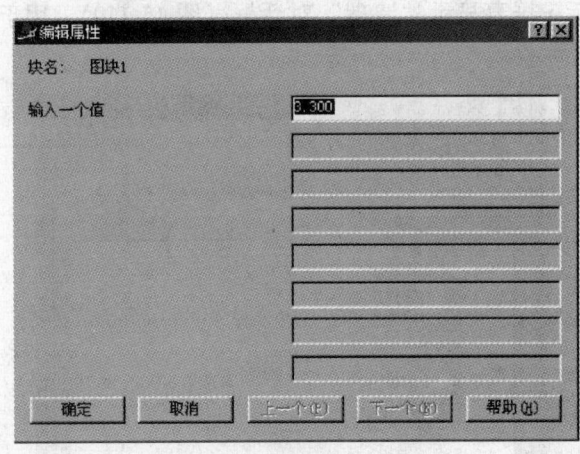

图 15-118 "编辑属性"对话框

②全局编辑属性

使用下列方式可以独立于块编辑属性值和属性特性如位置、高度和文字样式等。

命令启动方式：

下拉菜单：修改／属性／全局

命令：–Attedit

命令启动后，命令行显示以下提示：

一次编辑一个属性吗？〈是〉

A．回答"Y"，则每次编辑一个属性值。

B．回答"N"，则编辑字符串，即用一个字符串替换另一个字符串。

15.7.3 清除无用的命名对象

AutoCAD 图形文件包含图形和非图形两种对象。可以使用图形对象（如直线、圆弧和圆）进行设计，同时可以使用非图形信息（也叫命名对象，如文字样式、标注样式、命名图层和命名视图）管理设计。命名对象有助于更有效地设计图形。在绘图过程中，经常会创建一些有名的对象，如图块、图层、线型、尺寸样式、文字样式等，它们都占有一定的存贮空间。

随着时间流逝，图形中可能会积累一些无用的命名对象。例如，不再使用的文字样式、不包含任何图形的图层等。当它们不再使用时，应将其清除。清理命名对象能够释放所占的空间，有效缩减图形文件的大小。

Purge命令可以清除图形数据库中没有使用的命名对象。

命令启动方式：

下拉菜单：文件／绘图实用程序／清理

命令：Purge

命令启动后，屏幕显示"清理"对话框（图15-119），用于选择可被清理的项目。

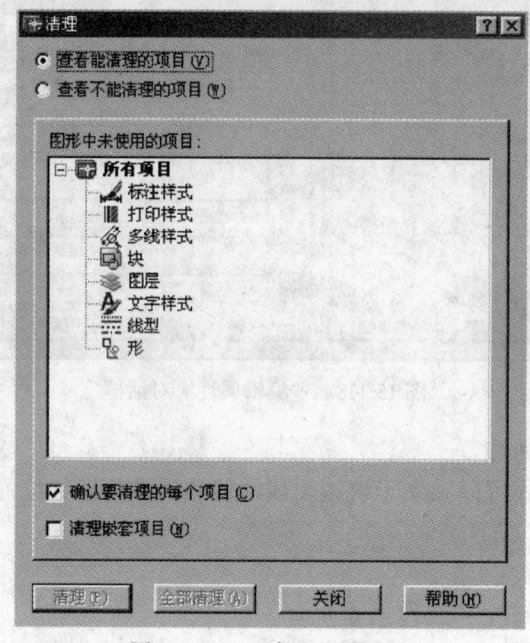

图15-119　"清理"对话框

参 考 文 献

1 何斌主编．建筑制图（第四版）．北京：高等教育出版社，2001
2 朱育万主编．画法几何与木工工程制图（第二版）．北京：高等教育出版社，2001
3 文佩芳主编．木工工程制图．西安：陕西人民出版社，2001
4 李学志主编．计算机辅助设计与绘图．北京：清华大学出版社，2002